石油百科（开发）

开 发 地 质

主　编：国景星

副主编：李红南　任丽华

石油工业出版社

图书在版编目（CIP）数据

石油百科. 开发. 开发地质 / 国景星主编. —北京：石油工业出版社，2024.5

ISBN 978-7-5183-6101-4

Ⅰ. ①石… Ⅱ. ①国… Ⅲ. ①石油开采 – 基本知识 ②石油天然气地质 – 基本知识 Ⅳ. ①TE

中国国家版本馆 CIP 数据核字（2023）第 119697 号

石油百科（开发）·开发地质
Shiyou Baike（Kaifa）·Kaifa Dizhi

出版发行：石油工业出版社
　　　　　（北京安定门外安华里 2 区 1 号　100011）
　　　　　网　　址：www.petropub.com
　　　　　编辑部：(010)64523604　　图书营销中心：(010)64523633
经　　销：全国新华书店
印　　刷：北京中石油彩色印刷有限责任公司

2024 年 5 月第 1 版　2024 年 5 月第 1 次印刷
710×1000 毫米　开本：1/16　印张：23
字数：440 千字

定价：140.00 元
（如出现印装质量问题，我社图书营销中心负责调换）
版权所有，翻印必究

《中国石油勘探开发百科全书》

总编委会

主　　　任：刘宝和
常务副主任：沈平平　魏宜清
副　主　任：贾承造　赵政璋　袁士义　刘希俭　白泽生　吴　奇
　　　　　　赵文智　李秀生　傅诚德　李文阳　丁树柏
委　　　员：（按姓氏笔画排序）
　　　　　　马　纪　马双才　马家骥　王元基　王秀明　石宝珩
　　　　　　田克勤　刘　洪　齐志斌　吕鸣岗　余金海　吴国干
　　　　　　张　玮　张　镇　张卫国　张水昌　张绍礼　李建民
　　　　　　李秉智　宋新民　汪廷璋　杨承志　邹才能　陈宪侃
　　　　　　单文文　周　虬　周家尧　孟慕尧　岳登台　金志俊
　　　　　　咸玥瑛　姜文达　禹长安　胡永乐　胡素云　赵俭成
　　　　　　赵瑞平　秦积舜　钱　凯　顾家裕　高瑞祺　章卫兵
　　　　　　蒋其垲　谢荣院　潘兴国

主　　　编：刘宝和
常务副主编：沈平平　魏宜清
副　主　编：张卫国　孟慕尧　高瑞祺　潘兴国　单文文

学术委员会

主　　　任：邱中建
委　　　员：（按姓氏笔画排序）
　　　　　　王铁冠　王德民　田在艺　李庆忠　李德生　李鹤林
　　　　　　苏义脑　沈忠厚　罗平亚　胡见义　郭尚平　袁士义
　　　　　　贾承造　顾心怿　康玉柱　韩大匡　童晓光　翟光明
　　　　　　戴金星
秘　书　长：沈平平
副秘书长：傅诚德

《石油百科(开发)》
编委会

主　　任：刘宝和

副 主 任：（按姓氏笔画排序）

丁树柏　刘希俭　李文阳　李秀生　沈平平　张卫国
李俊军　吴　奇　单文文　孟慕尧　赵文智　赵政璋
袁士义　贾承造　高瑞祺　傅诚德　潘兴国

主　　编：刘宝和　蒲春生

副 主 编：（按姓氏笔画排序）

尹洪军　李明忠　步玉环　何利民　陈明强　范宜仁
国景星　廖锐全

成　　员：（按姓氏笔画排序）

于乐香　王卫阳　王胡振　邓少贵　石善志　吕宇玲
任　龙　任丽华　刘　静　刘均荣　刘陈伟　许江文
李红南　吴飞鹏　张　益　张　锋　张　楠　张顶学
张福明　罗明良　郑黎明　赵　勇　柳华杰　钟会影
郭辛阳　郭胜来　曹宝格　章卫兵　葛新民　景　成
温庆志　蒲景阳

专家组：郭尚平　胡文瑞　苏义脑　刘　合　李　宁　沈平平
编辑组：李　中　方代煊　何　莉　贾　迎　王金凤　王　瑞
　　　　金平阳　何丽萍　张　倩　王长会　沈瞳瞳　孙　宇
　　　　张旭东　申公显　白云雪

PREFACE 序

能源安全是关系国家经济社会发展的全局性、战略性问题，对国家繁荣发展、人民生活改善、社会长治久安至关重要。党的十八大以来，习近平总书记提出"四个革命、一个合作"能源安全新战略，为我国新时代能源发展指明了方向，开辟了能源高质量发展的新道路。

能源是国家经济、社会可持续发展最重要的物质基础之一，当前全球能源发展处于从化石能源向低碳的可再生能源及无碳的自然能源快速转变的过渡期，能源结构呈现出"传统能源清洁化，低碳能源规模化，能源供应多元化，终端用能高效化，能源系统智能化，技术变革全面化"的总体趋势。尽管如此，油气资源仍是影响国家能源安全最敏感的战略资源。随着我国经济快速发展，油气对外依存度不断加大，2021年已分别达到72.2%和46.0%。因此，大力提升油气勘探开发力度和加强天然气产供储销体系建设，关系到国家能源安全和经济社会稳定发展大局，任务艰巨、责任重大。

近年来，随着油气勘探开发理论与技术的进步，全球油气勘探开发领域逐渐呈现出向深水、深层、非常规、北极等新区、新领域转移的趋势。中国重点含油气盆地面临着勘探深度加大、目标更为隐蔽、储层物性更差、开发工程技术难度增加等诸多挑战。因此，适时地分析总结我国在油气勘探、开发和工程技术等方面的新理论、新技术、新材料以及新装备等，并以通俗易懂的百科条目形式使之广泛传播，对于提升广大石油员工科学素养、促进石油科技文化交流、突破油气勘探开发关键技术瓶颈等方面意义重大。《石油百科（开发）》共10个分册，是在2008年出版的《中国石油勘探开发百科全书》基础上，通过100多位专家学者的共同努力，按照《开发地质》《油气藏工程》《钻完井工程》《采油采气工程》《试井工程》《试油工程》《测井工程》《储层改造》《井下作业》和《油气储运工程》10个专业领域分册，对油气勘探开发理论、技术、工程等方面进行了更加全面细致的梳理总结，知识体系更加完整细化，条目数量大幅度增加，并适当调整了原有条目内容和纂写形式，进一步完善并总结了当前在非常规与深水深地油气等储层勘探开发新进展，增加了更多的原理或示意插图，使词条描述更加清晰易懂，提高了词条描述的准确性与可读性，拓宽了百科全书读者范围，充分满足了基层石油工人、工程技术人员、科研人员以及非石油行业读者的查阅需要。《石油百科（开发）》的编纂出版，提升了《全书》内容广泛性与实用性，搭建了石油科技文化交流平台，推动了油气勘探开发技术创新，是我国石油工业进入勘探开发瓶颈期的一项标志性石油出版工程，影响深远。

  当前，我国油气资源勘探开发研究虽取得了重大进展，但与国外先进水平仍有一定差距。习近平总书记站在党和国家前途命运的战略高度，做出大力提升油气勘探开发力度、保障国家能源安全的重要批示，为我国石油工业的发展指明了方向。我们要高举中国特色社会主义伟大旗帜，继承与发扬石油工业优良传统，坚持自主创新、勇于探索、奋发有为，突破我国石油勘探开发领域"卡脖子"的技术难题，为实现中华民族伟大复兴中国梦贡献更大的石油力量。中国的石油工业任重而道远，这套《石油百科（开发）》的出版必将对中国石油工业的可持续发展起到积极的推动作用。

中国工程院院士 胡文瑞

FOREWORD 前言

《中国石油勘探开发百科全书》（包括综合卷、勘探卷、开发卷和工程卷，简称《全书》）于2008年出版发行，《全书》出版后深受读者欢迎，并且收到不少读者的反馈意见。石油工业出版社根据读者的反馈意见以及考虑到《全书》已出版十几年，随着油气勘探开发理论与技术不断创新、发展，涌现了大量的新理论、新技术、新材料以及新装备，经过调研以及和有关专家研讨后决定在《全书》的基础上按专业独立成册的方式编纂《石油百科（开发）》。

《石油百科（开发）》包括《开发地质》《油气藏工程》《钻完井工程》《采油采气工程》《试井工程》《试油工程》《测井工程》《储层改造》《井下作业》和《油气储运工程》10个分册，总计约6500条条目，主要以《全书》工程卷和开发卷为基础编纂而成。和《全书》相比，《石油百科（开发）》具有如下特点：《石油百科（开发）》每个专业独立成册，做到专业针对性更强；《全书》受篇幅限制只选录主要条目，而《石油百科（开发）》增补了大量条目（增加一倍以上），尽量做到能够满足读者查阅需求，实用性更强；《石油百科（开发）》增加了大量的图表，以增加阅读性；有针对性地增加了非常规、深水深地以及极地油气等难动用储层勘探开发理论与技术的条目。

百科全书的组织编纂是一项浩繁的工作。2016年11月，石油工业出版社在山东青岛中国石油大学（华东）组织召开了《石油百科（开发）》编纂启动会，成立了由30多位专家教授组成的编委会，全面展开《石油百科（开发）》编纂工作。为了使《石油百科（开发）》的撰写、审稿和编辑加工能按统一标准规范进行，石油工业出版社组织编印了《石油百科编写细则》，之后又先后编印了《石油百科编写注意事项》《石油百科·编辑要求》，推动了各分册工作的顺利进行。

《石油百科（开发）》由中国石油大学（华东）蒲春生教授牵头，由陈明强、何利民、李明忠、廖锐全、范宜仁、步玉环、国景星、尹洪军教授分别担任10个分册的主编。在编纂过程中，采取主编责任制，每个分册主编挑选3~4名参编人员作为分册副主编，组成编写小组。2017—2020年期间，编委会每年定期召开两次编审讨论会，对《石油百科（开发）》各分册的阶段初稿进行研讨，及时解决撰写过程中遇到的困惑和难点，使《石油百科（开发）》的编纂工作得以顺利进行。经过全体编写人员的共同努力和辛勤工作，于2020年6月完成了《石油百科（开发）》的初稿，并由石油工业出版社责任编辑进行了初审，专家组成员对《石油百科（开发）》初稿进行了仔细、认真地审阅，并提出了许多十分宝贵的修改意见和指导性建议。在此基础上，结合专家审阅意见，各分册编写小组进行了最后修改完善与提升，陆续完成了《石油百科（开发）》终稿，编纂经历了近4年时间。

为了确保条目的准确性和权威性，由中国科学院和中国工程院石油勘探、开发、工程方面的院士及资深专家组成《石油百科（开发）》专家组，对《石油百科（开发）》各分册框架及条目进行了认真的审核，在此表示诚挚的谢意！

《石油百科（开发）》涉及内容广泛，参加编写人员众多，疏漏之处在所难免，敬请读者批评指正。

《石油百科（开发）》编委会

凡　例

1.《石油百科（开发）》是在《中国石油勘探开发百科全书》（简称《全书》）开发卷和工程卷的基础上编纂而成，增加了大量条目和对原来条目进行修改完善。

2.《石油百科（开发）》按专业独立成册，包括《开发地质》《油气藏工程》《钻完井工程》《采油采气工程》《试井工程》《试油工程》《测井工程》《储层改造》《井下作业》和《油气储运工程》10个分册。分册之间的交叉条目，在不同分册各自保留，释文侧重本专业内容。

3. 条目按照学科知识体系分类排列，正文后面附有条目汉语拼音索引。条目是本书的主体，是供读者查阅的基本单元，可以通过"条目分类目录"和"条目汉语拼音索引"进行查阅。

4. 条目一般由条目标题（简称条头）、与条头对应的英文、条目释文、相应的图表和作者署名等组成。有些条目提供了推荐书目，读者可以进一步阅读相关内容。

5. 作者署名原则为：完全采用《全书》的条目其署名为原条目作者；对《全书》条目修改的其署名为原条目作者和修改作者；新增加条目其署名为条目撰写作者。

6. 条目内容涉及其他条目，或与其他条目互为补充时，本书提供了"参见"方式，在正文中用蓝色楷体标出，方便读者查阅相关知识。

7. 当一个条目有多种叫法时，在正文中用"又称××"表示，并用斜体标出。又称条目收录到"条目汉语拼音索引"中，并且用楷体加"*"标出。

总目录

- 序

- 前言

- 凡例

- 条目分类目录

- 正文 /1—335

- 附录 石油科技常用计量单位换算表 /336—342

- 条目汉语拼音索引 /343—349

条目分类目录

开发地质资料及相关技术

开发地震 ·················· 1
    三维地震 ·················· 1
    高分辨率地震 ·············· 3
    地震分辨率 ················ 3
    高密度三维地震 ············ 4
    油藏形态描述地震技术 ······ 5
    储层参数估算地震技术 ······ 6
    油气藏分布预测地震技术 ···· 7
    时移地震 ·················· 8
    油藏监测风险评价 ·········· 9
    水驱前缘地震监测 ·········· 9
    长期水驱剩余油分布地震预测 ······ 10
    气驱前缘地震监测 ·········· 11
    稠油热驱前缘地震监测 ······ 11
    油藏地震实时成像 ·········· 12
    井间地震 ·················· 12
    井间地震层析成像 ·········· 13
    井间地震反射成像 ·········· 14
    井间电磁成像 ·············· 14
    微地震监测 ················ 15
    多波多分量地震技术 ········ 15
地球物理测井 ·············· 16
    全井段测井 ················ 17
    储层段测井 ················ 17
    水淹层测井 ················ 18
    生产测井 ·················· 19

工程测井 ·················· 20
产层参数测井 ·············· 21
钻井地质 ·················· 22
    探井 ······················ 22
    开发井 ···················· 23
    钻井井位设计 ·············· 23
    钻井地质设计 ·············· 24
    地质录井 ·················· 24
    岩屑录井 ·················· 25
    岩心录井 ·················· 25
    岩心收获率 ················ 26
    岩心归位 ·················· 26
    岩心地质描述 ·············· 26
    井壁取心 ·················· 28
    钻时录井 ·················· 29
    荧光录井 ·················· 29
    钻井液录井 ················ 29
    气测录井 ·················· 30
    核磁共振录井 ·············· 30
    地化录井 ·················· 31
    X射线元素录井 ············ 31
    完井地质总结 ·············· 32
地层测试 ·················· 32
    钻杆测试 ·················· 32
    电缆地层测试 ·············· 32
    完井测试 ·················· 33

试油	33	试采	35
试井	34	示踪剂测试	35

油藏描述

油藏描述	37	逆断层	60
地层模型	40	平移断层	60
层组单元划分	41	断块	60
油层组	42	断层封闭性	60
砂岩组	42	断点组合	61
单油层	42	裂缝	62
单砂层	42	裂缝组系	64
连通体	42	张裂缝	65
油砂体	44	剪裂缝	65
流动单元	44	沉积模型	65
标准层	46	沉积作用	66
沉积旋回	47	沉积相	69
油层单元对比	48	沉积亚相	70
高分辨率层序地层学	51	沉积微相	72
构造模型	52	沉积相模式	72
构造	53	沉积相标志	73
储油气构造	54	现代沉积	76
背斜	55	古代沉积	77
鼻状构造	55	野外露头实验室	77
断鼻构造	55	陆相盆地沉积	79
古构造	56	洪积扇沉积	82
低幅度构造	56	洪积扇扇根沉积	84
向斜	56	洪积扇扇中沉积	85
单斜	56	洪积扇扇缘沉积	86
古潜山	57	河流沉积	86
构造带	57	曲流河沉积	89
断层	57	辫状河沉积	91
断层要素	58	网状河沉积	93
正断层	59	顺直河沉积	94

河床滞留沉积	95	生物礁相	129
边滩沉积	96	台地边缘生物礁相	133
心滩沉积	96	台地蒸发相	133
天然堤沉积	97	海陆过渡相	134
决口扇沉积	97	海陆过渡环境三角洲相	134
废弃河道沉积	98	河控三角洲	137
牛轭湖沉积	98	浪控三角洲	138
河漫滩沉积	99	潮控三角洲	138
湖盆三角洲沉积	99	海陆过渡环境三角洲平原沉积	138
曲流河三角洲沉积	101	海陆过渡环境三角洲分流河道沉积	139
辫状河三角洲沉积	102		
扇三角洲沉积	104	海陆过渡环境三角洲前缘沉积	140
湖泊三角洲平原沉积	105	海陆过渡环境三角洲水下分流河道沉积	141
湖泊三角洲前缘沉积	106		
湖泊三角洲河口坝沉积	107	海陆过渡环境水下天然堤沉积	141
湖泊三角洲席状砂沉积	108	海陆过渡环境水下分流间沉积	141
湖泊前三角洲沉积	108	海陆过渡环境河口沙坝沉积	142
湖盆滨岸沉积	109	海陆过渡环境远沙坝沉积	142
湖底扇沉积	110	海陆过渡环境前三角洲沉积	142
湖底上扇沉积	111	沉积方式	143
湖底中扇沉积	112	侧积	143
湖底下扇沉积	114	垂积	144
浊积扇沉积	114	前积	145
风成沉积	115	填积	146
海相沉积	116	选积	147
海相碳酸盐岩沉积相	120	浊积	148
盆地相	122	漫积	148
斜坡相	123	筛积	148
广海陆棚相	125	**储层模型**	149
台地边缘相	126	储层	153
台地边缘浅滩	127	碎屑岩储层	156
开阔台地相	127	碳酸盐岩储层	157
局限台地相	128	特殊岩性储层	158
半局限台地相	129	变质岩储层	158

岩浆岩储层	160	总孔隙度	198
火山碎屑岩储层	161	有效孔隙度	198
泥岩裂缝储层	161	流动孔隙度	198
成岩作用	162	基质孔隙度	198
碎屑岩成岩作用	163	缝洞孔隙度	199
碳酸盐岩成岩作用	165	裂缝孔隙度	199
储集空间	167	洞穴孔隙度	200
孔隙	169	面孔率	200
原生孔隙	171	渗透率	201
次生孔隙	172	绝对渗透率	202
储层裂缝	174	相渗透率	202
构造裂缝	175	相对渗透率	202
成岩裂缝	175	空气渗透率	203
收缩缝	175	裂缝渗透率	204
层间缝	175	双重介质渗透率	204
裂缝要素	175	溶孔（洞）渗透率	205
闭合裂缝	178	水平方向渗透率	205
开启裂缝	178	垂直方向渗透率	206
天然裂缝	179	径向流渗透率	206
人工裂缝	180	毛细管压力	207
裂缝有效性	181	毛细管压力曲线	208
洞穴	181	排驱压力	209
孔隙结构	181	饱和度中值压力	209
喉道	185	黏土矿物	210
孔喉比	187	储层非均质性	211
比表面	187	储层宏观非均质性	213
孔隙迂曲度	188	储层微观非均质性	213
孔喉配位数	190	储层层内非均质性	214
压汞法	190	储层层间非均质性	215
图像分析法	192	储层平面非均质性	216
扫描电镜分析法	194	非均质性表征参数	217
CT扫描法	196	储层夹层	218
储层物性	197	储层隔层	219
孔隙度	197	储层物性分类	221

高渗透储层 …………………… 221
中渗透储层 …………………… 221
低渗透储层 …………………… 221
特低渗透储层 ………………… 222
超低渗透储层 ………………… 222
致密砂岩储层 ………………… 223
孔隙型储层 …………………… 223
缝洞型储层 …………………… 223
双重孔隙介质储层 …………… 223
储层地质知识库 ……………… 223
储层综合评价 ………………… 225

流体模型 …………………… 227
流体饱和度 …………………… 228
原始流体饱和度 ……………… 228
原始含油饱和度 ……………… 229
原始含气饱和度 ……………… 229
含水饱和度 …………………… 230
束缚水饱和度 ………………… 230
目前流体饱和度 ……………… 231
残余油饱和度 ………………… 231
地层压力 ……………………… 231
地层压力系数 ………………… 232
地层压力梯度 ………………… 233
异常地层压力 ………………… 233
原始油层压力 ………………… 234
目前油层压力 ………………… 234
油层折算压力 ………………… 235
原始饱和压力 ………………… 235
地饱压差 ……………………… 236
油气藏压力系统 ……………… 236
油气藏驱动方式 ……………… 236
油气水层 ……………………… 237
油气层有效厚度 ……………… 238
工业油气流标准 ……………… 239

油气水界面 …………………… 240
油水过渡带 …………………… 241
油气过渡带 …………………… 241
原始油气比 …………………… 241
油气田水 ……………………… 242
小层数据表 …………………… 244
油层剖面图 …………………… 244
小层平面图 …………………… 245
油层栅状图 …………………… 246

油藏地质模型 ……………… 247
概念地质模型 ………………… 247
静态地质模型 ………………… 248
预测地质模型 ………………… 249
原型地质模型 ………………… 250
离散型模型 …………………… 252
连续型模型 …………………… 253
地质模型建模方法 …………… 254
确定性地质建模方法 ………… 254
随机性地质建模方法 ………… 255
布尔模拟地质建模方法 ……… 258
示性点过程地质建模方法 …… 258
模拟退火地质建模方法 ……… 260
序贯模拟地质建模方法 ……… 261
截断高斯模拟地质建模方法 … 262
协同克里金地质建模方法 …… 264
分形几何学地质建模方法 …… 265
人工神经网络地质建模方法 … 267
地质模型三维显示方法 ……… 268

油气储量 …………………… 268
地质储量 ……………………… 269
预测地质储量 ………………… 270
控制地质储量 ………………… 270
探明地质储量 ………………… 271
可采储量 ……………………… 272

技术可采储量 …………………… 273
经济可采储量 …………………… 273
剩余可采储量 …………………… 274
不可采量 ………………………… 275
剩余油 …………………………… 275
容积法油气储量计算 …………… 279
含油（气）面积圈定 …………… 280
原油体积系数 …………………… 281
天然气体积系数 ………………… 282
地面原油密度 …………………… 283
物质平衡法 ……………………… 283
压降法天然气储量计算 ………… 284
油气采收率 ……………………… 285
储量综合评价 …………………… 285

油气藏 …………………………… 286
碎屑岩油气藏 …………………… 286
碳酸盐岩油气藏 ………………… 287
特殊岩性油气藏 ………………… 288
常规原油油藏 …………………… 289
稠油油藏 ………………………… 289
常规稠油油藏 …………………… 290
特稠油油藏 ……………………… 290

超稠油油藏 ……………………… 290
沥青砂油藏 ……………………… 291
重油油藏 ………………………… 291
高凝油油藏 ……………………… 291
挥发油油藏 ……………………… 292
饱和油藏 ………………………… 292
未饱和油藏 ……………………… 293
天然气气藏 ……………………… 293
干气气藏 ………………………… 294
湿气气藏 ………………………… 294
凝析气气藏 ……………………… 294
酸性气气藏 ……………………… 295
天然气水合物气藏 ……………… 295
构造油气藏 ……………………… 296
地层油气藏 ……………………… 296
岩性油气藏 ……………………… 297
水动力油气藏 …………………… 297
中高渗透性油气藏 ……………… 298
低渗透性油气藏 ………………… 299
常规低渗透性油藏 ……………… 300
特低渗透性油藏 ………………… 301
裂缝性低渗透性油藏 …………… 301

非常规油气开发地质

致密油气 ………………………… 303
致密气藏 ………………………… 303
致密油藏 ………………………… 304
覆压基质渗透率 ………………… 305
达西流 …………………………… 306
非达西流 ………………………… 306
可动流体饱和度 ………………… 306
启动压力梯度 …………………… 306

微裂缝 …………………………… 307
主流喉道半径 …………………… 307
充注孔喉下限 …………………… 307
数字岩心 ………………………… 308
各向异性 ………………………… 308
细粒沉积学 ……………………… 309
有效储层 ………………………… 309
致密储层微观孔喉表征技术 …… 309

场发射扫描电子显微镜	310	深层油气藏	325
环境扫描电子显微镜	310	深层优质储层	325
透射扫描电镜	310	深层复杂构造成像	326
激光扫描共聚焦显微镜	311	深层储层预测	326
聚焦离子束成像技术	311	页岩气	326
气体吸附技术	311	页岩	327
核磁共振技术	312	吸附气	327
X 射线断层三维扫描技术	312	游离气	327
小角散射技术	313	泥页岩油气藏	328
微纳米 CT 扫描技术	313	超临界吸附	328
高压压汞技术	314	甲烷吸附量	329
恒速压汞技术	314	页岩含气量	329
压汞—比表面积联合分析技术	314	等温吸附曲线	329
裂缝预测技术	315	脆性破裂	329
成像测井技术	316	脆性指数	329
非线性随机反演技术	316	煤层气	330
多尺度边缘检测技术	317	煤型气	331
叠前方位各向异性分析技术	317	煤成气	332
横波分裂裂缝检测技术	318	煤储层	333
多波多分量地震检测技术	318	煤阶	333
小波变换	319	煤层含气量	333
相干体技术	319	煤层解吸气	333
曲率法裂缝预测技术	320	煤储层压力	334
蚂蚁追踪技术	321	[复杂岩性]	334
离散裂缝网络建模技术	322	火山岩油气藏	334
古构造应力场数值模拟预测裂缝技术	323	变质岩油气藏	334
甜点	325	泥岩裂缝油气藏	335

开发地质资料及相关技术

【**开发地震** development seismology】 在油气田开发和开采过程中,利用人工地震方法对油气藏特征进行横向预测,做出完整描述和进行开采动态监测的技术。主要包括三维地震(3D)、高分辨率地震、垂直地震剖面、井间地震、微地震检测、随钻地震、时间推移地震、多波多分量地震等。充分利用这些地震观测方法和信息处理技术,结合钻井、测井、地质和油藏工程等多学科资料,能够解决如下开发地质问题:

(1)描述油气藏构造形态、断层、裂缝分布;
(2)描述储层岩性、厚度、物性的空间变化;
(3)描述储层内油气分布,估算其饱和度;
(4)进行开采动态监测。

地震资料具有面积上密集覆盖的特点,预测井间或远离井位置处油气藏特征是其独特优势,但纵向地震分辨率较低和参数解释的多解性是其缺点。开发地震资料应紧密结合钻井、测井、地质和油藏工程等多学科信息,以提高分辨率和解释可信度。

推荐书目

刘雯林. 油气田开发地震技术 [M]. 北京:石油工业出版社,1996.

(李红南)

【**三维地震** 3D seismic】 确定地下三维空间的油气藏形态和特征,在地表一块面积上进行密集的地震数据采集、处理和解释的地震技术。

三维地震的每一个数据代表地下一个 $5\sim25m^2$、$3\sim5m$ 厚的体积元,能够精细刻画油气藏的空间特征,已成为开发地震的基本观测方式。二维地震只沿测线采集数据,没有能力处理侧面的反射,在复杂地质体勘探中,二维地震构造图未能查明的油藏构造,三维地震则可以查明被断层切割的破碎的背斜构造,有助于成功开发油田（见图）。

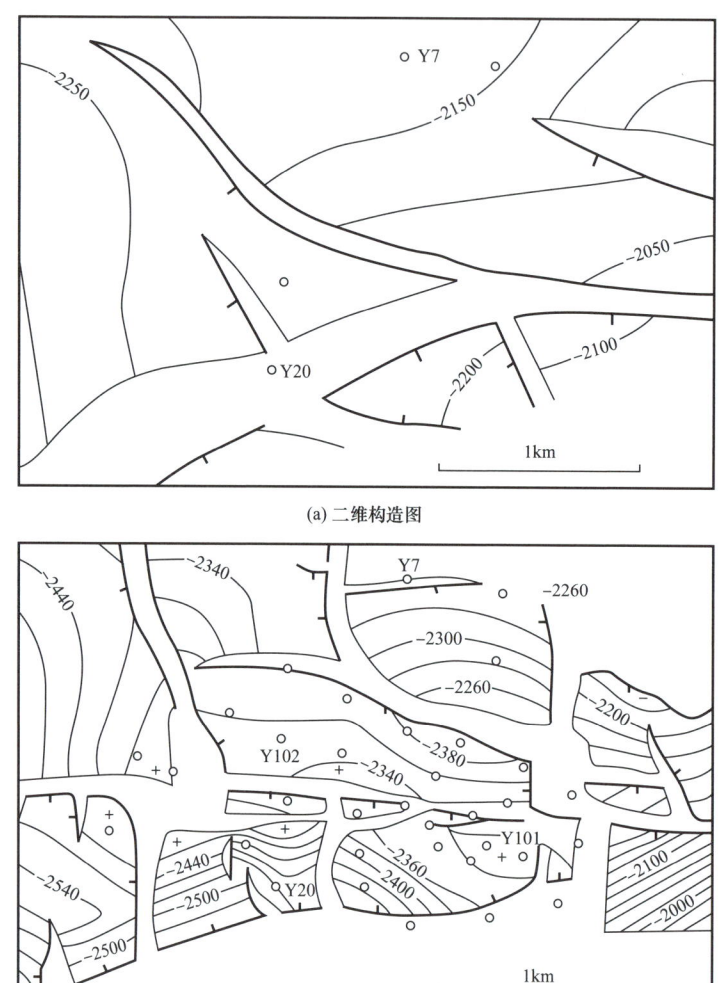

(a) 二维构造图

(b) 三维构造图

三维地震与二维地震油藏构造图对比

三维地震采集 采用数条平行电缆连接检波器接收地震反射波，震源放在垂直或斜交接收方向上，向地下激发地震波。当地表工作条件复杂时，也采用不规则观测系统采集数据。对三维地震采集设计的要求是，要使地下面元分布均匀，覆盖次数、炮检距组合和方位角分布保持相同，避免在三维数据上留下采集"脚印"，而错误地解释为油气藏特征变化。一个三维地震工区通常要采集几百万道至几亿道地震数据。

三维地震处理　类似于二维地震抽取其中心点道集，按共面元抽取道集，进行动、静校正和叠加。叠后进行三维偏移处理，使反射波归位到正确的三维空间位置上去，使断层和岩性体边界向外延伸的绕射波收敛到棱点上，边界变得清晰。当地质构造复杂时，应当进行叠前三维深度偏移，才能使构造正确成像。进一步处理还包括地震反演和地震属性分析等储层或油藏成像。

　　三维地震解释　在人机交互解释工作站上，既可以对垂直剖面做解释，也应当对时间切片或沿层位切片做解释。还能够应用可视化技术进行立体解释。在可视化中，通过调节透明度控制反射振幅的显示可见度，能够得到储集体和构造的清晰图像。解释包括确定油藏形态，查明断层和断块，发现微小圈闭，圈定小砂岩体，描述储层分布和连通性，估算储层参数，预测油气藏分布范围等内容。

（刘雯林）

【**高分辨率地震** high-resolution seismic survey】　提高地震分辨油藏厚度和横向展布能力所采用的一系列地震技术，是开发地震应用的基础。主要包括以下三种技术。

　　（1）高分辨率地震数据采集技术：采用小于2ms的小时间采样率，小于25m的小空间采样率。要使用能够激发和接收宽频带地震信号的震源、地震仪器滤波器和检波器。由于地震信号衰减与频率成正比，频率越高的信号衰减越严重，易于被噪声淹没。因此，特别要注意采用各种方法降低噪声，提高高频信号的可记录性，例如：大于二级风的天气不施工，避开高频噪声干扰；震源激发能量要适中，提高反射信号抗噪能力；震源组合激发，压制激发产生的直达干扰和次生干扰；检波器要与大地紧密接触，降低接收噪声；检波器采用小组内距的面积组合接收，压制噪声干扰；适当提高覆盖次数，通过叠加提高信噪比；地表表层速度结构精细调查，通过做好静校正，改善叠加效果。

　　（2）高分辨率地震数据处理技术：应用反褶积技术拓宽优势信噪比频带宽度，压缩子波波形。应用精细的动、静校正技术使反射波时间对齐叠加，使波形不变胖。做好偏移处理，提高横向分辨率。

　　（3）高分辨率地震数据解释技术：进行精细层位标定和解释，应用地震—测井联合反演进一步提高综合分辨率，利用与钻井结合的地震属性分析技术提高储层和油气识别能力，作出油藏形态图、储层分布图、厚度图、孔隙度图和含油气范围预测图等油藏描述图件。

【**地震分辨率** seismic resolution】　分辨两个十分靠近的地质体的能力。分为纵向分辨率和横向分辨率。

（1）纵向分辨率是指分辨厚度的能力。从地表激发的地震波向地下传播，碰到一个岩层分界面反射回到地表后，变成了一个有一定延续长度、频率只有几十赫兹的低频波形，叫作子波。相互邻近的岩层分界面产生的反射波由于分不开，就会叠加在一起，从而分辨不出单一界面的反射波。要提高分辨率，就必须提高频率，使子波变短。提高地震波频率，就是使频率向高频方向扩展，使频带变宽。由于地层是一个非完全弹性介质，地层对地震波高频成分的吸收衰减要比低频成分强，使得地震频带宽度被限制在大约100Hz以内的低频范围内，以致分辨率总是有限的。通用的地震分辨率极限是1/4波长。波长等于岩层速度除以主频率，或岩层速度乘以波峰到波峰的周期时间。地震勘探不能直接分辨厚度小于1/4波长的薄层。由于薄层振幅与厚度基本上成正比，利用振幅可以检测薄层，称为检测度，检测度受信噪比限制。地震检测度定义为在噪声背景上能够检测到可见反射的最小厚度。对于大套均匀厚岩层中的薄夹层，地震检测薄层的能力能够达到1/24～1/12波长。

（2）横向分辨率是指分辨岩层宽度和边界的能力。根据波动理论，叠加剖面上一个地震道记录下的一个反射波，是岩层分界面上一个大圆面积内质点扰动返回地表后的叠加结果。这个大圆宽度可达数百米，称为菲涅尔带。叠加数据经三维偏移处理后，菲涅尔带半径会缩小到1/4波长，分辨岩层宽度和边界的能力就分别是1/2波长和1/4波长。与纵向分辨率一样，要提高横向分辨率，就必须提高地震波频率、缩短波长。

推荐书目

李庆忠. 走向精确勘探的道路——高分辨率地震勘探系统工程剖析［M］. 北京：石油工业出版社，1993.

俞寿明. 高分辨率地震勘探［M］. 北京：石油工业出版社，1993.

（刘雯林）

【**高密度三维地震** high-density 3D seismic】 利用超万道地震采集和高性能计算处理等技术，提高地震资料的纵、横向分辨率和保真度的地震技术。是伴随着地震装备技术（数字检波器、全数字仪器、计算机技术等）的革命性进步而产生的地震新技术，具有全数字、超多道、单点、高空间采样率、海量数据等特点。

高密度三维地震技术有三个显著特点：一是单点激发、单点接收，无组合，保护频率特征；二是宽频检波器接收，保证对弱信号的接收能力；三是高密度空间采样，对信号进行充分、保真和健全采样，保证波场特征的完整性和连续性。高密度地震采集技术通过加大空间域、时间域的数据采集密度，增加目的层有效覆盖次数，提高速度分析精度，便于室内灵活有效地进行资料处理，在提高资料信噪比的基础上提高地震资料的纵横向分辨率及保真度，促进勘探开发技术向特高精度发展，对小断块、小幅度构造、薄储层、小砂体、小尺度孔洞的识别以及精细油藏描述具有重要意义。

📄 推荐书目

韩文功，于静，刘学伟. 高密度三维地震技术［M］. 北京：中国地质大学出版社，2017.

（李红南）

【**油藏形态描述地震技术** seismic technique for reservoir geometry description】 利用钻井钻遇的油藏深度作为控制，通过分析油藏顶（底）界反射波到达时间的空间变化，并用地震测井或垂直地震剖面获得的时间与速度的关系，把反射时间换算成深度，作出用深度等值线表示的油藏顶（底）界面形态图，为油田开发提供构造或圈闭模型的技术。

油藏形态描述首先要对三维地震数据做油藏层位标定。利用声波测井制作合成地震记录，与过井地震剖面对比，找准油藏对应的反射波到达时间，把油藏顶界面标在地震剖面上。然后在人机交互解释工作站上，从钻井位置出发，沿油藏对应的反射时间向外追踪，进行层位解释。当层位错断时，就解释为断层。在地震剖面上可确定断层的性质，是正断层还是逆断层及它的产状。在沿等时间的水平切片图上，利用反射波的错断可以确定断层的平面位置和延伸长度。利用三维地震数据平面相关计算作出的相干体水平切片，能够清晰地显示反射波的错断，直观确定断层的分布。断层把油藏切割成许多断块，与等深度线组合形成圈闭。油藏往往位于断块圈闭的高部位，紧贴断层分布。作出的断层面形态图，可指导钻井沿断层面下方的断块高部位倾斜钻进，以钻遇最多的油层。在复杂的断裂构造油田，只有应用三维地震做好断层解释和断块划分，才能开发好油田。最终要利用已知速度与时间的函数关系，把油藏的双程反射时间换算成深度。当油藏上方存在速度或厚度横向变化的岩层时，将形成速度陷阱，使油藏在时间上的形态畸变。当地表起伏和表层岩性横向变化剧烈，静校正又没能做好时，也会使油藏在时间上的形态畸变。需要对地震数据进行密点速度分析，用钻井深度做控制，调整地震速度，使地震速度换算的时间深度与钻井深度一致，建立空变速度场，用于时间—深度转换。

油藏形态描述要使用偏移处理后的地震数据，偏移处理的目的是使构造正确成像。当油藏产状较陡时，应当先做叠加前倾斜时差校正（DMO）处理，再做叠加和偏移，最新进展是直接做叠前时间偏移。当油藏上方地层产状较陡时，就应该做叠前深度偏移，得到聚焦清晰和位置准确的深度域三维地震数据体，直接用于油藏形态描述。随着三维地震采集和处理技术的进步，油藏形态描述能力和精度仍在不断提高，重新认识油藏的潜力仍然很大。

（刘雯林）

【**储层参数估算地震技术** seismic technique for reservoir parameter estimation】 通过储层岩石物理研究，建立储层参数与声波速度（或振幅）的关系，把地震反演声波速度（或振幅）换算成储层参数的技术。应用地震数据估算的储层参数主要有厚度和孔隙度。在有利条件下，还可以估算渗透率、饱和度和压力。

储层厚度估算 当储层厚度大于1/4波长时，直接丈量储层顶、底界面反射时间，利用测井提供的储层速度，直接计算储层厚度，厚度等于1/2间隔时间乘以储层速度。当储层厚度小于1/4波长时，利用厚度渐变的尖灭体地震模型制作振幅随厚度变化的调谐图版，用振幅查图版估算薄层厚度。通常以钻井测井作为约束和控制，应用地震反演技术，把常规界面型反射剖面处理成岩层型测井剖面，使地震数据变成能与钻井测井、地质和油藏工程等数据直接连接对比的形式（见图）。从钻井位置出发，对储层进行横向追踪，圈定储层的分布，丈量厚度，预测储层连通性，分析断层对砂岩体的切割和封堵性，在非均质裂缝型储层或碳酸盐岩溶带中寻找储层发育带等。

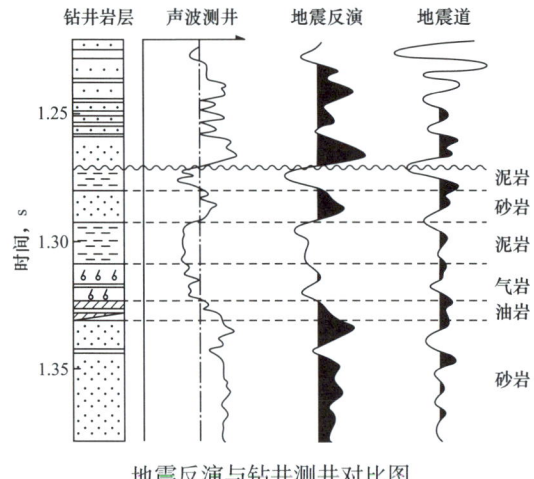

地震反演与钻井测井对比图

孔隙度估算 用维利（Wyllie）时间平均方程估算孔隙度：

$$\phi = (\Delta t - \Delta t_m) / (\Delta t_f - \Delta t_m)$$

式中：ϕ 为孔隙度；Δt 为地震反演储层速度的倒数；Δt_m 为岩石基质声波时差；Δt_f 为孔隙流体声波时差。

根据需要还可以进行岩石压实校正和泥质校正。（1）用钻井岩心或测井孔隙度制作孔隙度与声波测井速度的交会图，建立速度与孔隙度的线性方程，把地震反演速度转换成孔隙度值。（2）地质统计方法，例如协克里金方法，通过面积上密集的地震数据和井点上精确的钻井孔隙度值的线性加权组合，内插出所有地震道位置上的孔隙度值。这种方法更适应储层岩相横向变化情况下的孔隙度估算。

<u>渗透率估算</u>　通过建立渗透率与孔隙度或速度的统计关系，把地震估算的孔隙度或地震反演速度转换成渗透率。也可以用协克里金等地质统计方法进行渗透率的<u>井间地震</u>内插。

<u>饱和度估算</u>　饱和度与速度有关系，也与反射振幅有关系。通常，由于饱和度变化引起的地震数据变化微弱，尚难以应用地震数据估算饱和度。

<u>压力估算</u>　根据孔隙流体压力与速度的经验关系，可以利用地震反演速度估算储层孔隙流体压力。

厚度和孔隙度估算已经得到广泛应用，渗透率、饱和度和压力估算很少应用。对于孔隙度估算，孔隙度和泥质含量增加都会引起速度降低，仅用一个纵波速度估算孔隙度，就会误把泥质含量当成孔隙度估算，出现孔隙度估算偏大的错误。解决这个问题，需要建立纵、横波速度与孔隙度和泥质含量的二元一次方程组，利用纵、横波速度分别唯一地估算孔隙度和泥质含量。为此，需要发展<u>多波多分量地震技术</u>，或叠前弹性波反演纵、横波速度的技术。

（刘雯林　李红南）

【油气藏分布预测地震技术 seismic technique for reservoir distribution prediction】
应用与油气藏有关的地震属性，直接检测储层的含油气性质，并预测油气藏的分布范围的技术。地震属性是指描述地震反射波波形特征的一些参数，包括振幅、频率、相位及其各类派生参数。地震属性分析技术由属性提取、处理和解释组成。

油气藏分布预测地震技术始于20世纪70年代的亮点技术，80年代AVO技术问世，90年代发展到模式识别技术，方兴未艾。用好这项技术，需要针对实际的油气藏研究岩石物理特征，进行地震模拟，分析地震属性与油气藏的相关度，提高地震检测油气藏的可信度。提取属性要使用品质好的地震数据，要发展高信噪比、<u>高分辨率地震</u>采集技术和高保真地震处理技术。用好地震属性就要选择最佳属性。用多个属性往往难以完整描述一个复合波的波形特征，最新进展是直接使用一段波形进行分类。

传统的油气检测技术有叠后的亮点技术和叠前振幅随炮检距变化的技术（即AVO技术）。亮点技术是指在常规叠加剖面或经过保幅处理的亮点剖面上，直接观察强振幅及其低频率异常，或通过数据处理计算出强振幅、低频率和反极性来识别油气层。亮点技术仅适用于砂岩油气藏，对识别气层最有效。亮点标志有多解性，亮点不一定都是气藏，也可能是岩性异常，或非工业性含少量气的砂层。亮点技术还可以使用一个平点标志识别油气藏，平点是指油、气、水界面产生的水平产状的反射波。AVO 技术是在叠加前道集记录上，分析振幅随炮检距的变化的属性来识别油气藏：油气藏往往是振幅逐渐增大，水层往往是振幅逐渐减小。叠前反射振幅是纵横波速度、密度及入射角的函数，叠后反射振幅仅是入射角为零时纵波速度和密度的函数相比，隐含着多利用了一个横波信息，因而提高了油气的检测能力。

与钻井结合的油气检测技术是油气藏模式识别技术。当油气藏是薄层时，地震属性特征很微弱，不再具有上述视觉上的典型直观特征，传统技术已失效。通过与钻井或油藏工程资料相结合，先对钻井井旁地震道进行训练，向钻井学习，然后对井外边的地震属性进行分类，预测油气藏分布，用这种模式识别技术可以提高油气藏的检测能力。沿油气藏反射层位提取的地震属性至少在 80 种以上，提取的算法也很多，例如：傅里叶变换、最大熵、自相关、希尔伯特（Hilbert）变换、分形几何等。使用多个属性有利于完整描述地震波的波形特征。处理多个属性的算法主要有判别分析、神经网络及聚类分析等。

（刘雯林）

【**时移地震** time lapse seismic】 在不同时间对同一油气藏按相同观测方式进行重复性地震观测，利用所获取的差异地震信息对油气藏做出动态描述和监测的地震技术。由于时移地震响应可以表征油气藏性质的变化，又是一种油气藏监测技术。

时移地震按观测方式分为时移三维地震（即四维地震）、时移二维地震、时移 VSP 和时移井间地震，其中以四维地震应用最多。该技术十分重视数据的振幅、频率和相位的归一化处理，研究瞬时属性，如瞬时振幅和瞬时频率的斜率变化，进行波阻抗属性分析及研究油气藏流体变化所引起的时移地震差异，并通过计算机可视化显示，以期达到优化修井方案，调整生产井和注水井的配置，提高采收率。时移地震可用于监测高成本注采作业中注入的流体，包括水、气、二氧化碳、蒸汽等流体前缘的推进情况，识别剩余油分布区，优化注采方案。

时移地震技术应用的限制条件如下。（1）资料采集的可重复性难以保证，主要表现为激发、接收环境难以保持一致，背景噪声的变化不可预测等。（2）时移地震资料的处理需要完善：一是时移地震所需的岩石地球物理信号差异量级难以达到，开采和驱替引起的岩石地球物理特性变化很微弱，低于岩石物理实验的背景噪声造成时移信号识别困难;二是注入或采出的流体受储层非均质性影响,长期开发导致的储层变化效果不够理想,所造成的孔隙压力增加或减少不能引起足够的岩石地球物理特性变化;(3)时移地震的成本和频率制约其广泛应用。

推荐书目

卡尔弗特·罗德尼.四维地震储层监测与表征[M].谢玉洪,译.北京:石油工业出版社,2016.

甘利灯,张研,胡英,等.实用四维地震监测技术[M].北京:石油工业出版社,2010.

(李红南)

【**油藏监测风险评价** risk assessment of reservoir monitoring】 在油藏地震监测项目实施前,进行风险分析,评价其可行性的工作。油藏监测的目标是流体变化,由于流体变化引起的地震波传播速度变化通常很小,在地震数据上形成的差异很微弱,因此利用地震数据监测油藏的项目实施前,必须进行油藏监测风险评价。

风险评价需要对油藏的几个关键因素和地震数据品质进行分析,可以用计分方式定量划分风险等级。油藏监测可行性的基本条件如下。(1)岩石软,干燥岩石体积模量小于10GPa;疏松砂岩速度低,流体改变对地震数据的影响相对要比碳酸盐岩等硬岩石大。(2)埋藏深度浅,浅层碎屑岩疏松,地震数据对流体变化敏感;浅层地震数据信噪比和分辨率高,品质好。(3)厚度大于1/8波长,地震分辨率越高,波长越小,越有利于监测薄油藏。(4)孔隙度大于15%,孔隙度越大,孔隙流体改变对地震数据的影响越明显。(5)流体饱和度变化大于30%。(6)注入流体与采出油气的物理性质差异大,流体压缩系数变化大于100%。(7)速度变化大于4%;使用永久性震源和检波器装置将降低这个限制;反射振幅对速度变化有放大作用。(8)地震数据品质好,信噪比高,振幅可靠,频带宽,分辨率高;每次采集应用同样的设备,相同的观测系统定位精确,重复性好。

在地震油藏监测项目中,监测稠油热驱风险最小,监测气驱风险也很小,监测水驱风险最大。由于油田广泛采用水驱提高采收率,地震监测活动已转移到油水系统上来,国外已有70%的地震监测项目是水驱油藏的监测。

(刘雯林)

【**水驱前缘地震监测** seismic monitoring of water flooding front】 在注水开采过程中,应用时移地震监测水驱前缘的移动状况,圈定剩余油分布区的方法。地震能成功监测水驱的有利条件如下。(1)油藏的气油比高,采油使得油藏压力下降，溶解气逸出，变成游离气；注入水使得压力增加，游离气变成溶解气；这种变化使油藏速度产生明显变化。(2) 注入水含盐度高，水置换油使速度明显增加。(3) 储层是疏松的高孔隙度砂岩，孔隙中流体改变引起的油藏速度变化十分明显，水置换油引起的油藏速度增大，可以超过5%。固结砂岩中，水置换油引起的油藏速度增大通常低于4%，地震监测水驱前缘在技术上比较困难。最困难的储层条件是死油和水储存在低孔隙胶结砂岩或碳酸盐岩中。

（刘雯林）

【**长期水驱剩余油分布地震预测** seismic prediction of remaining oil distribution under long–term water flooding】利用时移地震等技术，预测长期水驱后油藏中剩余油分布状况的方法。

在砂岩油藏长期水驱开采中，注水冲刷使得储层孔隙度增大，渗透率增大，泥质含量减少，注水井附近压力增大，这些变化使得油藏速度明显减小，减小幅度远大于水置换油产生速度的增大幅度，为地震监测长期水驱前缘的推进、预测剩余油分布范围提供了良好条件。在注水井附近是增压冲刷带，速度下降约20%。向外是水置换油带，速度下降约15%。再向外是压力前缘带，速度下降约5%。最后是原始油饱和带，速度几乎没有变化。在水置换油带与压力前缘带之间，有一个速度变化的拐点，在时移地震数据上将对应着差异振幅变化的拐点，可用于指示水淹层与剩余油的分界线（见图）。时间推移地震两次观测所需要的时间间隔取决于流体流动的速度，水驱监测通常是在油藏高含水后做一次三维地震观测，与油藏开发前用于储量评价的三维地震组成时移地震。

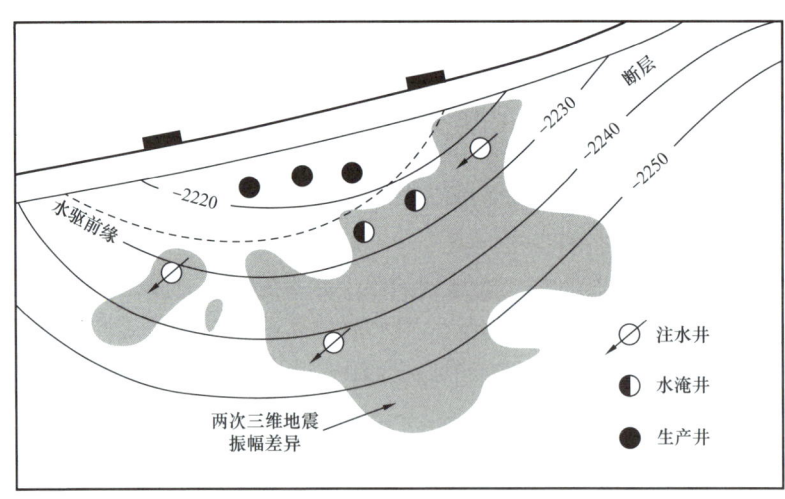

利用时间推移地震振幅差异预测剩余油分布

陆上应用三分量检波器，海上应用海底电缆四分量检波器，同时采集纵波和横波地震数据，或者应用常规纵波地震数据叠前反演获得纵、横波的速度和密度，通过估算油藏压缩系数来估算剩余油饱和度，预期将是一种很有发展前景的预测水淹层剩余油分布范围的方法。

（刘雯林）

【气驱前缘地震监测 seismic monitoring of gas flood front】 在注气开发过程中，应用时移地震技术，监测气—液接触面的变化及气驱替油引起的振幅变化，以及注入气体移动的方法。

（刘雯林）

【稠油热驱前缘地震监测 seismic monitoring of thermal driving front of heavy crude】 在稠油开发过程中，应用时移地震技术，监测注入蒸汽导致的差异成像热驱范围和前缘推进，评价蒸汽驱的推进状况和有效性的方法。

首先在注入热蒸汽前做一次三维地震基础观测。开始热驱后，每隔2～12月做一次监测观测，具体间隔时间由可行性研究确定，规则是采集的数据足以解决监测问题。观测的最佳时间是等到注入蒸汽增加的压力下降以后，溶解气逸出，变成游离气，这时观测到的地震数据异常最大。以基础观测数据为基础，对监测观测数据进行互均化处理，求取每次监测观测数据与基础观测数据之间的差异，分析差异成像热驱范围和前缘推进。这种差异有油藏反射振幅及其反演速度的变化，也有油藏底界或油藏下面的反射时间下拉。

岩石物理基础 注入热蒸汽，在注入井附近是蒸汽饱和带，高温高压低油饱和度，速度下降约30%，油藏底界反射时间明显下拉，低于基础观测时间。由蒸汽饱和带向外为热流带，高压热水热油，速度比蒸汽饱和带要高，仅降低约5%。再向外是压力增高带，高剩余油饱和，冷流体增压，压力增加使可能存在的游离气溶解，速度会提高大约20%，使得油藏底界反射时间明显上拉。最外圈是正常温度低压带，若油藏气油比较高，则为气逸出带，速度降低约20%。油藏反射振幅变化视油藏与围岩的速度差异大小而定。

地震解释方法 根据生产动态和油层物理资料进行油藏热模拟，利用岩石物理资料把油藏热模拟结果转换为速度模型，制作合成地震模型，与实际观测地震数据比较，迭代修改速度模型，使地震模型与实际数据吻合。然后用模型蒸汽厚度与速度作出交会图版，按图版提供的关系曲线把油藏的地震反演速度转换成蒸汽饱和带厚度，用于评价蒸汽驱的推进状况和有效性。

（刘雯林）

【油藏地震实时成像 real-time seismic image of reservoir fluid flow】 利用油田地面或井下埋置的地震采集仪器，对油田开发过程中流体变化进行实时监测与直接成像的技术，用于油藏管理。

这就是所谓"仪器油田"（instrumented oil field）。永久性埋置仪器能降低噪声，增强信号，提高分辨率，保证数据重复性，提高地震监测油藏的能力，许多被认为尚无能力监测的油藏都能得到有效监测。永久性仪器采用耐用的光纤仪器来代替现有电子仪器，增加长期监测的可靠性。地震实时成像不需要像井口测量仪器监测油藏数据那样连续和实时，因为地震监测的目标是油藏变化，油藏变化反映到地震监测数据体上，不可能变化那么快，只是需要从数据采集到最终输出油藏状态图的时间最短。常规的流动模拟只是一种预测，油藏地震实时成像却是一种对流体流动的直接成像。

（刘雯林）

【井间地震 cross-well seismic survey】 在一口井中放置震源激发地震波，在另一口井中放置检波器接收地震波，采集到的数据经过处理后，用于研究两口井之间的地质情况的技术（见图）。

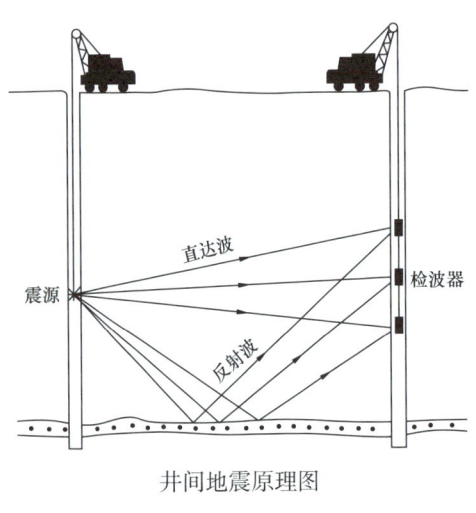

井间地震原理图

在油田开发阶段，有很多密布的油井可供井间地震观测使用，井间地震是一项油藏描述和油藏监测地震技术。由于激发和接收都放到井下去进行，避开了近地表低速度带、降速度带疏松土壤或岩层对地震波的强烈吸收衰减以及地表噪声干扰，且靠近油藏观测，与地面地震观测相比，明显提高了分辨率。

装备　井下震源有可控震源和脉冲式震源两大类近30种，激发频率从几百赫兹至几千赫兹。井下检波器种类繁多，通常采用12级3分量推靠式检波器，一次激发，12道同时接收。3分量检波器可同时记录纵波与横波。

采集　移出油管和完井装置，在激发井中下入震源，在接收井中下入检波器。激发和接收间距1～5m，在井下不同深度激发和接收。井间距离500m左右，接收频率达300～500Hz。井距过大难以得到好的资料。

处理 通过井间地震层析成像和井间地震反射成像处理获得了用于解释的井间数据。层析成像只利用由震源直接到达检波器的直达波，通过提取直达波旅行时间，求取井间的速度场，用来刻画井间的油藏特征。反射成像是利用层析成像得到的速度模型，按震源到接收点的反射波射线轨迹进行共深度点叠加，经过偏移处理，得到井间反射剖面。反射剖面分辨率明显高于层析成像速度剖面，通常是二者用彩色叠合显示。

应用 利用井间地震特有的高分辨率，对油藏特征进行精细描述，分析储层连通性，解释小断层和岩性尖灭，寻找剩余油分布，监测蒸汽驱或蒸汽吞吐。井间地震层析成像只能提供粗略的层组速度背景图像，难以分辨小层。井间地震反射成像可以提供井间高分辨率小层反射图像，分辨 2~3m 的小层。

经过 20 世纪后 20 年的试验研究，井间地震开始进入商业性应用阶段。由于数据采集受井孔制约，最佳观测角度、射线分布和反射范围有限，影响到成像精度。进一步的发展是研制大能量安全井中震源，开发几十至上百级接收设备，优化采集观测系统设计，发展精细成像处理技术。

（刘雯林）

【井间地震层析成像 cross-well seismic tomography】 在一口井中激发地震波，在另一口井中接收地震波，利用透过岩层的直达波旅行时间重建井间的速度分布图像，或是速度的倒数，即慢度分布图像。具体做法是：把两口井之间的横剖面划分成小方格，方格边长 0.5m，每个方格赋给一个初始速度值，初始速度可以用两口井的声波测井通过内插给出。按照每个震源—接收点对的空间位置，应用射线追踪方法计算射线穿过这些小方格的旅行时间，与拾取的直达波实际观测旅行时间对比，若有误差，就在最小二乘意义下修改初始速度值。对所有震源—接收点对依次逐个进行这一处理过程，就完成了第一轮求解过程。迭代重复这个过程，直至全部计算旅行时间逼近实际观测值为止，最终得到的修改后的速度值就构成了层析成像的速度图像。

层析成像还可以利用直达波的振幅衰减测定吸收分布，对吸收场进行成像。吸收场成像只有在振幅测量精度足够高时，才有实际应用意义。

地震层析成像引自医学层析。由于地震观测方向受井限制，而不能像医学那样随意，地震射线也不像 X 射线那样是直线，射线分布不均匀，大多数射线与岩层延伸方向平行或交角很小，使得地震层析只能提供井间范围速度的一个有效表示，不可能像医学层析那样精确。地震层析成像常常被用来为更精细的反射成像提供所需的速度模型，并用彩色与反射成像叠合在一起显示，辅助反射成像的解释。

📖 **推荐书目**

吴律. 层析原理及其在井间地震中的应用［M］. 北京：石油工业出版社，1997.

（刘雯林）

【井间地震反射成像 cross-well seismic reflection image】 利用井间地震形成的速度信息转换为油藏地质信息的反射成像技术。

利用井间地震层析成像提供的速度模型，按照震源与接收点在两口井中的空间位置，将每一个接收道上的每一个观测值从深度—时间域变换到井间距离—反射点深度域，或井间距离—反射点双程垂直时间域，重叠的观测值叠加成为共深度点叠加道，就完成了井间地震反射成像。具体做法是：从井间地震采集数据中分离出反射波，按照震源与接收点中点深度相同的原则，抽取共中心点深度道集。将井间距离按一个小间距划分成许多网格，计算出同一共中心点深度道集在同一反射界面深度上的旅行时间，取出每一道的观测值，按照计算出的对应井间距离依次放到井间位置上去。计算旅行时间所用的速度由井间地震层析成像或声波测井提供。所有共中心点深度道集经过上述处理，在同一位置上的重叠值都叠加在一起，最后再做一次偏移处理，把反射波归位到正确的空间位置上去，使岩性尖灭或断层棱点清晰聚焦成像，便得到反射成像。

与层析成像相比，反射成像分辨率显著提高，至少高 10 倍以上。由于激发和接收是在井下靠近岩层的深度上进行，有效反射角度范围受到限制，影响成像质量，岩层产状欠准确。假定射线只限定在连接两口井的平面内，忽略了反射有可能来自侧面的三维空间，也会造成成像的偏差，因此应进一步做好采集设计，发展波动方程反射成像技术。

（刘雯林）

【井间电磁成像 cross-well electromagnetic image】 利用发射电磁波的方法对井间的地质剖面进行层析技术处理，得到井间地质剖面的内部结构图。

在一口井中放入电磁波发射器，在另一口井中放入接收器，采用一个或几个频率，接收来自发射井的电磁波，把实测电磁波直接转换为电导率或者相对介电常数的空间成像。由于电导率参数与地震速度参数相比，更能直接反映油藏孔隙流体性质的变化，在识别油、气、水分布，圈定油藏边界，预测流动优势通道及裂缝发育带等方面具有优势，因此可作为地震油藏描述和监测技术的重要补充。

井间电磁成像的分辨率与电磁波频率成正比。但是，电磁波具有强烈的衰减特性，只能够使用较低频率，如 1～10kHz。井间电磁成像技术尚处于起步阶段，需要进一步提高井下电磁测量仪器的抗干扰能力，发展高频、弱电磁信号成像处理技术。

（刘雯林）

【微地震监测 microseismic monitoring】 利用微地震波资料，对油田开发过程中储层岩石产生的裂缝进行监测的地球物理技术。

在对低渗透油藏采用压裂作业提高产能时，或在油田开发注入和采油过程中流体压力变化使油藏及围岩应力受到影响时，岩石在产生微裂缝的过程中，将作为一个个震源产生微地震。在地面布置若干个检波器，或在井下布置多级检波器，记录微地震数据，利用不同位置接收到的微地震信号到达时间计算距离，以接收点为圆心画圆，若干个圆的交会点即是微地震震源点，从而确定微地震的空间位置，结合微地震事件发生的时间顺序，连接相关的微地震点，作出裂缝图，用于监测压裂效果，优化压裂方案，检测注水前缘，预测剩余油的分布范围。微地震监测由于没有使用人工地震震源，又称无源地震监测。采用带推靠器的井下 8~12 级三分量检波器，可以提高微地震微弱信号的记录精度，记录到下至里氏震级 −4 级的微地震，并可以利用检波器的三个分量精确定位裂缝产生的微地震位置。

（刘雯林）

【多波多分量地震技术 multi-wave and multi-component seismic】 用纵、横波震源激发，利用多分量检波器记录地震纵波、横波（包括快、慢横波）或转换波（包括纵波转换横波及横波转换纵波），从而使地震数据信息更为丰富，提高地质构造的成像和储层参数预测精度的一种地震技术。又称全波地震。

多波多分量地震采集的震源有可控震源、炸药震源、定向锤击震源及空气枪等。激发方式可以是纵波激发、SV 波激发和 SH 波激发。海上多波多分量地震采集一般使用常规纵波激发，海底四分量（P、X、Y、Z）检波器接收的方式。陆上一般采用常规纵波激发，三分量检波器接收的方式，获得三分量采集的地震数据。极少情况下，在陆上也可利用上述三种方式激发、三分量接收，获得九分量采集的地震数据。

多波多分量地震采集与常规地震采集的最大不同是引入了矢量的概念，使接收到的波场具有偏振方向的信息，从而同时获得了纵波、横波和转换波等波场，能够更准确地反映地下介质的岩石物理性质，减少纵波勘探的多解性。

多波多分量地震数据处理可分为两部分，即转换波处理和非转换波处理，其中，转换波处理是多波多分量数据处理的核心。多波多分量地震采集，以纵波震源激发三分量地震检波器接收为主，所以多波多分量数据处理主要是指对纵波激发的转换波数据进行处理（见图）。图中 z 分量即为纵波数据，SV 及 SH

为两个水平分量，记录的是转换波数据。

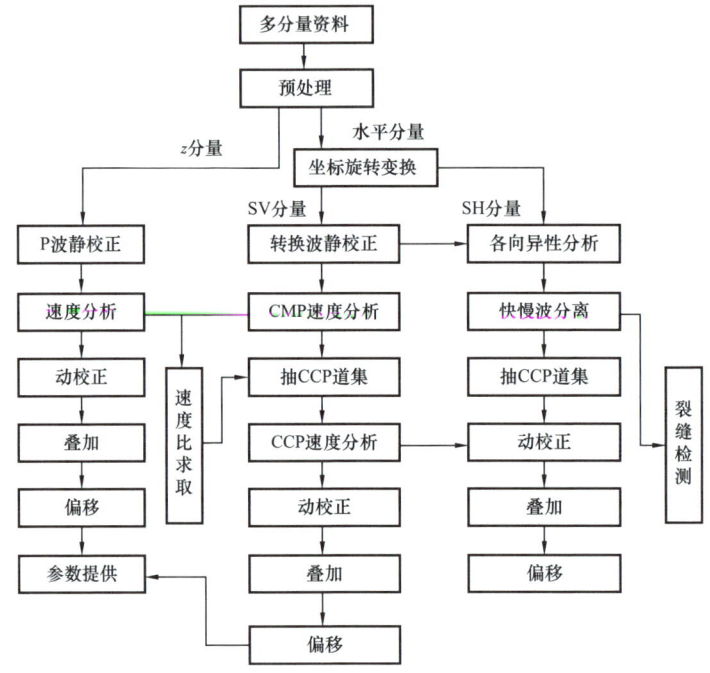

纵波震源激发的转换波数据处理基本流程图

转换波数据处理与纵波数据处理的主要区别在于：（1）水平分量转换波的坐标旋转变换；（2）转换波静校正；（3）共转换点（CCP面元）的计算；（4）转换波速度分析；（5）转换波叠前成像。

📝 推荐书目

邹才能，张颖.油气勘探开发实用地震新技术［M］.北京：石油工业出版社，2002.

（李红南）

【**地球物理测井 geophysical well logging**】 利用岩层的电化学特性、导电特性、声学特性、放射性等地球物理特性，用电缆将测井仪器下入井内，沿着井筒连续记录随深度变化的各种地球物理参数，获取地下地质信息的方法技术。

测井资料因其纵向分辨率高，是油藏描述必不可少的手段。在油气田开发过程中，测井资料主要用于：（1）地层划分对比，沉积环境解释及构造分析；（2）识别和划分油、气、水层；（3）确定储层的孔隙度、渗透率、含油饱和度等重要参数；（4）研究生产过程中，油、气、水层的动态变化及井的状况等。

油气钻井完钻后到完井之前进行的测井，习惯上称为裸眼测井，又称完井电测，主要获取井孔剖面的地质信息及工程技术资料，作为完井和开发油田的原始资料。而在油气井完井及其后整个生产过程中进行的测井，习惯上称为生产测井或开发测井，主要获取井下流体流动状态、井身结构技术状况和油层性质变化情况等信息，作为监视和分析油气层的生产状况及开发动态的资料。

一个油气田使用的测井系列一般分为两大部分：全井段测井系列和储层段测井系列。

推荐书目

丁次乾.矿场地球物理［M］.青岛：中国石油大学出版社，2008.

欧阳健，王贵文.测井地质分析与油气层定量评价［M］.北京：石油工业出版社，1999.

（李红南）

【**全井段测井** full length logging】 从井口到完钻井深全部井段的测井作业。油田现场通称标准测井。

全井段测井内容通常包括以下系列：自然电位和（或）自然伽马测井；梯度电极电阻率测井（1m 或 2.5m 电极距）；有时增加 0.5m 电位电极电阻率测井或声波时差测井。

全井段测井的地质任务主要是用于大层段判别岩性组合和地层层序，进行地层划分与对比。测井曲线成图深度比例尺采用 1∶500。

（禹长安）

【**储层段测井** reservoir interval logging】 专门在储层井段进行的测井作业。由于测井系列内容比较多，故通称组合测井。

储层段测井系列要分层次选用，一般采用由繁到简的原则。在现有测井技术条件下，其常规测井系列内容包括：自然电位和（或）自然伽马测井；浅、深探测电阻率测井（双侧向或双感应）；微电阻（微球形聚焦、微侧向或微电极）测井；三孔隙度测井（声波、中子、密度测井）；井温、钻液电阻率测井；井径测井、井斜测井等工程测井。在常规测井系列条件下，除渗透率值（其解释方法是通过其他参数间接求解）外，其他属性参数的解释精度，均可通过现有的测井方法求得。必须强调测井解释模型要适应本油藏的地质特征。

根据特殊地质解释需要，可以加测下面的任一种测井内容：地层倾角测井；自然伽马能谱测井；地层重复测试；长源距声波测井；光电吸附指数测井；电磁波传播测井；电阻扫描成像测井；核磁共振测井等。

储层段测井的地质任务为：判断油、气、水层；定性、定量解释储层的各种地质参数（主要包括：有效厚度、孔隙度、渗透率、含油饱和度、地层倾角、裂缝、横向连通性等）。测井曲线成图深度比例尺一般为1∶200，配合岩心归位时深度比例尺应放大为1∶100或1∶50。

（禹长安）

【**水淹层测井 watered-out zone logging**】 油藏注水开发或天然水驱过程中，为了判断油层水淹层位、水淹程度和剩余油分布状况专门进行的测井作业。

水淹层测井系列 根据钻井完井进程和测井任务的不同，水淹层测井系列一般分为两类：裸眼井水淹层测井系列和套管井水淹层测井系列。

（1）裸眼井水淹层测井系列：对已经完钻尚未下套管的井，在储层井段进行的水淹层测井，一般为新钻的加密调整井，这时可通过水淹层测井了解油层水淹层位和水淹级别，为制订该井射孔投产方案提供依据。裸眼井水淹层测井系列包括：自然电位基线偏移测井（适用于注淡水开发的油层）、激发极化电位测井、电阻率测井（感应测井、侧向测井、长电极距梯度测井及微电极测井）和介电测井等基本测井方法。此外声波、中子伽马、自然伽马等测井方法在特定情况下可以作为水淹层测井系列。

（2）套管井水淹层测井系列：对下套管完井后已投产的井，在开发过程中为监测油层水淹层位、水淹程度和剩余油饱和度所进行的水淹层测井，其成果为制订油藏开发调整方案或提高采收率技术措施提供依据。套管井水淹层测井系列包括C/O能谱测井、中子寿命测井等。

水淹层测井地质任务 在油藏注水开发或天然水驱过程中判断油层的水淹层位，计算水淹层的含水饱和度（或含水率），并确定目的层的水淹级别，如强水淹（含水率大于80%）、中水淹（含水率为40%~80%）、弱水淹（含水率为10%~40%）、未水淹（含水率小于10%）。

（1）判断油层水淹层位。根据油层岩性类型，有不同的判断解释方法。

① 砂岩油藏水淹层位确定方法：自然电位的基线偏移法、介电测井的相位差法、C/O能谱测井的C/O-Si/Ca曲线差值法、激发电位法，以及冲洗带电阻率法、径向电阻率法、测定可流动流体等方法。用上述方法进行综合解释更为准确。

② 碳酸盐岩油藏油水界面确定方法：双孔隙度法（总孔隙度与含水孔隙度比较）、径向电阻率法（冲洗带电阻率与原始地层电阻率比较）、电阻率时间推移法等方法。

（2）计算目的层含水饱和度、确定水淹级别。其方法分为水淹模型法和数理统计法。

① 油层水淹模型方法：把只适用于静态条件的阿尔奇（Archie）公式进行

扩展，概括为以下三种方法。

标准模型法：校正了地层混合液矿化度、泥质含量、钙质含量、粒度（中值）等变化，以及测井本身非一致性所带来的影响，并标定到统一条件下，突出了含油性对电阻率的作用，提高了使用阿尔奇公式求解含水饱和度的精度。

淡化系数法：该方法用淡化系数校正了由于注水使地层混合液矿化度下降而导致的地层电阻率变化所带来的影响，从而提高了使用阿尔奇公式求解含水饱和度的精度。

数理模型法：在岩石试验的基础上，从数学物理概念出发，以阿尔奇公式作为特例，在注水矿化度不变的情况下，建立地层电阻率与含水饱和度等参数的关系方程。该模型适合注水后任何时间含水饱和度的求解。

② 油层水淹数理统计方法：主要应用判别分析法、模糊数学、人工智能、灰色理论和人工神经网络等方法解释水淹层含水率及划分水淹程度级别。

推荐书目

赵培华.油田开发水淹层测井技术［M］.北京：石油工业出版社，2003.

（禹长安）

【**生产测井 production logging**】 在油气井完井及其后整个生产过程中，应用地球物理方法对井下流体流动状态、井身结构技术状况、油层性质及其变化情况等进行监测和分析的测井技术。又称开发测井。

一般包括产出和注入剖面测井、工程测井和产层参数测井。

产出剖面测井 在生产过程中为了了解每个小层或层段的产油、产水及压力变化等情况所进行的测井，又称生产剖面测井。

根据生产井不同的生产方式，又分为自喷井产出剖面测井和抽油井产出剖面测井两种。

自喷井产出剖面测井，使用直径 $\phi43\sim48mm$ 的找水仪（持水率和流量两参数仪，适用于油气两相测量，见图1），将测井仪器通过井口的防喷装置和油管进入产液井段进行连续测量。点测时仪器自下而上选择合适的夹层进行定点测量。

抽油机井生产剖面测井，为了解决不停产测井问题，使用直径 $\phi25\sim28mm$ 找水仪，通过油套管环形空间下至测量井段，测井后由环形空间取出仪器。

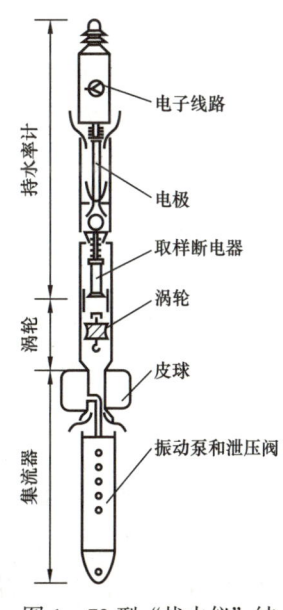

图1 73型"找水仪"结构示意图

为了对找水仪进行刻度和对流量计进行校验，各主要油区应建立三相流量和两相流量模拟试验装置。

注入剖面测井　为了了解注水井每个单层或层段的吸水情况而进行的测井。根据注入井所注入的流体不同，又可分为注水剖面测井、注汽剖面测井和注聚合物剖面测井。

注水剖面测井主要使用井温测井、流量计法测井和放射性同位素示踪法测井进行注水剖面定量解释，95%的注水剖面测井采用示踪法测井（见图2）。

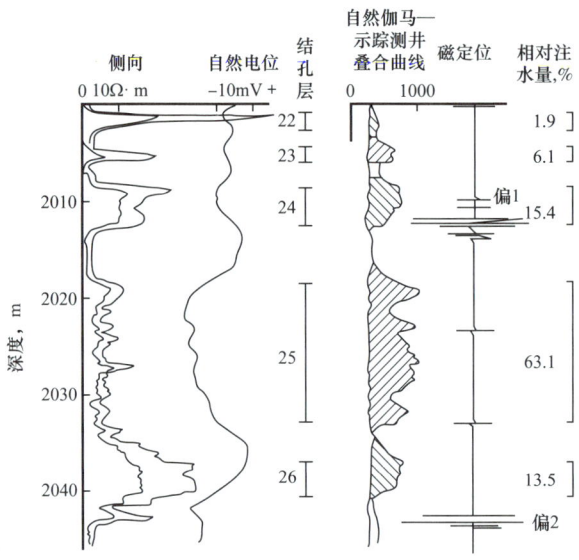

图2　放射性同位素示踪剂注水剖面测井图

注汽剖面测井主要采用井温法、流量计法，测量井温、流压和分层注汽量，并计算蒸汽干度。由于注汽温度高达200～360℃，因此对井下测井仪器、电缆及井口防喷设备的耐高温性能要求很高。

注聚合物剖面测井主要采用示踪法（活性碳为载体、放射性同位素^{113}I为示踪元素）和电磁流量计法。

（李红南）

【工程测井　engineering logging】　检测钻井、开采过程中油水井工程问题的测井技术。主要检测管柱深度、套管损坏（变形、破裂、错断和漏失）、井径变化、套管腐蚀及补贴效果、射孔质量、固井质量、管外窜槽位置、压裂酸化及封堵效果、出砂层位等工程问题。工程测井的主要方法有以下几种。

井径测井　测量井眼尺寸或通过测量套管内径来检查套管壁状况的测井方

法。测量井径的仪器有：微井径仪、x-y 井径仪、2 臂过油管井径仪、8 臂井径仪、10 臂过油管小井径仪、磁井径仪、36 臂井径仪及 40 臂井径仪等。

井温测井　通过测量井筒温度变化反映套管固井水泥环及第二界面的固井质量。

超声波电视测井　不同的套管损坏在超声波测井照片上的成像特征不同，用以解释套管损坏类型。

磁测井　用不同时间的磁测井资料与固井后磁测井的初始资料对比，以解释套管腐蚀及损坏的情况。

测斜仪测井　能够直观反映套管的弯曲变形。井下陀螺定向测斜仪、测斜仪及铅模打印资料配合应用可以提供套管弯曲的斜度和变形点的方向。

噪声测井　对于破漏的套管，由于流体的流动，在破漏点处噪声测井曲线呈高峰。

声波变密度测井　主要用以检查固井质量及套外窜槽的情况。

（禹长安）

【产层参数测井 pay-zone parameter logging】　在油田开发过程中，获取储层孔隙度、渗透率、含油（水）饱和度和压力等参数变化的测井。其主要方法包括如下几种。

C/O 能谱测井　当储层孔隙度大于 20% 时，C/O 能谱测井资料可以定量求取含水饱和度。

中子寿命测井　适用于求取地层水矿化度高的剩余油和残余油饱和度。在淡水地层中应用测—注（向地层注入高矿化废水）—测的测井工艺进行中子寿命测井能提高解释符合率。

电缆式地层测试　使用该仪器测井，通过取得的地层流体样品可以认识产层流体性质；通过测得的压力剖面可定量计算储层的有效渗透率。

成像测井　根据钻孔中地球物理场的观测，对井壁和井周围物体进行物理参数成像的测井方法。井壁成像测井在技术上最成熟，包括井壁声波成像和地层微电阻率扫描成像。该测井方法具有直观性、可视性，能直接反映井周的地层分布情况和地层特征，具有半定量和定量评价储层参数的功能。如地层的倾角、倾向，构造特征，裂缝的几何形态，裂缝的发育程度；识别溶洞、溶孔，并能判断其有效性；结合少量的常规测井资料识别岩性等。

核磁共振测井　利用核磁共振原理，通过测量地层中的氢核在地磁场中自由旋进的信号，研究地层中孔隙流体含量和存在状态的测井方法。该方法是一种适用于裸眼井的测井新技术，以氢核与外加磁场的相互作用为基础，可直接测量孔隙流体的特征，不受岩石骨架矿物的影响，能提供丰富的地层信息，如地层的有效孔隙度、自由流体孔隙度、束缚水孔隙度、孔径分布及渗透率等参数。

（李红南）

【钻井地质 drilling geology】 与油气钻井作业相关的地质工作。

钻井地质工作内容包括三方面：（1）钻井前，确定钻井井位，开展钻井地质设计；（2）钻井过程中，进行地质录井，取全、取准直接和间接反映地下地质情况的资料数据；（3）钻井后，进行完井地质总结，全面、系统地收集和整理钻井过程中所取得的各项资料，综合判断钻探地层剖面、构造及油气水层等地下地质情况，编制完井地质总结报告及相关图件。

推荐书目

吴胜和，蔡正旗，施尚明. 油矿地质学［M］.4 版. 北京：石油工业出版社，2011.

（李红南）

【探井 exploratory well】 在油气地质调查及油气地质综合研究的基础上，以发现和探明油气藏、了解地下油气富集规律、提供勘探开发所需要的地质资料为目的而钻的井。

按其部署的阶段性和钻探的目的不同，探井类别分为地质井、参数井、预探井、评价井和水文井等。

地质井 在盆地普查阶段，由于地层、构造复杂，用地球物理勘探方法不能发现和查明地层、构造时，为了确定构造位置、形态，查明地层层序及接触关系而钻的井。取井位所在一级构造单元名称的第一个汉字加大写汉语拼音字母"D"组成前缀，后面按布井顺序号（阿拉伯数字）命名。

参数井 在区域勘探阶段，为了解各一级构造单元的地层层序、厚度、岩性、石油地质特征（生、储、盖及其组合，烃源岩地球化学指标等），并为地球物理解释提供参数而钻的探井，又称区域探井。取井位所在盆地、坳陷（或凹陷）名称的第一个汉字加"参"字组成前缀，后面按布井顺序号（阿拉伯数字）命名，如江汉盆地第一口参数井命名为"江参1井"。

预探井 在圈闭预探阶段，在地震详查的基础上，以局部构造（圈闭）或构造带等为对象，以发现油气藏、取得储层物性资料、计算控制储量和预测储量为目的而钻的探井。冠以所在地区（二级、三级构造带）、圈闭名称中的1～2个汉字，加预探井布井顺序号命名，一般采用1～2位阿拉伯数字。

评价井 在地震精查或三维地震的基础上，在已获工业性油气流的圈闭上，为详细查明油气田特征，评价油气田的规模、产能、经济价值，计算探明储量等而钻的探井。冠以所在油气田（藏）中的1~2个汉字，加评价井布井顺序号命名，一般采用3位阿拉伯数字。

水文井　为了解水文地质问题和寻找水源而钻探的井。取井位所在一级构造单元名称的第一个汉字加大写汉语拼音字母"S"组成前缀，后面按布井顺序号命名。

探井资料用于研究地层时代、岩性、厚度、生储盖层组合，或在确定的有利圈闭上证实有无油、气蕴藏，或在已发现的油、气圈闭上，进一步探明含油、气边界和储量，查明油（气）藏类型、构造形态、油（气）层厚度变化及物性变化，评价油（气）田规模、生产能力和经济价值等。

（李红南）

【**开发井** development well】　以有效开采油气或检查油气田开发动态、开发效果为目的而钻的井。开发井分为一般开发井（生产井和注入井）和特殊开发井（检查井、观察井、更新井和新技术试验井等）。

一般开发井的井号以油气田—区块—井序代号按三段式编排，特殊开发井一般在井序代号（阿拉伯数字）前加特殊的字头对其加以标识。对于纳入开发系统的探井，应沿用原来的井号名称，使井史资料保持连续性。对于丛式钻井开发的油气田，按平台编排井号。

生产井　包括采油井、采气井，是进行油田开发时为开采石油和天然气而钻的井。

注入井　包括注水井、注气井、注聚合物井，是油田开发过程中为了提高采收率及开发速度，而对油田进行注水、注气、注聚合物等以补充和合理利用地层能量、降低原油与注入液的黏度比等而钻的井。

检查井　油田开发到某一含水阶段，为了搞清各油层的压力和油、气、水分布状况，检查油层开发效果（如剩余油饱和度的分布、变化等）而钻的井。检查井一般要在目的层段进行一定数量的取心。

观察井　是油田开发过程中专门用来了解地下动态的井。

更新井　由于原有开发井毁坏后无法正常使用，在原有开发井位或其附近重新补钻的替代井。

新技术试验井　为了进行一些特殊的油田开发试验，如注聚合物采油、化学驱油而部署的开发井。

（李红南）

【**钻井井位设计** drilling location design】　根据不同的钻井目的及地质条件，选择最佳的井口位置和井型，确定钻探目的层和完钻原则的工作。钻井井位设计经主管部门审查、批注后，以"钻探任务书"（探井）、"定井位数据表"（开发井）的形式发给具有设计资格的部门。

（李红南）

【钻井地质设计 drilling geological design】 在钻井井位设计的基础上，对可能钻遇的地层岩性剖面及深度、完钻的层位及深度进行地质预测，对钻井液性能、各种资料录取（测井、录井）、中途测试、井身剖面与质量等提出明确的地质要求，预测与地下地质相关的钻井工程事故（地层疏松易于垮塌、异常高压易发生井喷、缝洞发育易发生钻井液漏失等）可能出现的井段，并提出相关防范措施的工作。

钻井地质设计的任务包括三个方面：一是在井位设计的基础上，进一步明确钻井的目的和任务；二是明确钻井施工的质量要求；三是明确取全、取准第一性地下地质资料的要求。

（李红南）

【地质录井 geological logging】 石油、天然气钻井过程中（从开钻到完井），利用专用设备及方法，依据技术标准取全、取准直接和间接反映地下地质情况和施工情况的各项资料、数据的工作。

地质录井的主要任务为：在实时状态下连续取全取准各项资料，及时进行油气水（非烃）的识别、油气水层综合解释与评价，对钻井过程井下事故进行预报和监控，为油气田的勘探和开发提供可靠的第一性信息。按地质录井发展阶段和技术特点分为常规地质录井、气测和综合录井、新方法录井三大类。

常规地质录井 主要包括：岩屑录井、岩心录井、钻井液录井、钻时录井、荧光录井等，其特点是简便易行，应用普遍，应用时间早。它具有获取第一性实物资料的优势，一直发挥着重要的作用。

气测和综合录井 主要包括：随钻检测全烃组分、非烃组分、工程录井信息等。其特点是实现了仪器连续自动检测与记录，实现了录取资料的多样化、定量化，有专门的解释方法和软件，油气层的发现和评价自成系统。这一录井技术系列现已成为录井工作的主体。

新方法录井 主要包括：岩石热解地化录井、定量荧光录井轻烃色谱分析、罐装气轻烃录井、核磁共振分析、离子水分析、X射线元素录井、地层压力评价等。这些均属实验室技术的推广应用，灵敏度高，定量化，获取的资料不仅用于发现和评价油气层，还可用于生、储、盖层的研究评价。

（李红南）

【岩屑录井 cutting logging】 在石油天然气钻井过程中，地质人员按照设计的深度间隔及质量要求，按迟到时间，将返到地面的岩屑（钻头在井底破碎岩层形成的钻屑）在指定的取样处系统收集整理、加工制作、观察描述、选样分析，从而恢复地下地质剖面的工作。

迟到时间是指岩屑从井底返到井口取样位置所需的时间。在岩屑录井中要注意区分真假岩屑、测算和校正迟到时间、清除岩屑混杂的影响，做到岩屑正确归位，保证岩屑录井质量。

岩屑录井录取资料项目包括井深、钻达时间、迟到时间、捞砂时间、层位、岩性、描述内容、岩屑样品等。岩屑录井工作流程如图所示。

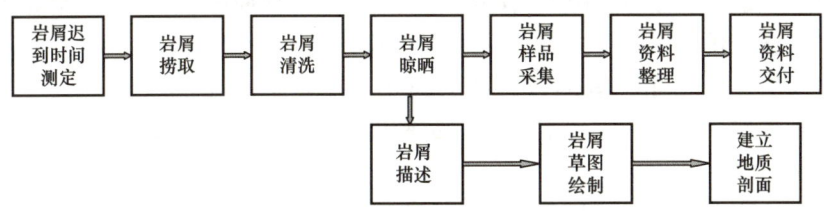

岩屑录井工作流程图

岩屑录井在地质工作中具有重要作用，在不取心井中尤为重要：可及时确定井下正钻层位及其岩性，指导钻井施工的顺利进行；与荧光录井相结合，及时发现和保护油气层；了解储层岩性、岩相、古地理等沉积特征资料和开发井开采层位的静态地质参数，为勘探开发油气藏提供地质依据。

（李红南）

【岩心录井 core logging】 在钻井过程中，用专门的取心工具，将井下岩石取上来（这种岩石叫岩心），并对其进行整理、描述和分析研究，取得各项资料的工作。

岩心录井是油气勘探开发中，录取直接的第一手地质资料的重要手段。在开发地质范畴内，岩心录井资料可以解决的地质问题有：获取古生物资料，确定地层时代，进行地层对比；判断地层产状及接触关系、断层和裂缝分布等构造特征；观察岩心岩性及沉积构造等，判断沉积环境；研究岩性、物性、含油性及电性等"四性"关系，推断油、气、水层；了解开发效果有关资料、数据，查明油层水淹情况及残余油赋存状态；分析油层伤害程度，结合室内实验，获取敏感性信息和压裂工程力学参数，为油气层保护和增产增注措施提供依据等。

由于取心成本高、钻进速度慢、技术较复杂，因而在油气田勘探开发过程中布置的取心井是有限的，要根据油气藏地质特点、所处勘探开发阶段以及解决地质问题的重点，设计好取心井位、取心层段和取心方式，保证岩心资料的齐全、准确。岩心录井要做好岩心归位、岩心描述和岩心取样分析工作。

（李红南）

【岩心收获率 core recovery】 钻取岩心的实际长度与取心进尺（取心钻头钻进长度）的百分比。是表示岩心录井资料可靠程度和钻井工艺水平的一项重要技术指标。在实际取心过程中岩心收获率往往达不到100%，所以每取一筒岩心都应计算一次收获率，一口井岩心取完了，应计算出岩心总收获率。

（李红南）

【岩心归位 core restoration】 利用测井曲线对地下取出的岩心进行顺序、深度和厚度校正。钻井取心时，由于岩心收获率低或是工作原因，钻取的岩心在顺序、深度、厚度上可能与地下地层实际情况不符，使岩心录井、岩心描述和岩心分析鉴定工作失去正确的基础。岩心归位常用的方法有以下三种。

（1）自然伽马归位。对岩心按一定密度连续测自然伽马，与测井自然伽马曲线对比归位。

（2）特殊岩层归位。与测井显示的特殊岩层（如砂泥岩剖面中的钙质层等）进行对比归位。

（3）物性归位。以孔隙度、渗透率值连续剖面的相对变化与测井曲线对比归位。

在岩心归位的实际操作中，常把上述不同方法综合应用，使归位更为准确。

（禹长安）

【岩心地质描述 core geological description】 对岩心地质现象的直接观察描述，取得感性认识的工作。在进行岩心观察描述前要做好岩心归位工作。岩心地质描述的主要内容包括岩性描述、沉积特征描述、油气水产状描述和构造特征描述。岩心地质描述的成果包括岩心描述记录和连续照片（或岩心扫描），并编制1∶50或1∶100比例尺的岩心综合录井图。

岩性描述 岩性是油藏的重要的地质属性之一，是储层描述的基础。岩心的岩性描述应按碎屑岩类、碳酸盐岩类和特殊岩类（火山岩、变质岩等）分别进行。

碎屑岩类岩心岩性描述 描述主要内容为：岩石的颜色；结构，包括颗粒粒度（粒径中值及分选程度）、颗粒形态（圆度、球度及形状）、颗粒表面特征及其接触关系；岩石矿物，包括矿物组成及含量、杂基、胶结物（胶结物成分及含量、胶结类型）、自生矿物、重矿物，包括岩石的初步定名。

碳酸盐岩类岩心岩性描述 描述主要内容为岩石颜色、矿物成分（方解石、白云石）及含量、胶结物与胶结程度、含有物（硅质、石膏质、泥质、砂质、黄铁矿等）、结构（颗粒的大小、形态特征、颗粒间组合关系）及岩石的初步定名。

特殊岩类岩心岩性描述 变质岩类描述的主要内容为原生结构（变余结构、变晶结构、交代结构及碎裂结构）、构造（变余构造、变成构造、混合岩构造）、矿物成分（主要矿物、次要矿物、自生矿物、次生矿物）、岩石类型及初步定名（按照接触变质岩类、动力变质岩类、区域变质岩类及混合岩类分别命名）。

中国常见的火山岩类油气储层为玄武岩、安山岩，其次为英安岩、粗面岩、流纹岩及次火山岩，火山岩按不同岩类描述其矿物成分、结构（玻璃质、全晶质、隐晶质、斑状、细粒）、构造（气孔、杏仁孔、流纹、块状等）特征。

沉积特征描述 岩心沉积特征描述是沉积相分析的基础，而沉积相分析可以从沉积成因上认识储层的分布及非均质性特征，因此，对岩心进行沉积特征的描述是储层描述的重要基础性工作。

碎屑岩岩心沉积特征描述 除岩心岩性描述外，描述的主要内容包括：层面接触关系及层面构造；各种类型层理结构；砾石的类型、形状、产状及排列状况；古生物、古生态及生物扰动构造；砂岩的韵律及层段的旋回性等。

碳酸盐岩岩心沉积特征描述 除岩性（各种石灰岩、白云岩、生物岩、硅质、石膏质、泥质及砂质碳酸盐岩）描述外，主要描述内容包括：各种沉积构造；古生物及古生态；地化特征（微量元素、稳定同位素、有机组分）等。

油气水产状描述 岩心中油气水产状反映储层中含油、气、水的状态，具体产状分级可以定性反映含油、气的饱和程度，因此岩心油气水产状描述是油（气）藏描述的重要内容。油气水产状描述最好在油基钻井液或密闭钻井液录取的岩心上进行，普通水基钻井液录取岩心应在打开的新鲜面上进行描述。

岩心含水程度观察描述 观察描述含油岩心的含水程度，对于初步判别油层、含油水层或油水同层，定性了解油水过渡带分布规律及水洗程度有重要意义。含油岩心含水程度观察描述的基本方法有：岩心钻井液侵入环颜色与深度观察法、含油岩心滴水试验法、油砂碎块在氯仿中沉降试验法、红色滤纸试验法及pH值试纸试验法等。

岩心含油产状级别观察确定 根据含油岩心的含油面积、含油产状、饱满程度、岩石物性、原油性质等因素综合考虑，并以前三种因素为主，将含油岩心的含油产状级别分为"油砂""含油""油浸""油斑""油迹"五种。具体含油产状级别划分确定因素详见表。

含油产状级别划分确定因素表

含油级别	含油岩石面积占同岩性岩石的百分比，%	含油饱满程度	备注
油砂	>90	含油均匀，饱满，油味浓，污手，滴水呈圆珠状，不渗水，看不见岩石本色	重质油易残存，而轻质油则易挥发，故有时"油斑""油迹"不一定比"含油""油浸"差
含油	60~90	含油均匀，较饱满，油味较浓，污手，滴水不渗，呈珠状，看不到岩石本色	
油浸	30~60	含油较均匀但不饱满，有油味，微污手，少见岩石本色，滴水不渗或浸渗呈半球状	
油斑	<30	含油不均，呈斑状条带状分布，不易污手，滴水微渗或浸渗，可明显见到岩石本色	
油迹	肉眼难见含油显示，干照、滴照荧光明显	有时偶见含油迹象，滴氯仿后见明显荧光，滴水易渗，岩石本色清楚可见，常有油味，不污手	

构造特征描述 对构造形态、断层、裂缝性质及分布的描述。储层的构造特征是油（气）藏的重要地质属性之一，这些特征影响油（气）藏的形成和开采。描述储层构造特征一般应在定向取心并经过井斜标定的岩心上进行，描述的主要内容包括以下三方面。

地层产状描述 地层产状描述主要描述目的层的地层走向、倾向、倾角等，有的还要描述不整合面深度。

断层描述 在岩心上主要描述有断层井的断点深度、断距、断失或地层重复的层位及深度。

裂缝描述 根据油田开发的要求，在岩心上主要描述裂缝产状（倾角、走向、与储层产状的关系）、裂缝规模（纵向上穿切程度、横向上延伸长度、分布密度）、裂缝的开启程度（包括充填程度及有效开启程度）等。裂缝描述应在全直径岩心上进行，并注意区分天然裂缝和人工诱导裂缝（包括压裂裂缝）。

推荐书目

徐本刚，韩拯忠. 油矿地质学 [M]. 北京：石油工业出版社，1982.
吴胜和，蔡正旗，施尚明. 油矿地质学 [M]. 4版. 北京：石油工业出版社，2011.

（禹长安　李红南）

【井壁取心 shooting core】 用井壁取心工具（跟踪定位器和取心器），按预定的位置在井壁上取出地层岩样的作业。是对油气探井、评价井或其他有关目的井完钻后，并完成电法测井时，根据地质需要在井壁上进行取心。

井壁取心井段选择的原则是：岩屑严重失真，地层岩性不清的井段；需进一步了解储油物性，而又未进行钻井取心的层位；油气层钻井取心收获率过低、岩屑代表性又差的井段；录井资料和测井解释有矛盾的地层；需要了解特殊地质特征的井段。

拟定井壁取心设计必须综合钻时、气测、岩屑、钻井液录井及电测资料，以电测资料为主要依据。井壁取心资料的收集整理内容与钻井取心基本内容一致。

（李红南）

【钻时录井 drilling-time logging】 钻井过程中，系统地记录钻时，并收集与其有关的各项数据、资料的全部工作过程。

钻时指钻进单位地层厚度的岩层所需要的时间，表示地下岩层的可钻性，从而反映了地下岩石的某些地质特性。

钻时录井的作用包括：在地质工作中可用于定性判断岩性，解释地层剖面；判断碳酸盐岩地层缝洞发育井段；对比、划分地层，协助卡准取心层位；校正迟到时间、提高岩屑录井剖面符合率；为钻井工程提供相关信息，预防工程事故等。

在钻时录井工作中，要根据不同的井别、目的层与非目的层，确定好录井进尺间距，同时根据录井过程中对非钻时因素的分析，排除诸如钻井方式、钻头类型及新旧、钻井参数、钻井液性质及司钻操作技术等非地质因素，客观真实地录取钻时资料。

（李红南）

【荧光录井 fluorescence logging】 对岩屑或岩心用紫外光仪（俗称荧光灯）进行照射，根据其发光亮度、颜色及产状识别油气的含量和组分的录井方法。

荧光录井是在钻井过程中鉴别油气层的方便易行方法，尤其是对于肉眼很难鉴别的油气显示，对挥发性轻质油层或气层的鉴别更为有效。在油气钻探过程中，只有与油气有关的荧光有意义，因此进行荧光录井时应注意区分真假荧光，要排除矿物岩性发光及人为污染发光。非油气荧光与油气存在所发的荧光，其亮度与颜色借助不同物质的荧光光谱很容易区分。

（禹长安）

【钻井液录井 drilling fluid logging】 在钻井过程中，根据钻井液性能和用量的变化判断钻遇特殊岩性地层（盐层、石膏层、疏松砂层、造浆泥岩层等）、油气水层漏失层及高压层的录井方法。

任何类别的井，在钻进或钻井液循环过程中都必须进行钻井液录井；区域探井及预探井钻进时，一般不得使用混油钻井液；特殊情况经批准使用混油钻井液时必须做混油色谱分析；在下钻划眼或循环钻井液过程中发现油气显示时，必须进行后效气测或循环观察，落实层位、层段；遇井涌、井喷时应采用罐装气取样，并及时分析。

（禹长安）

【气测录井 gasometry logging】 在钻井过程中利用专门的仪器检测钻井液从井底返回到井口所携带上来的烃类气体，从而寻找地下油气层的录井方法。

只要油气层被钻开，其中的烃类气体就或多或少地混入钻井液被携带到地面上来，因此气测录井是不需停钻就能及时方便地发现油气显示的录井方法。它在高压天然气区有着更为重要的录井意义，它能及时预报油气层，便于做好防喷防火准备。气测录井分为非色谱气测和色谱气测两种方法：非色谱气测是利用不同烃类气体蒸馏温度不同，将甲烷与重烃分开，得到甲烷、重烃、全烃含量；色谱气测是利用气相色谱分析仪将气体中各种组分（主要是 $C_1 \sim C_5$）分开，从而得到全烃量、烃类气体各组分的含量、非烃类百分含量及气体含量。非色谱气测已逐渐被色谱气测替代。

气测录井成果对迅速查明和开发油气田起着重要的作用：可以判断油气水层，进行油气水层对比；判断轻质油层或重质油层；发现油气层，为试油试气选择措施提供依据。

（禹长安）

【核磁共振录井 NMR mud logging】 利用氢原子核自身的磁性与外加磁场之间相互作用时产生的核磁共振现象，通过测量储层岩样和岩样孔隙中流体氢核的弛豫信号幅度和弛豫速率，分析计算获得储层评价参数的一种录井技术。核磁共振录井可以检测岩样的孔隙度、渗透率、可动流体、束缚流体、含油饱和度、孔径分布等储层物性参数。

当岩石孔隙中饱和含氢流体时，氢原子核弛豫信号幅度与岩石孔隙度成正比，其弛豫时间与孔隙大小和流体性质（黏度和可流动性）有关。不同孔隙中的流体具有不同的弛豫时间，孔隙越大，对应弛豫时间 T_2 也越长，小孔隙对应较小的 T_2 值，因此 T_2 谱能够反映岩石的孔隙结构（见图）。岩石孔隙中不同流体或相同流体的不同赋存状态均表现出不同的核磁共振特征，比如束缚水、可动水以及油、气各具有不同的核磁共振特征。

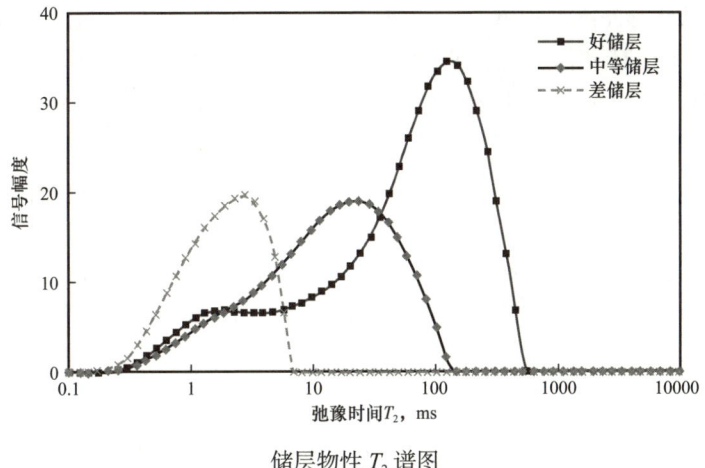

储层物性 T_2 谱图

（李红南）

【**地化录井** geochemical logging】 采用地球化学分析测试技术，综合油田钻井现场资料，对地层中与油气密切相关的烃信息（烃含量、组成、烃分布特征等）进行研究，进而解释储层、评价烃源岩的工作。

地化录井的技术特点是能够直接测量储层中烃类物质丰度和组成特点，现场快速分析样品，准确识别真假油气显示，精确定量分析评价岩心、岩屑及钻井液中的烃类物质组分及其相对含量。

在油气田开发阶段，地化录井主要用于油气层解释与评价、储层产能早期预测及水淹层解释与评价等。

（李红南）

【**X 射线元素录井** X-ray element logging】 利用 X 射线照射岩样，通过测量不同能量的 X 射线强度，从而定量地确定岩样中元素含量及其变化规律，识别岩性特征的一种录井方法。

X 射线元素录井主要作用：能够发挥在 PDC 钻头、气体钻井、泡沫钻井、涡轮钻具等钻井条件下的岩性、层位的辅助判识作用，能提高录井剖面符合质量。元素录井能够快速捕捉到地层变化的信息，在岩性判断、层位卡取、地层对比等方面是常规录井手段的有益补充，特别是在碳酸盐岩、火山岩、铝土岩及膏岩等特殊岩性的识别及脆性评价方面具有较强优势。在裂缝评价、沉积环境分析及地质导向等方面也有一定的应用价值。

（李红南）

【完井地质总结 geology summary of well completion 】 一口井按地质设计的要求钻达目的层和设计井深以后，直到交井之前，利用收集整理的与钻井过程相关的各项资料，综合分析地下地质情况，编制完井地质总结报告及相关图件的工作。完井地质总结为后期油气田开发地质研究提供地质资料和依据。

不同井别的完井地质报告编写内容和要求不同。参数井、预探井应详尽论述，对区域含油气性和构造的含油气性详细分析评述，并对下一步钻探工作提出看法和建议；评价井应侧重对储层分布、构造、油藏地质特征进行综合分析评价。开发井只填写井史资料，保存井身结构图和全套地球物理测井曲线。

（李红南）

【地层测试 formation test 】 在钻井或油气井生产过程中，对已发现的（或可能的）油气层进行产量、压力、产液性质、储层参数等的测试，并收集地层流体样品的一系列工作。

地层测试按时间先后分为中途测试、完井测试，按测试方式又分为钻杆测试、电缆地层测试、开发试井、产吸剖面测试及井间示踪剂测试等。地层测试的成果可为油气井的开采价值、油气藏类型、油气层特性及油气水性质等分析提供可靠的科学依据。

📝 推荐书目

吴胜和，蔡正旗，施尚明．油矿地质学［M］．4 版．北京：石油工业出版社，2011.

马建国．油气井地层测试［M］．北京：石油工业出版社，2006.

（李红南）

【钻杆测试 drill stem testing 】 在钻进过程中，利用钻杆传输测试工具对油气层抽取流体样本、测取产能与压力资料的工作。又称中途测试或随钻测试。

钻杆测试取得的资料包括储层流体油、气、水属性；油气层压力、地层压力系数；折算油、气、水产量；油、气、水物化性质；井底污染系数（表皮系数）、有效渗透率、产能系数和流动系数等。

钻杆测试的优点为：在油气层被钻井液浸泡时间不长，油层被污染伤害不大的情况下测取的有关资料，有利于及时、准确地发现并了解油气层情况。

（禹长安）

【电缆地层测试 wireline formation testing 】 用电缆将测试器下至目的层，进行多油层参数的确定和产量预测的工作。电缆地层测试相当于一种微型试井，井下测试器的操作由地面的测井车控制，下井仪器操作的全过程都记录在胶卷上。

电缆地层测试特点：在裸眼井中测试，对地层破坏性小；油井处在完全控制之下，排除了测试中发生井喷的可能性；测试效率高，1次测试可在1.5～3h内完成；可在井下进行多次测试，能及时发现高产层。但是，电缆地层测试器也存在不足，如所取的液样少，且因采用球形渗流理论进行地层渗透率的定量解释，其解释精度较差。

📝 推荐书目

匡立春. 电缆地层测试资料应用导论［M］. 北京：石油工业出版社，2005.

马建国. 电缆地层测试新技术［M］. 北京：石油工业出版社，2006.

（李红南）

【完井测试 well completion testing】 完井之后，在具有完井管柱的情况下，利用测试工具抽取地层流体样本、测试油气层产能及压力资料的工作。完井测试包括试油、试井、试采和示踪剂测试等内容。

完井测试取得的资料包括：储层非均质程度；储层流体油气水属性；储层生产能力；储层压力、温度；储层地下流体性质；井底污染程度（表皮系数）、有效渗透率、产能系数、流动系数；储层边界（包括渗透边界、稳产边界、泄油半径）；产能衰竭情况；单井控制面积及储量；储层油水边界等。

完井测试的优点为：在接近生产条件下，获取产能有关的动态特性资料，可对油气藏评价及开发可行性研究提供重要依据。

（禹长安）

【试油 oil production testing】 利用一套专用的设备和方法，对井下可能的油、气、水层进行测试，取得其产能、压力、温度资料，并抽取流体物化分析样品的井下工艺过程。

试油的目的与任务 探明新地区、新构造是否有工业性油、气流；查明油气田含油气面积、油水和气水边界以及油气藏产能和驱动类型；验证油气层的含油气情况和测井解释的可靠程度；通过分层试油、试气取得分层测试资料，为计算油气田储量和编制油气田开发方案提供依据；验证开发效果，检查注入水在油田中的推进情况、受效情况及油层产油能力和原油物性变化，为油田开发调整提供依据。

试油层位的确定 不同的勘探开发阶段，由于试油的目的和任务不同，确定试油层位的原则也不同。

（1）新探区探井先选择含油气显示良好的大层段进行试油，或对全井钻穿的全部可能油气层进行测试；在探井钻进过程中发现明显的油气显示层位，应停钻进行中途测试。（2）油气田初探阶段，以地质条件好、产量高、生产稳定、延伸面积大的主力油层为主先行试油,其次兼顾其他油气层进行试油,落实油气层工业价值。(3)油气田详探阶段,除按开发要求选择一些油层进行合试外,也要选择部分井进行分层试油,以了解各组油层产油能力、驱动类型和油气水分布情况。(4)油田开发阶段,以开发动态监测为目的,选择目的层段进行测试。

试油方法 按油井自喷能力不同,选择不同的试油方法。

(1)自喷井试油,依靠油层的天然能量,原油由油层流向井底,进而从井底喷出井口的为自喷井。自喷井试油在对试油目的层射孔后需要采取一定的诱喷措施(如替喷、抽汲、气举等)即可实现自喷。按要求安装或更换不同尺寸油嘴进行测试求产,取得试油资料。

(2)非自喷井试油,当油层物性条件差、压力低、天然能量不足,经过诱喷仍不能实现自喷的井为非自喷井。非自喷井试油必须采用抽汲、提捞、气举或液面探测等方法进行试油,经选用一种合理的工作制度后,连续求产,取得试油资料。

(3)特殊油井试油,在非自喷井中属于特殊类型油层(如特低渗透率油层、黏度较高的稠油及高凝油油层),采用一般非自喷井试油方法后仍不能出油,此类油井应采用特殊的试油方法:对特低渗透率油层采用压裂酸化试油方法;对稠油及高凝油采用热采方法试油。

推荐书目

马永峰,庄建山,张绍礼.油气井测试工艺技术[M].北京:石油工业出版社,2007.

(禹长安)

【试井 well testing】 在油田开发过程中,用专门的仪器定时测量油气井的压力、产量(油气量)与含水量的相对变化等参数的测试工作。又称油气井测试。

试井的目的包括:(1)确定井的生产能力,监测井的生产状况;(2)测定生产层的油藏参数;(3)分析油藏动态,并做出预测。

按测试时流体在储层中的流动性质及所依据的基本理论,可将开发试井分为产能试井(稳定试井)和不稳定试井。

产能试井 是通过调节生产井的控制手段(例如自喷井的节流器、抽油井抽油机的冲程、冲数和泵径等),改变井的产量和生产压差,在达到相对稳定状态后,记录相应的一系列产量、压力数值,以推测产量随压力变化的状况和井的最大生产能力。这种试井方法是在相对稳定状况下进行的,因此称为稳定试井。主要在单井(生产井)上进行,包括油井(自喷油井、抽油井)试井和气井试井。

不稳定试井 在油气井关井停产后,引起油气层压力重新分布的这个不稳定过程中,测得井底压力随时间变化的资料,并据此分析油气层各种性质,称为不稳定试井。可在单井上进行,也可在多井井组上进行。

(李红南)

【**试采 production test**】 当一口探井或一个油气层通过试油获得工业油气流后,必须进行试验性采油气,对油气层的生产动态做细致观察,进一步掌握油气层的变化规律,为储量计算和编制合理开发方案提供依据。

试采的目的及任务 (1)了解油气田各部分油气井的生产能力,确定油气井的合理工作制度。(2)测定油气层压力及压力分布。(3)测定油气层地下物性参数(如渗透率、含油气饱和度、流动系数、导压系数、采油指数等),掌握参数在全区的分布及变化规律。(4)了解井与井间或远离井的地区油气层变化(如有无尖灭、断层、断层连通及封闭情况、油气水边界位置等)。(5)了解油气层温度及油气水性质。(6)了解油气储层类型(如裂缝型或孔隙型等)及天然驱动类型。(7)取得采油气工艺试验的经验及成果,如检验油气井完井方法、合理增产措施,取得试注(注水、注气)、油气井管理及油气层分采或合采的经验。

试采方法 用已试井的某个测点或测井曲线上的某点做长时期(一般为1～2个月)的稳定生产,要求得到几个期间(几个测点稳定生产时期)的地层压力值及各时期为止的累计产量,编制地层压力—累计产量(p_s—Q)曲线。同时详细记录井的油气水性质的变化和其他有关参数变化的数据资料。对取得的资料进行综合分析研究,对油气层的变化规律、生产能力、驱动类型作出可靠的判断。

(禹长安)

【**示踪剂测试 tracer testing**】 在油田开发过程中,在注入井注入流体中加入易检测的示踪剂,在相邻的生产井或观察井中定时检测示踪剂的浓度变化,根据示踪剂在注入流体中的扩散、滞留及浓度变化判别油藏在平面上的变化及剩余油饱和度的分布。在注水井中同时注入两种不同示踪剂,即溶于水的非分配示踪剂(如氚水)和既溶于水又溶于油的分配示踪剂(如氚化正丁醇)。剩余油饱和度与示踪剂扩散采出的滞后时间同示踪剂在油、水中的分配浓度有着严格的关系,从而建立起地质和数学模型,经过求解,便可计算出剩余油饱和度。中国主要采用化学示踪剂测试和放射性同位素示踪剂测试。

化学示踪剂测试 该法使用的示踪剂是具备易检测特点的负离子化合物。主要有硫氰酸铵、硝酸铵、碘化钠等,将示踪剂与注入水(或聚合物)配成一定浓度（如2%）注入井中目的层，数小时之后，在受影响的产出井（一口井或多口井）中连续取样，对所取样品进行示踪剂的浓度检测，作出时间与示踪剂浓度关系曲线，对检测的资料进行分析处理，提供井间储层和流体的变化情况。

放射性同位素示踪剂测试　该法使用的示踪剂是放射性同位素。国内曾用过的示踪剂有：^{35}S、氚水、氚化正丁醇等，示踪剂注入与采样工艺大体与化学示踪法相同。根据检测结果作出时间与示踪剂浓度的关系曲线。它的优点是示踪剂用量较少，测量精度高。

（禹长安）

油藏描述

【油藏描述 reservoir description】 对油藏进行多学科综合一体化、定量化描述和表征以至预测和评价的技术。油藏描述贯穿于勘探开发的全过程,从第一口发现井到油田枯竭为止是多次进行的。

研究简史　油藏描述内容和所应用的技术是随着油田开发的深入和技术的发展而发展的。

中国油藏描述工作萌芽于1950年玉门老君庙油田L油层的注水开发,1960年大庆油田的开发为中国地质和地球物理技术人员创立系统完善的油藏描述技术创造了条件。先后攻克了油藏描述中最关键的两项基础技术:一是单油层划分与对比技术,创立了适应陆相沉积储层的"旋回对比、分级控制"的单砂层对比技术;二是岩石物性的测井解释技术,利用常规电阻率和孔隙度测井系列可以精确地求取每口井每个砂层的孔隙度、含油饱和度和渗透率数据。

国际上油藏描述这一术语出现于20世纪60年代的文献中,多数是以关注储层非均质性为主。20世纪70年代末,斯伦贝谢公司提出以测井为主体的油藏描述技术。至1985年,以美国能源部倡导召开第一届油藏表征(Reservoir Characterization)国际会议为开端,油藏描述中计算机技术的广泛应用,成像测井等测井新系列的实际应用,基于三维地震的开发地震技术的迅速崛起,地质统计学和各种建立油藏地质模型方法的出现,以及储层沉积学、层序地层学等地质基础学科本身的发展,使油藏描述技术在20世纪90年代得到了质的飞跃,由以单一地质学科为主,发展成为多学科、多专业协同的现代油藏描述技术。

基本内容　一个油气藏(田)的油藏描述,是随着开发阶段的推进逐步深化的。不同开发阶段,由于开发任务不同,积累的资料信息不同,油藏描述的重点内容、尺度和精细程度也有所不同。总的趋势是描述尺度越来越小,预测精度越来越高。

(1)油田开发早期(油藏评价阶段)油藏描述的主要任务及其内容。此阶段，油藏描述的主要任务是利用少数探井或评价井资料及地震勘探资料等信息，进行油藏描述和评价，计算评价区的探明地质储量和预测可采储量，为合理布置评价井和优化开发方案设计提供依据，保证开发可行性研究和开发设计方案的正确性。

此阶段的油藏描述是为了建立地质概念模型，将油藏各种地质特征典型化、概念化，抽象成具有代表性的地质模型。重点是研究储层的基本格架，然后赋予它各种地质属性的量值，用于表征储层非均质性在三维空间的分布，并确定油藏类型，为数值模拟提供地质依据。

（2）油田开发中期（全面投入开发阶段）油藏描述的任务及其内容。油田全面投入开发到进入中高含水开采期前为油田开发中期。此时，开发井网已经形成，系统取心井也已钻完，获得了大批的井孔静态资料和岩心分析数据，为测井解释打下了基础。此阶段油藏描述的主要任务是依赖测井资料，获取开发地质特征参数；参考三维地震资料，修改油田构造形态及断层分布；搞清油气富集规律，建立储层地质静态模型。

储层地质静态模型是针对某一具体油田的一个储层建立的，它将如实地描述该油田的地质特征在三维空间的变化和分布，并不追求控制点之间的预测精度。此模型为油田开发实施方案，油田开发动态分析，作业施工、配产配注方案和局部调整方案提供了依据。

（3）油田开发晚期（开发调整及提高采收率阶段）油藏描述的任务及其内容。油藏开发调整及提高采收率阶段，油田进入中高含水期开采后，地下油水分布发生了极大的变化，开采挖潜的主要对象是分散而又局部相对富集、不再大片连续分布的剩余油。此阶段它要求更精细、准确、定量地预测出井间各种砂体内部流动单元的非均质性及其三维空间的分布规律，并揭示出微小断层、微构造的分布面貌。所以这一阶段油藏描述的重点是开展微构造研究、流动单元划分以及小尺度的井间参数预测，即建立精细的三维地质预测模型，为制订提高采收率的措施提供依据。

基本技术 无论是传统的油藏描述技术还是现代油藏描述—油藏建模技术，其基本工作方法是三步建模程序：

第一步，建立井模型（每口井的一维柱状剖面图）；

第二步，建立层模型（储集体的格架）；

第三步，参数属性模型（各项参数的三维空间分布）。

相应地，油藏描述总是由三项基本技术组成：

第一，正确描述井孔柱状剖面开发地质属性技术；

第二，细分流动单元及井间等时对比技术；

第三，井间属性定量技术。

现代油藏描述技术，就是紧紧围绕这三方面内容，应用高新技术并不断发展。

（1）建立井模型技术。井孔是直接了解地下油气藏各种地质属性唯一可靠的窗口。每钻一口井，必须把所取得的资料信息转化为油藏描述所需的各种开发地质属性，建立起一个内容齐全、精度高的一维柱状剖面，这就是建立井模型。以下属性是进行油藏描述时，每个井孔的一维柱状剖面必须具备的。

划分：渗透层、有效层和隔层。

判别：产油层、产气层和产水层。

对每个渗透层给出：渗透率、孔隙度和流体饱和度值。

基本方法是以岩心及各种试验测试资料为基础，以测井为主要手段。前两项受技术及经济条件所限，只能在少数关键井中取得，后者则是每口井可以录取的。实际工作中的关键点是：在岩心和测试资料数据的刻度标定下，建立起正确的合乎本油气藏特点的把各种测井信息转换成开发地质属性的定性和定量解释模型和图版。

（2）建立层模型技术。通过井间等时对比，把各个井中同时沉积的地层单元逐级细分，并把它们联结起来，形成若干个时间地层单元，这就是建立层模型。这是由点到面，由一维柱状剖面向建立三维油气藏地质体过渡最关键的一步。只有通过等时对比，才能构筑起储集体的空间格架。油藏描述的精细度，首先决定于储集体划分和可对比的层次和尺度。划分对比的层次越小，油藏描述的精细度就越高。随着油气藏开发阶段的深入，油藏描述最终要实现流体流动单元的等时对比。就油气层单元厚度而言，一般必须达到"米"级的尺度。在国内通常称"小层对比"。

以生物地层学、年代地层学、矿物地层学、岩性地层学等为依据的传统的地层对比技术，都可用于油气储层的"对比"，但都不能达到油藏描述所要求的"米"级尺度的"小层对比"。比较成功的小层对比技术是以"旋回对比、分级控制"表述的高频旋回对比技术。其理论基础是沉积岩一般具有多层次沉积旋回的特征，不同级次沉积旋回具有相应的可对比范围，旋回层次越高，可对比范围越大，以高级次旋回对比控制低级次旋回的划分和对比，逐级细分，直至油藏描述要求的层次单元（流动单元）。

1990年兴起的高分辨率层序地层学基于基准面升降导致可容空间与沉积物供给量比值（A/S）的变化，分析沉积地层层序，其短期（或超短期）旋回的对比，可实现精细油藏描述建立储集体格架的要求。针对中国广为分布的陆相沉积储层，高分辨率层序地层学的实际应用还有待深化。

测井约束下的地震反演技术，可以把常规三维地震的分辨率提高到"米"级。在油藏描述中已普遍应用。但其客观存在多解性，只能作为一种辅助技术。

（3）建立属性模型技术。属性模型的建立是在储集体格架模型内定量给出各种属性参数的空间分布。在实际油藏描述工作中，是各井间参数预测问题，即如何依据已有井点（控制点、原始样本点）的参数值进行合理的内插，外推井间未钻井区（预测点）的同一参数值。

油藏参数模型是用传统的地质方法以各种等值线来表征，等值线间距越小，模型越细。现代计算机技术的发展，使油藏地质模型能用三维数据体来表征，可把油藏网块化，每个网块赋予的参数值可用来表征其空间的连续变化。一般的储层地质模型网块尺寸是 50（20）m × 50（20）m × 0.5（20）m，油藏的网块数都以百万计。

地质模型的精度，取决于参数内插值的误差大小，误差越小，精度越高。影响参数模型精度的因素是：① 储层单元划分越细，提高精度越难；② 属性本身的非均质程度越强，提高精度越难，渗透率是非均质程度相对最强的参数，因此建模也最难；③ 精度与对其地质规律的认识程度成正比，即是否有丰富的地质知识库。

展望 油藏描述技术仍有很大的发展空间。总的发展方向是地质、地球物理和油藏工程技术的结合（G&G&E），尽可能地集成多种地下油气藏资料信息，尽可能地减少描述结果的不确定性。主要有：（1）各类沉积储层的原型地质模型的建立和地质知识库的丰富和完善，这需要通过大量露头调查和成熟开发油田实例的积累；（2）裸眼测井和套管井中流体饱和度动态变化的定量测井技术；（3）开发地震提高纵向分辨率、岩石物性和流体识别精度技术；（4）根据各种开发动态现象和历史，反演油藏地质模型技术，包括精细油藏数值模拟、示踪剂、试井等技术；（5）非沉积岩油气藏、特低渗透率油气藏、古溶岩油气藏等一些特殊类型油气藏的描述技术；（6）油藏工程数据信息的共享、地质模拟、地震模拟、流动模拟的联结平台的建立。

（裘怿楠）

【**地层模型** strata model】描述井间地层厚度、岩性及时空变化的三维模型。是建立油藏地质模型的基础。

通过井间等时划分和对比，把各个井中同时沉积的地层单元逐级细分，并把它们连接起来，建立若干个二维展布的时间地层单元来构筑地层层序的空间格架。

建立地层模型的关键是实现最小成因单元的等时对比，国内通常称"小层对比"。20世纪60年代初，中国大庆油田已成功系统地发展了一套陆相碎屑岩储层小层对比技术，对不同沉积体系采取不同的对比方法。20世纪90年代，从国外引进的高分辨率层序分析技术，在陆相沉积小层等时划分对比中，也得到很好的效果。地震横向追踪技术也是重要的地层对比手段，但受分辨率限制，只能追踪层组，在油田开发中后期的细分对比工作中，还有待提高分辨率。综合露头—岩心—测井—地震信息，把露头三维空间观察到的地层界面、标志，转化到一维岩心柱上进行标志识别，将岩心标识转化为测井信息，并通过测井约束下的地震反演技术，提高常规三维地震的分辨率，开展井—震结合的高分辨率层序划分对比，最终利用地质统计技术，分析井间属性的相关性。实现计算机自动划分对比是建立地层模型的发展方向。

（李红南）

【层组单元划分 stratigraphic unit division】 根据沉积层序或旋回性、岩性组合规律及储油物性等特征，将油田内的含油层段细分为更次级的等时地层单元的工作。

划分各级层组单元时，应从沉积成因出发，落脚于储层的开发地质特征。主要考虑油层特性（岩性、储油物性）的一致性和隔层条件（隔层的厚度和分布范围），层组单元级别越小，其特性的一致性越高，内部纵向上的连通性越好。

早在20世纪60年代初，大庆油田就将含油层系细分至单油层，即小层，实现了早期分层注水开发油田。20世纪60年代中期，对油砂体层内非均质性进行了研究。20世纪60年代中期到70年代中期，开展动态研究与静态研究相结合，揭露了油砂体单元划分和平面非均质性的问题。20世纪70年代中期，开展细分沉积相研究，综合研究油砂体的沉积成因、油砂体的地质特征和油水运动规律。20世纪90年代中期，随着对高含水油田深入挖潜的进展，发现过去解剖的单油层内剩余油分布很不均匀，还需要细分，因此提出了单砂层和流动单元的概念。一个小层（单油层）可能由一个或多个流动单元组成。这就要求开发地质工作尽可能地细分储层地质单元，以适应细分挖潜的需要。

油气田开发阶段，含油气层系内的层组划分，从大到小依次为油层组、砂岩组、单油层、单砂层、流动单元。

📄 推荐书目

吴胜和，蔡正旗，施尚明．油矿地质学［M］．4版．北京：石油工业出版社，2011．

（李红南）

【油层组 oil zone】 在同一沉积环境下沉积的储层段，其分布状况、岩石性质、物性特征、流体性质相似，并相互靠近的一套油（气）层组合。一个油层组内可包含几个砂岩组，其顶、底界有分布稳定、厚度较大的隔层，可作为油（气）田开发初期组合开发层系的基本单元。

划分油层组时要考虑油层性质和隔层的一致性。二级旋回是划分油层组的基础，从生产实践出发其厚度不宜过大（一般小于 200m）。二级旋回又是油田范围内油层对比的出发点，旋回界线是明确的沉积事件界线或有标准层控制，有利于细分层组的等时对比。

油层组之间隔层厚度的要求随现有工艺技术水平确定。

（贾爱林　肖敬修）

【砂岩组 sand sub-zone】 在油层组内，其岩性特征基本一致，上、下被较为稳定的低渗透层或非渗透层分隔的，若干连续沉积的单油层组合而成的油层单元。又称复油层或砂层组。

砂岩组间隔层在一定开发区块范围内可以追踪，或砂岩组间储层性质有较大差异。

砂岩组完整地包括了所在沉积相内的基本岩石类型，是一个局部构造运动控制的、完整的沉积单元，相当于三级旋回。

砂岩组的厚度以 50m 左右为宜，适应于油田开发的实际应用。

砂岩组适用于开发区块的分层开采工艺的实施。

（李红南）

【单油层 single layer】 岩性和储油物性基本一致，具一定的厚度和分布范围，上、下有隔层分隔，其分隔面积大于其连通面积的油层单元。又称单砂层或小层。在一个开发区内一半面积以上独立存在的砂层都可划分为一个单油层。单油层的划分只需在开发区内统一，一个油田不同的开发区可以采用不同的划分方案。单油层适用于注采井组工程措施，一般相应于四级沉积旋回。

（李红南）

【单砂层 single sand layer】 在一定沉积条件下形成的，上下被泥岩分隔，层内岩性较均一，具有一定厚度和分布范围的砂岩层或粉砂岩层。砂层内部构成一个独立的流体流动单元。

（李红南）

【连通体 connection body】 在各种沉积环境下形成的具有一定形态和分布规律，四周被非渗透层包围的两个或多个砂体，在空间上互相连通而形成的复合砂体。

连通体可以由几个甚至十几个砂体组合，形成统一的油水运动系统。

组合连通体 应用单油层平面图将层间连通的（油）砂体逐级进行组合。实践表明：复油层内上、下之间（油）砂体的连通是大量的，复油层之间上、下（油）砂体的连通是个别的，油层组之间连通更少，组合应以复油层为主。

连通体特性 油砂体发生上、下连通，对注水开发影响较大，必须结合注水开发研究连通体的特性。（1）连通程度，用连通系数表示，即砂体之间连通面积占各砂体本身总面积的百分数。（2）连通区性质，指两砂体连通部分的岩性、物性和厚度。（3）连通形式可分为以下五种。① 附着式：面积较大的油砂体在生产井和注水井排均有分布，而面积较小的油砂体在垂向上通过生产井与大油砂体上下连通，平面上与注水井不连通，与两侧生产井排也不连通。② 连接式：油砂体在生产井排发生上下连通，通过连通区使只与生产井排连通的油砂体和与注水井连通的油砂体连接起来。③ 并联式：上下盘的油砂体各自均与注水井连接，在生产井排上油砂体上下互相连通。④ 分支式：油砂体在注水井排上下相连通，向生产井排出现上下分支。⑤ 悬空式：与注水井不连通的连通体。

连通形式的变化 连通体在连通程度、连通区的性质是客观存在的，其连通形式可随井网布置的不同而改变。如图所示，选择AA′为注水井排或选择BB′为注水井排，会使连通体的连通形式有所变更，注水效果也就不同。在注水开发油田过程中，应充分利用有利因素，限制不利因素。

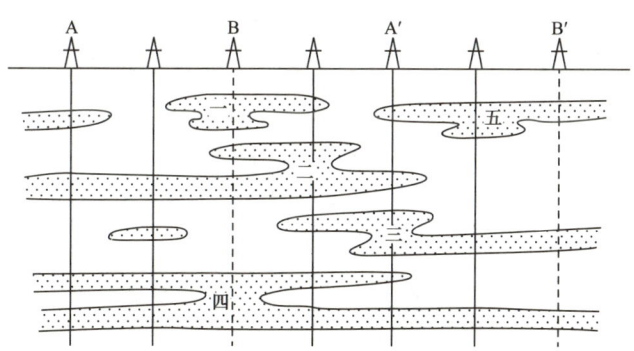

不同井网布置的连通体类型示意图

连通体号	一	二	三	四	五
选择AA′为注水井排	悬空	连接	分支	并联	附着
选择BB′为注水井排	分支	并联	连接	分支	附着

（贾爱林　肖敬修）

【油砂体 oil sand body】 能产出工业油气流的砂岩体。它是组成油层的基本单元，也是注水开发油田控制油水运动相对独立的单元。油砂体是陆相碎屑岩油层最显著的特点之一，在编制油田开发方案、进行动态分析和开发调整时，必须研究油砂体的性质、形态、分布状况等。

油砂体特性　要细致认识油层，首先要搞清每个油砂体特性：（1）油砂体分布状况，包括油砂体的形态、延伸方向、延伸长度、面积大小及其与上下相邻油砂体的连通情况；（2）油砂体的性质，包括厚度、渗透率、孔隙度和含油饱和度。

油砂体的分类　地下油砂体数以千计，每个油砂体的特性各不相同，要想对油层得出确切的认识，需对油砂体进行分类，分类的界线应紧密结合开发指标具体确定。油砂体的延伸长度和渗透率为影响注水开发的主要指标；油砂体的面积和渗透率的均匀性作为辅助指标。确定每个油砂体的类别及特性以后，分析油层组（或复油层）内各类油砂体所占储量的比例，确定该油层组（或复油层）总的特性。

搞清油层的分布状况　从油砂体入手通过对连通体的研究搞清油层的分布，要结合各油田具体的注水开发条件研究连通体的特性，研究油砂体的位置、连通位置与注采井网的关系，分析其在注水开发中的作用，以便在井网部署中充分利用连通体的有利因素，限制其不利因素。

油砂体研究的应用　在开发设计、油层动态分析中，要求算准每个油砂体的储量。在容积法储量计算中，当有效孔隙度、含油饱和度、原油密度变化较小时，算准油砂体储量的主要矛盾是油砂体体积，即油砂体面积和有效厚度。

（肖敬修　贾爱林）

【流动单元 flow unit】 流动单元是从宏观到微观的不同级次上的，垂向及侧向上连续的，影响流体流动的岩相特征和流体本身渗流特征相似的相对均质储集单元。

它具有两个特点：一是流动单元界面为不连续或连续的岩性或物性隔挡层所限制；二是流动单元储集体的岩石物理及渗流特征均相似。因此，在不同成因类型的沉积体系中，流动单元可以是同一时间单元或沉积单元，也可为同一时间单元或沉积单元的细分单元，也可为不同时间单元或沉积单元联合、复合。同一流动单元应具有相似的水动力学特征和剩余油分布特征。

研究思路和方法　综合国内外储层流动单元研究的基本思路和方法，可大体分为两种类型。第一种是以数学手段为主的储层参数分析法，广泛应用储层中的各种地质参数，通过单井中密集取样的聚类分析，寻找划分流动单元的有效参数和定量界限，然后直接在整套储层中定量划分流动单元，最终建立以流动单元为基础的三维定量地质模型。划分流动单元的有效参数很多，可分为岩相及宏观岩石物理参数，根据不同地区地质特点和资料状况，所选用的储层参数也不相同。第二种是以地质研究为主，在精细上下功夫，建立储层结构模型及渗流屏障模型，在成因砂体或成因单元内定量划分流动单元，建立储层流动单元分布模型及其三维定量地质模型。下表为几种有代表性的流动单元划分方法。

国内外学者提出的流动单元概念简表

	学者	时间	定义
国外	C.L.Hearn	1984	横向上和垂向上连续的具有相似的渗透率、孔隙度和层理特征的储集带
	Weber 等	1986	流动单元是由于储层的连续性、渗透率非均质性、各种隔挡条件以及各种窜流条件等构成流体在储层内流动的通道
	W.J.Ebank 等	1987	流动单元是根据影响流体在岩石中流动的地质和岩石物理性质的变化而进一步细分出的岩体
	John W.Kramers, A.Rodriguez	1988	流动单元是横向上和垂向上连续的，影响流体流动的岩石特征相近的储集岩体，这里的岩石特征包括岩性特征和物性特征
	Barr DC 等	1992	流动单元是给定岩石中水力特征相似的岩体
	Amaefule	1993	水力单元是总的油藏岩石体积中影响流体流动的地质和岩层物理性能恒定不变且可与其他岩石体积区分开来的有代表性的基本体积，流动分层指标 FZI 是最好的划分参数
	Lucia 等	1995	流动单元是具均一 R_{35} 值的，在注入流体类型不变的情况下具有相似和一致注入动态性能的储层段
国内	裘怿楠等	1994	流动单元是指由于储层的非均质性、隔挡和窜流旁通条件，注入水沿着地质结构引起的一定途径驱油、自然形成的流体流动通道
	焦养泉等	1995	流动单元是指沉积体内部按水动力条件划分的建筑块（Building blocks），它和构成单元（结构要素）应属类似的概念
	穆龙新	1996	流动单元是指一个油砂体及其内部因受边界限制、不连续薄隔挡层、各种沉积微界面、小断层及渗透率差异等造成的渗流特征一致的储层单元

应用　在油田高含水后期开采阶段建立流动单元模型，实现对储层的精细定量描述与合理网格粗化，保持其原始结构和参数变化的非均质面貌，较准确

地模拟油藏开发动态和剩余油空间分布,有效指导油田开发调整。

推荐书目

李伯虎,李洁.大庆油田精细地质研究与应用技术[M].北京:石油工业出版社,2004.

于兴河.油气储层地质学基础[M].北京:石油工业出版社,2009.

(李红南)

【**标准层 index bed**】 在地层剖面上特征(岩性、矿物、古生物及测井曲线等)明显、分布广泛,具有等时性的岩层、岩层组合、岩层界面。

常见标准层类型 按标准层的成因,可分为以下类型,具体见表。

常见标准层的类型

与洪泛作用相关的标准层	洪泛面和最大洪泛面
	水下沉积中洪泛泥岩层
	油页岩
	碎屑岩中的薄层石灰岩或白云岩
	碎屑岩中的化石层
	泛滥平原泥岩层
	泛滥沼泽煤层
与沉积物源供应相关的特殊沉积标准层	凝灰岩
	碳酸盐岩中的薄层泥岩
	富含特殊矿物的沉积层
与沉积间断相关的标准层	古风化壳
	古土壤层

标准层的稳定性 以取心井为基准,主要利用岩心和测井曲线上的特征,追踪每一个标准层的分布范围,以确定各标准层的稳定性和空间分布规律。标准层的稳定性用稳定率表示。稳定率在60%以上,认为该标准层可用:

稳定率=(出现标准层井数/统计总井数)×100%

若为局部分布的标准层,要圈出其分布范围。

标准层分级 根据标准层分布稳定程度及可控制对比范围,可分级建立。一级标准层,又称主要标准层,在全油田范围内特征明显,在整个三级构造范

围内稳定分布（稳定率大于90%），是高级别 层组单元划分 和对比的标志。二级标准层，又称辅助标准层，在主要标准层确定的地层格局内，在油田的局部范围内特征明显，分布相对稳定（稳定率介于60%～90%），可用于较次级层组单元划分和对比的标志。

（李红南）

【沉积旋回 depositional cycle】 纵向剖面上一套岩层按一定生成顺序有规律的交替重复现象。这种有规律的重复，可以在岩石的颜色、岩性、结构和构造等方面表现出来。

形成沉积旋回的原因很多，但主要与地壳周期性的震荡运动有关。一般情况下，地壳下降，发生水进，在地层剖面上形成自下而上由粗变细的水进序列，称之为正旋回。地壳上升，发生水退，在地层剖面上形成自下而上由细变粗的水退序列，称之为反旋回。完整旋回是地壳下降又上升，在地层剖面上形成自下而上呈由粗变细再变粗的水进水退沉积序列，常称之为复合旋回。

地壳升降运动是不均衡的，表现在升降的规模（时间、幅度、范围）有大有小，且在总体上升或下降的背景上，还存在次一级规模的升降运动。因此，地层剖面上的沉积旋回就表现出级次。根据地壳周期性震荡影响程度、沉积特征可分为若干级别的沉积旋回。

沉积旋回分级 在油田范围内，沉积旋回级别一般分为四级。

一级旋回 在盆地的沉降与抬升背景上形成的次级沉积旋回。包含若干 油层组 在内的旋回性沉积。一级旋回之间沉积相类型有明显变化或不整合，一般有古生物或微体古生物 标准层 控制旋回界线。

二级旋回 由不同沉积的岩相段组成的旋回性沉积。包含若干三级沉积旋回，代表湖盆水域的扩张与收缩，不同三级旋回之间地层是连续的，常有湖侵层分隔。如在三角洲发育区，二级旋回相当于两次湖侵层所隔开的一套三角洲沉积层，这套三角洲沉积层包含多次三角洲旋回（如前三角洲—三角洲前缘的多次重复），它是形成油层组的基础。

三级旋回 指同一岩相段内，由几种不同类型的 单油层 或四级旋回组成的旋回性沉积。是沉积条件变化所形成的沉积层，对三角洲沉积，相当于一次前三角洲—三角洲前缘的沉积，三级旋回相当于层组单元中的 砂岩组 。

四级旋回（或韵律） 包含一个单油层在内的不同粒度序列岩石的一个组合。是同一环境下形成的微相单元，如三角洲前缘的一次水下分流河道沉积（正韵律）或一次河口坝沉积（反韵律）。

沉积旋回划分 以取心井为关键井进行单井沉积旋回划分，通过"岩电关系"研究，扩大到非取心井按测井曲线划分沉积旋回。沉积旋回划分自大而小逐级进行，在大一级旋回划分的基础上控制次一级旋回的划分。

沉积旋回分级是一个相对概念，各级沉积旋回反映盆地构造运动、气候变化、碎屑物供应量的变化、水进水退、沉积体的废弃转移、各沉积事件能量的差异，以及每次事件本身能量的变化过程，应根据油田的实际情况确定沉积旋回级次及成因。

（李红南）

【油层单元对比 reservoir unit correlation】 在一个油田范围内，对含油气层系内次级层组单元（如油层组、砂岩组和单油层等）进行井间对比，确定不同井之间的等时对应关系，建立等时地层格架，实现统一分层的工作。

资料选取 （1）收集整理区域地质资料、各类井资料（包括钻井基础数据、地质录井数据、分析化验资料等）、测井资料、地震资料及油藏开发动态资料等。（2）优选测井曲线：① 能反映储层的岩性、物性、含油性特征；② 能反映各级旋回特征；③ 能反映各级标准层的特征；④ 能反映各类岩层的分界面；⑤ 所有井或大部分井均有，测量精度高；⑥ 选用资料纵向比例1：200。

对比方法 油层对比的最终目的是建立等时地层格架。等时对比的方法比较多，常见的有"旋回对比、分级控制"、高分辨率层序地层学、等高程对比、切片对比、古土壤对比、相控沉积旋回对比。

旋回对比、分级控制 该方法利用沉积岩的旋回性和从大旋回到小旋回一级套一级的特点，在标准层的控制下，进行各级旋回对比。在实际工作中按照沉积旋回进行油组、砂岩组直至单油层的逐级对比，逐级控制对比精度，同时运用标准层划分旋回界限，保证小层对比的精确度。在二级旋回控制下划分和对比三级旋回，确定油组的统一划分和对比；在三级旋回对比的控制下进一步划分和对比砂岩组；在砂岩组的控制下对比划分单油层。

"旋回对比、分级控制"对比技术，对于湖相沉积是很成功的，但河流相沉积连续井段过长时，由于标准层少，细分对比难度大，不适宜采取此对比方法。

高分辨率层序地层学 基于基准面升降导致可容空间与沉积物供给量比值（A/S）的变化，分析沉积地层层序，其短期（或超短期）旋回的对比，可实现精细油藏描述建立储集体格架的要求，已得到了广泛应用。

等高程对比 河流从形成、发展、衰亡到冲裂改道直到废弃这一周期的沉积为一时间单元，主要包括河道沉积和溢岸沉积（即河道内的全层序沉积），其厚度反映古河流的满岸深度，其顶面是洪泛期形成的最大溢岸面，同一河流的溢岸面是等时面，与标准层大体平行。同一河道沉积，其顶面距标准层（或某一等时面）应有基本相等的高程。反之不同时期沉积的河道砂体，其顶面高程不同。这就是河流相地层精细对比的理论依据（见图1）。

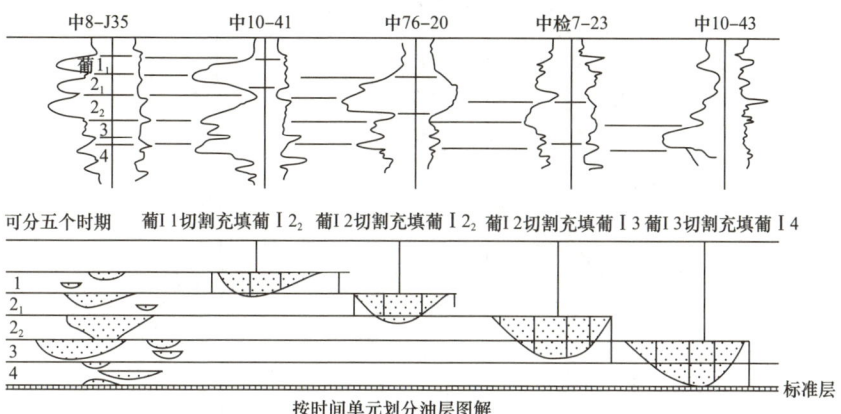

图1 等高程对比图

切片对比 **河流沉积**中由于河道随机地频繁摆动改道，使得河道砂体在泛滥沉积中随机出现，任何一个等时单元在侧向上总是出现河道砂体与泛滥沉积的交互相变，切片对比法是简单的沉积补偿原理，以任何一个基本平行标准层而遵循区域厚度变化趋势的层段切片，取其界面作为等时线控制对比（见图2）。

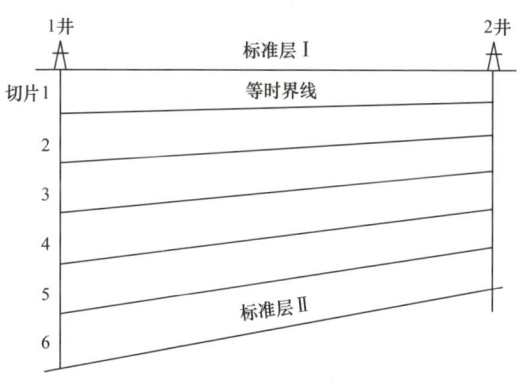

图2 切片对比示意图

古土壤对比 利用古土壤成熟度进行旋回划分和对比，古土壤是河流环境演变到一定阶段的产物，是河流沉积旋回性的反映。古土壤成熟度的高低变化代表环境特征的变化，这种变化在一个地区内具有等时意义，可作为地层对比标志，因此正确识别古土壤层及其演化序列，利用剖面上不同成熟期古土壤的演化和组合可以划分不同等级的沉积旋回，作为对比的基础（见图3）。

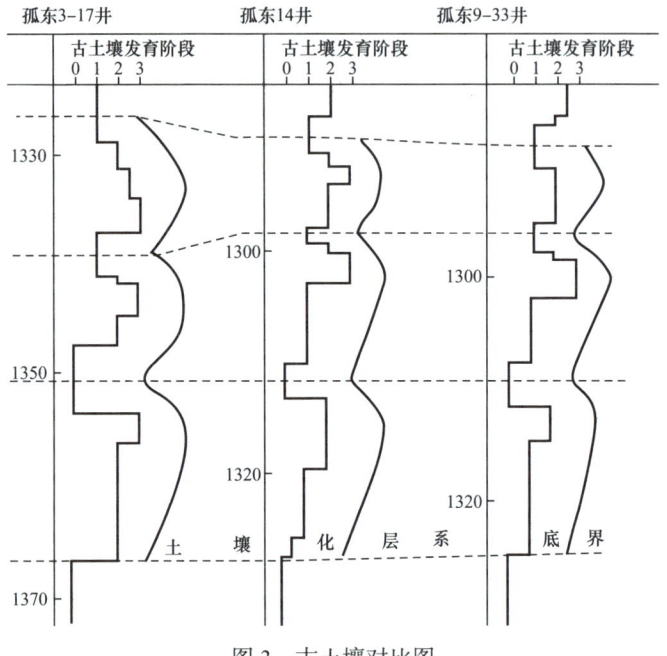

图 3　古土壤对比图

相控沉积旋回对比　在沉积相空间演化规律的控制下，根据地层的岩性、电性特征，按沉积旋回进行对比，不是单纯的岩性对比。该方法主要针对"同时不同相"而提出，"同时不同相"是指同一时期沉积的地质体，在平面上为不同的沉积相或岩相，这种相变快的沉积体一般出现在陆相地层的三角洲、扇三角洲、冲积扇等沉积环境。

对比步骤　可按下面几步进行。（1）选择对比典型井（典型井段），确定地层划分方案。（2）建立过典型井的骨架剖面，选择对比基线，以旋回特征为依据，按照油组、砂岩组、单层，进行追踪对比、统一编号。然后，骨架剖面向两侧建立辅助剖面，以控制全区。（3）以骨架剖面上的井作控制，向四周井建立放射状井网剖面进行对比。对比过程中应遵循以下基本原则：井震结合、分级控制、模式指导、构造分析、动态验证和多次反复闭合对比。（4）填写分层数据表，编绘油层对比剖面图等。

推荐书目

李伯虎，李洁. 大庆油田精细地质研究与应用技术［M］. 北京：石油工业出版社，2004.
国景星，李红南，张立强. 油气田开发地质学［M］. 北京：石油工业出版社，2017.

（李红南）

【高分辨率层序地层学 high-resolution sequence stratigraphy】 基于基准面升降导致可容空间与沉积物供给量比值（A/S）的变化，通过分析沉积物堆砌样式、相类型及相序、岩石结构、保存程度等特征，划分和对比时间地层单元，探讨等时地层格架内的地层分布模式的理论和方法技术。

国内应用最广泛的高分辨率层序地层学是以美国科罗拉多矿业学院T.A.Cross教授为代表的、以地层过程—响应动力学原理为指导、以基准面旋回为参照格架的高分辨率层序地层学理论与分析技术。其基本原理主要包括：地层基准面原理、体积划分原理、相分异原理等。

地层基准面原理 指受海平面、构造沉降、沉积负荷补偿、沉积物补给和沉积地形等综合因素制约的地层基准面，是理解地层层序成因并进行层序划分的主要依据。T.A.Cross认为，地层基准面并非海平面，也不是相当于海平面的一个向陆地方向延伸的水平面，而是一个波状升降的、连续的、略向盆地方向下倾的抽象面，其位置、运动方向和升降幅度不断随时间而变化，基准面在变化中总有向其幅度的最大值或最小值单向移动的趋势，构成一个完整的上升与下降旋回。基准面的一个上升与下降旋回称为一个基准面旋回（见图）。

不同级次的基准面旋回形成不同级次的地层旋回，T.A.Cross将基准面旋回划分成短期、中期和长期旋回。

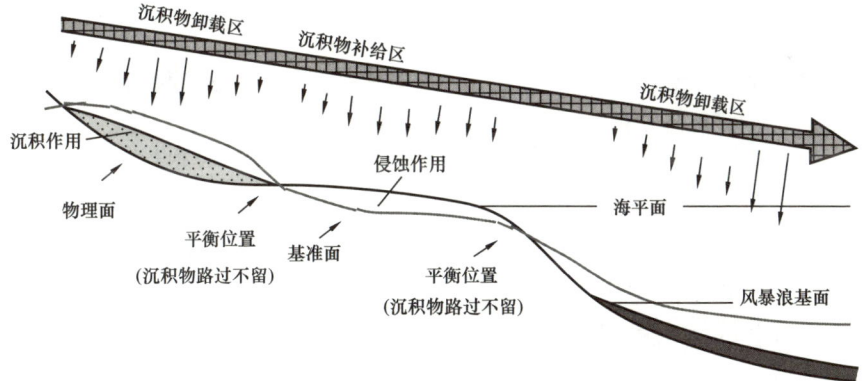

基准面、可容纳空间和反映可容纳空间与沉积物供给之间平衡时的地貌状态

体积分配原理 指成因地层内沉积物被划分成不同的相域，是在基准面变化过程中，不同沉积环境内可容纳空间四维动力学变化的产物。体积划分直接伴随着原始地貌形态的保存程度、沉积物厚度、内部构造等诸多的沉积学和地层学的响应。

相分异原理 伴随着可容纳空间的变化和沉积物的体积划分，保存在相同沉积环境中的相序、相组合、相类型和相的多样性也有明显区别，统称为相分异。这些分异作用明显地影响了诸如砂体的形态、储层的连续性与连通性、岩性与岩相类型以及储层的物理性质。比如高可容空间与低可容空间形成的河道砂体，在几何形态、砂体的连续性与连通性、相互截切程度、地形类型、保存程度、底部滞留沉积厚度与类型都有明显的差别。

其特点主要表现在：（1）基准面是控制地层形成的不同地质过程的综合反映，不需要以海平面为参照面，可以同时运用于海相盆地和陆相盆地；（2）该项技术将层序地层学与沉积学相结合，以相互标定的岩心、测井与高分辨率地震资料为基础，依据可容纳空间和 A/S 值的变化趋势识别基准面旋回界面，因而各级次、不同性质的基准面旋回均具有可识别性，在缺乏不整合发育的地层中，根据沉积作用的转换即可识别高频时间界面，进行高分辨率层序地层划分；（3）基准面旋回内部相域构成的二分特征在不同沉积环境、不同级次的层序中是客观存在的，基准面变化过程中相域的构成是由特定的沉积背景与沉积环境所决定的，不一定符合被动大陆边缘受海平面控制的三分（低位、海进、高位）地层模式。

推荐书目

邓宏文，王红亮，祝永军.高分辨率层序地层学：原理及应用［M］.北京：地质出版社，2002.

（贾爱林　白全明　李红南）

【**构造模型** structural model】　为表征油气藏构造圈闭形态和断层特性，建立的目的层三维空间形态分布及变化的模型。

构造研究工作视不同勘探开发阶段的资料情况而定，在早期油藏评价阶段，钻井资料很少，主要采用以地震为主结合钻井资料研究构造的方法；油田井网钻完以后，以钻井资料为主参考地震资料研究构造；油田开发中后期，各种动静态资料比较齐全，既有三维地震资料、钻井资料、岩心资料和测井资料，又有大量的油水井的测试资料和生产数据，此时构造研究向微型构造精细化发展。

构造形态特征　构造形态特征的表述有以下几个方面。

（1）构造要素：轴向、高点、长度和宽度、闭合面积和闭合高度、构造倾角。

（2）断层，描述断层的基本组成部分，阐明断层空间位置和与运动性质有关的要素：断层性质、断层产状（走向、倾向、倾角）、断层规模（断距及延伸长度）、断层级别（油田范围内主要描述二级、三级、四级断层）、断层的组合关系。

（3）断层封闭性，对主要断层（二级、三级断层）的封闭性描述：①断层形成机理、断层性质（一般情况，压性断层封闭性较好，张性断层封闭性较差）、断层发生时间与油气运移的聚集时间、断层两盘相接触岩层的物质成分；② 流体及压力分布，断层两侧的流体性质、油水界面、压力系数；③ 动态测试，断层封闭性要由开采动态确定。

（4）断块区和断块的划分，描述各断块区和断块的构造特征、切割各断块特征、断块面积、储层产状等。

确定构造图比例尺　不同开发阶段编制构造图精度要求不同。

（1）早期油藏评价阶段，构造图比例尺应不小于1∶25000，以能初步搞清油层顶面和主要断层的构造特征为目的。

（2）开发井网钻完后，以钻井资料为主确定大比例尺1∶10000的构造图，准确搞清楚油层组顶面构造形态并核实断块划分。

（3）开发挖潜提高采收率阶段，打了不少调整井，动静态资料更加丰富，编制精细微型构造图1∶5000，等值线间距1～5m，所建的精细构造模型为挖潜措施提高采收率提供可靠依据。

微型构造　指在区域构造背景下，油层顶面和底面的微细起伏变化所显示的构造特征，其幅度和范围都很小（构造图等值线间距1～5m）。微型构造的成因有两类。一类与沉积作用（如砂体的下切、差异压实作用、沉积古地形影响）有关。另一类与断层作用有关，下降盘不同部位下降速度不均：产生上凸（速度较慢）、下凹（速度较快），形成构造规模和幅度较小；上升盘受不均衡的拖拽力作用，形成小凹（拖拽力强）、上凸（拖拽力弱），形成的构造规模和幅度较大，对采油井生产有很大影响。微型构造主要有正向微型构造、负向微型构造和斜面微型构造之分。它与沉积相的展布有一定的关系，河流、三角洲平原沉积时期，沿主流线方向多发育河流砂体，沉积厚度较大；远离主流线方向，砂体沉积变薄，且横向变化较大，由于差异压实作用，砂体沉积厚的部位，其顶面形成正向微型构造，而砂体沉积薄的部位，则形成负向微型构造和斜面微型构造。查明微型构造的方法主要是，经过钻井资料刻度的高分辨率三维地震信息的精细处理与解释。

📝 推荐书目

贾爱林，肖敬修．油藏评价阶段建立地质模型的技术与方法［M］．北京：石油工业出版社，2002．

（贾爱林　肖敬修）

【构造　structure】　岩石在形成过程中或形成之后受地球内外动力地质作用而产生的变形、变位，从而形成的褶皱、断层、裂缝和劈理等。

研究和认识地质构造可以从构造形态和构造的成因两方面进行，两者既有联系，又有区别。认识构造的形态是分析构造成因的基础；了解构造成因有助于深刻地认识不同形态的构造，并掌握其分布、组合的规律。

构造的规模可大可小，一般在地面岩石露头上可以观察或测量到各种构造形态，有的构造在地面上不出露，有的埋藏在地下则称为地下构造。

地下构造的描述与研究工作，根据不同勘探开发阶段的资料情况，采取不同的研究方法。在钻井资料较少的详探、油藏评价阶段应采用以三维地震资料为主结合钻井资料的研究方法，主要研究构造位置及其与周围构造的关系、构造形态及构造高点的位置、圈闭范围及幅度、构造内的断层特征及其封闭性、圈闭构造发育史及其与油气聚集的关系等。在已投入开发并有较多钻井资料的油田，应采用以钻井资料为主，参考地震资料的研究方法，结合含油气层系内各细分层的构造形态和低级序断层的精细解释、断裂组合的合理性及断层封堵性、储层裂缝的分布和发育规律等，并建立精细的油藏构造模型。

（禹长安）

【储油气构造 oil and gas reservoir structure】 地层中如背斜、单斜构造背景上的鼻状构造、断块、裂缝性圈闭等能够储集油气的构造。又称油气构造圈闭。

为了更精确地描述油气构造，除了一般的构造要素外，还要重点阐明下面与储油气相关的构造要素。

溢出点 背斜构造或其他圈闭的最低闭合点，即油气充满构造圈闭后开始溢出之点。

闭合度 也称闭合高差或闭合差，是背斜或其他圈闭构造的最高点至溢出点的高差或垂直距离（见图），它是描述各种储油气构造圈闭程度的重要指标。闭合度与构造幅度不同，构造幅度指背斜构造最高点至区域倾斜面的垂直距离，当对称背斜的区域倾斜面为水平面时，构造幅度即为闭合度。

闭合面积 通过溢出点的等高线所圈出的面积或该等高线与其他遮挡

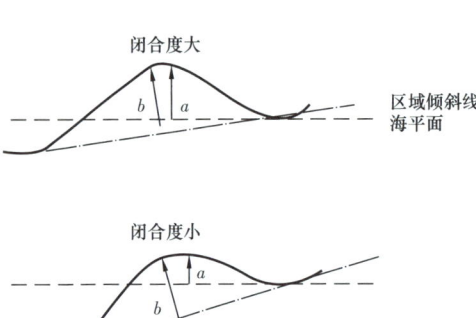

闭合度与构造幅度示意图

面（包括不整合面、断层面、岩性尖灭线）等高线所圈定的闭合区的面积，或称含油、气面积。

储油气构造形成的条件是构造圈闭形态、构造形成演化时间与油气运移的方向构成最佳的时空配置。

（禹长安）

【背斜 anticline】 由于地壳运动等作用，使岩层发生弯曲变形，倾向相背、向上凸起的部分。又称背斜构造。背斜核部的岩层较两翼岩层的地质年代老。

背斜构造是油气聚集的最有利场所，是油气田中最常见的油、气圈闭类型。按照背斜构造的形态特征将背斜作如下分类。

（1）按背斜两翼的产状特征分为对称背斜与不对称背斜。两翼倾角相等的背斜称为对称背斜，反之称为不对称背斜。

（2）按平面上背斜构造长、短轴长度的比例分为线状背斜（长、短轴长度比大于 10∶1）、长轴背斜（长、短轴长度比为 10∶1～5∶1）、短轴背斜（长短轴长度比为 5∶1～2∶1）和穹隆（长短轴长度比为 2∶1～1∶1）。

（禹长安）

【鼻状构造 nosing structure】 岩层受力扭曲，一端向下倾斜，另一端抬起，是一种构造等高线不闭合的褶皱构造，形似人的鼻子。又称半背斜（见图）。

鼻状构造上倾方向被断层切割、遮挡而形成的圈闭称为断鼻构造，简称断鼻。

鼻状构造和断鼻构造一般是在区域性单斜背景上发育，或是在线状背斜或长轴背斜的翼部背景上发育。为此，在一般情况下，不具油气圈闭条件的区域性单斜（或盆地坳陷的斜坡带）及背斜带的翼部要注意鼻状构造或断鼻构造的存在，这样会有助于油气藏的发现。

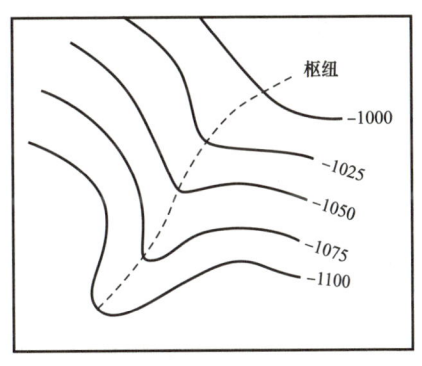

鼻状构造

（禹长安）

【断鼻构造 faulted nosing structure】 鼻状构造上倾方向被断层切割、遮挡而形成的圈闭构造。

参见鼻状构造。

（禹长安）

【古构造 palaeo-structure】 某一地质时期以前形成的构造。

古构造形成时期的判断方法一般分为两种：一种是在较短时期内形成的古构造，主要依据区域性角度不整合来确定其形成的时代；另一种是长期形成的，而且是在沉积过程中逐步形成的构造（称为同沉积构造），它是在大型沉积盆地普遍沉降背景下局部隆起而形成的同生构造，其特征是，同一地层构造轴部的厚度大于翼部的厚度，沉积物颗粒粒度表现为轴部粗、翼部细，可据此确定构造形成的时期。

古构造是否属于储油气构造，主要决定于古构造形成的时期及油气在该构造地区运移的时期，如油气运移时期在古构造形成之后，古构造有可能形成储油气构造（油气藏）。

研究描述某地区构造形态及其发育演化史，并研究与油气生成及运移时期的配置关系，对于滚动勘探开发中寻找古构造油气藏具有重要意义。

（禹长安）

【低幅度构造 low amplitude structure】 构造的闭合度相对较小的背斜构造。通常指闭合度小于20m的构造。

闭合度较大的构造一般油气储量相对较大，在勘探中容易在早期发现并投入开发；低幅度构造的油气储量相对较小，而且在勘探早期较难被发现。

在油气藏滚动勘探开发过程中，利用精细油藏描述技术，依靠高分辨率三维地震勘探资料，进行精细处理和解释，就可以发现一批微型构造（构造幅度可以达到5m），并适时投入钻探开发，就可以增加新的储量及油气产能。

（禹长安）

【向斜 syncline】 由于地壳运动作用，使岩层发生弯曲变形，倾向相向，向下凹陷的部分。又称向斜构造。向斜核部的岩层地质时代较两翼岩层要新。

一般情况下，向斜构造不构成储油气圈闭，但在特殊条件下，向斜构造也构成油气圈闭，如相对密度较大的原油可能运移至向斜中；又如在向斜中发育较多的透镜状砂体，也可形成岩性油气圈闭。

（禹长安）

【单斜 monocline】 岩层受力后，均向单一方向倾斜的构造形态。又称单斜构造，是最常见、最简单的构造形态。

简单的单斜构造一般情况下不会构成储油气圈闭，但是在单斜构造背景下遇到以下条件也可形成储油气圈闭。

（1）单斜的上倾方向和部位存在断层或岩性遮挡时，会形成储油气圈闭。

（2）在单斜背景下发育有鼻状构造或断鼻构造也会形成储油气圈闭。

（禹长安）

【古潜山 buried hill】 由于古地层长期遭受风化、侵蚀、断裂、褶皱等地质作用形成的古地貌残丘、断块山、残余背斜等，而后被新的沉积物所覆盖。又称潜山构造。按成因可分为侵蚀型古潜山、褶皱型古潜山、断块型古潜山、褶皱—侵蚀型古潜山和断块—侵蚀型古潜山等。

在不整合面之上的密封性良好的新地层覆盖下，由古剥蚀面形成的古潜山是很好的储油气构造。研究分析古潜山内幕储集体的岩性及其在风化、侵蚀、断裂、褶皱等作用下所形成的孔隙、溶洞、裂隙及构造圈闭等油气储集空间的性质和分布规律是寻找并合理开发古潜山油气藏的关键内容。

除了古潜山本身能够形成储油气构造外，在古潜山之上沉积的地层由于差异压实作用而形成背斜构造，这些构造形态大致可以反映下伏古潜山的地貌。以上由古潜山伴生的背斜也是良好的储油气构造。

（禹长安）

【构造带 structural belt】 在褶皱区内，由若干形态相似的背斜构造组成，呈带状分布的二级构造单元。又称背斜构造带。

在背斜构造带中，长垣是常见的背斜构造带类型。由若干较平缓宽大的背斜组成，而且被同一构造等高线所圈闭的二级构造带称为长垣，或称长垣隆起带（见图）。

长垣隆起所形成的油气藏如果具有统一的油水界面或油气界面，而且油水界面或油气界面高度不但低于背斜的闭合高度，也高于相邻背斜之间鞍部的高度，则整个长垣隆起带就形成在二级构造带控制下的统一的大型含油气区，大庆长垣油气藏即为典型实例。

（禹长安）

【断层 fault】 岩石受构造应力作用产生的断裂，岩层或岩体沿断裂面发生显著位移的地质构造层。

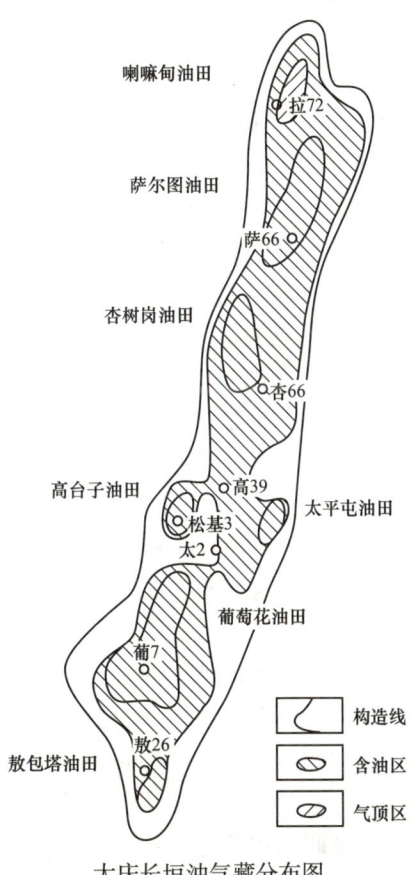

大庆长垣油气藏分布图

断层在油气藏中分布广泛，其性质、规模大小不一，同时对油气田的开发有着不同的影响。根据断层密封性，断层分为封闭的和串通的两类。当断层属于封闭性质的，在注水开发时，在断层两侧的油、水井不易形成完善的注采系统，使得一些油井见不到注水效果；在断层附近的原油不易被注水波及，而形成剩余油的滞留区（这些滞留的剩余油可以用水平井或不规则的水平井有效地开采）。有些油藏被多条断层分隔而形成断块油藏和复杂断块油藏，有些小型断块（如面积小于200m×200m的断块）可以用"阁楼采油""地角采油"或"单井吞吐"等特殊的开采方式进行开发。

（禹长安）

【**断层要素** fault element】 能表明断层几何形态和运动性质的基本组成内容。包括断层面、断层线、断盘、断距、断层倾向与倾角、断层走向与延伸长度等。

断层面 指岩层或岩体发生断裂位移的破裂面，断层面是平面或曲面。断层面常表现为具有一定宽度的破碎带，称断层带或断裂带。断层带宽度大小不一，自几米至数百米，有时甚至可达数千米。

断层线 通常指断层面与地面的交线，即断层在地表的出露线。在油气藏构造图上，断层线是断层面与构造标准层面（一般为油层的顶面或底面）的交线在平面上的投影。

断盘 断层面两侧相对移动的岩层或岩体称为断盘。当断层面倾斜或水平时，位于断层面上方的断盘称为上盘，位于断层面下方的断盘称为下盘；当断层面直立时，可按相对于断层面的方位分别称为东盘、西盘、南盘、北盘。当断层面为垂直或倾斜时，相对上升位移的断盘称为上升盘，相对下降位移的断盘称为下降盘。

断距 断层两盘上同层位两点位移后的垂直距离称为断距。在油气勘探开发中常用的断距有以下几种（见图1和图2）：（1）总断距——层面上同一点被断开的真正距离；（2）走向断距——总断距在断层面走向方向的投影；（3）倾向断距——总断距在断层面倾斜方向上的投影；（4）水平断距——总断距在水平面上的投影；（5）垂直断距——总断距在垂直面上的投影；（6）地层断距——同一岩层断开后，上下盘之间的垂直距离，当上下盘地层产状基本相同时，地层断距即地层缺失或重复的真正厚度。

断层的倾向与倾角 断层面倾斜的方位为断层倾向。断层面与其水平投影面之间的夹角称为断层倾角（见图3）。

断层走向与延伸长度 断层线的延伸方位称为断层走向。断层线在平面上的长度叫断层的延伸长度。

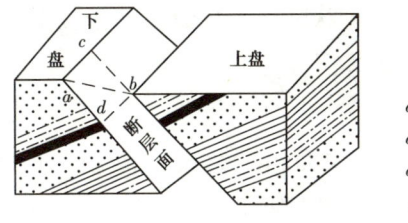

图 1　断层要素图

ab——总断距；
$ac(db)$——走向断距；
$ad(cb)$——倾向断距；
$\angle cab$——倾斜角

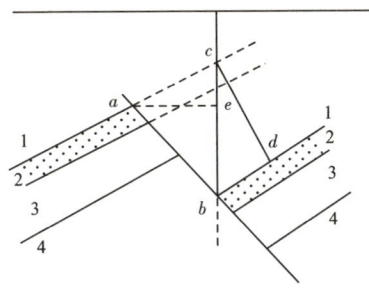

图 2　正断层断距示意图

cd——地层断距；
ae——水平断距；
cb——垂直断距

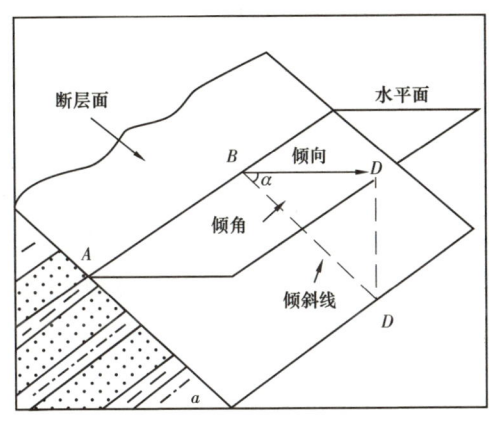

图 3　断层倾向与倾角

推荐书目

俞鸿年，卢华复.构造地质学原理（修订版）[M].南京：南京大学出版社，1998.

（禹长安）

【**正断层 normal fault**】　上盘沿断层面相对下降，下盘相对上升的断层。正断层在钻井剖面上有地层缺失现象。正断层的产状一般较陡，断层面的倾角多在45°～90°间。当确证断层上盘岩块下降是由于重力作用和水平拉张力所造成的，可称为重力断层。一些大型正断层倾角往往有向深部变缓的现象，断层面呈向上的犁状形态，称为犁状断层或铲状断层。正断层是在拉张型盆地（坳陷）的油气藏中最常见的一种断层类型。

（禹长安）

【逆断层 reverse fault】 上盘沿断层面相对上升，下盘相对下降的断层。根据断层倾角大小可分为冲断层（断层面倾角大于45°）、逆掩断层（断层面倾角25°~45°）和逆冲断层（断层面倾角小于25°）。规模巨大且上盘沿波状起伏的低角度断层面作长距离推移（数千米至数十千米）的逆掩断层称为推覆构造。

逆断层一般是因受到两侧近于水平的挤压应力作用形成的，故多与褶皱构造伴生。在钻井剖面上断层表现为地层层序重复。

（禹长安）

【平移断层 transcurrent fault】 断层两盘沿断层面走向相对水平移动的断层。又称走滑断层。平移断层面较陡，甚至直立，断层线较平直。

由于断层两盘相对移动有时并非单一地沿断层面作上、下或水平移动，而是沿断层面作斜向滑动，即兼具正断层（或逆断层）和平移断层两种性质，为了比较确切地反映断层移动的性质，常将正断层、逆断层、平移断层三者结合起来予以命名。

（禹长安）

【断块 fault block】 被断层切割，其边界全部或部分被断层所限制的区块。在断块构造中地垒和地堑是常见的断层组合形式。

地垒 由断层面走向大致平行、倾向相反、性质相同的两条（或数条）断层组成，它们中间共有一个上升盘，这种断层组合称为地垒（见图1）。

地堑 与地垒相反，它们中间共有一个下降盘，这种断层组合称为地堑（见图2）。

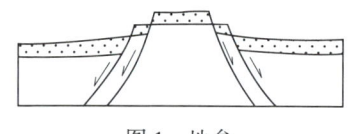
图1 地垒

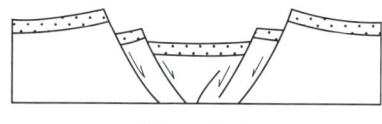
图2 地堑

地垒、地堑两侧断层一般为正断层，但有时也可以是逆断层。从区域地质研究上看，地垒与地堑常发育在褶皱和缓的地区，地堑比地垒发育更广泛。

（禹长安）

【断层封闭性 fault sealing ability】 断层对阻止油气运移或水驱油过程的封隔程度。能阻挡油气运移或水驱油过程的断层，其密封性好，相反则密封性差。

断层的密封性对油气成藏过程中油气运移和聚集具有重要作用，对于油气田开发过程中的动态分析以及开发调整技术措施的制订也具有重要意义。

分析判断断层密封性的方法尚处于探索阶段，一般从以下几方面进行分析研究。

（1）断层形成的机理主要包括四个方面：① 根据断层性质，一般情况下压性断层密封性好，张性断层密封性差；② 研究断层发生时间与油气运移和聚集时间的关系，借以推断断层在油气成藏过程中的作用；③ 根据断层的两盘相接触的地层的岩性与物性推断断层的密封性；④ 根据断层两侧渗透层毛细管压力差异程度推断断层的密封性。

（2）流体及压力的分布：① 根据断层两侧流体性质的差异程度推断断层的密封性；② 根据断层两侧油水界面差异推断断层的密封性；③ 根据断层两侧压力系数的差异推断断层的密封性。

（3）开发动态测试分析可通过水文勘探、干扰试井、重复式电缆地层测试（RFT）及动态分析，证实各类断层的密封性。

（禹长安）

【断点组合 breakpoint combination】 把属于同一条断层的各个断点联系起来，以确定每条断层的性质、分布状况及相互关系的工作。

断点（断层）组合的方法和步骤分为剖面组合和平面组合。

剖面断层组合　组合的方法和步骤如下。

（1）钻遇断层井要确定断点深度、断距、地层断失或重复的层位。

（2）组合断层时，必须使断层上下盘的地层层序符合断层性质（正断层上盘下降，逆断层上盘相对上升）。在同一区域构造内断层性质基本一致。

（3）组合断层时同一条断层在小范围内断距变化不大；长期发育的断层其断距由深向浅逐渐变小直至消失；后期发育的断层其断距可能是上大、下小。

（4）相同断块（区）内，油水性质相近、油水（油气）界面一致、压力系数一致。

（5）断层组合后应检查每个断块（区）中的地层层序是否正常，地层产状是否符合区域构造特点。

平面断层组合　组合的方法和步骤如下。

（1）分析断点组合断层：同一条断层在平面上应呈线形分布，断距相近或有规律地变化，在各条剖面（见图）上倾向相同。

（2）先组合主断层，后组合次一级断层。

（3）组合断层时尽可能参考地震资料。

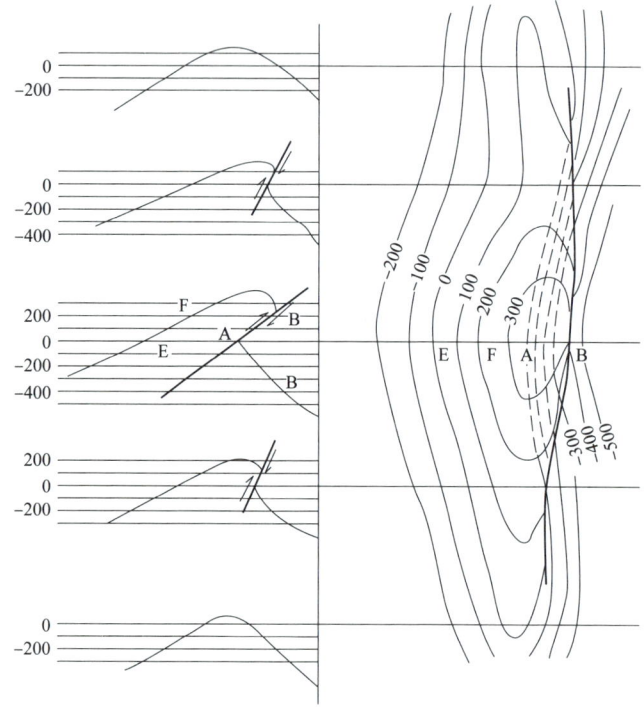

用剖面法编制构造图

（4）组合断层时必须用剖面图与平面图结合分析，应充分利用构造剖面图成果，理清复杂断裂系统（见图）。

（5）主断层应编绘断层面图，落实断层的可靠性。

（禹长安）

【**裂缝 fracture**】 岩石受成岩作用或构造作用产生破裂，破裂两侧的岩石沿破裂面没有发生明显的相对位移，或仅有微量位移的断裂构造。裂缝是油气储层中一种重要的储渗空间。在油气成藏过程中裂缝是油气运移的通道，在油田开发中储层裂缝的存在增强了储存空间和流体渗流条件，同时加剧了储层的非均质性。研究和认识裂缝的性质及分布规律，在油气勘探中寻找油气富集区带，在油气田开发中对合理划分开发层系、确定合理井网形式及方向，以及开发系统的调整等开发措施都具有重要意义。

岩石裂缝分为天然裂缝和人工裂缝。天然裂缝是在地质应力作用下形成的；人工裂缝是在人为应力作用下或诱导下形成的。

天然裂缝分类 天然裂缝普遍存在于自然界的所有岩石中，天然裂缝分类的方法有多种，主要方法如下。

（1）按裂缝成因可分为构造缝和成岩缝。

（2）按裂缝力学性质分为张裂缝和剪裂缝。

（3）按裂缝的倾角分为垂直缝、高角度缝、低角度缝和水平裂缝。

（4）按裂缝开放性分为张开缝、闭合缝、全充填缝、半充填缝。

（5）按裂缝发育程度分为高密度分布裂缝和低密度分布裂缝。

（6）按裂缝组系分为平行缝、斜裂缝和共轭缝。

天然裂缝识别方法　油气储层天然裂缝属于地下断裂构造，识别描述应采用多种地下地质方法进行综合判识，基本方法如下。

（1）岩心裂缝观测描述：岩心观测是地下储层裂缝识别最直接有效的方法。岩心裂缝观测最好在大直径的定向取心井进行。主要描述内容为：裂缝发育位置、岩性及密度、裂缝产状、裂缝形态、与力学性质有关的缝面特征、裂缝规模；裂缝充填物、充填程度及开启程度；裂缝两端终止及穿层情况；裂缝组系及交切关系等。

（2）露头观测与描述：要选择好与油藏地下类似的应力场环境与褶皱机制的露头进行观测与描述，其成果对地下裂缝识别有借鉴作用。露头和裂缝观测与描述内容与岩心观测描述基本一致，但要区别和剔除暴露后表生作用产生的风化缝。

（3）测井裂缝识别：研究各种测井信息与储层裂缝的响应关系，进而确定测井裂缝的识别方法。近年来较有效的方法有以下两大类。

声波测井：裂缝的存在对纵横波及斯通利波的传播速度和幅度都有一定影响。常用的裂缝识别测井方法有声波时差测井、横波测井、斯通利波测井、声波全波列测井、环形波位移测井、井周声波测井等。

成像测井：利用电流束或声波束对井壁进行扫描，从而得到井壁展开的图像，用以直观地定量识别地层裂缝。主要方法有微电阻率扫描测井（FMS）、井下声波电视测井（BHTV）、全井段地层微电阻率成像测井（FMI）等。

（4）裂缝的生产动态识别：钻井中出现钻井液漏失、井壁崩落；试井解释有效渗透率大于空气渗透率、压力恢复曲线有明显拐点和双重介质特征；压裂曲线没有明显破裂压力峰值；注水压力高于一定值后，指示曲线出现拐点，吸水指数急剧跌升，油井出现水窜与暴性水淹、产量急剧下降等。

（5）古构造应力场数值模拟方法预测裂缝产状、性质、密度的空间分布。

上述裂缝的识别预测方法进行综合应用，其成果更能逼近地下裂缝的实际情况。

裂缝成因　岩石裂缝的成因具有多样性，天然裂缝的形成一般受两种地质作用影响：成岩作用和构造作用。

成岩作用：岩层沉积以后经历各种成岩过程，有些成岩作用导致岩层裂缝的形成。

（1）压实作用：在上覆岩压作用下，脆性岩石大多会形成高角度或垂直的张性裂缝；受岩石岩性和组构的影响，有时也会形成一些低角度或水平的隐性裂缝。碳酸盐岩的缝合线，经常会转化成裂缝、碎屑颗粒被压裂形成粒内缝。

（2）脱水作用：岩石受脱水作用发生体积收缩，从而形成龟背形或深笼状网状裂缝。

（3）风化作用：出露地表的岩石长期风化产生裂缝，这类裂缝通常分布于地表浅部，形态不规则，延伸短，多为张裂缝。

（4）各种层理构造形成的裂缝。

（5）地温梯度作用：当岩石在构造运动中抬升或下降时，受到地温梯度的变化产生冷缩热胀作用导致裂缝的产生。火山岩在喷发后的冷凝过程中也会形成裂缝。由于温度变化形成的裂缝大多为形态规则、延伸短的张性裂缝。

构造作用：构造运动形成的裂缝可分为与区域构造有关的和局部构造有关的两大类，后者又分为与褶皱有关的和与断层有关的两类。两种构造作用都可以导致裂缝的形成。

（1）褶皱构造的成因随褶皱演化过程而演化，并与褶皱构造部位关系密切。不同构造部位受力性质不同，形成裂缝的类型也不同。构造曲率变化大的部位是裂缝发育的最佳部位。

（2）断层与裂缝在成因上关系密切。断层形成时，在其两侧产生大量裂缝而形成断裂带，这是因为在断面附近地应力集中分布所产生的结果。断层两侧裂缝发育程度不同；上盘的裂缝带分布较宽，下盘的裂缝带局限于断层附近。断层的延伸末端是应力集中区，也是裂缝发育地带。裂缝密度与离断层的距离关系密切：离断层越近，裂缝密度越大。

油气储层裂缝的类型、分布及地质特征与所处沉积盆地构造的类型有关。中国东部油田储层属于拉张型盆地，裂缝伴随正断层发育，一般规模小，长度和密度不大，多以微小的潜在缝形式出现，易被忽略。中国西部储层属于挤压型盆地，裂缝伴随逆断层发育，规模大，高角度直劈缝发育，延伸长度可达数米，在油田开发中影响十分明显。

（禹长安）

【裂缝组系 fracture system】 在一定的应力作用下，裂缝常有规律地成群出现，形成一定的裂缝分布系统。在裂缝描述中又称之为裂缝组和裂缝系。

裂缝组　凡在同时、同应力作用下产生的性质相同、产状大体一致的裂缝群，称为一个裂缝组。同一裂缝组的裂缝可以是简单的平行排列，构成一个与该组裂缝总体产状相同延伸的裂缝带，即为平行裂缝组。非旋转变形所产生的剪裂缝组或张裂缝组一般都是平行型。同一组裂缝分布带的总体延伸方向与裂缝的总体产状并不一致，单个裂缝之间呈有规律的偏斜，作雁行式排列，称为斜列型裂缝组。旋转变形或剪切变形产生的剪裂缝组或张裂缝组都具有雁行式斜列型排列特点。在平面上斜列型裂缝组有右列和左列的区别（见图）。

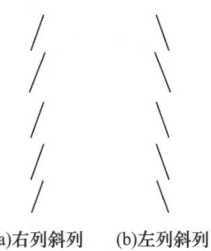

(a)右列斜列　(b)左列斜列

斜列型构造排列形式

裂缝系　凡是同时、同应力作用下产生的性质相同的两个或两个以上的裂缝组，或在某种应力方式作用下形成的产状有规律变化的裂缝群，均称为裂缝系。按其排列方式有共轭剪裂缝系、环状裂缝系、放射状裂缝系等。

多套裂缝组、系连通在一起形成裂缝网络，这是裂缝性储层必备的条件之一。

（禹长安）

【张裂缝 tension fracture】 由张应力作用形成的裂缝。张裂缝多分布于背斜构造的轴部，其方位垂直于主张应力，或平行于主压应力，在穹窿背斜构造上，裂缝呈环状或放射状分布。当岩石受到剪切作用时，在与剪切方向大致相交45°的方向上受到拉伸，在与拉伸相垂直的方向即可产生张裂缝，这种张裂缝常在断层两侧呈雁行排列，称为羽状张裂缝（见图）。张裂缝的裂缝面不平整，裂缝两壁常张开并被矿物充填，裂缝延伸距离较短，常成组出现，分布稀密不规则。具有张裂缝的储层在注水开发中影响较大，常出现水窜现象，应对其重视。

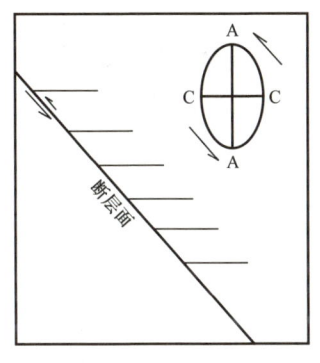

羽状张裂缝的形成

（禹长安）

【剪裂缝 shear fracture】 由剪切应力作用形成的裂缝。剪裂缝多成对、成群出现，裂缝面平整、光滑，裂缝两侧有时存在微小位移，裂缝两壁常闭合，裂缝延伸较长，分布稀密有规则。剪裂缝开放程度一般小于张裂缝。具有剪裂缝的储层对注水开发一般影响较小，但在人为诱发下（如钻井、压裂作业和注水等），裂缝也会张开，对油水运动产生影响。

（禹长安）

【沉积模型 sedimentary model】 为表征储层沉积相及其在三维空间内的分布而建立的三维模型。通过沉积相、亚相及微相的研究，揭示最小油层单元的微相及其展布，并按照各类储层沉积规律和各种沉积界面，由大到小逐级解剖沉积微相空间组合规律和展布，为预测和建立各类砂体储层模式提供可靠依据。

沉积模型的建立，应遵循三个原则，即等时建模、层次建模和成因建模。

参见沉积相和储层模型。

📝 推荐书目

吴胜和. 储层表征与建模［M］. 北京：石油工业出版社，2010.

（李红南）

【沉积作用 sedimentation】 形成及堆积层状沉积物整个过程的作用，包括沉积物质供给区母岩的风化、沉积物的搬运和沉积、沉积物埋藏后的成岩及后生变化几个阶段。广义的沉积作用包括上述的整个过程，狭义的沉积作用是指沉积物被埋藏以前所发生的作用。本条目所指的是狭义沉积作用。组成沉积物质的来源主要是先成岩石（可以是岩浆岩、变质岩、沉积岩）风化作用的产物；由生物的生命活动所产生的沉积物；来自地壳深部的火山碎屑喷出物质以及宇宙飞落的陨石等物质。这些碎屑残留物质和化学风化矿物合称陆源碎屑物质，它们的搬运作用和沉积作用主要受水动力学定律支配；另一部分溶解物质，它们的搬运作用和沉积作用受化学定律支配。这些碎屑物质被各种地质营力搬运后，在一定条件下沉积，再经成岩作用形成碎屑岩；或是溶解物质转移到海洋或湖泊后，在一定条件下沉积，再经过成岩作用形成化学岩或生物岩。

母岩的风化 母岩的风化是指地表岩石在温度、大气、水、生物等因素作用下发生机械破碎和化学变化的作用，可以归纳为物理风化、化学风化和生物风化。母岩遭受风化后形成各种风化产物，按其性质分为三类：（1）碎屑物质，母岩机械破碎的产物，是陆源碎屑岩（砾岩、砂岩、粉砂岩）的主要成分；（2）不溶残积物，是母岩在分解过程中新生成的不溶黏土矿物，为陆源沉积岩中泥质岩的主要成分；（3）溶解物质，这部分物质呈溶解状态被带到海洋或湖泊构成化学岩或生物岩。

碎屑物质的搬运和沉积作用 母岩风化后残留的碎屑物质在流体（主要是流水、大气、冰川等地质营力）作用下，进入搬运状态向别处转移，在一定条件下从搬运状态转为沉积状态。沉积下来的沉积物可长期固定不再移动；也可由地壳上升、侵蚀基准面下降，使得已沉积的碎屑物质重新遭受剥蚀被搬运。按流体类型可分以下两类。

（1）牵引流的搬运和沉积。① 牵引流属牛顿流体，即服从牛顿内摩擦定律的流体。② 用雷诺数 Re 判别流体的层流和紊流，流体在流动时分为层流、紊流两种流动形态。英国学者雷诺（Reynolds）从实验室观察到用雷诺数 Re 判别层流与紊流。当 Re 等于 1 时，流体呈层流；当 Re 为 1～40 时，颗粒背后出现背流尾迹；当 Re 大于 40 时，流动出现"卡门涡街"，称紊流。紊流的搬运能力要强于层流，并且紊流还有旋涡扬举作用，是碎屑沉积物呈悬浮搬运的主要水力学因素。因此沉积物不易从紊流中沉积下来，而在层流中容易沉积。③判别牵引流三种流动强度（缓流、急流和临界流）的标准是弗劳德数 Fr，弗劳德数是表示惯性力与重力之间关系的一个数值。当 Fr 大于 1 时，流水性质为急流，表示水浅流急；当 Fr 等于 1 时，水流为临界流；当 Fr 小于 1 时，流水性质为静流、缓流，表示水深流缓。弗劳德数为无量纲数，它用于碎屑物质以床沙载荷方式搬运和沉积过程的解释。④牵引流的搬运力，表现在两个方面，一方面是作用于碎屑颗粒上的推力（牵引力），其大小取决于流体的流速，推力越大搬运碎屑颗粒越大；另一方面是载荷力（或负荷力），负荷力大小取决于流体流量，负荷力越大能搬运沉积物数量越多。牵引流搬运颗粒的动力主要是推力，多数是从高处向低处搬运，有时也从低处往高处搬运，如海湖滨岸地区的冲流、风力把细粒沉积物搬运到高处。⑤搬运方式主要有两种，即推移搬运（跳跃或滚动）和悬浮搬运。较粗的碎屑沿流水底部呈移动、滚动或跳跃式地前进，较细的碎屑（如粉砂和黏土）在流水中呈悬浮状态搬运。⑥机械沉积作用，当流水的动力不足以克服碎屑颗粒的重力时，碎屑物质就会沉积。它的下沉速度与其相对密度成正比。⑦沉积物在搬运和沉积过程中的分异作用，碎屑物在流水搬运过程中将发生重大变化，继续遭受风化或破坏，流水中各种酸溶液的作用，碎屑颗粒之间的撞击和摩擦的结果，使其在成分、粒度、圆度、球度等发生变化，还将发生分异作用，粒度从上游到下游，出现粒度从大到小，分选由差到好，出现砾、砂、粉砂、黏土的顺序。

（2）重力流的搬运和沉积。重力流研究始于 20 世纪 50 年代，发展于 20 世纪 70 年代，它对碎屑物质的搬运和沉积作用日益引起人们的重视。①沉积物重力流属非牛顿流体，与牵引流的搬运和沉积作用机制不同。②重力流搬运碎屑物的驱动力是重力，因此沉积物重力流属于再搬运沉积体系，它总是发生在海底或湖底的斜坡地带。③搬运方式。沉积物重力流是密度流，相对密度可达 1.5~2.0，是由大小不一的碎屑物质与流体形成的高密度混合体，其主要以悬浮方式搬运。④一定的触发机制。重力流沉积物的形成属于事件性沉积作用，其起因于一定的触发机制，如洪水、地震、海啸、巨浪、风暴潮和火山喷发等诱发下，导致块体流或高密度流的形成。

<u>溶解物质的搬运和沉积作用</u>　母岩风化产物中的溶解物质，主要为 Cl，S，Ca，Na，K，Mg，P，Si，Al，Fe 等，它们均呈溶解状态，在河流中这些物质很少沉淀，主要沉淀在内陆盐湖和海洋场所，尤以海洋为主。

（1）胶体溶液物质的搬运和沉积作用，胶质质点介于 1~100μm 之间，多呈

分子状态，不同于真溶液。带正电荷者为正胶体，如铁、铝等含水氧化物胶体[Fe(OH)$_3$，Al(OH)$_3$]；带负电荷者为负胶体，如硅、锰等含水氧化物胶体(SiO$_2$，MnO$_2$)。引起胶体质点搬运和沉积作用的主要因素是同种电荷的排斥力，当排斥力消失，则它们会凝聚为大的质点，在重力作用下迅速下沉，成为胶体沉积物。它呈钟乳状、肾状、豆状、胶冻状等，具贝壳状断口；多为含水矿物，且含水量不固定；其化学成分不固定；具离子交换性及吸附性；失水干裂老化或重结晶。

（2）真溶液物质的搬运和沉积作用，真溶液物质主要是Cl，S，Ca，Na，K，Mg等，控制真溶液物质的搬运及沉积的因素是溶解度，即溶解度越大，越易搬运，越难沉积；反之，溶解度越小，则越易沉积，越难搬运。Fe，Mn，Si，Al等溶解物质的溶解度较小，易于沉淀，在它们的搬运和沉积作用中，水介质的各种物理化学条件的影响十分重要。

（3）生物的搬运和沉积作用，不少沉积岩和沉积矿产的形成与生物作用有关，如碳酸盐、硅酸盐、石灰岩、磷酸盐、沉积铁矿、硅藻土、煤、油页岩和石油等。

（4）化学沉积分异作用，溶解物质因其本身的化学性质，在溶液搬运和沉积过程中按一定顺序先后沉淀出来，称化学分异作用。苏联学者普斯托瓦洛夫（Л.В.Пустовалов）于1954年提出修正后的化学沉积分异图解，在普氏的化学沉积分异图解基础上由中国学者冯增昭作了补充和完善（见图）。

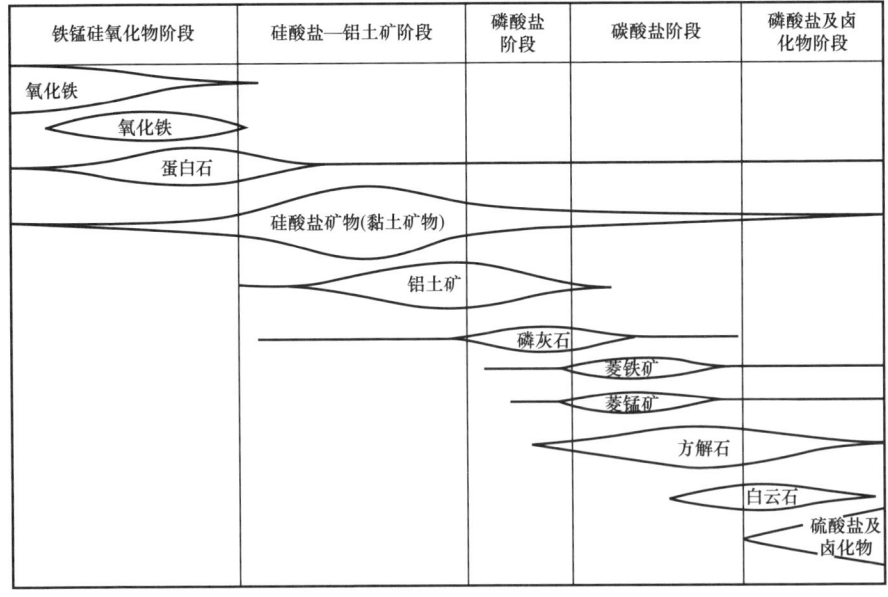

化学沉积分异作用图解

沉积作用在开发中的应用 在开发中,沉积作用形成的岩石性质是决定储层地质特征的基础。通过沉积作用的分析研究,对储层的成因、演化、分布规律,尽可能从宏观到微观、从定性向定量作出储层描述、解释和预测。

(贾爱林 肖敬修)

【**沉积相 sedimentary facies**】 指沉积环境及在该环境中形成的沉积岩(物)特征的综合。

沉积环境是由自然地理条件、气候条件、构造条件、生物条件、沉积介质的物理条件以及沉积介质的地球化学条件等组成;沉积特征包括岩性特征、古生物特征以及地球化学特征等。沉积环境是形成沉积岩特征的决定因素,沉积特征则是沉积环境的物质表现。在沉积学中,相就是沉积相。岩相是一定沉积环境中形成的岩石或岩石组合,它是沉积相的主要组成部分。为了突出沉积环境中的古地理条件和沉积物特征中的岩性特征,通常把"岩相"和"古地理"这两个术语联系在一起,以表示沉积相中最重要和最本质的内容。

相序定律 相序是指从一种相逐渐过渡到另外一种相的一系列相的关系或相的有序组合。相序定律,又称沃尔索(*Walther*)定律,是指只有在横向上成因相近且紧密相邻而发育着的相,才能在垂向上依次叠覆出现而没有间断。根据相序定律,在整个垂向沉积层序中产出的相,是在横向相邻的沉积环境中形成的;在垂向接触序列中没有明显的间断的相,必须是地理上相邻环境的产物。相序定律为人们利用现代沉积环境特征去研究古代沉积物垂向序列提供比较沉积学基本原理。

沉积相分析方法 沉积相的分析方法包括以下三类。(1)野外相分析。指在野外自然露头、人工露头、钻孔岩心等地质实体进行观察、描述、测量、取样以及制图。作为环境解释依据的原始资料大部分是在野外研究的基础上取得,相分析的初步结论应在野外确定。(2)室内相分析。指在实验室内对野外取得的标本样品进行分析化验,对野外测量的数据进行加工整理和分析研究,以充实补充野外观察的不足。(3)地下相分析。指利用钻井过程所测得的地层岩性及物性资料,通过岩心相分析、测井相分析、地震相分析等重要手段综合研究地下储层沉积相分析。通过研究岩性沉积构造序列及其他沉积相标志,将复杂地层序列简化为能够反映沉积物沉积规律的沉积相模式,这对于沉积环境分析和古地理恢复均是十分有意义的。

沉积相分级 按照沉积物及其沉积环境进行沉积相划分可分四级:相组、相、亚相、微相。不同学者对沉积相的划分还存在着分歧,但人们总是先将沉积相划分成三个相组:即陆相组、海相组和海陆过渡相组。然后依据陆相组中

的次级环境及沉积物特征，确定相类型（见表），如河流相、三角洲相。进而，根据各相类型中亚环境、微环境及其沉积特征，确定出相应的沉积亚相和微相，如三角洲前缘亚相、三角洲前缘河口沙坝微相等。

沉积相的分类

相组	陆相组	海相组	海陆过渡相组
相	（1）残积相 （2）坡积—坠积相 （3）山麓—洪积相 （4）河流相 （5）湖泊相 （6）沼泽相 （7）沙漠相 （8）冰川相	（1）滨岸相 （2）浅海陆棚相 （3）半深海相 （4）深海相	（1）三角洲相 （2）湖相 （3）障壁岛相 （4）潮坪相 （5）河口湾相

<u>沉积相研究在油田开发中的应用</u>　研究沉积相的目的是为了从沉积成因上了解储层物性分布规律，认识油层内纵向和平面非均质性，掌握地下油水运动规律和指导调整挖潜工作。

（1）深入认识油层非均质性，掌握地下油水运动规律：① 岩石相与储层物性，岩石相类型反映沉积时水动力能量大小，一般能较好地反映储层物性；② 垂向层序与层内非均质性，各类微相的垂向层序决定了层内渗透率非均质特点；③ 微相展布与平面非均质性，每一储层单元的平面微相展布是平面非均质性的决定因素。各种储层参数等值图以微相展布为控制条件；着重分析砂体的高能带和低能带的分布及其方向性，根据沉积成因类型进一步分析砂体方向性与渗透率方向性各向异性的关系。

（2）应用沉积相带掌握高产井的分布规律。

（3）应用沉积相带选择调整挖潜对象，充分发挥各种工艺措施的作用。

推荐书目

赵澄林，朱筱敏. 沉积岩石学［M］. 3版. 北京：石油工业出版社，2001.

(肖敬修　贾爱林)

【**沉积亚相 sedimatary subfacies**】　按沉积物及其沉积亚环境所划分的<u>沉积相</u>单元。沉积亚相是相的细分，将其进一步细分则为<u>沉积微相</u>，即按沉积物及其沉积微环境所划分的最小沉积相单元，具有独特的岩性、岩石结构和构造、厚度、韵律性等剖面特征及一定的平面分布配置规律。沉积级别的划分是相对的，要从油田开发实际出发,如研究曲流河亚环境的砂体,应进一步细分点坝、决口扇、天然堤、串沟和废弃河道等微相(见表)。

陆相沉积盆地碎屑岩储层常见微相类型

大相	亚相	微相
冲积扇	扇根	主河道、侧缘河道
	扇中	辫状河道、心滩坝、漫溢沉积
	扇缘	席状砂
河流	曲流河	点坝、天然堤、决口扇、串沟、废弃河道
	辫状河	心滩坝、废弃河道
	网状河	河道、天然堤、决口扇
三角洲	三角洲平原	分流河道、分流河道间
	三角洲前缘	河口坝、内、外前缘席状砂
	前三角洲	储层砂体一般不发育
三角洲间滨岸		滩、坝
湖底扇	上扇	补给水道、水道间、主水道
	中扇	水道、水道间
	下扇	薄层浊积岩

识别和划分微相 沉积相分析最基础的工作是重建储层沉积时的古环境。

(1)掌握区域沉积背景,避免进行微相分析时发生"串相"。

(2)利用岩心资料建立标准微相柱状剖面图,在此基础上才能扩展到地震相、测井相的识别和应用而避免多解性的解释。① 对岩心进行岩石学和沉积学的观察和描述。② 岩心的沉积学实验室分析(包括常规分析和特殊分析)鉴定。③ 微相分析:划分岩石相(能量单元)及其组合;垂向层序分析,一定的微相有一定的垂向层序,但一种垂向层序可能有几种微环境成因,垂向层序是重要的相标志,需结合其他标志综合判断,垂向层序是层内非均质性的决定性因素;*沉积旋回*分析,以最小沉积旋回为单元的垂向层序为基础,搞清垂向上微相演化,进一步确定亚相。④ 单项标志相分析,常用粒度分析、微量元素分析、孢粉古气候分析及古生物分布分析等方法。

(3)测井相分析。利用各种测井响应识别储层微相,测井信息是储层地质沉积特征的间接响应，定性定量解释存在一定的误差或多解性。在大相控制下，利用岩心资料建立起微相模式和识别标志后，通过储层的各种地质沉积特征在各种测井信息上响应的具体分析，是可能建立油藏的测井相模式的，尽可能做到一种测井响应反映某一种微相。对已有岩心资料、指相指标在测井信息上的响应综合归纳，建立相应油藏储层各类微相的测井相模式。

（4）编制分层（单元）微相平面图。储层微相分析的目标是要在单井划相的基础上，完成分层平面上微相展布的分析，编制微相平面图，作为储层描述和建立地质模型的基础。① 分层，以最小沉积旋回为编图单元（以层组划分相一致）；② 单井划相，所有开发井要进行单井划相（用岩心或测井曲线）；③ 编制平面图，一般选主力油层或重点油层编制微相平面图，平面微相带展布要符合沉积规律，总结出油藏的沉积模式图。

微相与储层性质　研究储层微相的目的是为了从沉积成因上了解储层物性的分布规律，建立微相与储层性质之间的关系是很重要的一环。

（1）岩石相（能量单元）与储层物性，岩石相类型反映沉积时水动力能量的大小，能较好地反映储层物性，是通过微相分析掌握储层物性规律的最小单元。

（2）垂向层序与层内非均质性，各类微相的垂向层序决定了层内渗透率的非均质特点，储层微相的典型垂向层序，可代表该类储层典型的层内非均质性。

（3）微相展布与平面非均质性，每一储层单元的平面微相展布是平面非均质性的决定因素，各种储层参数等值图应以微相展布为控制条件，着重分析砂体的高能带和低能带、主体带和非主体带的分布及其方向性，根据沉积成因类型进一步分析砂体的方向性与渗透率方向性各向异性的关系。

（肖敬修　贾爱林）

【沉积微相　sedimentary microfacies】　沉积亚相进一步划分的单元。

参见沉积亚相。

（肖敬修　贾爱林）

【沉积相模式　sedimentary facies model】　对沉积环境、沉积作用及其产生的结果（沉积相）三者相互关系的揭示和描述。是对沉积相的成因解释和理论概括。沉积相模式既表现了沉积相最典型的特征，又说明沉积相形成的机制和过程，是沉积相与环境本质联系的反映。从 20 世纪 60 年代以来，利用钻井和野外露头及现代沉积的研究，人们对沉积相在三维空间的变化及其形成过程有了更详细的了解，建立了各种沉积环境的沉积相模式。

相模式的研究基础　沉积相模式的建立是一项基础性研究工作，对某类沉积环境的相模式建立，需要选择具有典型的现代沉积地区或野外露头，对该地区内的储层沉积环境的各种沉积作用及沉积特征进行全面、系统的描述和研究，去粗取精，略去次要成分，集中具有代表性的特点进行本质的概括。例如河控三角洲沉积相模式是通过对现代密西西比河三角洲的研究建立的；中国陆相扇三角洲沉积相模式是在通过详细解剖滦平扇三角洲露头的基础上建立的；通过解剖拒马河定兴现代曲流河段点坝砂内侧积泥岩的分布，由于它的存在使得点坝砂体层内非均质性更为复杂，表现为下半部连通，上半部隔层复杂分布的特征。

相模式的作用 沉积相模式的建立充实了沉积学的内容，深化了古环境的恢复和古地理研究。沃克（Walker）曾以浊积岩相为例，指出相模式可以起到四个作用：（1）在对比中能起标准的作用；（2）在观察中能起提纲和指导作用；（3）在新区对同类型沉积能起预测作用；（4）在进行水动力解释中起基础作用。

相模式的表现形式 采用不同的分析方法及其表现形式，分别如下。（1）直观模式：以简化的图式直观地表现出沉积环境、作用过程和最终产物之间的关系。（2）实际模式：以现代有代表性的地区或古代沉积岩的相组相序为基础而建立的模式。（3）动态模式：又称相层序，表示形成一个特征的沉积体的沉积作用全过程的沉积模式。（4）静态模式：表示在一个特定时间的沉积层内沉积环境特征和沉积物的相变规律。（5）比拟实验模式：以模拟实验所获得的沉积特征为基础作成沉积模式。（6）数学模式：以数学方法模拟复杂的沉积作用过程的模式。

（贾爱林　肖敬修）

【沉积相标志 facies marker】 反映沉积相类型的一些特有的标志。它是相分析及岩相古地理研究的基础。通过岩相古地理研究突出沉积环境中的古地理条件和沉积物特征中的岩性特征。相标志可归纳为岩性、古生物、地球化学和地球物理四种类型。

岩性标志 岩性标志主要有以下几种。

（1）颜色，是沉积岩最直观、最醒目的标志。观察和描述中要注意区分继承色（取决于颗粒的颜色，不反映沉积环境）、自生色（是良好的地球化学指标）、次生色（后生作用变化引起的，不反映沉积条件）。

（2）岩石类型，陆源碎屑本身（如砂岩和黏土岩等）不是鉴别沉积相的良好标志，必须先对其他证据，如化石、自生矿物和结构、构造等进行鉴定，才能确定陆源碎屑岩的沉积相。

（3）自生矿物（分沉积矿物、同生矿物、成岩矿物）在碎屑岩中含量虽小，却具良好指相性。如鲕绿泥石和海绿石（是含铁的硅酸盐矿物）均为海相标志，鲕绿泥石反映浅水环境；海绿石反映深水环境。自生黏土矿物反映水介质条件，如大陆环境以高岭石为主；海洋环境多以伊利石和蒙皂石为主。

（4）碎屑颗粒的粒度、圆度、球度、表面特征及其定向分布等均具一定指相性。① 利用粒度参数鉴别沉积环境的判别函数、不同沉积环境砂质沉积物的概率特征，以及不同沉积相的 C-M 图和粒度概率等。② 颗粒定向，用于相分析。③ 碎屑颗粒支撑结构，杂基小于 15%，指示牵引流水系；杂基大于 15%，指示重力流水流体系。④ 颗粒表面结构，用扫描电镜研究石英颗粒表面特征，识别滨海环境、风成环境、冰川环境等。

（5）原生沉积构造，沉积岩的构造特征是沉积时水动力条件的直接反映，具良好指相性（见图 1）。

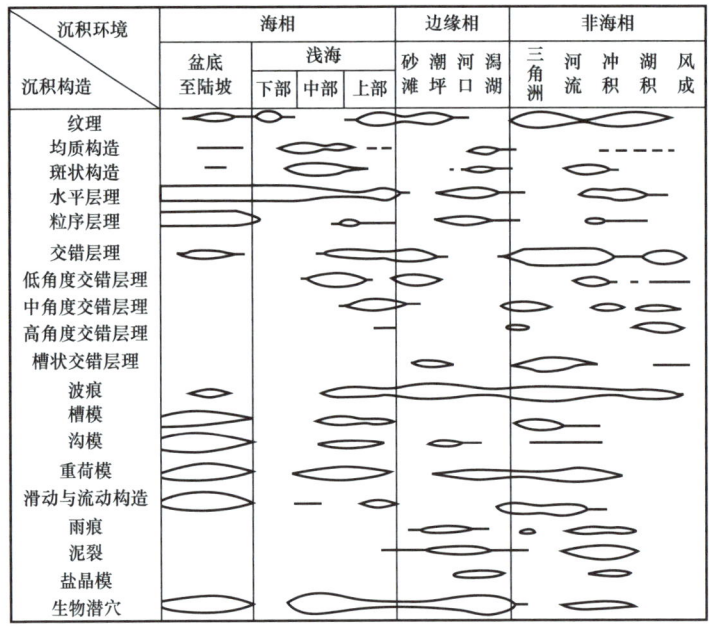

图 1 主要沉积环境中各种沉积构造的分布

（6）相序，是沉积相的垂向构成，包括成分、结构、构造、亚（微）相，相序相当于一个韵律或旋回。按粒度结构特征，相序分为向上变粗（三角洲、扇三角洲、水下扇、无障壁海岸、滩坝等）和向上变细（河流、冲积扇、潮坪、沟道重力流等）两种类型。

古生物标志 不同环境中，生物类别是有差异的，利用生物数量和形态、构造方面的差别，表明其所属生活环境和沉积相。化石是区分海相和非海相沉积环境的重要标志。无脊椎动物是海相特有的，它们包括有孔虫、放射虫、腔肠、苔藓、腕足、掘足、头足、笔石、三叶虫和棘皮动物等。无脊椎动物中非海相包括部分双壳、腹足、介形虫、海绵、昆虫等。在环境恢复中，藻类使用最广泛，可以指示海相和非海相的差别。蓝藻和绿藻的形态呈叠层状是潮坪—湖及半咸水环境的特征，树枝状和结核团块状是淡水河流和湖泊的特征。轮藻一般是淡水藻类。其他遗迹化石、植物化石等是确定地层的地质年代，推断古气候、古地理的极好标志。

地球化学相标志　沉积物在风化、搬运、沉积过程中，不同元素可以发生一些有规律的迁移、聚集，沉积区大地构造背景、古气候、源区母岩性质、古地形、沉积环境和沉积介质的物理化学性质对元素的分异和沉积均有影响，利用这些元素的分异和富集规律来研究和推断控制元素运动和变化的各种环境因素。地球化学相标志主要包括元素地球化学（推断古盐度、判断氧化和还原条件、判断离岸水深等标志）、稳定同位素地球化学（用于全球地层对比、海平面升降分析、全球性气候变化等研究中）以及有机地球化学（在热演化过程中直接或间接地反映有机质来源和沉积环境的物理、化学条件）等方面。

地球物理相标志　可分为地震相和测井相。

（1）地震相分析，以地震信息为主，综合地质、测井、分析化验等资料研究盆地中各种沉积体系的配置和空间展布，进而预测有利的储集相带。① 划分地震相、编制地震相图，地震相是由特定的地震反射参数所限定的三维地震单元，它是沉积相的地震响应。常用的地震相参数有：反射振幅、反射连续性、反射频率、内部反射结构、外部几何形态和层速度，这些参数作为划分和命名地震相的依据。在地震剖面上按地震相参数划出各种地震相，并在全区各条测线上闭合，作出地震相平面图。② 地震相向沉积相转化，掌握沉积相的分布规律，预测有利储集相带。地震相与沉积相之间存在一定的关系，在地震相分析的基础上，依据地震相参数所代表的地质意义，结合区域地质资料、岩心相分析、测井相以及沉积模式，把地震相转化为沉积相，并作出沉积相图，预测有利储集相带的位置。地震相的地质解释存在多解性，要提高地震相解释的准确性，必须充分利用已有的地质资料进行综合分析作出正确判断。

（2）测井相标志，显示沉积相标志的测井曲线有三电阻率三孔隙度系列，加上自然电位、自然伽马、井径、地层倾角测井、能谱测井、地球化学测井和微电阻率成像测井等，上述各类测井曲线所反映沉积相标志的作用有所不同，可以起到岩心井的补充作用。① 建立岩石成分、结构、构造和流体含量主要参数与测井响应之间的关系。② 用测井曲线形态要素解释沉积环境，艾伦（D.R.Allen）将自然电位（SP）测井曲线与短电位电阻率测井曲线组合在一起，提出五种组合形态：顶部或底部渐变型、顶部和底部突变型、振荡型、块状组合型、互层组合型。这些曲线形态是由环境因素决定的，要分析下述内容：幅度（受地层岩性、厚度、流体性质等控制，反映沉积物的粒度、分选性等沉积特征的变化）；形态（曲线外形，反映物源供应和水动力条件）；接触关系（反映砂体沉积时期水动力能量及物源供应的变化速度）；曲线光滑程度（光滑代表物源丰富、水动力作用强，齿化代表间歇性），艾伦于1975年总结了各类沉积环境自然电位曲线形态的组合（见图2）。

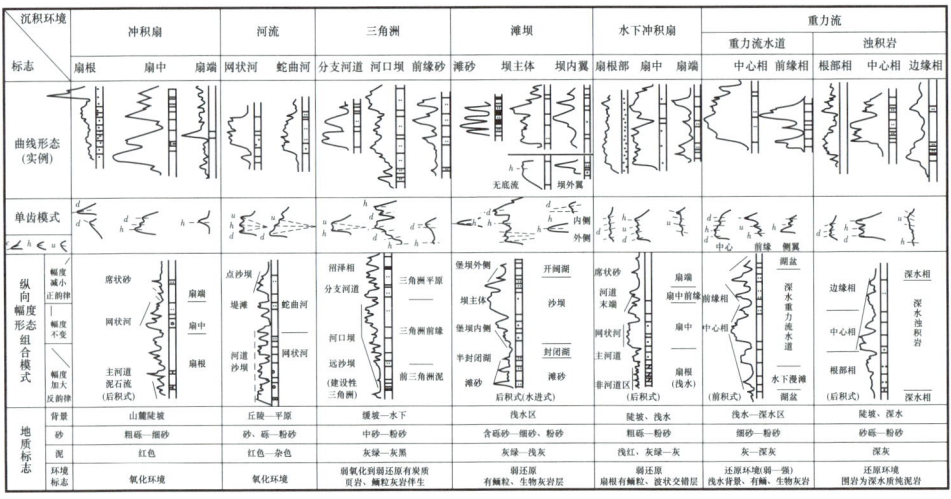

图2　各类沉积环境自然电位测井曲线形态组合图

📖 推荐书目

姜在兴.沉积学［M］.北京：石油工业出版社，2003.

（贾爱林　肖敬修）

【**现代沉积** modern deposition】 现代正在发育的各种沉积环境或沉积体系，如河流、三角洲、海岸、沙漠等。通过对现代沉积的考察和研究，根据"将今论古"原则和比较沉积学思想，来解决地质历史时期沉积形成的地层记录（古代沉积）的相关问题。"现代是解释过去的钥匙"已成为地质学家、沉积学家的共识。沉积学的发展也始终得益于对现代沉积的研究。沉积环境和沉积体系类型的确定、相标志的识别、沉积机理的解释、沉积模式的建立等一系列沉积学的发展都与现代沉积考察有密切的关系。但现代沉积与古代沉积之间仍存在一定的差异。"将今论古"原则虽然在地质学界广泛应用，但地质历史时期的地貌环境背景和沉积规模等问题仍只是理论的推论，特别是经过成岩作用之后，沉积物在转化成沉积岩的过程中其成分、结构、构造等均会发生变化，不能完全等同于现代沉积。

在精细油藏描述研究中，要求对井下储层的描述精度越来越高，而仅根据油田资料不能完全满足精细储层描述的要求，对现代沉积和露头的研究已经成为现代储层精细描述研究的重要内容之一。通过对现代沉积的实地详细测量和研究，对砂体的几何形态、规模大小、连通程度、非均质性特征、隔夹层的分布等建立详细的定量—半定量知识库，指导油田地质储层预测。

📝 **推荐书目**

薛培华. 河流点坝相储层模式概论 [M]. 北京：石油工业出版社，1991.

赵澄林，季汉成. 现代沉积 [M]. 北京：石油工业出版社，1997.

（贾爱林　何东博）

【**古代沉积** ancient deposition】 地质历史时期所形成的地层沉积环境与沉积体系。古代沉积的研究，可以参见沉积相及沉积亚相、沉积微相研究方法。

（禹长安）

【**野外露头实验室** outcrop laboratory】 开展精细储层描述的野外沉积露头。它对于某一沉积类型具有代表性，且在地表出露完整、现象丰富，便于开展详细的储层野外研究工作。

如何搞好老油田的剩余油挖潜、提高采收率是国内外石油工业发展的一个重要研究课题。挖掘剩余油依赖于更加精细的储层表征，要求建立更符合地下地质情况的精细储层地质模型。仅靠油田钻井、测井、地震等资料不能完全解决上述精细储层的研究问题，而露头研究正是解决这一问题的有效途径，因此石油地质学家重新把注意力转向地面露头，希望能够将露头所获得的信息和知识应用于地下储层研究。世界上一些大的石油公司和跨国集团投入巨资进行露头储层表征研究。许多沉积学家、储层地质学家及储层开发工程师均重新回到露头进行精细储层描述并积累地质知识库。中国石油勘探开发研究院的穆龙新、贾爱林等人通过多年的研究成果，建立了滦平扇三角洲沉积露头实验室和大同辫状河沉积露头实验室，并在大幅度提高石油采收率的应用中取得了很好的效果。

对于储层精细描述，野外露头实验室具有以下优势：(1) 直观性，露头能直接观察到储层的类型及分布特征，比用测井和地震资料来解释这些现象更具直观性；(2) 完整性，极大地突破了岩心研究范畴，能真正从二维甚至三维空间上来认识储集体；(3) 精确性，能准确研究储层空间分布特征和参数场的变化；（4）通过密集采样，建立各类储层的原型模型，积累地质知识库，为储层建模服务；（5）便于大比例尺研究，描述不同规模的储层非均质性，而仅仅依靠测井和地震资料几乎不可能进行如此精细的研究；（6）可检验性，露头可以提供一个真实的模板，检验不同储层预测方法的实用性。

主要研究内容　沉积体系和沉积相、高分辨率层序地层学和层次界面划分、储层建筑结构单元划分和定量表征、成岩作用、不同级次储层非均质性、隔夹层分布、储层参数空间分布的地质统计学特征等。在这些研究的基础上建立定量—半定量化储层地质知识库和原型模型，同时还可以作为一个试验模板，建立与不同沉积类型相适应的储层预测方法，应用于油田地下储层预测。

研究流程　可分下面几步进行。（1）沉积背景分析。努力获取研究目标层的沉积背景资料，如盆地类型、构造位置、构造演化、盆地充填序列、沉积体系类型等。（2）露头层序分析。根据区域地质资料、生物资料、年代资料、古地磁资料及海平面变化等资料建立露头区目标层系的年代地层格架（等时地层格架）。（3）沉积相分析。在露头剖面中观察各种沉积相标志（包括物理标志、化学标志和生物标志），识别和划分各种沉积相、亚相、微相或成因相，测量、追踪和描述各种成因相的三维形态及其相互配置关系（接触关系），结合古流向分析，建立各类沉积相、沉积亚相或成因相的概念模型。（4）砂体内部构成及等级界面划分。选取典型砂体（二维或三维）进行详细解剖，对砂体内部各级界面进行识别和划分，在此基础上划分砂体内部的构成单元，并对这些单元进行沉积不均一性分析和成因动力学分析，建立砂体内部构成单元的格架模型。（5）成岩分析。分析砂体或各成因相的岩石矿物学特征、成岩作用类型、成岩演化序列、孔隙演化模式、建立成岩模型。（6）储层物性非均质性研究。在野外描述和室内测试的基础上，研究不同成岩阶段中不同沉积相、亚相、微相或成因相的孔渗分布特征及其垂向和横向变化规律，分析其影响因素（即储层物性与沉积环境、粒度、碳酸盐含量、胶结物特征、成岩作用等因素的关系），划分流体流动单元。（7）储层建模。在上述研究的基础上，应用数学地质方法和计算机技术建立储层地质模型（格架模型和参数模型相结合）。（8）预测研究。将露头研究所获得的各类模型用于对地下储层的预测，这些模型包括沉积概念模型、砂体内部各界面的划分和分布、砂体格架模型、储层地质模型等的应用和预测。

研究手段　一般有露头实测，高清晰度照片，航拍，取样实验室分析，野外渗透率测定，大剖面写实，露头钻井、测井、地震、地面雷达，露头伽马仪，露头钻井水驱试验等。

📖 推荐书目

穆龙新，贾爱林，陈亮，等. 储层精细研究方法——国内外露头储层和现代沉积及精细地质建模研究［M］. 北京：石油工业出版社，2000.

沈平平，俞稼镛. 大幅度提高石油采收率的基础研究（2001年）［M］. 北京：石油工业出版社，2001.

（贾爱林　何东博）

【陆相盆地沉积 continental basin deposit】 大陆上以湖泊为沉积中心、周缘高地为主要沉积物供给区的沉积盆地。受陆相湖盆沉积特征的影响，陆相油藏储层具有多样性和复杂性，它与海相储层相比具有更为严重的非均质特征，这是陆相油藏与海相油藏最重要的区别。

陆相盆地沉积体系　中国中—新生代陆相含油气盆地沉积体系发育完整，包括冲积扇体系、河流体系、三角洲体系、湖泊体系和沼泽体系。冲积扇分干旱扇和湿地扇，河流体系分辫状河、曲流河和网状河，三角洲体系分普通三角洲、辫状河三角洲和扇三角洲，湖泊体系分淡水湖泊、半咸水湖泊和盐湖，沼泽体系分为冲积扇、河流及湖泊伴生的沼泽。进一步划分为亚相、微相和砂体类型（见表）。

陆相沉积体系及相带划分表

沉积体系（相）		类型	亚相	微相及砂体
Ⅰ	冲积扇体系	干旱扇 湿地扇	扇根 扇中 扇端	主槽、侧缘槽、槽滩、漫洪带辫状沟槽、漫流带
Ⅱ	河流体系	辫状河 网状河 曲流河	河道 溢岸	河床滞留沉积、边滩（点坝）、心滩、天然堤、决口扇、泛滥平原、牛轭湖
Ⅲ	三角洲体系	普通三角洲 扇三角洲 辫状河三角洲	平原 前缘 前三角洲	分流河道、分流河道间、水下分流河道、河口坝、席状砂
Ⅳ	湖泊体系	淡水湖 半咸水湖 盐湖	滨湖 浅湖 半深湖和深湖 湖湾	碎屑岩滩坝 碳酸盐岩滩坝 生物礁 水下扇（湖底扇）
Ⅴ	沼泽体系	湖泊沼泽 河流、冲积扇沼泽		

油气聚集于各种类型的储集体中，根据中国陆相盆地储层研究，各种三角洲砂体占 55.3%，河流砂体占 13%，水下扇砂体占 12.6%，冲积扇砂体占 6.5%，滩坝砂体占 5%，盆地基岩占 7.6%。陆相湖盆沉积物主要以陆源碎屑岩占绝对优势，局部环境也可沉积少量碳酸盐岩，但体积上相对很小。这就决定了陆相含油气盆地其油气储层以碎屑岩占绝对优势。中国中—新生代含油气盆地中现已投入开发的石油储量储存于陆相碎屑岩中。

陆相油气藏储层特征 陆相湖盆碎屑岩储层的一个重要特征是多层、薄层、砂泥岩间互，这是湖盆环境因素所决定。（1）四周环山或高地作为碎屑物源供应区，以湖盆为沉积中心，呈多物源、多沉积体系向湖盆汇聚。（2）湖盆规模较小（绝大多数湖盆面积在千平方千米至万平方千米级范围），决定了碎屑物源区与沉积中心间的短距离、高坡降的古地理面貌。（3）湖泊水体规模小、能量小，作为湖盆沉积中心的湖泊，不存在湖汐作用，加之水体相对较小，波浪、湖流能量也相对较小，而河流作为碎屑物的主要携载营力，在湖盆碎屑物沉积中，起到特别重要的作用。（4）频繁的湖进湖退，给湖盆沉积物刻下了多级次旋回的烙印。短流程小规模河流，决定了成因单元砂体较薄，薄层砂、泥岩间互成为每套相组合的基本面貌，多级次旋回的存在又进一步扩大了多级次薄互层的叠合，因此多砂层、砂泥岩薄层间互成为陆相碎屑岩层的基本面貌。

碎屑岩储层基本非均质性 在陆相湖盆沉积环境因素影响下，形成了一些基本非均质特征。

（1）矿物、结构成熟度低，孔隙结构复杂，水驱油效率低。近物源短距离搬运，导致湖盆碎屑岩的矿物和结构成熟度很低；碎屑岩中几乎全属长石—岩屑砂岩类，极少发育石英砂岩；颗粒分选以中到差为主；杂基含量高，这些特征导致储层孔隙结构的复杂性。孔隙结构常见双模态分布和一些非常规现象，水驱油效率多数在 0.5~0.6，很少超过 0.6，这是制约水驱采收率的一个重要因素。

（2）多样化的层内非均质性，而以不利于水驱油的正韵律占优势，从国内注水开发实践证明，正韵律与反韵律两类层内非均质的储层，注水效果差别甚大，水驱采收率反韵律比正韵律大 10%~20%。

（3）砂体规模小、连续性差，河流近源流短，本身规模较小，流域面积小，这就决定了砂体沉积规模较小的因素；从河流成因单元分析，厚度大多小于 5m，很少超过 10m，在缺少垂向和侧向叠加连接条件时，多形成窄条状砂体，侧向连续性很差。

（4）双重渗透率方向性，加剧了平面非均质性，双重渗透率方向性是指砂体内高能带条带状展布所引起的宏观方向性渗透率，以及由于层理倾向和颗粒排列等组构引起的微观渗透率各向异性，两者同方向的重合，即所谓双重渗透率的方向性，显然是加剧了平面非均质性。

（5）多相带组合成一套储层层系，构成了湖盆碎屑岩储层严重的非均质性，相带窄、平面上相变快是湖盆碎屑岩沉积的又一基本特点，加上纵向上高频率的湖进湖退，导致各种环境、不同相带的沉积砂体，在剖面上频繁交错、叠合分布，中国东部油田在10多平方千米范围内，各种环境砂体叠置形成一个含油层系，是常见的现象。

<u>湖盆主要类型砂体储层及其非均质性</u>　不同沉积环境的储层，其非均质性均有自己的特殊性。

（1）冲积扇砂砾岩储层，它以砾岩、砂砾岩为主体，砾、砂双模态结构形成低—中孔隙度和渗透率的储层。筛积物沉积层成为注水开发的高渗透率"贼层"，进一步加剧了层内的非均质性。泥石流的存在削弱了储层连续性，增加了开采难度。

（2）河流砂体储层，河流砂体的粒度比三角洲粗，分选比冲积扇砂砾岩体好，成为相对高产的储层。河流砂体基本粒序向上变细，储层物性呈正韵律分布，对注水开发提高采收率是不利的因素。河流砂体呈条带状的形态及其层理组构的定向性，导致了储层双重渗透率的方向性，加剧了平面非均质性。不同类型的河流砂体，其储层特征及非均质性有所不同。

（3）三角洲砂体储层，它由于紧邻生烃源区，成为陆相湖盆中重要储层。湖盆内建设型三角洲占绝对优势，三角洲前缘砂体以向湖前积为主要<u>沉积方式</u>，其向上变粗粒序是注水开发的有利储层结构。三角洲砂体的侧向连续性优于河流砂体，由于湖能的改造极大地改善了前缘席状砂的平面连续性。注水开发表明，三角洲前缘砂体和河流砂体两种主要储层，形成开发效果好与差的对照。

（4）滩坝砂体储层，沉积于湖湾及水下隆起周缘浅湖环境的滩坝砂体，其体积在湖盆中不占主要位置。滩坝砂体的矿物和结构成熟度，明显地高于湖盆其他类型砂体，是湖盆中唯一发现石英砂岩的环境，有较好的物性；湖湾滩坝处于烃源岩包围中，成熟石油进入储层后，得以很好地保存，上述条件的综合，使滩坝砂体储层不仅高产，且注水采收率在湖盆砂岩储层中最高。

（5）湖底扇砂体储层，由于它们与生烃泥岩共生，是湖盆中重要储层。典型的沃克（Walker）模式的湖底扇不占主导地位，水道式和透镜状重力流沉积砂体却相当发育。从湖底扇各亚相沉积相分析，上扇的粗杂砾岩往往结构成熟度极低而属非储层或差储层，下扇部位因细粒和薄厚度（厘米或分米级）储层意义不大，有工业价值的油层与中扇的重力流水道有关，其次是前缘透镜状砂体。水道式重力流砂体储层表现为侧向连续性很差的条带状砂体。沿纵向断槽分布时，可形成较好的连通砂体（如辽河坳陷高升油田）。大多数横向体系的湖底扇，砂体受断层切割，加剧了不连续性，成为开发难度大的储层（如黄骅坳陷高尚堡油田）。重力流砂体的层内非均质性，具有向上变细的粒序，同时分选向上变好，储层物性表现出底部差、中下部最好、向上又变差的复合韵律性，其层内非均质性介于河流和三角洲之间。

推荐书目

裘怿楠，薛叔浩. 中国陆相油气储集层［M］. 北京：石油工业出版社，1997.

（贾爱林　肖敬修）

【**洪积扇沉积** diluvial fan deposit】 山区（碎屑物供给源区）河流出山口，进入山麓平原，由于坡降突然变小，水流分散，流速和搬运能力骤减，将大量碎屑物在山口堆积下来，形成了向平原散开的锥状或扇状粗碎屑沉积体。又称冲积扇沉积。洪积扇是陆源碎屑最近源的沉积，出现于大陆地区的山前带，常环绕山脉沿山麓大面积分布，主要控制因素是洪水事件。

沉积机制　冲积相的形成和发展受自然地理气候条件和地壳升降运动等因素的制约，构造运动越强，地形高差越大，气候越干旱，冲积扇沉积体越发育，其沉积物以粗而分选差为其主要特点。碎屑物以河流水携（牵引流）搬运和泥石流（重力流）搬运方式，决定着储层性质的关键性因素。冲积扇在干旱气候带形成干旱扇，在潮湿气候带形成湿地扇。

沉积特征　碎屑物的沉积是由河流搬运和泥石流搬运方式组成。

（1）河流搬运，河流水携搬运产生三种沉积物。① 河道沉积，从扇根到扇缘呈放射状散开，河道的河型属辫状河，由于相互切割很难辨认原形，河道沉积物呈透镜状，分选很差的砾岩和含砾砂岩，是冲积扇的骨架沉积物，在扇根、扇中部位占有重要地位。② 漫洪沉积，它是洪水溢出河道形成宽而浅的漫流沉积，沉积物成席状，比河道沉积物细，仍以砾、砂为主。是连接河道沉积物使整个扇叶成为连通储层的重要因素。③ 筛积物，当水流很快减弱时，从碎屑物隙间渗滤流动，把砾石间细粒碎屑物带走，形成了砾石支撑的开启骨架砾石层，这种沉积物称为筛积物。在冲积扇储层中以特高渗透率出现，往往成为油田注水的"贼层"，在冲积扇中所占比例很小，却是值得重视的现象。

（2）泥石流搬运，它是冲积扇中常见的现象，在气候比较干旱的条件下较多发生，形成于短时间突发的瀑洪，大小不一、分选很差的砾石由细粒碎屑物支撑沿着较大坡度向下搬运，其沉积物分选甚差，常形成砾状泥岩或泥质砾岩，它的存在降低了冲积扇储层的连续性。

沉积相模式　从注水开发的实际深入研究划分冲积扇微相，建立代表气候偏潮湿条件的冲积扇（见图）。冲积扇划分为扇根、扇中、扇缘，各亚相带划分微相。

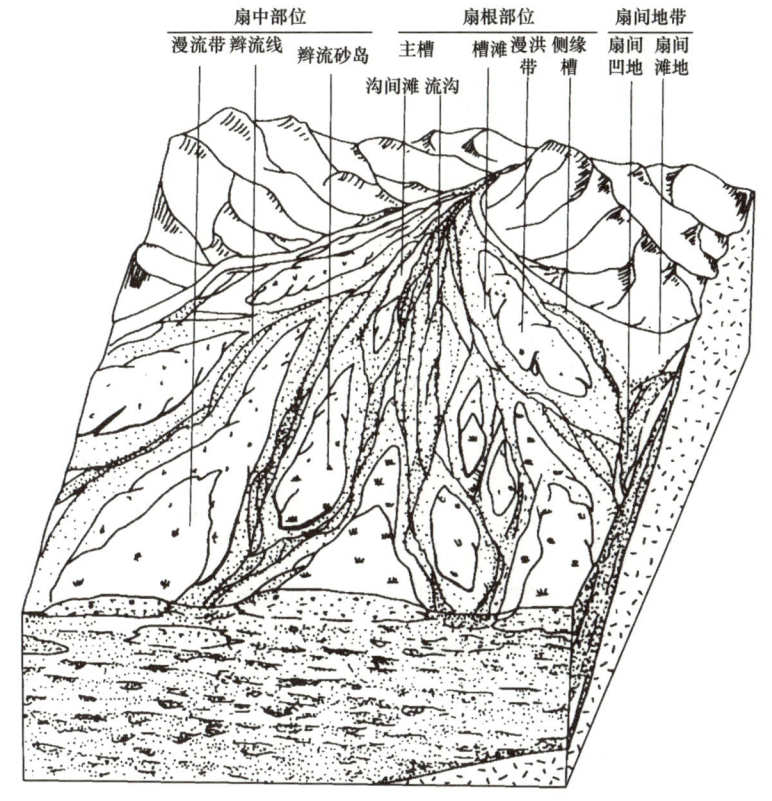

冲积扇相带划分图

储层非均质性 冲积扇沉积以砾岩、含砾砂岩为主体。高度间歇性、砾—泥各种粒级的碎屑物同时快速沉积，这一基本沉积特点决定了其储层的基本面貌和非均质性的主要特征。

（1）砾、砂双模态（指孔喉分布曲线呈多峰分布，反映砾间孔和砂间孔两种孔喉系统并存，有人称复模态）的岩石结构只能形成低—中孔隙度和渗透率储层；孔喉呈非常分散的多峰分布，微观孔隙非均质性最为剧烈；水驱油效率很低。

（2）岩石中杂基含量对储层物性极为敏感，沉积水动力能量的变化又对杂基含量影响极大；高度间歇的洪泛事件及每次洪泛事件水动力能量的快速变化，导致了冲积扇储层严重的层内非均质性，但缺少纯泥质的沉积，又较大地改善了垂向上和侧向上的连续性。

（3）湿地扇以少见泥石流沉积，多见筛积物为特征，极薄（分米级）的特高渗透率的筛积层，往往成为油田注水开发中的"贼层"，进一步加剧了层内的非均质性。

（4）干旱扇以大量存在泥石流沉积的泥质砾岩（或砾质泥岩）为特征，这些泥石流沉积作为不渗透非储层极大地削弱了储层的连续性，增加了开采难度。

推荐书目

裘怿楠，薛叔浩，应凤祥. 中国陆相油气储集层［M］. 北京：石油工业出版社，1997.

冯增昭. 中国沉积学［M］. 北京：石油工业出版社，1994.

（肖敬修　贾爱林）

【**洪积扇扇根沉积** fan head deposit of pluvial fan】 冲积扇相顶端限制性河道（或峡谷）的部分沉积。在河谷内沉积最粗的块状砾石层，少量砾石可见递变层理，上部在洪泛衰落期可沉积一些细粒碎屑物。

扇根亚相发育主槽微相和槽间滩微相沉积，各微相含油性好。主槽微相是指洪泛时活动水道中的沉积；槽间滩微相是指活动水道间的沉积。克拉玛依油田资料显示了主槽微相略粗于槽间滩微相，由于活动水道的辫流摆动，两者难以区别，多数情况下可以不分，其岩性组成差别见表中数据。

岩性组成差别

内容	主槽	槽间滩
砂砾岩沉积厚度，%	97.5	82.2
砾岩—砂砾岩厚度，%	96.5	89.8
粒度中值，mm	3.69	2.75
分选系数	6.01	4.66

储层非均质性表现在以下四方面。（1）孔隙非均质性。孔喉比大（比值常达100以上）引起双模态孔隙结构的严重非均质性，砾间缝（砾石线性接触缝）构成砾岩储层中的特殊喉道结构，在流体渗流特征上，起着特殊作用。（2）平面连续性较好，物性非均质性严重。冲积扇体，虽然不同微相带碎屑结构有所不同，但基本上由砂砾岩组成，作为储层往往是一个连通体，因此冲积扇储层有较好的平面连续性；由于渗透率对岩石结构敏感性极大，平面非均质性仍然是严重的，表现在相带间的差别，从扇根到扇缘，物性变差；各亚相带内主槽微相物性最好；同一微相带内近源向远源方向物性明显变差。（3）层内非均质性变化剧烈而无序，一个冲积扇砂砾岩储层，总是由多次洪泛事件叠积

而成，受沉积事件高度的间歇性及每次洪泛事件的多变性，这一基本沉积规律决定了其层内非均质性的基本特征为剧烈而又无序，剧烈是指渗透率的严重非均质程度，渗透率级差（倍），主槽为214.3，槽间为117.8；突进系数，主槽为5，槽间为4.51。层内非均质性的无序性即指无一定韵律规律可循，各次洪泛事件能量的随机性，使得层内纵向上粒度结构变化，从而渗透律变化无一定规律性。筛积物的出现，构成了特高渗透率的"贼层"，使层内非均质性更加复杂化。（4）层间非均质性以分层性相对较小为特征，层间非均质性首先决定于泥质隔层发育程度带来的分层性，冲积扇沉积由于稳定泥岩隔层相对不发育，统计分层系数扇顶亚相又小于扇中，克拉玛依油田统计冲积扇储层分层系数平均为4.0～7.7。

（贾爱林　肖敬修）

洪积扇扇中沉积 middle deposit of pluvial fan　从洪积扇扇根限制主河道开始向外散开成很多分支河时进入扇中地区的沉积。河道呈放射状分布，绝大多数属辫状河型。每次洪泛事件有一主河道和部分次河道活动，洪泛高峰时有漫流沉积。因此扇中亚相可细分为：主水道、次水道、漫洪带和水道间沉积微相。主水道含油性较好，次水道含油性较差。

扇中以水道沉积物为主，比扇根沉积物要细，具砾石辫状河沉积特征，由于漫流沉积物的连接，每一次洪泛事件沉积的扇叶，基本上构成一个连续的储层。当泥石流发育时，一般常分布于扇中近源部分，落洪期及洪泛间歇，在水道间洼地中可以出现泥质沉积物。

储层非均质性表现为以下三点。

（1）层内非均质性比较复杂，每一次洪泛事件的沉积是下粗上细的正粒序，多次洪泛事件的垂向加积，使得粒序复杂化，层内渗透率非均质性受粒度与渗透率的非线性关系影响，粗砾级的砾岩渗透率随粒度增大而下降，层内渗透率非均质性表现为复合韵律为主，约占2/3（主水道占78.6%，次水道占72.7%）；渗透率级差主河道为27.8～140.7，次水道为15.9～69.6；突进系数为3.0～4.67。最高渗透率段一般呈随机分布。

（2）平面非均质性，砂砾岩体形态受控于古地形和古水流方向，平行古水流向砂砾岩体延伸较好，扇中亚相砂砾岩体呈条带状分布。砂体平面上厚度变化较大，不同微相带厚度有明显变化，由主水道至次水道依次减薄，即使同一微相带内最大厚度与平均厚度比值也可达3～5倍，渗透率平面变化更大，明显受微相带控制，平面上渗透率级差可高达100～200。

（3）层间非均质性，层间泥质隔层以砂组间较稳定，一般钻遇率在90%以上，但单层间隔层不稳定，扇中亚相内部隔层稳定程度为69%，较扇根沉积分层性会好一些，层间渗透率非均质程度很大，渗透率级差为4.4～100，主力油层分布比较分散，随机性很大，也是冲积扇沉积的一个特点。

（肖敬修　贾爱林）

【洪积扇扇缘沉积 margin deposit of pluvial fan】 洪积扇扇缘部位地形更开阔，坡降更小，扇面上水道分散成更小、更多的辫状河，实际上单个河道难以辨认，以片流形式沉积了较细粒的席状砂或砾状砂体。当洪泛能量较小时，只有少量水道携带砂、砾分散进入扇缘区时，则形成小型水道径流沉积体。扇缘亚相划分席状片流微相和水道径流微相。

扇缘亚环境除少量粗碎屑外，主要是沉积物变细成为过渡岩性。在干旱环境下，泥石流沉积较为发育，泥质沉积较为发育，如大港枣园油田孔一段储层，分为五个油组，以枣南断块枣Ⅴ组为扇缘实例，其沉积是一套灰绿色粉细砂岩与棕红色粉砂质泥岩间互，砂岩粒度比枣北枣Ⅱ组扇中远为偏细，具小型及波痕交错层理。

储层非均质性表现为以下四点。（1）微观非均质性。储层粒度虽细（0.1～0.8mm），但分选仍较差，基质充填较多，孔隙结构非均质性较严重，孔喉分布很不均匀。（2）层内非均质性。片流和坡面径流由多个正韵律组成，片流储层最高渗透率段决定于水动力相对较强的洪泛期的发育部位，有一定的随机性，但各期间物性差异相对扇中砂体要小，渗透率级差16，突进系数1.85；坡面径流沉积也可叠加成厚砂体，其岩石物性和层内非均质性与片流储层差异不大。（3）平面非均质性。扇缘砂体平面非均质性以连续性很好为主要特征，砂体厚度平面变化为中间厚向两侧减薄，反映扇叶主体与侧缘的特征，反映物性应是主体部位较好向两侧变差趋势；注水动态表明，扇缘砂体比扇中砂体吸水能力较低。（4）层间非均质性。从正常注水井数、吸水砂层层数和吸水强度的层间差异看，扇缘要比扇中砂体好得多。

（贾爱林　肖敬修）

【河流沉积 fluvial deposit】 由河流或其他径流作用而形成的沉积物或沉积岩。河流是陆上侵蚀、搬运和沉积的地质营力，河流的侵蚀作用使河谷不断地加深和扩宽，导致河床的左右迁移，河流源源不断地把沉积物搬运到湖泊或海洋，在搬运过程中形成广泛的河流沉积，其沉积物可形成广阔的冲积平原，又称冲积沉积。河流沉积在构造条件适宜的情况下，沉积厚度可达千米以上，是油气聚集的重要场所之一。中国中—新生代陆相含油气盆地中，河流砂体占有的石油储量是已探明储量的46%左右，成为各类碎屑岩储层之首。

河流沉积机制　　河流作为沉积物搬运的重要地质营力，可使沉积物发生侵蚀、搬运和堆积作用。流水冲刷河床物质产生垂直地面下切侵蚀，使河床加深，或产生向着河岸的侧向侵蚀使河谷展宽。河流中沉积物是按悬移、跃移和推移方式前行，悬移质粒径小于0.1mm，被水流掀起后不易沉降；跃移质粒径为0.1~0.25mm，当向上垂直分力大于颗粒重力时，颗粒呈跳跃式前进；推移搬运物质是指沿底面滚动或滑动的较粗粒物质。河流沉积侧向加积使弯曲河道侧向迁移，底流搬运的推移质不断地在凸岸沉积形成边滩，使凸岸向凹岸方向增长，侧向加积作用形成河床沉积或底积层，构成河流剖面的下部旋回；河流垂向加积是洪水期河水溢出河床，悬移质在岸外形成的沉积，由于沉积物不断增厚，形成天然堤、决口扇和泛滥平原堆积，构成河流沉积剖面的上部旋回。底层和顶层组成河流沉积的"二元结构"，在曲流河中较为明显，顶层沉积和底层沉积厚度近于相等或顶层厚度大于底层厚度。

　　河流分类　　不同类型的河流，在河道的几何形态、横截面特征、坡度大小、流量、沉积负载、地理位置、发育阶段等方面存在着差别，这些因素常作为划分河流类型的依据：（1）按照地形及坡降，将河流分为山区河流和平原河流；（2）按照河流发育阶段，分为幼年期、壮年期和老年期；（3）拉斯特（Rust）根据河道辫状指数和弯曲指数定量划分为顺直河、曲流河、辫状河、网状河四种类型（见表）。

　　辫状指数指两倍河心滩的长度与河道长度之比，辫状指数临界值为1，小于1为单河道，大于1为多河道；弯曲指数指河道长度与河谷长度之比，其临界值为1.5（也有人定为1.3），小于1.5为低弯度河，大于1.5为高弯度河。

四种河型分类指标

弯曲指数	单河道 （辫状指数<1）	多河道 （辫状指数>1）
<1.5（低弯曲度）	顺直河	辫状河
>1.5（高弯曲度）	曲流河	网状河

　　河流沉积特征　　主要表现为以下六个方面。（1）岩石类型及其组合，以碎屑岩为主，次为黏土岩，碳酸盐岩较少出现。碎屑岩中以砂岩和粉砂岩为主，其物质成分复杂，它与源区和河流流域的基岩成分有关；不稳定组分高，成熟度低；砾岩成分复杂，砂岩以长石砂岩、岩屑砂岩为主；泥质胶结居多，间或有钙质、铁质胶结。（2）结构，沉积物中以砂、粉砂为主，分选差至中等，分选系数大于1.2；粒度频率曲线常为双峰；粒度概率曲线显示明显的两段型，以

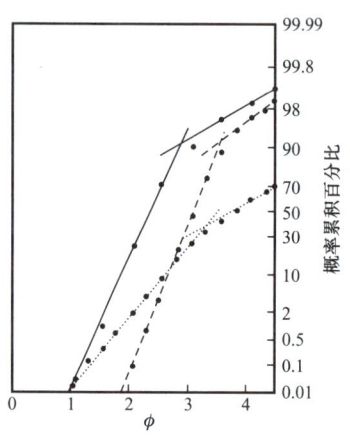

图 1 现代河道砂的粒度概率图

跳跃总体为特征,缺乏牵引总体(见图1)。河流流水属于牵引流,河流相沉积在C-M图上呈"S"形,它有较为发育的PQ(以悬浮搬运为主,含少量滚动搬运),QR(递变悬浮搬运)和RS(均匀悬浮搬运)段。(3)沉积构造,河流相层理发育,以板状和大型槽状交错层理为特征;细层倾斜方向指向砂体延伸方向,倾角15°~30°。河流沉积最底部常见侵蚀、切割及冲刷构造,常含泥砾及下伏层的砾石。(4)生物化石,一般保存不完整,较难见到动物化石,常见破碎的植物枝、干、叶等,河床中有时可见硅化木化石,时代较新的河流相地层中可见到脊椎动物化石。(5)沉积层序,在沉积剖面上自下而上呈现下粗上细正韵律或正旋回,每个旋回底部发育有明显的底冲刷现象,典型的曲流河沉积剖面应具完整的"二元结构"河流沉积层序,从下而上由河床滞留沉积开始,向上依次出现边滩及泛滥平原沉积。在河流沉积剖面上,若二元结构重复出现,可形成多个间断性的正旋回,每个旋回由一个二元结构组成,称为河流沉积的一个"阶",河流沉积旋回的多阶性是河流相的又一重要特征。(6)砂体形态,平面上呈弯曲的条带状,剖面上呈上平下凸的透镜状。

河流沉积相 河流相是河流沉积环境及其沉积物特征的综合,将河流相划分为:(1)河床亚相,细分河床滞留沉积微相和边滩(或心滩)沉积微相;(2)堤岸亚相,细分天然堤沉积微相和决口扇沉积微相;(3)河漫亚相,细分河漫滩沉积微相、河漫湖泊微相及河漫沼泽微相;(4)牛轭湖亚相。

储层非均质性 河流砂体储层非均质性较复杂,它沉积于冲积扇和三角洲环境之间,比冲积扇和三角洲其单层厚度以及粒度、分选都具有中间值的相对优越条件,其岩石物性以至产能总是优于其他环境。

(1)层内非均质性河流砂体基本粒序向上变细,反映在储层物性上渗透率向上降低。以正韵律为特征的层内非均质性,对注水开发提高原油采收率是不利的因素。不同河型砂体,其层内非均质性有所不同(见图2):①辫状河砂体,层内非均质性出现无规则粒序,层内不连续泥质夹层很少;②曲流河砂体,层内出现级差很大的向上变细粒序,存在不连续的侧积披覆泥质夹层,使其层内非均质性成为河流砂体之最;③网状河和顺直型河流砂体,以填积为主要沉积方式,重力分异作用引起的下粗上细级差较小,其层内非均质性相对较弱,而最小的宽厚比又成为油藏开发中的主要矛盾。

油藏描述

砂体类型 非均质指标		高弯曲度曲流河	低弯曲度曲流河	短流程辫状河	长流程辫状河	顺直型及末端扇分流河	网状河限制性河谷充填
粒度变化		均匀向上变细 单个正韵律	单个和多个向上变细 正韵律	无规则序列	无规则序列	不对称向上变细，正韵律	不对称向上变细，正韵律（主体厚度大）
最高渗透率段位置		底部	底部	不定	底部或中下部	底部	底部或中下部
渗透率非均质性	变异系数 (K_v)	0.8~1.0(1.3)	0.6~0.7(1.0)	0.4~1.0	0.5~1.0	约0.5(0.8)	近似于主体砂岩发育的顺直河
	级差 (K_{max}/K_{min})	10~20(50)	10~20(40)	5~20(>40)	4~14(>30)	30~50	
	突进系数 (K_{max}/K)	3.5~5.0(7)	2.5~4.5	1.6~2.4(>3.5)	1.6~2.3	1.7~2.6	
顶层亚相厚度		30%	±20%	≈0	<10%	变化很大	<10%
层内薄泥质夹层	产状	侧积上部多	侧积、泛滥、充填多、全剖面分布	充填几乎没有	充填很少	泛滥、充填较多、连续性较好	充填少
侧向连续性	砂体几何形态 河流带砂体宽厚比	130~170	30~60	40~80	约100	20~40	很小

注：括号内为最大值。

图2 中国湖盆各类河道砂体非均质特征比较

（2）河流砂体侧向连续性差，中国陆相湖盆各种河流砂体和水道型砂体，呈条带状的几何形态分布，其侧向连续性往往是百米级或更小的数量级，砂体规模就成为注采井网的关键因素。因此，通过沉积相分析预测成因单元砂体的连续性，是开发决策时必须考虑的储层特性。成因单元砂体间的连通程度取决于沉积体的沉积速率、沉积体的转移频率和盆地的沉降速率之间相对大小。沉降速率小于沉积体的沉积速率和转移频率，砂体间连通程度就好，反之就差。根据中国中—新生代湖盆资料，给出预测河道砂体连通程度的砂体密度（砂体厚度/地层厚度）临界值的经验数值，即：大于50%时，大面积连通；小于30%时，为孤立型砂体；30%~50%时要做具体分析，可能有局部连通好的砂体。

（3）河流砂体呈条带状的几何形态以及层理、组构的定向性，导致储层双重渗透率的方向性，加剧了平面非均质性，在注水开发中须认真对待。

📖 **推荐书目**

姜在兴. 沉积学［M］. 北京：石油工业出版社，2003.

裘怿楠，薛叔浩，应凤祥. 中国陆相油气储集层［M］. 北京：石油工业出版社，1997.

（肖敬修　贾爱林）

【**曲流河沉积** meandering stream deposit】弯曲度指数大于1.5的单一河道为特征的沉积。其比辫状河坡降小，河道较稳定，河水深，宽深比值小，一般小于

40，携带的碎屑物中推移质与悬移质的比值小，流量变化相对小一些，沉积物以砂、粉砂和泥为主，砾级沉积物少见。曲流河又称蛇曲河。它一般发育于三角洲之上辫状河之下，曲流河可进一步划分为低弯度曲流河和高弯度曲流河。曲流河是研究程度最详细的一种河流类型，根据现代河流发育的地貌特征，艾伦（Allen）提出曲流河沉积环境模式（见图1）。

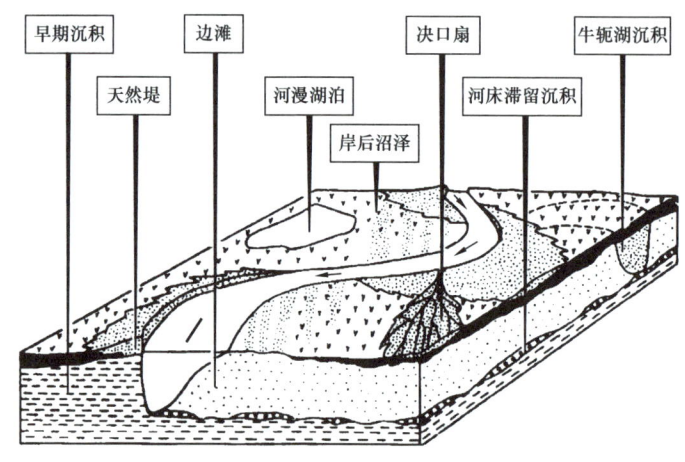

图1 弯曲河流沉积环境模型

沉积特征及其沉积模式 根据沉积物特征将曲流河相划分为河床亚相及河床滞留沉积微相和边滩沉积微相、堤岸亚相及天然堤沉积微相、决口扇沉积微相、河漫亚相及河漫滩沉积微相、河漫湖泊沉积微相、河漫沼泽沉积微相、牛轭湖沉积亚相。

砂体类型及内部结构特征 曲流河砂体类型较多，包括点沙坝（或边滩）砂体、废弃河道砂体、天然堤砂体、决口扇砂体、串沟坝砂体等，其中点沙坝砂体是曲流河最主要的砂体类型。点沙坝砂体以侧向加积为特征，一系列逐次加积的侧积体形成一个点沙坝，侧向加积的砂体产生垂向层序（见图2）。由下向上划分为四个单元：第一沉积单元为块状较粗砂岩和泥砾岩，属河床底部滞留沉积，与下伏层呈冲刷侵蚀接触；第二沉积单元为大型槽状交错层理的中、细砂岩，层理规模向上逐渐变小，其中夹有平行层理的粉细砂岩，为点沙坝沉积；第三沉积单元由粉细砂岩组成，发育小型槽状交错层理和上攀波纹交错层理，为点沙坝顶部沉积；第四沉积单元由断续波状交错层理粉砂岩和水平纹理的粉砂质泥岩及块状泥岩组成，块状泥岩中常发育有泥裂、钙质结核或植物根系，属天然堤和泛滥盆地沉积。上述理想垂向层序构成一个间断性正韵律和正旋回，韵律的下段由河床底部滞留沉积和点沙坝沉积组成底层沉积，韵律上段由天然堤和河漫亚相组成，构成河流剖面上部层序称顶层沉积，底层沉积和顶层沉积的叠置，构成河流沉积的"二元结构"，在曲流河中，顶层沉积和底层沉积的厚度近于相等或前者大于后者。

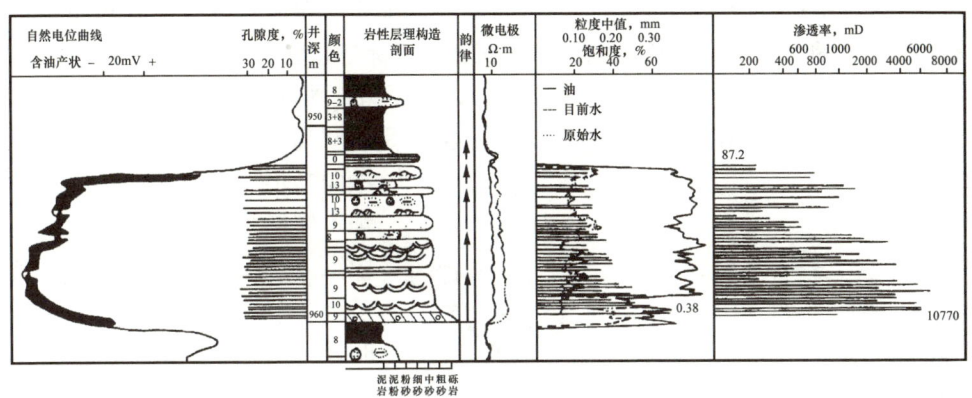

图 2　高弯度曲流河砂体岩相柱状图

层内非均质性　点沙坝层序构成的层内非均质性具明显的正韵律性，底部滞留沉积是最易水窜的高渗透段，随着粒度向上变细，渗透率向上逐渐减小，渗透率级差可达 20 以上，非均质程度很高。点沙坝砂体注水开发时，注入水总是沿着砂体底部快速突进，水驱油波及系数较小。大庆油田在水淹区密闭取心，油层含水率 90% 以上时，水洗厚度仅下部就为 25%～50%，中上部原始含油饱和度基本保持不变，点沙坝储层与其他河道砂体相比，其层内非均质的复杂性在于内部的各种不渗透泥质（洪泛衰落期悬移质及侧积泥岩）夹层的分布，形成不规则的不渗透遮挡，使得水驱油过程更为复杂化。曲流河沉积的点沙坝储层是所有河流沉积砂体中层内非均质性最为严重的。

（贾爱林　肖敬修）

【**辫状河沉积**　braided stream deposit】　一种弯曲度指数小于 1.5（有人定为 1.3）的多河道、河床坡度大、宽而浅，宽深比值大于 40 的河流沉积。河流以垂向加积作用为主，心滩坝（河道沙坝）发育，河道绕着心滩不断分叉、合并而构成辫状。由于坡降大、沉积物粗，河载推移质比悬移质大，河道侧向迁移迅速，河道沙坝位置不固定，故天然堤和河漫滩不发育。

心滩坝形成机制　心滩坝的形成与河流水动力结构有一定关系，因辫状河弯曲度较低，在短距离内近似于顺直河道，在河道中，沿主流线两侧形成两个螺旋式前进的对称环流。这种环流是由表流和底流构成的连续的螺旋形前进的横向环形水流，表流为发散水流，由中部向两岸流动，并冲刷侵蚀两岸，底流由两岸向河流中心辐聚，并携带沉积物在河床中部堆积下来，遇河流洪水季节，这种堆积作用尤为显著，从而形成心滩沙坝。心滩上游方向较陡，沉积物较粗，遭受侵蚀作用，而下游方向较平缓，发生沉积作用。上游不断侵蚀和下游不断沉积，导致心滩不断向下游迁移，沉积物快速堆积，在低水位时出露水面，并有植被生长和发育，形成固定的河心冲积岛，或称江心洲。

砂体类型及内部结构特征 辫状河砂体主要为心滩坝和废弃河道充填砂体，天然堤和决口扇等不甚发育（见图 1）。心滩坝是辫状河的主要砂体类型，包括纵向沙坝、横向沙坝和侧向沙坝（实际属于纵向沙坝），其中纵向沙坝最发育，横向沙坝是随季节性流量减小出现横流时发育的。心滩沉积物粒度较粗，成分复杂，成熟度低，悬移质沉积少，形成的沙坝有砂质坝和砾质坝之分，主要取决

图 1　辫状河沉积模式图

于上游供应物质和坡降；沉积构造常见大型板状交错层理和平行层理，亦可发育槽状交错层理，内部不易沉积和保存泥质夹层。心滩坝是由多次沉积事件垂向加积而成的砂体，由于各次沉积事件的能量强弱不同，形成的碎屑岩在纵向上粗细不同，在渗透率剖面上表现为高低交互呈无规律的随机现象，最高渗透率分布在砂体底部或中下部变化（见图 2）。辫状河在废弃时，可形成废弃充填河道砂体，顶部形成泥质薄层，其侧向分布不超过一个河道宽度，连续性较差。辫状河河道迁移迅速，稳定性差，所以天然堤、决口扇、泛滥平原沉积不发育。

储层非均质性 表现为以下三点。（1）砂体侧向连续性，辫状河砂体几何形态呈条带状，宽厚比大，一般厚几米、宽几百米至上千米。在碎屑物供应充足和盆地沉降速率较慢的背景下，由于辫状河侧向迁移迅速，多个条带状河道砂体在垂向上叠加、侧向上连接形成大面积连通的复合砂体，其宽度可达几千米。（2）辫状河心滩坝有纵坝、横坝之分，井下区别较困难，砂体以垂向加积为主，侧积作用不占主导，砂体层内除底部或中上部有高渗透段以外，粒序无一定韵律性变化，沉积物中悬移质比例小，层内不稳定泥质薄夹层较少。砂岩结构上，基质充填物少，导致垂直渗透率与水平渗透率比值相对增大，使注水采油时重力作用得到充分发挥，加剧了注入水沿砂层下部窜流，水淹厚度最小（以胜坨油田为例，4.5%～26.5%）而增长很慢，表现为油井产能高、含水上升很快，开发效果是各类河道砂中最差的。（3）辫状河废弃充填砂体，近似顺直河道，与活动主河道交织联系，废弃后易于"复活"，废弃充填物多为细粒碎屑

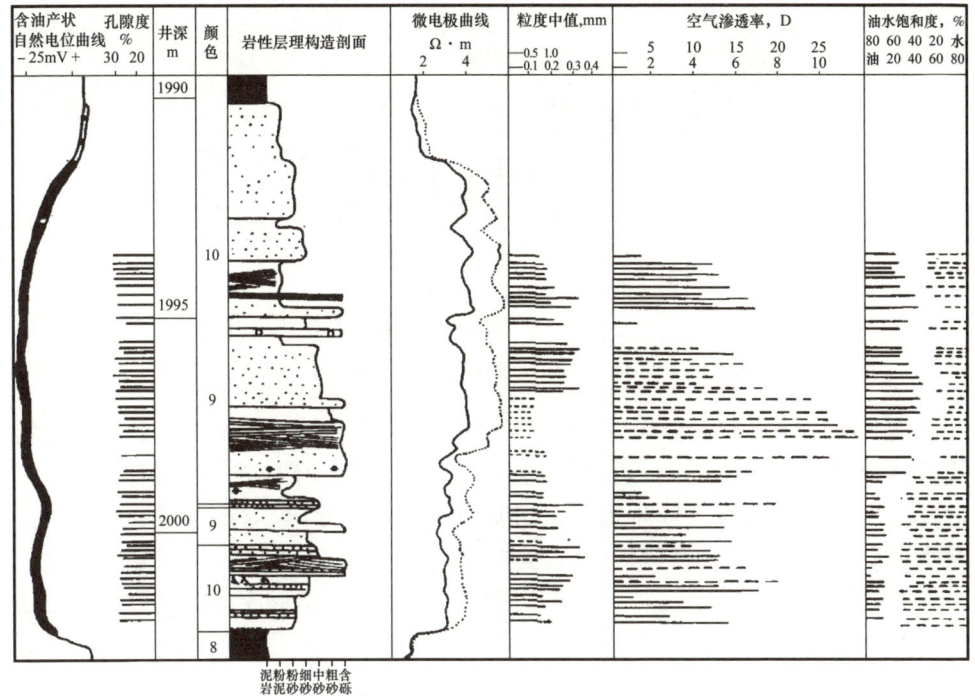

图 2　短流程辫状河砂体岩相柱状图

物,使得废弃充填砂体表现为粗细砂间互加积组成的砂岩,构成与心滩坝不同的层内非均质特征。砂体层内粒序,总观是底部最粗,渗透率最高,全层高低渗透率相间,相对低渗透段的出现,抑制注入水下沉的重力作用,使得水淹厚度相对扩大,底部高渗透段与中上部的水驱油效率差距相对缩小。

📖 **推荐书目**

吴胜和,金振奎,黄沧钿,等.储层建模[M].北京:石油工业出版社,1999.

（贾爱林　肖敬修）

【**网状河沉积** anastomosing stream deposit 】 迅速填积、稳定、多河道互相交织、小坡降、低弯曲度、侧向上受限制的砂床或砾石床河流沉积。其地貌形态与辫状河近似,网状河像辫状河一样是交织状多河道河流,河道稳定,河道之间不是心滩,是植被发育的固定河心岛（见图）,网状河与辫状河的差别在于河道稳定,具有较低的宽深比,而辫状河河道具有较高的宽深比。网状河还具有规模大的天然堤,而辫状河几乎不发育或只有很低的天然堤。网状河砂体常呈窄而厚的条带状分布。

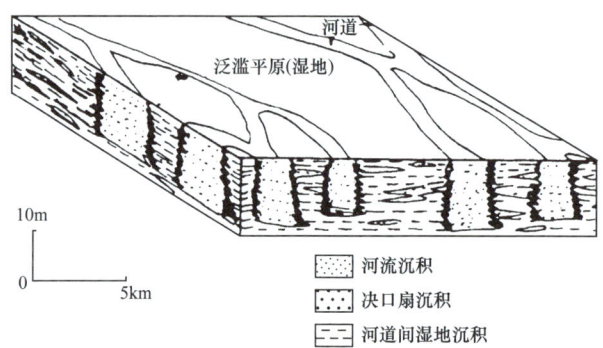

加拿大阿尔伯达下白垩统网状河的沉积环境分布图

网状河砂体类型包括河道填积（指一些河道内充填式的沉积）砂体、天然堤砂体和决口扇砂体，以河道填积砂体为主。河道填积砂体粒度较粗，常含砾，底部具明显的冲刷面，砂体侧向上相变为平坦的平原区，河道沉积以砂为主，具大型交错层理；在山区则以砾石为主。河道填积作用属于快速充填式的沉积，具有粗略的正韵律层序，由于河道不断地沉降和填积，形成多次充填叠加的砂体，其厚度常达十几米至几十米，厚而窄的条带状砂体反映河道的稳定性和垂向加积的沉积特点，这与侧向加积的曲流河有重要差别。在河道废弃时可能演化成小型曲流河点沙坝。在各个正韵律层间可能保存河道内短暂废弃充填的泥质、粉砂质薄层，成为砂体内连续性相对较好的隔层。

中国古湖盆未发现典型的网状河，只是把陕甘宁盆地下侏罗统的延10组砂层作为网状河，以限制性河谷充填为例，其砂体的基本非均质特征为：（1）粒度呈不对称向上变细粒序，主体较粗，砂岩厚度一般占主导地位，常见多个正韵律叠加，总厚度大于河深；（2）最高渗透率段位于底部或中下部，渗透率层内非均质近似于主体发育的顺直型分流河道砂；（3）层内泥质夹层少，局部发育者属废弃充填式，相对砂体具一定的连续性；（4）单河流带砂体较窄，因连续填积而厚度超过河深很多，宽厚比很小，较难预测。

（贾爱林　肖敬修）

【顺直河沉积 straight stream deposit】 弯曲度很小，河岸比较稳定的单一河道河流沉积。其弯曲指数小于1.5。河流砂体主要是河道填积形成的，另有较小的边滩。顺直河沉积特征与冲积平原低弯度曲流河沉积特征大同小异，粒度总体呈下粗上细，但不如点坝层序那样比较均匀地向上变细，其垂向层序呈不对称的正韵律性，即下部粗段较厚且较均匀，上部粒级很快变细变薄；或下部粗段较薄，上部细粒段较长，显示不对称性。河道砂体主要由砂岩组成，常见交错层理与平行层理，底面为冲刷侵蚀面，略显下粗上细的正韵律。顺直河较少见，其发育往往要求一些特殊构造或地理条件，如断槽或植被发育导致坚固的河岸。

顺直河砂体在平面上呈条带状，砂体侧向尖灭很快，宽厚比为20～40；剖面上呈底凸顶平的形态。层内渗透率变化呈正韵律性，最高渗透率段位于底部，虽然渗透率级差很大，达30～50，但主体砂岩部分差异程度较小，变异系数和突进系数不大，分别为0.5～0.8和1.7～2.6；层内不稳定薄泥质隔层很少，多层叠加的厚砂体由于其间的低渗透粉、泥层绝大多数得以保存，纵向连通性很差，实际开发中可视为多个独立砂体。这类砂体的实例可见大庆萨尔图北部地区萨Ⅱ 10-16层。

（肖敬修　贾爱林）

【河床滞留沉积 channel-lag deposit】 因河床中流水的选择性搬运，使细粒物质被悬浮和带走，而将上游搬来的或就近侧向侵蚀河岸形成的砾石等粗碎屑物质留在河床底部，集中堆积而成的不连续透镜体。其特点是以砾石为主，砂、粉砂极少，砾石成分复杂，源区砾石居多，亦有河床下伏基岩砾石，且常具叠互状定向排列，倾斜方向指向上游。砾岩很难形成厚层，一般呈透镜状断续分布于河床最底部，向上过渡为凸岸坝沉积或心滩沉积。河床滞留沉积和下部冲刷面一起构成沉积成因单元划分的重要标志。

河床滞留沉积是曲流河点坝砂体最易发生水窜的高渗透段，随着粒度的向上变细，渗透率向上逐渐减小，渗透率级差（最高渗透率与最低渗透率之比）可达10～20；突进系数（最高渗透率与平均渗透率之比）可达20以上，非均质程度很高（见图），这类油层在含水率高达90％以上时，水洗厚度仅下部就为25％～50％，中上部原始含油饱和度基本保持不变。

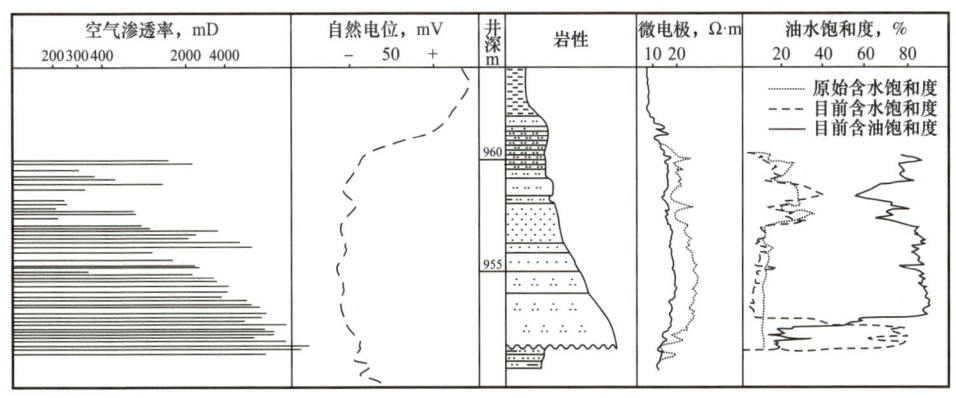

点沙坝水淹特点（大庆油田中检4-24井）

（贾爱林　肖敬修）

【边滩沉积 point bar deposit】 河道凹岸侧蚀迁移过程中在凸岸同时发生侧向加积形成的沉积。每次洪泛事件沉积一个侧积体，每个侧积体为一个等时间单元，多个侧积体加积成一个点沙坝，侧积体间的侧积面倾斜度为5°～20°，凸岸坝沉积的岩性以砂岩为主，垂向上自下而上常出现由粗至细的粒度或岩性正韵律；层理类型主要为大、中型槽状或板状交错层理，间或出现平行层理到小型波痕的变化规律。点沙坝砂体在平面上呈新月形，剖面上呈楔状体，空间上为规则的叠瓦状砂体。

侧积形成点沙坝砂体，其层内不连续薄泥质夹层分为两类：一类是洪泛衰落期悬移质沉积，发生在每次沉积事件的末期，总是出现在砂体上部；另一类是两次洪泛沉积事件之间沉积的侧积泥岩，披覆于侧积面上，与地层层面呈一定的交角。这些侧积泥岩由于干裂破碎并被下一期洪水冲走未被保存；在快速加积条件下可能较完整地保存于砂体内成为开发中的隔层。侧积泥岩保存与否可作为划分高弯度曲流河和低弯度曲流河河型砂体的主要依据，低弯度曲流河砂体沉积速率较快，泥质披覆层不易保存。侧积泥岩的存在使得点沙坝砂体层内非均质性更为复杂，表现为下半部连通，上半部隔层复杂分布的特征，这对储层内流体流通产生强烈的影响，在注水开发时导致注入水总是沿砂体底部快速突进，在水淹时常有上部的1/3～1/2厚度未受水驱的影响，利用泥质披覆层通过注气措施有利于上部储层的采出。

（肖敬修　贾爱林）

【心滩沉积 mid-channel bar deposit】 在辫状河河道中发育的砂滩堆积。又称 *河道沙坝*。在地层剖面中，心滩沉积是透镜状的砂体，粒度粗，具大型槽状交错层理、平行层理。心滩的形成与河流的水动力结构有一定关系，在辫状河河道中，沿主流线两侧形成两个螺旋或前进的对称环流（由表流和底流构成），表流为发散水流，由中部向两岸流动，并冲刷侵蚀两岸；底流由两岸向河流中心辐聚，并携带沉积物在河床中部堆积下来，遇到洪水季节堆积作用更为显著，从而形成心滩。心滩上游方向较陡，沉积物较粗，并遭受侵蚀作用，下游方向较平缓主要发生沉积作用，上游不断侵蚀和下游不断沉积，导致心滩不断向下游迁移，由于沉积物快速堆积，在低水位时期出露水面，并有植被生长和发育，形成相对固定的河心冲积岛。

心滩砂体，由于受多次洪泛事件垂向加积的影响，其垂向上粒度和沉积构造无一定规律地演化，使其层内渗透率非均质性也呈现无规律的随机变化，最高渗透率段不一定总在底部。另一个层内非均质特征是很少保存有泥质披覆层，这是由于辫状河的悬移质与推移质的比值比较低，使整个砂体的垂直渗透率与水平渗透率比值相对增大，这一参数在注水开发中对发挥流体密度差引起的重力作用关系密切。注水开采这类砂体表明，即使最高渗透率段不在底部，注入水总是沿着底部很小的层段推进。

（贾爱林　肖敬修）

【**天然堤沉积** natural levee deposit】　河流在洪水期因水位较高，河水携带的细、粉砂级物质溢出河道沿河床两岸堆积，形成平行河床的砂堤沉积。它高于河床，并把河床与河漫滩分开。天然堤两侧不对称，向河床的一侧坡度较陡，每次随洪水上涨，天然堤不断加高，其高度范围与河流大小成正比，最大高度代表最高水位。弯曲河流的凹岸天然堤一般发育较好，凸岸天然堤逐渐变为边滩的上部，尤其在较小河流中，天然堤和边滩上部交互出现，很难分开。辫状河沉积中一般不发育天然堤沉积。

天然堤沉积主要由细砂岩、粉砂岩、泥岩组成，粒度比边滩沉积细，比河漫滩沉积粗，垂向上突出的特点是砂、泥岩组成薄互层。层理构造以小型波状交错层理、上攀交错层理、槽状交错层理为特征，其垂向序列是下部砂质岩发育交错层理，上部泥质岩则发育水平纹层（见图）。天然堤常间歇性露出水面，常发育钙质结核，泥岩中见干裂、雨痕、虫迹以及植物根等。天然堤是沿河岸分布的线状砂体，横剖面不对称，靠近河道处较厚，远离河道变薄，呈向岸外倾斜变薄的楔状体。天然堤砂体靠近油源，可成为差的油气储层。

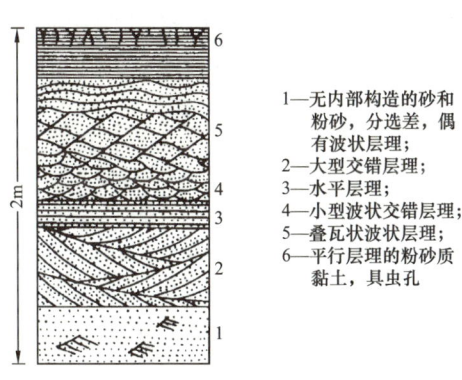

1—无内部构造的砂和粉砂，分选差，偶有波状层理；
2—大型交错层理；
3—水平层理；
4—小型波状交错层理；
5—叠瓦状波状层理；
6—平行层理的粉砂质黏土，具虫孔

天然堤层理构造垂向序列

（贾爱林　肖敬修）

【**决口扇沉积** crevasse-splay deposit】　洪水期河水冲决天然堤，部分水流由决口流向河漫滩，砂、泥物质在决口处堆积成扇形沉积体。决口扇附属于河床一边，与天然堤共生。在决口扇表面有一些从决口向外辐射状分布的小型辫状分流水道，水道间有漫溢形成的席状片流。决口扇常呈单个扇体发育在近河道的局部地区，以凹岸一侧最为常见，其沉积规模变化很大。

决口扇沉积主要由细砂岩、粉砂岩组成，粒度比天然堤沉积物稍粗，从决口处向扇缘颗粒逐渐变细，并具有向上变细的层序，反映决口水流向远离决口方向逐渐减弱；其沉积构造比较复杂多变，小波痕层理、爬升层理、槽状及板状交错层理均有发育，冲刷充填构造经常可见，沉积物中常含有许多植物化石碎片，决口扇层序底部多具明显的冲刷面，与下伏河漫滩泥质沉积呈突变接触。

砂体形态呈舌状，向河漫平原方向变薄、尖灭，剖面上呈透镜状。

（贾爱林　肖敬修）

【废弃河道沉积 abandoned channel deposit 】 河道某一段被截流废弃后的沉积体。除原来河道内碎屑物的填积（指河道中因某种原因，使被搬运的碎屑物在较短的时间内，以填塞整个河道的方式堆积下来）外，还不断接受主河道的溢岸沉积物，在上部形成泥质充填物，牛轭湖是一个曲流河段废弃后形似牛轭而得名的。

河道废弃的方式有：曲流截直、流槽截直。由曲流截直而形成废弃河道沉积的特点是：在较粗颗粒的活动河道沉积之上是细粒的砂和粉砂沉积层，具有低流态的小波痕交错层理，反映截直作用转变成废弃河道过程的突变性（见牛轭湖沉积）。

其他河型的河道由于截流改道也可以形成废弃河道，如辫状河在废弃时，可以形成废弃充填河道砂体，形成的泥质薄层其侧向分布不超过一个河道宽度，连续性较差；网状河道废弃时，可能演化成小型曲流河而沉积小型点沙坝，在各个正韵律层间保存河道内短暂废弃充填的泥质、粉砂质薄层，成为砂体内连续性相对较好的隔层。

（肖敬修　贾爱林）

【牛轭湖沉积 oxbow lake deposit 】 弯曲河流的截弯取直作用使被截掉的弯曲河道废弃后的沉积体。又称弓形湖沉积。牛轭湖沉积是曲流河体系沉积中特有的一种沉积，它们是由河道作用、越岸洪水作用和湖泊作用综合影响的产物。

牛轭湖沉积物为缓慢沉积的悬浮质泥，沉积速率低，具细的水平纹层，一般为暗色，富含有机质，常含丰富的鱼类和其他淡水动物化石。在强还原条件下还有黄铁矿、菱铁矿结核的形成。泥岩中常夹有小波痕层理的细砂岩和粉砂岩薄层，它们是在洪水漫溢到牛轭湖中形成的。牛轭湖沉积的厚度相当于废弃河道的水深，其形态和规模保持着原河道曲流环的轮廓。流槽截直形成的废弃河道沉积层序与曲流截直形成的牛轭湖层序基本相同，所不同的是流槽截直在活动河道沉积之上覆盖的是厚度较大的交错层细砂层，然后才是湖相沉积，厚度相对小一些（见图）。

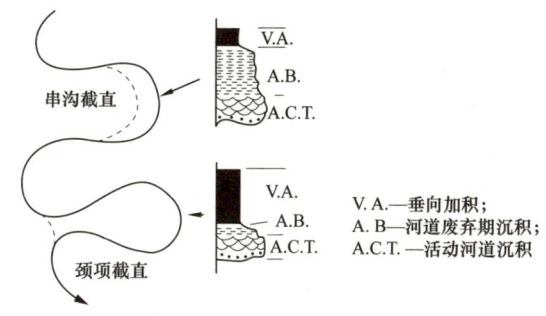

串沟取直和颈项取直作用及其沉积层序

（贾爱林　肖敬修）

【河漫滩沉积 flood plain deposit】 位于天然堤的外侧，地势低洼而平坦，洪水泛滥期间，水流漫溢天然堤，流速降低，使河流悬浮沉积物大量堆积而成的沉积体。由于它是洪水泛滥期间沉积物加积的结果，又称泛滥盆地沉积。

河漫滩沉积以粉砂岩为主，亦有黏土岩沉积，平面上距河床越远沉积粒度越细，垂向上由下向上有变细的趋势；以波状层理和斜坡层理（洪水层理）为主，可见水平层理不对称波痕。河漫滩间歇出露水面而在泥岩中保留干裂和雨痕，化石稀少，仅见植物碎片。

河漫滩低洼地区，在洪水期后积水形成河漫湖泊，它以黏土岩沉积为主，并有粉砂岩出现，是河流相中最细的沉积类型，层理发育不好，有时可见薄的水平纹层，泥岩中常见泥裂、干缩裂缝。在干旱气候条件下，常形成钙质及铁质结核，湖泊继续蒸发，发展成盐湖。在潮湿气候条件下，植物生长繁茂并逐渐淤积河漫沼泽，又称岸后沼泽。在河流迅速侧向迁移的情况下，天然堤发育不良，洪水泛滥形成广阔平坦沉积的河漫沉积区，沉积物不仅有泥质，还有大量砂质沉积，天然堤沉积与河漫滩沉积已无什么差别，统称为泛滥平原沉积。

（肖敬修　贾爱林）

【湖盆三角洲沉积 delta deposit in lake basin】 河流入湖地带的河口区，地形平坦，流速降低，水流携带的沉积物质大量堆积，形成顶尖朝陆地的三角形沉积体。中国中—新生代陆相含油气盆地中三角洲沉积非常发育，三角洲砂体紧邻湖相生油岩是湖盆中最重要的油气储层之一。湖盆三角洲体系与海盆三角洲体系一样，平面上具有三带，垂向上具有三层结构，即三角洲平原、三角洲前缘和前三角洲。由于湖泊水体能量小，无潮汐，几乎全为河控三角洲，而且扇三角洲特别发育，这是与海盆三角洲的区别。湖盆三角洲可分为曲流河三角洲、辫状河三角洲和扇三角洲，不同类型三角洲砂体的沉积特征有一定的差别，沉积亚相、微相划分见表。曲流河三角洲发育于陆相湖盆的长轴方向，扇三角洲发育于湖盆短轴陡坡一侧，辫状河三角洲均可发育于湖盆长轴和短轴缓坡方向。

湖盆三角洲成因机制及其分类 湖盆中三角洲沉积非常发育，由于它紧邻湖相生油岩，是湖盆中最重要的油气储层之一。入湖三角洲成因机制与入海三角洲一样，但湖盆的水体条件与海盆有很大不同：没有潮汐、波浪，湖流能量较小。总是以河流能量占主导地位形成高建设型三角洲，在其总背景下，决定湖盆三角洲类型及其砂体沉积的储层特征的古地理因素中，起决定作用的是坡降和湖泊沉积中心距碎屑物物源区的距离。沿湖盆长轴方向，物源区离湖盆沉积中心很远，地形坡降很缓，发育为鸟足状或叶状体的曲流河三角洲；沿湖盆短轴陡坡方向一侧，湖泊沉积中心距物源区很近，地形坡降很陡；大量冲积扇直接入湖，建设扇三角洲砂砾岩体；上述两种端点分类之间，在其他部分则形成过渡类型三角洲，即近源河流流入湖泊建设的辫状河三角洲。

储层砂体类型及其非均质性 湖盆中三角洲沉积主要是以建设性三角洲占绝对优势，三角洲砂体以向湖前沉积为主要沉积方式，形成向上变粗的粒序是注水开发有利的储层结构。同时受湖盆沉积环境因素影响，决定了湖盆三角洲具有多层、薄层、砂泥岩间互的储层的基本面貌。作为储层砂体，主要归纳为以下四类。（1）分流河道砂体，包括水上三角洲分流平原河道砂体和三角洲前缘水下分流河道砂体。分流平原上的分流河道大多是低弯曲度和顺直河型；水下分流河道基本属顺直型。曲流型分流河道，其沉积砂体与冲积平原上曲流河砂体特征一样，只是规模大小、粒度粗细相对较小。顺直型分流河道砂体，依据其废弃速度细分为快速废弃和慢速废弃两类。分流河道砂体层内非均质呈正韵律特征。（2）河口坝砂体，三角洲前缘沉积中受湖浪改造形成反韵律（或复合韵律）特征。注水开发表明，河口坝砂体和河流砂体两种主要储层，形成开发效果好与差的对照。（3）席状砂，三角洲前缘带发育大面积分布的薄层砂体。内、外前缘带均可沉积这类砂体，沉积机理相同，从储层角度分析分为两类，内前缘席状砂由于粒级尚粗，可作为油气有效储层，由于湖能的改造，极大地改善了前缘席状砂的平面连续性；外前缘席状砂，部分变为非储层，成为连续性很差的透镜状储层砂体。（4）其他一些类型砂体，如三角洲分流河道间砂体，三角洲前缘的远沙坝，大风暴湖浪建造的小型沙坝等，由于其体积小，在三角洲砂体中不甚重要。

推荐书目

赵澄林，朱筱敏. 沉积岩石学［M］. 北京：石油工业出版社，2001.
姜在兴. 沉积学［M］. 北京：石油工业出版社，2003.

（贾爱林　肖敬修）

【曲流河三角洲沉积 meandering delta deposit】 由曲流河建造而成的三角洲的沉积。从碎屑物物源到湖泊沉积中心距离长、坡降小，曲流河三角洲砂体沉积岩性较细。三角洲分流平原沉积似曲流河，碎屑粒级以砂为主，含少量砾石；三角洲前缘以细砂和粉砂为主，整个三角洲砂体的粒级要比扇三角洲和辫状河三角洲细。

三角洲亚相 曲流河三角洲一般能形成厚度大、面积广的大型三角洲，平面上相变缓慢，各亚相带分异比较明显，三角洲分流平原、三角洲前缘和前三角洲亚相都有较宽的展布范围。由于河流能量远强于湖泊能量，河流的作用在三角洲前缘带仍有很大影响，可以把三角洲前缘带进一步划分为内前缘亚相带和外前缘亚相带。前三角洲以湖相泥岩沉积占绝对优势，也可含浊积砂岩透镜体，实际上已属于湖泊沉积体系。

储层砂体类型 分流平原上以分流河道砂体为主，砂体发育程度及沉积特征主要反映河流的能量。前缘带的砂体取决于河流与湖泊能量的相对大小，当河流能量相对很强时，内前缘发育水下分流河道，仅有很窄的外前缘改造成小型席状砂；当河流能量相对中等时，内前缘带以断续水下分流河道或指状沙坝沉积，其间大面积发育薄层席状砂；当河流能量较弱时，碎屑物入湖被湖泊改造成大面积席状砂，占据整个前缘带。作为储层砂体，主要归纳为以下四类。（1）分流河道砂体，包括水上三角洲平原分流河道砂体和内前缘水下分流河道砂体。分流平原上的分流河道砂体，可发育成不同弯曲度的分流河道，大多是低弯曲度和顺直河型；水下分流河道基本属顺直型。曲流型分流河道，其沉积砂体与冲积平原上曲流河砂体特征一样，只是规模大小、粒度粗细相对较小。顺直型分流河道砂体，依据其废弃速度细分为快速废弃和慢速废弃两类。（2）席状砂，三角洲前缘带发育大面积分布的薄层砂体。内、外前缘带均可沉积这类砂体，沉积机理相同，从储层角度分析分为两类，内前缘席状砂由于粒级尚粗，可作为油气有效储层，形成大面积分布连续性很好的储层砂体；外前缘席状砂由于粒级变细，部分变为非有效储层，成为连续性很差的透镜状储层砂体。（3）分流河口沙坝，在这类三角洲沉积中，经典的反韵律河口沙坝出现少，发现明显受过湖浪改造而不同于水下分流河道的小型沙坝。（4）分流间砂体，是分流河道间沉积的溢岸砂体，如天然堤、决口扇、分流间洼地等微环境，井下依赖测井曲线难以细分。

储层非均质性 不同储层砂体类型的非均质特性如下。

（1）分流河道砂体储层非均质性分为两种河型。① 低弯曲度分流河道，岩性以细、粉砂岩为主，沉积层序为正韵律，最高渗透率段位于底部，级差3~6，变异系数0.6左右；砂体较窄，宽度多为500~1000m，宽厚比80~160，很少形成复合曲流带，渗透率方向明显，平面渗透率级差20～80。② 顺直型分流河道，包括水上分流平原的河道及水下分流河道，少见河道底部滞留物，底部冲刷面不明显，岩性略显变细。慢速废弃时，顶层亚相薄，砂体呈较均匀块状；快速废弃时，顶层亚相可厚达1/2厚度。层内级差2～5，变异系数 ±0.6，无明显高渗透率段。平面呈窄小条带状砂体，宽度小于500m，宽厚比小于100；延伸长度小于1800m；剖面形态呈顶平下突，平面渗透率级差20～50，具渗透率方向性。

（2）前缘席状砂储层非均质性。① 内前缘席状砂沉积层序呈不对称复合韵律，以下部反韵律为主体，层内级差小于3，变异系数0.5，这类薄油层层内非均质性可忽略，注水开发水淹较均匀。② 外前缘席状砂，岩性更细，层内较均匀，级差小于3，变异系数小于0.5，与内前缘席状砂的差别是沉积层序以顶部突变为泥岩的典型反韵律粒序。砂体成片分布，各向连续性高，厚度、渗透率变化小，平面渗透率级差4～20，无方向性。

（3）河口坝砂体储层非均质性。河流能量占绝对优势的鸟足状三角洲，其前缘带在发育水下分流河道和席状砂为主体的总背景下，为局部湖浪能量较大时，局部出现较为典型的反韵律粒序的河口沙坝，主要特征是厚度大于席状砂；呈宽条带状垂直岸线，层内粒序呈下细中粗向上又变细的复合韵律，下部出现一段明显的反粒序区别于水下分流河道，粒度和渗透率高于席状砂，与水下分流河道近似，是前缘带砂体中的高产层，平面渗透率具方向性，层内注水波及厚度好于水下分流河道砂。

（4）分流间砂体储层非均质性。分流间是由分支河流决口、泛滥的垂向加积作用形成的，主要有天然堤、河漫滩、决口扇、决口水道等砂体，呈不规则条带状、片状的小型砂体，厚度较薄（小于2.0m），平面上总是与各种分流河道砂体密切伴生。岩性以粉—细砂为主，泥质含量较高，分选较差，有相当一部分属非有效储层。分流间砂体种类很多，测井曲线上难以细分，在开发后期挖潜时，起到连通作用。

（肖敬修　贾爱林）

【**辫状河三角洲沉积 braided delta deposit**】 由辫状河体系前积到停滞水体中形成的富含砂和砾石的三角洲沉积。辫状河携带较粗碎屑物入湖，河口处坡降大，碎屑物卸载快，前积作用明显，加上湖泊的改造作用，在三角洲前缘沉积了典型的反韵律河口坝砂体，向湖前积不远，砂体很快减薄尖灭相变为前三角洲泥岩。辫状河三角洲细分三个次级单元，即辫状河三角洲分流平原、辫状河三角洲前缘和辫状河前三角洲。

辫状河三角洲沉积特征　**辫状河沉积**的主要砂体是心滩坝,是垂向加积产物,由于每一次洪泛事件水动力能量不同,所携碎屑物的粒度也就不同,由多次洪泛事件垂向加积的心滩坝,其垂向粒度和沉积构造的演化无一定的规律性,最高渗透率段不一定总在底部,其层内非均质性与曲流河砂体截然不同。

(1)三角洲分流平原,划分辫状分流河道和河道间微相。主要发育辫状河心滩坝垂向加积砂体,岩性较粗,为砾岩、含砾砂岩及砂岩,它们组成若干个向上变细的透镜体叠置而成,横向延伸不远,冲刷面构造发育,见平行层理、交错层理,亦见部分废弃河道充填沉积。河道间沉积岩性为粉砂岩、泥岩,部分积水洼地发展为沼泽环境,沉积碳质页岩,分布不稳定。

(2)辫状河三角洲前缘,划分水下分流河道、分流河道间、河口沙坝及远沙坝沉积微相。主要发育水下分流河道砂体及河口沙坝,水下分流河道其沉积特征类似于辫状河道砂体,沉积物为砂砾岩组成(颗粒较分流平原河道要细),砂砾岩中泥质杂基含量极少;河口沙坝位于水下分流河道的前缘及侧缘,岩性较水下分流河道要细,一般以中、细砂岩为主,垂向从下向上显示由细变粗的层序;远沙坝为辫状河三角洲前缘末端沉积,岩性由粉砂和细砂组成,横向延伸远,分布范围广,厚度薄,内部见小砂纹层理,往往同前三角洲泥质沉积物呈薄互层状频繁交互。

(3)辫状河前三角洲沉积,沉积物以泥质为主,由于三角洲前缘沉积体不稳定,易形成重力流沿前缘斜坡滑塌到前三角洲泥质沉积物中堆积下来形成重力流沉积。

储层非均质性　不同储层砂体类型的非均质性特征如下。

(1)层内非均质性,辫状河分流河道、水下分流河道,砂体内粒度变化无序列,常出现突变,最粗粒级不一定在底部,交错层理发育,平行层理也很普遍,最大渗透率段出现在中下部,渗透率非均质性略低于曲流河点坝砂体,悬移质与推移质之比很低,导致岩样测定垂直与水平渗透率的比值变化较高;河口坝砂体是三角洲前缘的骨干砂体,底部与前三角洲泥岩呈渐变接触,向上粒度变粗,最高渗透率段位于砂体顶部,对注水开发提高水驱波及厚度非常有利(水洗厚度波及系数可达90%以上)。

(2)平面非均质性,辫状河分流河道、水下分流河道,其河流砂体的平面渗透率非均质性,表现为顺古流向的渗透率方向性;河口沙坝构成这类三角洲连续性很好的前缘砂体,平面上厚度与渗透率变化有很好的一致性。河口坝核部厚度大,物性好,向两侧及前缘变差;核部主体带有一定的方向性,可以垂直岸线或略平行岸线。

(3)层间非均质性,以河流砂体与河口坝砂体储层特征差异最为典型,实际工作中分别以不同开发层系区别对待。

（贾爱林　肖敬修）

【扇三角洲沉积 fan delta deposit】　发育于山区毗邻的湖泊中，由冲积扇直接入湖形成的扇状砂体。其沉积特征与冲积扇十分相似。扇三角洲发育的重要条件是湖岸地形高差较大，岸上斜坡较陡，离物源近，碎屑物质供应充足。扇三角洲往往与湖盆边界断层相伴生，在断陷湖盆中，它主要位于湖盆短轴陡坡一侧，而同期的辫状河三角洲沉积则分布于湖盆长短轴不同方向。扇三角洲储层的石油储量约占中国陆相含油盆地中的5.4%。

扇三角洲沉积特征　扇三角洲沉积可分为扇三角洲平原、扇三角洲前缘和前扇三角洲，砂体主要沉积于扇三角洲平原和扇三角洲前缘。扇三角洲沉积特征如下。

（1）扇三角洲平原实际上为冲积扇陆上部分，由泥石流、片流、筛状沉积和辫状砂体组成，基本上反映阵发性洪峰卸载条件下的碎屑流和牵引流沉积，沉积物由砂岩、砾状砂岩和砾岩的粗碎屑组成，格架是基质支撑和颗粒支撑。在辫状河道中形成的床砂，粒级由砂到漂砾，多呈块状，成层性和分选性很差，滞留物和冲刷面很多，河道中见高角度斜层理，河道间泥质沉积发育植物根化石，水上分流河道砂体与水下分流河道砂体之间的过渡关系明显，如双河扇三角洲平原分布很窄，向湖方向很快过渡到水下部分。

（2）扇三角洲前缘，处于水下环境，可划分出水下分流河道、河道间、河口坝和席状砂等沉积。水下分流河道砂岩极发育，表现为向上变细的河道砂岩层序的多次叠加，其间夹有河道间泥质沉积，分为两类：一类是浅水环境沉积，其中仅见少量生物潜穴，另一类较深水环境则见完整的鱼化石，黄铁矿含量高，反映双河扇三角洲前缘相位于浅水和较深水交替发育区。河口坝砂体由于河流能量减弱，受湖浪一定程度改造而形成，粒度较水下分流河道变细，粒序呈复合反韵律。席状砂位于前缘的末梢沉积，砂体分布稳定，厚度较薄，沉积物比河口坝更细，砂质较纯，分选中等，主要特征是发育水平层理。

（3）前扇三角洲，主要是悬移质进入深水中的沉积物，以泥质夹泥质粉砂沉积为主，具水平层理。

储层岩性及物性　不同储层砂体类型的非均质性特征：扇三角洲岩石结构、矿物成熟度很低，岩性以砂砾岩到砾岩为主，分选中等到差，以岩屑砂岩为主，物性较好（以双河扇三角洲为例，孔隙度15.9%~20.6%，平均18.9%；渗透率0.17~1.019mD，平均0.716mD）。粒度中值与渗透率关系呈抛物线型，大于某一粒级后随粒度增加渗透率呈减小趋势，表现出双模态特征。压汞资料表明孔隙结构复杂，孔喉半径分布区间分散，以双峰为主。

储层非均质性　储层非均质性分为层内非均质性和平面非均质性。

（1）层内非均质性。① 水道砂体、扇三角洲平原和扇三角洲前缘主要发育辫状河砂体，一般扇三角洲平原分布较窄，主体储层以水下分流河道为主体。由于水道活动频繁，经常叠加成厚层复合砂体，并间夹薄层水道间细粒沉积物，粒度很粗，砾岩、砾状砂岩及含砾砂岩，以块状层理为主，可见平行、交错层理，粒序呈复合正韵律，渗透率变化呈复合正韵律，由于最高渗透率一般与中等粒度的砾状或含砾砂岩对应，分布位置较分散，层内夹层相对较少，其非均质性严重。注水开发实践表明，这类水道砂体，层内水洗油特征与河流—三角洲体系的河道和分流河道很不相同，其特征是水洗厚度接近100%，水洗程度差别很大，水驱油效率高低相间，与内部低级次的韵律性和夹层有关。② 河口坝砂体，位于水下分流河口处，河流能量减弱，受湖浪改造而形成的砂体，具有一定的厚度，粒度变细，粒序呈复合反韵律或反韵律，物性好于水下分流河道砂体，注水开发效果较好。③ 席状砂体，位于扇三角洲前缘末端，建设扇三角洲的水道已高度分散，能量很弱，在湖浪改造下形成薄层席状砂体，厚度向外变薄直至尖灭，粒度最细，多具平行层理、水平层理及波状交错层理，粒序呈明显反韵律，高渗透率段位于上部。

（2）平面非均质性。砂体剖面为楔状体，厚度由近源端向远源端减薄，一个扇体就是一个连续性很好的扇形储集体，平面上连续性很好。

（肖敬修　贾爱林）

【湖泊三角洲平原沉积 lacustrine delta plain deposit】

三角洲的陆上沉积部分。其范围包括从河流大量分叉处至湖平面以上的广大河口地区，是与河流有关的沉积体系在湖滨区的延伸。这一地带沉积环境多样，变化较大，沉积物类型也很多，有分流河道沉积、陆上天然堤沉积、决口扇沉积，以及牛轭湖、湖泊、沼泽等沉积。常由砂岩、粉砂岩、泥岩和泥炭、褐煤等组成交互层，其河床砂质沉积和沼泽沉积是三角洲平原的典型沉积物。就储层砂体论，分流平原上以分流河砂体为主，砂体发育程度及沉积特征主要反映河流的能量。

沉积特征　河流进入分流平原后，河道分支规模变小，能量明显减弱，经常决裂断流到废弃，都在短时间内完成，一般以低弯曲度和顺直型河型存在。

（1）低弯曲度分流河道砂体，岩性以细、粉砂岩为主，沉积层序为正粒序。

（2）顺直型分流河道砂体，河道底部滞留物少见，底部冲刷面不明显，只表现为岩性的突变，主体砂岩为细、粉砂，慢速废弃时，顶层亚相薄，砂体呈比较均匀的块状；快速废弃时，顶层亚相厚达1/2厚度。层理以各种波痕为主，规模向上变小，夹层向上变多。

储层非均质性 不同河型形成的分流河道体的非均质性特征如下。

（1）低弯曲度分流河道砂体，层内渗透率变化为正韵律，最高渗透率段位于底部，渗透率级差较小，为3～6，变异系数0.6；层内低渗透夹层多为泥质粉砂岩，频率0.85条/m；砂体较窄，多为500～1000m，宽厚比80～160，很少形成复合曲流带，砂体渗透率方向性明显。

（2）顺直型分流河道砂体，层内不存在明显高渗透段，层内级差2～5，变异系数0.5～0.6，平面上砂体呈小条带状或断续豆荚状，宽度小于500m，宽厚比小于100；延伸长度小于1800m，具渗透率方向性。剖面形态为顶平下突。顺直型分流河道砂体，层内非均质性比弯曲分流河道砂复杂，多次冲刷—充填形成多个正韵律非均质特征；一次快速废弃时，底部滞留层与上部废弃充填的细粒沉积，构成渗透率级差较大的非均质特征。

油水运动特点 鸟足状三角洲中两种形式的分流河道砂均可发育，弯曲型分流河道砂发育上游，下游则以顺直型分流河道砂为主。

（1）平面上，顺直型分流河道砂注入水明显地沿主体带快速舌进，砂体几何形态的方向性和渗透率方向性非常明显。弯曲型分流河道砂体，注入水前缘推进则相对均匀。

（2）层内纵向水淹厚度，分流河道砂层内非均质性较泛滥平原河道砂要弱，水淹厚度较河道砂大，水驱油效率相对较均匀。多个正韵律组成的分流河道砂，是垂向加积的产物，呈现多段下部水洗特点，总的水洗厚度较大。快速废弃的分流河道砂，层内上下岩性差异较大，除水淹厚度较少外，层内改造挖潜效果也较差。

（贾爱林 肖敬修）

【湖泊三角洲前缘沉积 lacustrine delta front deposit】

围绕三角洲平原外侧伸向湖泊，呈环带分布，处于湖平面以下，为河流和湖水的剧烈交锋带，沉积作用活跃，是三角洲砂体的主体。河流带入的沉积物经过湖泊作用的再改造、再分配，形成分选好、成分较纯净的砂质沉积物集中带，沉积物中泥和有机质极少。三角洲前缘沉积进一步划分水下分流河道、水下天然堤、水下分流间湾、分流河口沙坝、席状砂等沉积微相砂体。松辽陆相湖盆三角洲前缘砂体比入海三角洲要简单，主要有河口坝、前缘席状砂，残留水下河道砂体三种。

沉积机制 对于河流—三角洲体系，由于河流能量远强于湖泊能量，河流的作用在三角洲前缘带有很大影响，把三角洲前缘带划分为内前缘和外前缘亚相带。前缘砂体面貌分布决定于河流与湖泊能量的相对大小：（1）当河流能量

相对很强时，发育水下分流河道（厚2～5m），占据整个三角洲内前缘，仅有很窄的外前缘带受湖能改造成小型席状砂；（2）当河流能量相对中等时，内前缘带以断续水下分流河道为主，其间大面积发育薄层席状砂（厚1～2m）；（3）当河流能量相对较弱时，碎屑物入湖即被湖泊改造沉积大面积席状砂，占据整个前缘带，而且岩性相对变细。

砂体类型 作为储层砂体，主要类型有以下三种。（1）水下分流河道则基本属顺直型河型，根据其废弃快慢和充填物的不同，分快速废弃和慢速废弃两类。（2）河口坝砂体，经典的反韵律砂体在两侧发育，主要发育明显受湖浪改造的复合韵律砂体。（3）席状砂沉积，三角洲内外前缘带均可沉积这类砂体。内前缘席状砂由于粒级尚粗，可作为有效储层，形成大面积分布连续性很好的储层砂体，其中还夹有残留水下分流河道砂体；外前缘席状砂由于粒级变细，其中部分变为非有效储层，或成为零散的透镜状储层砂体。

（肖敬修　贾爱林）

【**湖泊三角洲河口坝沉积** lacustrine river mouth bar deposit】 位于三角洲内前缘水下分流河道的河口处形成的沙坝。受湖水的冲刷和簸选作用，泥质沉积物被带走，砂质沉积物被保存，使河口坝沉积物主要由分选好、质较纯的细砂和粉砂组成，具较发育的槽状层理，波痕在垂向上呈向上变粗变厚的层序，显示三角洲的向前加积作用，单砂层也显示反粒序，这与湖浪（海浪）的筛选有关系。但在松辽盆地大庆油田发现的河口沙坝与入海三角洲河口沙坝的主要区别不是典型的反韵律，而是由于河流能量大于湖能，在内前缘带沉积的河口沙坝，河流作用仍占控制地位，河口沙坝轴部内部结构一般呈正韵律，厚度大、渗透率高，向两侧逐渐变为复合韵律（少量反韵律），厚度变小，渗透率变低和泥质夹层变多，分布稳定。

河口沙坝沉积特征 表现为反韵律型和复合韵律型：（1）反韵律型河口沙坝，以胜坨油田二区沙二段7～8砂层组为例，河口坝砂体上部为粉砂、细砂，中下部为粉砂，呈反韵律特点，高渗透段位于河口坝顶部，渗透率相差3～8倍；（2）复合韵律型河口沙坝，以大庆油田鸟足状三角洲河口坝为例，层内粒序呈下细中粗向上变细的复合韵律，下部出现一段明显的反粒序区别于水下分流河道，反映出前积及湖浪改造的特征。在前缘带中河口沙坝是相对高产层。

河口坝非均质性 砂岩一般为细粒级，储油物性较好，很少出现特高渗透率段，较高渗透率段常在油层上部（或中部），层内非均质性不严重，岩性及物性较河道砂岩体、分流河道砂岩体均匀。

注水开发特点 河口坝注水开发特点：（1）注入水沿砂体轴部突进，逐渐向两侧扩展,总体上要比河道砂和分流河道均匀得多;(2)层内水淹厚度可达90%～100%,驱油效率较均匀;(3)位于河口坝主体部位的油井可以形成高产井,含水上升慢,是高产稳产油井,当其含水较高时及时转为注水井,使周围的油井较均匀受效。实践证明,三角洲前缘河口坝其高产稳产时间、含水上升速度、耗水量、水驱波及体积和采收率等开发指标均远好于河流砂体。

(贾爱林　肖敬修)

【**湖泊三角洲席状砂沉积** lacustrine sand sheet deposit】 三角洲前缘河口沙坝受湖水波浪和岸流的淘洗和簸选,并发生侧向迁移而形成薄而广的砂层。席状砂粒度细、砂质纯、分选好,沉积构造与河口沙坝相同,广泛发育交错层理,砂体向岸方向加厚,向湖方向减薄。三角洲前缘席状砂是破坏性三角洲的沉积微相类型,在高建设性三角洲相中不发育。大庆油田所处松辽湖盆三角洲前缘席状砂,根据砂体性质与注水开发中的不同特点,分为内前缘席状砂和外前缘席状砂。

内前缘席状砂是河流作用仍可波及的范围内沉积的席状砂,可以作为油气层,形成大面积分布连续性很好的储层砂体,沉积层序呈不对称的复合韵律,以下部反韵律为主体,层理类型自下而上由水平、透镜波状、波状及微细波痕交错层理组成,反映向上能量变强的趋势,砂岩粒度细,泥质含量较高,渗透率较低,层内级差小于3,变异系数0.5左右,层内非均质性弱,注水开发中的特点是水淹厚度达100%;平面上注入水推进较慢但很均匀,局部突进现象很少,开发效果较好。

外前缘席状砂岩岩性更细,渗透率较内前缘席状砂小,层内较均匀,级差小于3,变异系数小于0.5,与内前缘席状砂主要差别是沉积层序以顶部突变为泥岩的典型反韵律粒序,以及砂体碳酸钙胶结物含量增加,顶底常出现钙质粉砂岩,生物化石明显增加。这类砂体注采连通差,物性差,在较稀井网下较难动用,是后期挖潜的对象。

(肖敬修　贾爱林)

【**湖泊前三角洲沉积** lacustrine predelta deposit】 位于三角洲前缘的前方,是三角洲沉积最厚的地区。沉积物大部分是在波及面以下深度范围内形成的,主要由暗色黏土和粉砂质黏土组成,常发育水平层理及块状层理,生物潜穴及生物扰动构造发育,在暗色泥岩中富含有机质,可作为良好的生油层。

三角洲前缘砂体在某些因素作用下,可向前滑塌在前三角洲形成滑塌浊积岩,形成透镜状砂体,如大庆油田在叶状复合三角洲体中,在前三角洲沉积中出现连续延伸数千米而侧向很窄的条带厚砂体(见图)。

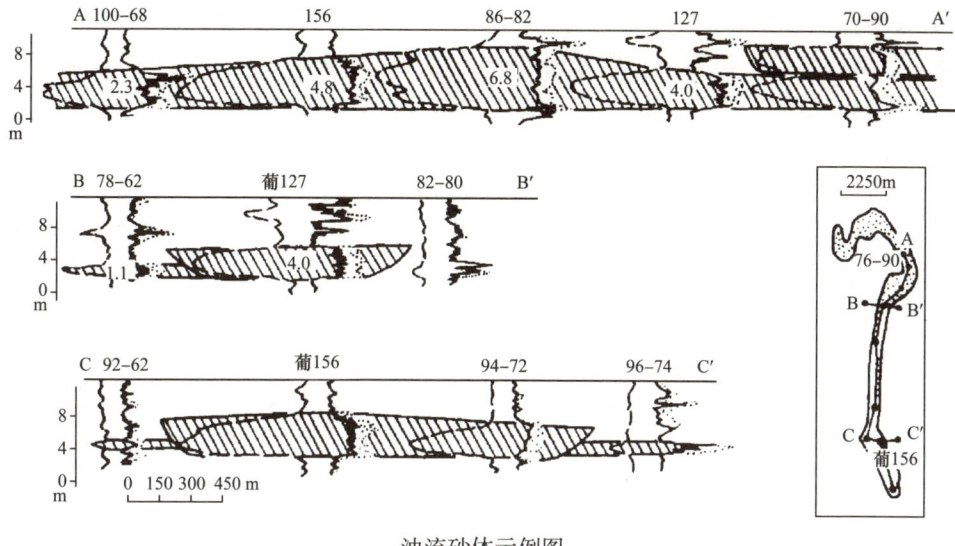

浊流砂体示例图

（贾爱林　肖敬修）

【**湖盆滨岸沉积** lake shore deposit】 在湖盆三角洲间，湖湾或水下高地（台地）周缘等滨、浅湖环境的沉积物，经常沉积的一些以沙滩或近岸坝为主的碎屑岩体。有外源的硅质碎屑，也有内源的碳酸盐、生物碎屑形成了各种可供油气储存的岩类，有细粒级的碎屑岩，有生物碎屑灰岩、鲕状灰岩和碎屑碳酸盐岩混合的岩类等。湖盆中这类滩坝沉积属于小型沉积，储层体积较小，形不成大中型油田，在陆相储层中所占有的石油地质储量很少（约 1.2%），其中滩坝砂岩却是高产优质的储层。

这类沉积物经受湖浪、湖流一定程度的改造，主力储层连续性好，或渗透率较高、或孔隙结构较均匀，有利于注水开发。其次，这类滩坝沉积紧邻油源，常成孤立式储集体，其水动力体系常成封闭状态，石油运移进入后，很少受到后期次生氧化降解等改造，可保存油质较轻的石油，加上较好的储集性能，往往形成高产储层，由于储层均质程度高，注水开发采收率也高。如辽河盆地兴隆台油田 28 断块沙一组于楼油层Ⅳ砂组油层，属浅湖砂滩相沉积，仅两个主力砂层，单层厚度平均 2.4~2.78m，油井平均总厚度 6.2m，砂体大面积稳定分布，是中国陆相碎屑岩储层中的高产油藏，20 世纪 70 年代投入注水开发，当综合含水率 93% 时，已采出地质储量 45.4%，水驱采收率可达 50%，比中国注水平均采收率高出 15 个百分点，注水开发效果甚好。

（肖敬修　贾爱林）

【湖底扇沉积 sublacustrine fan deposit】 湖盆中由重力流搬运沉积建造于浪基面以下深湖环境的碎屑岩体。湖底扇这一概念是由海底扇引申来的。重力流形成机制可以是浅湖环境三角洲等碎屑物的再滑塌，也可以是碎屑物源区洪泛事件（或火山喷发的喷溢物质等）直接形成的重力流进入深湖区。由于深湖区的沉积物不受湖能影响和改造，有别于浅湖区的扇三角洲。海盆水下扇在20世纪70年代由沃克（Walker）建立了典型沉积模式，它以中扇的叠覆扇叶体和薄层经典浊积岩构成广阔的下扇为特征，湖盆中也可见到类似海盆水下扇的湖底扇（见图1），如黄骅坳陷的高尚堡湖底扇，辽河盆地兴隆台Es_1^3湖底扇；湖底斜坡上可以改造"鸟足状"湖底扇，以限制性水道不断分叉而构成湖底扇的总貌，如辽河盆地曙光Es_2^3大凌河湖底扇；也可以受局部断槽限制，形成水道式湖底扇，如东濮坳陷Es_3中常见的重力流水道沉积和辽河盆地高升Es_1^3莲花油层湖底扇；在三角洲前缘沉积碎屑物再滑塌条件下形成的重力流，在深湖区建造成透镜体式的湖底扇，如济阳坳陷牛庄Es_3段浊积砂体。

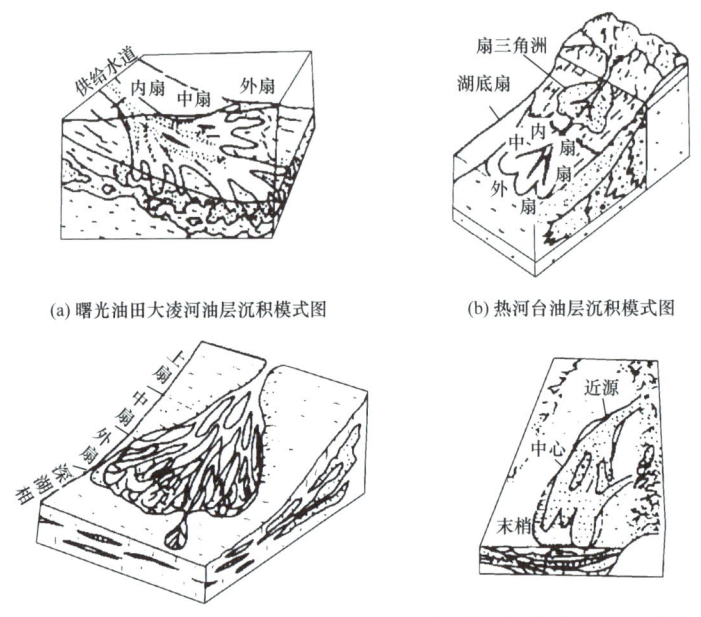

(a) 曙光油田大凌河油层沉积模式图 (b) 热河台油层沉积模式图

(c) 高尚堡Es_3^{2+3}湖底扇沉积模式图 (d) 高升地区莲花油层8-5砂岩组沉积模式图

图1 湖盆各种湖底扇沉积模式图

在湖盆中各种沉积物重力流（泥石流或碎屑流、颗粒流、液化沉积物流和浊流）均有发现，其中以碎屑流和浊流最为常见，各种重力流最终演化成浊流，对油气聚集最为有利的中扇、下扇部位，均是浊流占主导地位。泥石流由于其储集性能很差，不能成为储层，湖底扇储层以浊流砂体占绝大多数。湖底扇可划分供给水道、上扇、中扇和下扇几个相带。从烃类储层意义上分析，上扇部位粗杂砾岩，因结构成熟度极低而属非储层或差储层；下扇因细粒度和薄厚度（厘米或分米级）储层意义不大；有工业价值的湖底扇储层几乎与中扇的重力流水道有关，其次是前缘的透镜状砂体。水道式重力流砂体储层，表现为侧向连续性很差的条带状砂体，沿纵向断槽分布时，可以成为较好的连通砂体（如辽河坳陷高升油田）；大多数横向体系的湖底扇，砂体受断层频繁的切割，加剧了不连续性，成为开发难度很大的储层（如黄骅坳陷高尚堡油田）；分散于深湖泥岩中的透镜状重力流砂体，一般易形成异常高压油气藏（如济阳坳陷牛庄油田）。

湖底扇储层具有以下特点。

（1）砂体几何形态以条带状为主，侧向连续性差，连续性较好的扇叶体较少。

（2）砂体岩石结构范围很宽，从砾岩到粉砂岩，具有一定规模的储层，仍然以浊积砂岩为主。

（3）层内非均质性受控于鲍玛序列特征，以及多次浊流事件叠加切割，渗透率非均质程度高，层内夹层多。鲍玛序列是一个完整的浊流沉积层序，它是由五个具特征构造的沉积单元组成（见图2），自上而下是：① 底部块状粗粒粒序层；② 下部细粒平行层；③ 流水波状层理；④ 上部水平层理；⑤ 块状泥质层。在实际工作中遇到的剖面常常缺失一个或几个层。

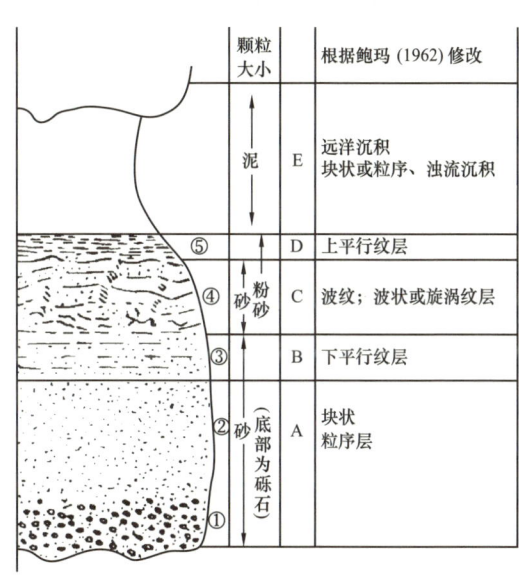

图2 鲍玛层序及其解释

（4）矿物结构成熟度低，孔隙结构非均质性强，经常出现双模态结构。

（5）因与生油岩直接接触，经常出现轻质油，随深湖相泥岩的欠压实过程形成异常高压油藏。

（肖敬修 贾爱林）

【湖底上扇沉积 sublacustrine upper fan deposit】 在湖底斜坡根部的峡谷出口处（即斜坡脚地带）发育滑塌层的重力流沉积物。沉积物分布严格受地形的控制。以辽河曙光油田 Es_2^3 大凌河油层湖底扇模式为例，上扇（或内扇）亚相划分成主沟道微相和主沟堤微相。

沉积特征主要表现为以下两点。(1) 主沟道微相,由砾岩、砂质砾岩及砾质砂岩组成,颗粒较粗,泥质含量高,连续沉积砂砾岩厚度较大,一般在20m以上,砾岩多数为块状或混凝土状,砂岩中发育递变层理,沟道中心隔夹层发育差,向侧缘或沟道间夹层厚度及层数增多。平面上主沟道宽度为1~1.5km,最宽3.2km,砂体宽厚比33~80;垂向上砾岩夹砂岩组成正韵律。(2) 主沟堤微相,呈长条状位于上扇主沟道两侧,岩性为砂质砾岩、含砾砂岩与泥粉砂岩及泥岩呈不等厚互层,发育准同生构造,如滑塌变形等,具不完整的鲍玛序列,在辽河西部凹陷缓坡带主沟堤的储集条件好于主沟道砂体。

(肖敬修　贾爱林)

【**湖底中扇沉积** sublacustrine middle fan deposit】 位于上扇以外和下扇以内,常呈叠覆叶状体,突出的地貌特征是辫状沟道发育的沉积。中扇沉积岩性为砾岩、砂岩夹粉砂岩及泥岩;递变层理和平行层理发育;砂体叠加厚度大,储集性能相对较好。由于多次重力流沉积,砂体横向连片,展布面积大,单砂层厚度大。

微相特征　湖底中扇亚相分为三个微相。

(1) 辫状沟道微相:主沟道进入中扇后分叉成多条沟道,组成辫状沟道区,构成中扇亚相的主体。岩性以中—细砾岩、砾质砂岩、砂岩为主,砂岩中富含泥质条带、泥砾和植物碎片,泥质条带和泥砾多呈撕裂状,并发生塑性变形,系重力流搬运过程中侵蚀下伏泥岩形成的同生角砾,有的泥砾仍保存原生水平层理,这是块体流典型的沉积标志之一。岩石颗粒直径小于主沟道,主要发育递变层理、平行层理和冲刷构造,以碎屑流沉积为主。平面上辫状沟道延伸远,宽度大(见图)。

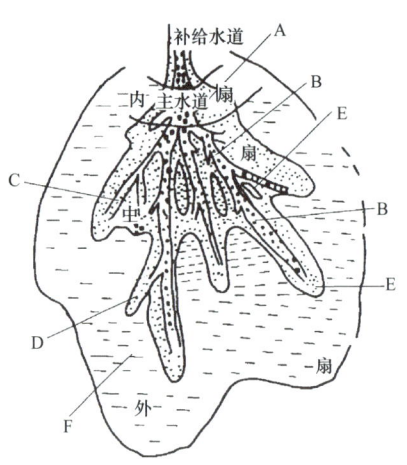

辫状沟道微相示意图

A—块状中—细砾岩与中粗砂岩组合;B—块状中—细砾岩、砾质砂岩、砂岩、泥岩组合;C—砾质砂岩、含砾不等粒砂岩、砂岩、泥岩组合;D—粉砂质泥岩和泥岩夹砂岩(或砾岩)组合;E—砂岩、泥岩组合;F—薄层粉细砂岩与暗色泥岩互层

(2) 沟道间微相,为溢出沟道沉积,岩性为含砾砂岩、不等粒砂岩及泥质粉砂岩互层,单层厚度几十毫米到几厘米,在沟道附近砂岩较多,远离沟道为粉砂岩和泥岩,局部有碳质纹层,主要发育水平层理、小型交错层理及泄水构造等,常见"DE"序列为主的不完整鲍玛序列。

（3）中扇前缘微相，主要为高密度流沉积，低密度流也常见，岩性以砂岩、粉砂岩及泥岩互层，连续沉积厚度一般几十厘米。常见鲍玛"ABDE"和"CDE"为主的不完整序列组合，砂岩中发育递变层理及平行层理。

储层非均质性 湖底扇粗碎屑沉积物，由于双模态的岩石结构，储层物性受岩石结构多种因素影响，不能与岩石粒度建立规则的关系。

（1）孔隙结构。孔隙结构非均质性较强，中扇不同微相孔隙结构特征变化很大（见表1）。

表1 不同沉积相带孔隙结构特征参数

参数 微相	孔隙度 %	渗透率 D	最大连通孔喉半径 μm	孔喉半径均值 μm	主要流动孔喉半径平均值 μm	孔喉分选系数	均质系数	孔喉总体积 %	孔径小于0.1μm孔隙体积 %	样品数
辫状沟道	24.3	0.648	23.58	4.09	12.45	5.54	0.16	26.96	37.50	47
沟道间	20.2	0.059	10.39	1.51	5.13	2.30	0.14	24.46	51.20	15
前缘	27.1	0.224	16.01	3.06	8.71	4.05	0.18	28.63	35.16	7

（2）层内非均质性。油层由于砾、砂、泥混杂，控制储层物性的岩石结构因素更为复杂，沉积粒序的韵律性不能代表渗透率的层内非均质性，杂基含量对储层物性影响大，当填隙物大于15%时，孔隙度小于10%；填隙物小于7%时，孔隙度在20%～30%之间，渗透率与填隙物含量关系呈明显负相关。当填隙物含量小于10%时，储层物性与岩石粒度有较明显的关系，以含砾砂岩最好，更粗或更细者变差（见表2）。

表2 不同岩石相物性统计

储层物性	砾岩	砂质砾岩	砾质砂岩	含砾砂岩，粗砂岩	中砂岩
孔隙度，%	18.56	18.85	21.32	23.60	24.30
面孔度，%	5.69	10.20	12.33	16.20	17.90
渗透率，mD	305.2	615.1	622.5	1060.4	947.0

这类湖底扇砂体层内非均质性出现比较复杂的情况，从渗透率非均质性至各种韵律性都有出现，辫状沟道中心部分正韵律占39.8%，反韵律占25.5%，复合韵律占10.2%，均质占24.5%；而辫状沟道边部与沟道间砂体，反韵律砂体

占优势，在 50% 左右。渗透率非均质程度各微相带都很强。

（3）平面非均质性。储层砂体平面非均质性主要受控于辫状沟道的分布格局，以水道式呈放射状分布的沟道砂体为主体，与沟道间砂体构成储层的平面非均质性。主沟道砂体厚 15～33m，主体宽 1000～1500m，宽厚比 33～80，往下游宽厚比和厚度呈下降趋势。平面连续性较好，沟道砂体通过沟道间砂体的连接，形成大面积砂体，在 200～350m 井距下，砂岩连通系数高达 90.2%。平面渗透率变化具明显方向性，受沟道控制，形成一些高渗透条带。

（4）层间非均质性。层间非均质性受控于两个因素：一是重力流沉积的周期性；二是重力流沟道摆动的随机性。如曙光油田大凌河油层分为三个油组，每一油组又分为若干砂组，每个油组反映重力流沉积事件盛衰的周期性变化，Ⅰ油组五个砂组总体上表现为下部砂体发育较差，往上逐渐变好的趋势，层间非均质性则表现为沟道微相与沟道间微相间的差异，而沟道的摆动有一定的随机性。

（肖敬修　贾爱林）

【**湖底下扇沉积** sublacustrine lower fan deposit】 下扇（或外扇）与中扇无沟道部分相接，地形平坦，主要为浊流形成的场所。其岩性为薄层粉细砂岩与暗色泥岩互层，粉砂岩和砂岩单层厚几厘米到十几厘米，常见炭屑，发育"ABCE"，"ADE"，"DE" 不完整鲍玛序列（见湖底扇沉积）。从烃类储层意义分析，下扇因细粒度和薄厚度成为储层的可能性不大。

（肖敬修　贾爱林）

【**浊积扇沉积** fan turbidite deposit】 湖盆浅水区各类砂体（如三角洲、辫状三角洲、扇三角洲及三角洲间滩坝等），在外力作用下沿斜坡发生滑动、再搬运，在洼陷处形成的浊积岩体。其砂体形态以透镜状为主体散布于深湖相泥岩中。滑塌浊积岩体的岩性变化很大，与浅水砂体的岩性密切相关。

浊积扇沉积机制　在湖水面波动和沉积物负载等机制触发下，三角洲前缘巨厚碎屑物产生滑塌形成浊流向前缘斜坡根部及湖底平原区沉积浊积砂。由于宽阔的三角洲前缘带，再滑塌时，没有形成主水道，而是以很多处点物源，以分散浊流形式活动，使沉积物以透镜状砂体产出（见图）。

砂体沉积特征　具有典型的浊流沉积特征，浊积岩构造齐全（常见块状层理，递变层理，平行层理，波状斜层理，韵律层理等），且滑塌变形构造丰富。岩性主要是细砂岩或粗粉砂，少见中砂及不等粒砂岩。沉积层序发育多个正韵律（自下而上从中细砂岩、粉砂岩，变为泥岩）。鲍玛层序组合以 "CDE" 最常见，其次为 "BCDE" 和 "BC"，"ABCDE" 组合及其他组合极少见到。

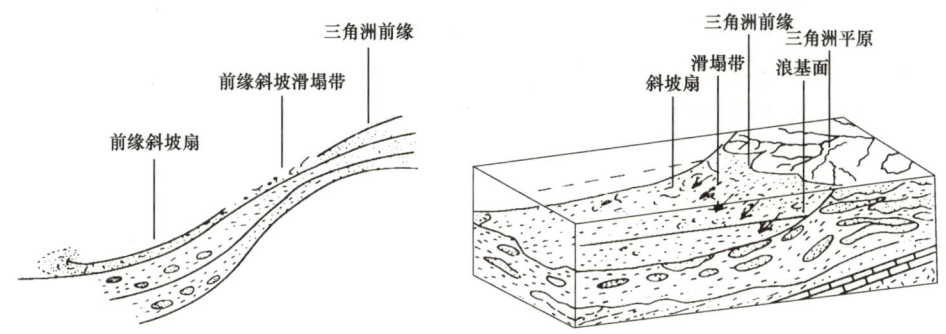

三角洲—斜坡扇沉积三维模式图

储层非均质性 储层砂体非均质性特征：（1）微观非均质性，构成砂体的粒度细（以细砂为主），中砂很少，分选中等到差，埋藏深，导致储层物性较差；（2）宏观非均质性，砂体几何形态为透镜体，砂体厚度0.5～5m，面积小于1km^2，叠加含油面积构成数十平方千米的油田，实际上是由很多个孤立的小型岩性油藏组合而成，本身天然能量小，保持能量开发时，砂体连续性差，处于低效开采状态，如东营凹陷牛庄油田。

（贾爱林　肖敬修）

【**风成沉积** aeolian deposit】 在沙漠环境中空气流体条件下以牵引流的搬运和沉积作用所形成的碎屑岩。空气是仅次于水流搬运营力和介质的流体。在搬运和沉积机理上它们之间有相同之处，也有差异：空气搬运碎屑物质，不能搬运溶解物质；空气与水的密度（空气：水为1:800）不同，导致空气搬运和沉积具有某些独有特点，如风成沉积物的分选性比流水好，风成砂的磨圆度更好等；空气的作用空间大，不受固体边界限制，不像流水那样明显受重力控制，空气搬运可将沉积物由地势低处移向地势高处。

在正常地面风条件下，碎屑物搬运方式以跳跃为主（占70%～80%），其次为蠕动（相当于流水搬运中的滚动，小于20%），悬浮则很少（小于10%）。随着风速的变化，三种搬运方式可相互转化。搬运方式与粒度间的关系相当稳定，跳跃颗粒粒径一般小于0.5mm，尤其细砂（0.1～0.3mm）跳动最为活跃；蠕动颗粒在0.5mm到2～3mm之间，更大的颗粒留在原地不动，小于0.2mm可呈悬浮搬运。粒径小于0.05mm的粉砂与黏土像尘埃一样弥散在空气里作长距离搬运，当发生风暴时，这种搬运作用更为强烈，称之为尘暴搬运。

空气中的悬移载荷可作长距离搬运，在距来源地很远的大陆（形成黄土沉积）或海洋（形成远洋沉积）中沉积下来；推移载荷则在来源地（沙漠或海滩）附近堆积，其主堆积形式是沙丘。引起风携物质沉积作用有以下原因：当风速降低时，使得推移力降低或有效重力超过垂直上举力而使碎屑沉积；当风沙流运行遇到障碍物（陡崖、植被、大砾石等）时，称之为障碍堆积。古沙漠环境沉积的最大特征是交错层理发育，前组纹层倾角大（30°～34°）的风砂堆积。风成沉积标志：具水平层理和规模大小不同的、定向或多向的交错层理；单个薄层沉积物分选好（尤为细粒砂），不同薄层的粒径差异明显；粒径范围为粉砂—粗砂，风力能带动颗粒粒径不超过5mm；粒径0.5～1.0mm的粗砂磨圆度较好；很少有黏土盖层；砂中无黏土；石英砂粒表面呈毛玻璃状；通常不含云母片。

风成砂岩储层以细砂岩为主，颗粒多呈圆状或半圆状，分选好，胶结物少，储集性能好。如北海油气区的赤底统气田属此类砂岩体。

📖 推荐书目

任明达，王乃梁.现代沉积环境概论［M］.北京：科学出版社，1981.
姜在兴.沉积学［M］.北京：石油工业出版社，2003.

（贾爱林　肖敬修）

【**海相沉积** marine deposit】　是指海洋环境下，经海洋动力过程产生的一系列沉积，即海相碎屑岩沉积。广义的海相沉积除了海相碎屑岩沉积（体系），还包括海相碳酸盐岩沉积（体系）。参见海相碳酸盐岩沉积相。

海洋是沉积作用的重要场所，海相碎屑沉积体系的沉积物来源包括：（1）陆源，主要是陆地岩石风化剥蚀的产物，如砾石、砂、粉砂和黏土等；（2）海洋组分，主要是从海水中由生物作用和化学作用形成的各种沉积物，如海洋生物的遗体、海绿石、磷酸盐、二氧化锰等自生矿物及某些黏土等；（3）火山作用形成的火山碎屑，大洋裂谷等处溢出的来自地幔的物质，以及来自宇宙的宇宙尘埃等。海相沉积是在海水温度比大陆温度低且变化小的环境下沉积，具有海洋环境的一系列岩性特征和生物特征，沉积岩层的规模较大，分布稳定，颗粒较细而且分选好。与陆相沉积储层相比，海相碎屑沉积储层表现出更好的均一性特征，这也是海相储层油藏与陆相油藏的重要区别之一。

海相碎屑沉积体系　分为海岸沉积体系、浅海陆棚沉积体系、大陆斜坡沉积体系和深海盆地沉积体系。海岸沉积体系包括无障壁海岸、障壁海岸；浅海陆棚沉积一般分为两种类型，即陆缘海（或边缘海）和陆表海，前者如现代的陆架，后者则为延伸到大陆内形成的浅海盆地；（陆坡）半深海沉积包括上斜坡和下斜坡，即大陆坡和大陆隆；深海盆地沉积体系包括盆底扇、远洋浊流和远洋沉积。朱如凯等对四个相带的亚相、微相和砂体类型进行了细分（见表）。

海相碎屑沉积体系及相带划分表

沉积体系（相）	亚相		微相及砂体
滨岸相	无障壁海岸	海岸沙丘	
		海滩沉积	后滨、前滨、临滨
		悬崖海岸沉积	
	有障壁海岸	潮汐沉积	沼泽、潮坪（泥坪、沙坪、混合坪）、潮渠、潮沟
		潟湖	咸化潟湖、淡化潟湖、沼泽
		萨布哈	海岸萨布哈、大陆萨布哈
		障壁岛、潮汐通道及潮汐三角洲	岛滩、沙坝、障壁坪、潮道、冲溢扇、涨潮及退潮三角洲
浅海相（陆棚）	陆棚		内陆棚、外陆棚
	陆棚边缘盆地		
半深海相（大陆斜坡）	大陆坡、大陆隆		（海底峡谷及水道）碎屑流沉积、滑塌沉积、海底浊积扇
深海相（深海盆地）	深海欠补偿沉积		
	深海补偿沉积		盆地边缘、海底扇、深海平原

海岸沉积体系　无论是从水动力条件还是从水化学状况以及地形地貌情况来看，均极为复杂。若海岸带与大洋连通性好，海洋受到明显的波浪及沿岸海流的作用，海水可以进行充分流通及循环，称为广海型海岸或无障壁海岸，发育该类海岸的海盆亦称为陆缘海。如果由于沿岸海中存在一种障壁的地形（如沙坝、滩、礁等）而使近岸的海与大洋隔绝或部分隔绝，致使水处于局限流通或半局限流通状况，则造成有障壁的海岸，包括此类海岸的海盆通常水极浅，故亦称陆表海，主要受潮汐作用影响，波浪作用通常不明显，并进一步划分为海滩相、障壁岛—潟湖相和潮滩相。

陆架浅海沉积环境　一般分为两种类型，即陆缘海（或边缘海）和陆表海，前者如现代的陆架，后者则为延伸到大陆内形成的浅海盆地。陆架浅海区水动力条件可分为主要由高纬度与低纬度区之间温度平衡产生的大洋环境、潮流、受气象力控制产生风生流和风暴流以及由海水温度、盐度和悬浮物浓度的变化引起的密度流，故陆架浅海区海水较为动荡，富含氧，阳光一般能到达水下，盐度较为正常，生物较为丰富，既是陆源碎屑岩沉积区，也是碳酸盐（包括生物碳酸盐）沉积富集区，常可划分潮控陆架沙脊相、浪控陆架风暴相、局限陆架碳酸盐相、浅滩边缘碳酸盐相和生物礁相等。

陆坡半深海沉积环境　虽然海水较深，但并不都是静止的水体，由于风、潮流及水体中温度、盐度、密度、速度的不连续性以及科氏力效应等影响因素，因此海洋中常存在着块体重力流、等深流和内潮汐、内波流共同构成的复杂水动力体系。在上述水动力条件下除形成半远洋—远洋悬浮沉积相外，块体重力流沉积相、等深流沉积相和内潮汐与内波沉积相也是重要相类型。

大洋盆地或深海沉积环境　水体随深度增大渐趋平静，但仍有块状重力流（参见重力流沉积）和内潮汐、内波流等作用，除主要形成远洋悬浮沉积外，块状重力流沉积、内潮汐和内波沉积等，在不同的有利条件控制下也占有较大比重，并分别形成的典型相有：海底平原相、海底扇相、内潮汐和内波沉积相等。

根据塔里木、鄂尔多斯、四川三大盆地海相碎屑岩的研究，中国海相碎屑岩主要分布在上奥陶统—志留系、上泥盆统—石炭系、下二叠统及上二叠统，发育滨岸海滩、潮滩、障壁岛、滨浅海三角洲、浅海陆棚等5种沉积相类型，相带分布稳定。

海相碎屑岩储层基本特征　其储层物性主要受沉积相和后期成岩作用控制，埋深较大，表现为区域差异性，既有高孔高渗储层，又有低孔低渗—致密储层。

主要类型砂体及分布　中国海相碎屑岩储层不仅发育于滨浅海环境，还发育在深海—半深海环境，前者包括无障壁的滨岸海滩相、有障壁的滨岸障壁岛相、滨岸潮滩相、滨浅海三角洲相、浅海陆棚相（见图），后者常夹有浅海风暴岩等沉积。在碎屑岩发育的滨岸相中，各种类型的砂体非常发育，是油气储集的良好场所，如塔里木盆地滨岸相东河砂岩优质储层。根据塔里木、鄂尔多斯、四川三大盆地研究认为，滨岸—浅海陆棚环境储层主要发育于塔里木盆地志留系下统柯坪塔格组、上泥盆统—下石炭统东河砂岩段、石炭系中泥岩段，以及四川盆地志留系、华北地台区的石炭系等。潮坪环境储层主要分布于塔里木盆地的志留系、石炭系砂泥岩段，以及华北地台区及河西走廊地区的石炭系等。研究发现两类常见砂体：（1）滨岸相砂体，包括滨岸海滩相砂体和潮滩相砂体，由于受波浪、潮汐和沿岸流等海流的控制，砂体多呈席状分布，相带宽而稳定，规模较大，其中滨岸海滩相砂体沿海岸线平行展布，潮滩相砂体则与海岸线垂直或斜交；（2）浅海相砂体，受潮汐和风暴流控制，呈平行岸线的席状和垂直岸线的带状分布，多与泥岩、碳酸盐岩交互。

储层物性与其主控因素　中国古生界海相碎屑岩位于盆地的下构造层，埋深相对较大。储层物性具有明显的区域差异性，既有高孔高渗的砂岩储层，也有低孔低渗—致密的砂岩储层（见表）。这种差异性表现为不同盆地、不同时代与层位、不同沉积相、不同埋藏演化等方面，其中不同沉积相砂体和不同埋藏成岩演化是主要控制因素。

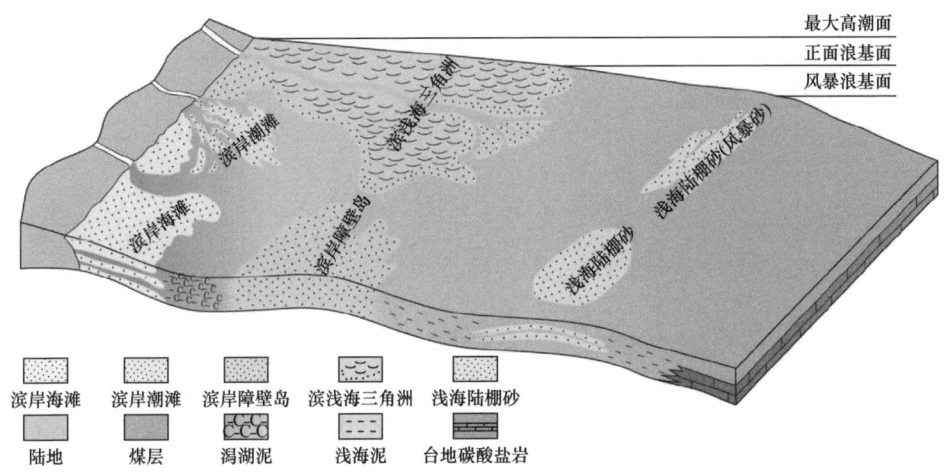

中国古生界海相碎屑岩滨浅海相沉积模式

中国古生界海相碎屑岩不同沉积相类型的储层物性

沉积相	埋深，m	孔隙度，%	渗透率，mD	典型地区
滨岸海滩相	3700～6000	12.00～21.00	100.00～1000.00	塔里木盆地东河塘组
滨岸潮滩相	5500～6300	5.70～17.40	0.10～678.00	塔里木盆地塔中志留系
滨岸障壁岛相	2500～2900	5.88	0.44	鄂尔多斯盆地本溪组
滨浅海三角洲相	2100～2800	6.80	0.87	鄂尔多斯盆地太原组
潮控辫状河三角洲相	4500～5500	5.00～9.10	0.34～2.07	塔里木盆地塔东志留系
浅海陆棚相	2600～5000	1.00～5.50	0.01～44.00	四川盆地志留系小河坝组

海相碎屑岩沉积与油气的关系 世界上大多数油气田是在海相地层中发现的。海相碎屑岩中的砂岩储层作为优质高效产层，可采性好，油气产量贡献大。统计发现，国外海相碎屑岩油气田数量占总油气田数量的46%，已发现的探明储量中海相碎屑岩探明油、气储量分别占全球的52%和38%。

中国在中—新生代以后内陆地区以湖盆沉积为主，海相沉积不太发育，但在中生代以前海相沉积却广泛分布，在台湾、新疆塔里木和南海、东海大陆架地区的海相碎屑岩中都有油气田发现，特别是在海相碳酸盐岩中油气勘探工作取得了突破性的进展，展示出了巨大的含油气潜在远景。中国在塔里木盆地和鄂尔多斯盆地的海相碎屑岩探明储量分别为油 2.1×10^8t、气 $0.935 \times 10^8 m^3$，但总体探明程度较低，如塔里木盆地海相碎屑岩石油探明储量仅占全盆地总探明储量的 25%～30%，鄂尔多斯盆地和四川盆地更低，其他盆地甚至尚未开展海相碎屑岩领域的勘探。因此可以说中国海相碎屑岩勘探开发前景广阔，是未来油气勘探开发的重要领域。

◢ 推荐书目

赵澄林.沉积学原理［M］.北京：石油工业出版社，2001.

何幼斌，王文广.沉积岩与沉积相［M］.2 版.北京：石油工业出版社，2017.

（国景星）

【**海相碳酸盐岩沉积相** marine carbonate sedimentary facies】 海洋环境中碳酸盐岩沉积物在不同生成环境和条件的综合表现。

沉积特征　绝大多数的碳酸盐岩都是砂级大小的碳酸钙和碳酸盐泥的混合物，它们是生物、生物化学、化学和机械作用的结果。现代沉积研究表明，碳酸盐形成于南北纬 30°之间的温热地带，通常是清洁、明亮、动荡、通畅、循环彻底、透光性好、含氧充足的浅海。这样的场所是大量造岩生物所必需的生存条件。在 10～15m 深的广阔水域产生的 $CaCO_3$，要比较深的陆表海大好几倍。现代深海沉积物主要是抱球虫和翼足类软泥。

碳酸盐岩常见的生物有腕足类、棘皮类、红藻、绿藻、有孔虫、珊瑚、介形虫、苔藓虫、海绵、层孔虫及瓣鳃类等。灰泥一部分来自藻的死亡、破坏和生物化学作用，另一部分则来自生物壳类的机械磨损。碳酸盐颗粒主要源于几个方面，一是介壳和贝壳的机械破碎形成的生物碎屑，另一种是半固结或已固结的沉积物被暴风浪击碎、淘洗，形成的内碎屑，还有就是由生物和机械作用共同形成的鲕粒、球粒等。一些具抗浪能力的原地生长的生物，如珊瑚、海绵、有孔虫及某些藻类，可形成一种特征性岩体——生物礁，这是海相碳酸盐沉积所独有的。由此可见，生物作用、化学作用和机械作用是碳酸盐岩形成的主控因素。若不考虑有争议的灰泥中的部分文石，能证明纯化学成因的就是极少的海底胶结物。

碳酸盐岩还有一些独特的结构和构造，如生物骨骼结构、生物粘结结构、生物碎屑结构、鲕粒结构、球粒结构、叠层构造、鸟眼构造、示底构造。它们在某种程度上都具有一定的指相意义。

相模式与相带划分　概括地说，沉积模式就是根据现代沉积环境及古代沉积相的研究，对古代沉积作用机理所作的一种成因解释模型。模式有具广泛概括性和代表性的模式,也有代表区域性的地方性模式。模式不同,它所包含的相也不尽相同,但它必须起到以下几个作用:(1)相的解释;(2)相的预测;(3)对比的标准;(4)进一步观察的提纲和指南。

肖(Shaw)最早提出的表海碳酸盐模式,是以能量为基础的,欧文(Irwin)根据肖的能量理论,进一步提出了陆表海清水沉积模式和能量相带(X,Y,Z)的理想序列。其中 X 相带为低能带,位于波基面以下的广海区,宽数百千米,沉积水动力较弱,沉积泥晶碳酸盐矿物,常是油气生成的良好场所;Y 相带为高能带,位于波浪和潮汐作用强烈的地带,分布范围相对较小,沉积水动力强,细粒沉积物被淘洗,沉积了较粗粒的碳酸盐颗粒或生物礁,可形成油气的储集体;Z 相带是滨岸低能带,为波浪和潮汐能量耗尽处,沉积范围大、沉积水动力弱,易形成可构成油气藏盖层的泥晶碳酸盐岩沉积或气候干旱时的膏盐沉积。受风暴影响还可在此带发育较粗粒的风暴沉积物。

拉波特(Laporate)经研究认为,潮汐作用在海水动力能量分带上起着重要作用。因此把碳酸盐能量相带和潮汐相带结合起来,划分出四个相带:(1)潮上带及潮间带,此带与欧文 Z 带相当;(2)浅的潮下带,位于波基面之上,相当于欧文的 Y 相带;(3)无陆源沉积的潮下带,位于波基面之下,相当于欧文 X 相带上部;(4)有陆源沉积的潮下带,位于波基面之下,相当于欧文 Z 带下部,中国在 20 世纪 70 年代初曾广泛使用此模式。

威尔逊(Wilson)在综合了大量古代碳酸盐岩沉积特征及现代碳酸盐沉积模式的基础上,结合上述能量模式的优点,考虑到海底地貌、潮汐、波浪、海流、氧化界面、盐度及海水循环等因素的控制作用,建立了综合因素碳酸盐岩标准相带模式。该模式将海洋碳酸盐沉积划分为三个大区和九个标准相带。盆地沉积区包括相带:(1)盆地相(分 I_A 石灰岩浊积岩盆地和 I_B 瘦地槽的海槽两种类型);(2)陆棚相;(3)盆地边缘相。台地边缘相区包括:(4)台地边缘前斜坡相;(5)台地边缘生物礁相;(6)台地边缘砂相;(7)开阔海台地相;(8)局限海台地相;(9)台地蒸发相。这里的盆地相区,大体相当于欧文模式的 X 相带,台地边缘相区大致相当于欧文模式的 Y 相带,盆地沉积区相当于欧文模式的 Z 相带。威尔逊的模式影响深,在中国自 20 世纪 80 年代至今仍被广泛使用。

现代碳酸盐岩沉积物主要发育于海洋环境,少量见于非海洋环境。碳酸盐岩沉积物从浅海至深海均有发育,但主要形成于温暖气候条件的浅海环境。现代浅水碳酸盐岩主要发育在南、北纬 30° 之间,如加勒比海中的巴哈马地区、波斯湾、洪都拉斯、孟加拉湾以及我国的南海等海域,主要是有障壁的浅水碳酸盐岩沉积环境。碳酸盐主要形成于化学作用、生物化学作用以及有机械作用参与的化学或生物化学作用,是一类复合成因的化学岩或生物化学岩。现代碳酸盐岩沉积作用特点包括：(1) 温暖的气候以及清洁并具有较高盐度的浅水动荡水体，不仅有利于碳酸盐岩沉淀，也有利于浮游生物的大量繁殖；(2) 碳酸盐岩沉积过程中，沉积作用仍占主要地位，如鲕粒的形成、内碎屑的破碎磨圆与分选等均与机械作用有关，而礁的发育和叠层石的堆积更与水体能量密切相关；(3) 碳酸盐岩沉积物在正向地貌区（凸起）最为发育，如珊瑚礁；在负向地貌区（如盆地）则不太发育，沉积厚度薄，在大陆架、碳酸盐岩台地和稳定的克拉通地区，尤其是在这些地区的边缘，碳酸盐岩易大量发育；(4) 现代碳酸盐岩沉积作用主要发生在两种类型的台地，即与大陆毗邻的镶边盆地，如波斯湾、南佛罗里达和我国的南海地区，以及孤立于大海中的浅水台地，如巴哈马台地和我国的西沙和南沙群岛礁等；(5) 碳酸盐岩沉积持续发育的最根本要素是保持浅水环境，即海底下沉速度与碳酸盐岩沉积物的补偿速度基本均衡。

推荐书目

J L 威尔逊. 地质历史中的碳酸岩沉积相 [M]. 冯增昭，等，译. 北京：地质出版社，1981.

H 布拉特. 沉积岩成因 [M]. 《沉积岩成因》翻译组译校. 北京：科学出版社，1978.

朱世发. 沉积岩与沉积相 [M]. 北京：石油工业出版社，2015.

（徐志川　国景星）

【**盆地相 basin facies**】　陆坡以下深水安静环境下底部较为平坦区以细粒沉积物为主的沉积体特征的综合。盆地相位于浪底（或波基面）和氧化界面以下，水深可以只有几十米，但一般深达数百米至数千米，为静水还原环境。因水体深度大，光线暗淡，不适于底栖生物生长。沉积物主要依靠从外带入的细粒泥质物质和硅质物质，以及浮游生物死亡后降落的生物雨。停滞缺氧和过咸化条件均可出现。按照大地构造位置及沉积特征可以细分为石灰岩浊积岩相、深海瘦地槽相和克拉通盆地碳酸盐岩相。

石灰岩浊积岩相　又称深海地槽相，沉积物主要来自陆棚或陆棚斜坡带的碳酸盐角砾、微角砾及砂屑等内碎屑，以及可能的外来岩块和漂砾，夹有深海结核和泥质岩层，可能起因于浊流、碎屑的块状流，甚至火山喷发作用等。由于地槽的下沉或强烈拗陷以及沉积作用的不稳定性，易产生连续的、巨厚的深海沉积物，并具有陆源复理石沉积所特有的结构和构造特征，鉴于该类浊积岩的海槽较窄，其厚度变化大，相变明显。

深海瘦地槽相　以远洋细沉积物为主，间歇性地接受一些末端浊积岩，无大量的异地石灰岩沉积。当黏土的注入量很少而其水深又超过碳酸盐的补偿深度（现代 $CaCO_3$ 补偿深度为 3000～4000m）时，常聚集硅质沉积。常见的岩石类型有放射虫硅质岩、红色泥晶石灰岩、红色结核石灰岩、浅色远洋泥晶石灰

岩、暗色盆地泥晶石灰岩、骨针石灰岩和微球粒泥晶石灰岩等。也有发自陆棚和斜坡的浊积岩末端的沉积，如微晶灰岩、骨针灰岩、生物碎屑颗粒岩、泥质颗粒岩、微介壳灰岩、骨针岩等。这些岩石中含有菊石、放射虫、远洋双壳类、小腹足类。中国南方上古生界深水石灰岩中还常见竹节石、牙形石。现代深海常见抱球虫和翼足类。

<u>克拉通盆地碳酸盐岩相</u>　　水深至少 30m，一般几百米，处于氧化界面的浪基面以下，光线暗、少有搅动，缺少底栖生物的生长，从周围陆棚来的底流可能为超盐度的，密度较大不易上流，加深了底部水体的停滞缺氧。由于大量死亡的浮游生物的降落，常形成富有机质的沉积。主要发育暗色灰泥岩、粉屑石灰岩，常夹有暗色页岩，在蒸发盆地中可形成石膏。岩石具毫米级纹理、波纹、交错纹理和由平坦石灰岩和薄层页岩组成的小韵律层。生物化石仅见自游—远洋生物，且局部富集于层面上，包括笔石、浮游瓣鳃类、菊石及海绵骨针等，微生物群包括钙质钟纤虫、钙球、硅质放射虫和硅藻等。

📝 推荐书目

郭峰. 碳酸盐岩沉积学 [M]. 北京：石油工业出版社，2011.

（国景星）

【**斜坡相 slope facies**】　浅水碳酸盐台地与深水盆地之间的斜坡地带沉积物特征的综合。其深度范围很大，斜坡顶部仅为 10～30m，而斜坡下部深度可达数百米以至数千米。斜坡带平常为水动力条件很弱的安静环境。但由于其坡度大，周期性爆发的重力流比较活跃，且有强大的搬运能力。此外，斜坡带也是等深流活跃的地带，内波和内潮汐作用也表现得比盆地区更强。

<u>斜坡的类型</u>　　按照坡度大小，碳酸盐斜坡可分为三种类型：陡坡型、中等坡度型（沟槽型）和缓坡型。三种斜坡的沉积作用类型、沉积特征各有特色，区别明显。

<u>陡坡型</u>　　此类碳酸盐斜坡很陡，浅水台地与深水区之间常发育同生断层。斜坡上粗粒重力流沉积很发育，以碎屑流砾屑灰岩为主。其规模很大，单一事件形成的碎屑流砾屑灰岩的厚度可达 20～30m。此类斜坡的一个重要特点是沉积物的分布沿走向变化很小，碎屑流砾屑灰岩呈大范围的席状体。广西十万大山盆地北缘下三叠统北泗组是此类沉积的良好实例。

<u>沟槽型</u>（中等坡度型）　　在坡度适中的情况下，碳酸盐斜坡上的重力搬运常汇集在一些沟槽之内。这些沟槽垂直斜坡走向，大致等间距分布。较陡的上斜坡是沉积物的过道带，而较平缓的中、下斜坡则是各类重力流沉积的重要场所。以碎屑流砾屑灰岩为主，高密度浊流沉积也较发育。重力流沉积不是呈席状分

布,而是沿沟槽分布。向斜坡下方沟槽变浅、加宽,碎屑流砾屑灰岩可侧向相连。湘西黔东中寒武统敖溪组、花桥组是此类斜坡沉积的典型代表。据推算,该地的古斜坡坡度为 2°～4°。

缓坡型 碳酸盐缓坡是指从浅水台地至深水盆地坡度非常平缓而没有明显坡折的台地前缘斜坡。在缓坡上,浅水碳酸盐向海逐渐迁移进入深水,最后进入盆地(见图)。现代环境中此类斜坡平均坡度小于 1°。此种条件下的斜坡沉积以原地细粒沉积占优势,重力流沉积发育差,通常仅见有限的低密度浊流沉积,也可见小规模滑动滑塌沉积。自近滨砂体带、正常浪基面稍下至风暴浪基面稍深处,沉积物主要构成分别为骨骼和鲕粒灰岩、生物碎屑灰岩、骨骼泥粒灰岩与骨骼粒泥灰岩。Read 将碳酸盐缓坡进一步分为坡度均一的同斜缓坡和远端陡峭型缓坡两种类型。对于同斜缓坡,深水缓坡相中很少有滑塌、岩屑流沉积或浊流沉积,而该类沉积在远端陡峭型缓坡中很常见。

盆地	深缓坡	碳酸盐岩缓坡		后缓坡
		浅缓坡		
	正常浪基面以下	浪控		局限的/陆上的
页岩/深海灰岩	薄层灰岩,风暴沉积物泥丘	海滩/障壁/海滨平原/沙滩/点礁		潟湖—潮坪—潮上带碳酸盐岩,蒸发岩、古土壤和古岩溶

碳酸盐岩缓坡沉积模式

沉积类型与特征 碳酸盐斜坡沉积类型丰富多彩,深水原地沉积、重力流沉积、深水牵引流沉积应有尽有,并可形成颇具特征的巨大沉积体。例如维吉尼亚的阿巴拉契亚山脉的上寒武统至中奥陶统发育有很好的缓坡碳酸盐岩,浅水缓坡主要是鲕粒,深水缓坡主要是条带状碳酸盐岩(属于薄层风暴沉积)。

原地沉积 以灰色、深灰色泥晶灰岩、粉屑泥晶灰岩为主,可夹少量页岩,但总体看来其陆源混入物较盆地相少些。斜坡相原地细粒沉积可具发育良好的水平层理,也可见经变形扭曲的层理,还可不发育层理。原地沉积所占比例与斜坡坡度有关,碳酸盐缓坡上原地沉积占绝对优势。

重力流沉积 碳酸盐斜坡上的重力流沉积以碎屑流为主,次为浊流,也可见颗粒流沉积。

碎屑流沉积 这是碳酸盐斜坡上最重要的重力流沉积类型,是以灰泥为基质的砾屑灰岩,大小混杂无分选,可含巨大砾屑。无层理,除底具有截切面外无其他沉积构造。按灰泥基质含量可进一步分为富基质的和贫基质的碎屑流沉积。

浊流沉积 包括高密度浊流沉积和低密度浊流沉积，前者多为单层厚近1m的砾屑砂屑灰岩，后者多为单层厚5~30cm的砂屑灰岩，也可含少量细砾屑。在陡坡型和沟槽型斜坡上，两类浊积岩均较常见，碳酸盐缓坡上通常仅见低密度浊流沉积。总体看来碳酸盐斜坡上的浊流沉积不如碎屑流沉积发育。

颗粒流沉积 通常仅见于陡坡型碳酸盐斜坡沉积中，以具逆粒序的砾屑砂屑灰岩为特征，一般规模不大，层数也不多。

等深流沉积 在斜坡的深水部分（深度500m左右及以下）都可能存在等深流沉积，而等深流沉积集中发育的部位常为斜坡存在坡折处的相对平缓地带。在这些地带，等深流沉积的累计厚度可达千米以上，并可形成被称为"等深岩丘"的巨大沉积体。

深海钻探、物探和综合研究表明，在现代海洋陆坡上，广泛分布着由等深流沉积构成的等深岩丘，呈正地貌突起，高可达百余米至数百米，长达数百千米，宽数十千米。地层记录中已发现的碳酸盐等深岩丘有：阿拉伯克拉通大陆边缘白垩系塔勒梅亚费组、湖南桃源九溪下奥陶统盘家嘴组及马刀堌组、甘肃平凉中奥陶统平凉组。桃源九溪下奥陶统等深岩丘长约100km，宽20km以上，等深流沉积累计厚450m，由53个细—粗—细双向递变层序构成，每个层序中部为砂屑等深岩，向上、下均依次变为粉屑等深岩及灰泥等深岩。

内潮汐、内波沉积 在碳酸盐斜坡上也可形成内潮汐、内波沉积，多为具双向交错纹理的砂屑灰岩或粉屑灰岩。其发育程度因地而异。

斜坡相的生物化石特征 斜坡相原地沉积的化石组合与盆地相类似，以浮游生物为主。重力流沉积中则可含大量浅水生物化石碎屑，也可含浮游生物化石，等深流及内潮汐、内波沉积中也多为浅水与深水生物的混合。

📝 **推荐书目**

冯增昭，王英华，刘焕杰，等. 中国沉积学[M]. 北京：石油工业出版社，1994.

（高振中　国景星）

【**广海陆棚相 broad shelf facies**】 典型的较深水浅海沉积环境。广海陆棚的沉积范围较大，沉积作用相对较均匀。其沉积物与开阔台地沉积很相似，因此有时常难以区分。其水深为几十米至一百米，一般为含氧和正常盐度环境。海底多处于浪基面以下，但大的风暴也可影响底部沉积物。主要岩石类型为富含化石的泥晶灰岩，层理明显，多呈薄层到中层状或波状到结核状。陆源物质有石英粉砂岩、页岩等，与泥晶灰岩互层，成层性好。沉积物的颜色视氧化和还原程度而异，灰、绿、棕及红色等不同色调都可见及。生物群种属繁多，以代表正常盐度的介壳化石为主，特别是窄盐度的动物群较常见，如腕足类、菊石、直角石、三叶虫、海百合、钙质有孔虫等。由于底栖生物和掘穴动物数量相对较多，因此潜穴和生物扰动构造相当普遍，层理可因此而受到不同程度的破坏。由于缺乏颗粒沉积物，很难形成储层。广海陆棚也称开阔陆棚或浅海陆棚。

（崔周旗）

【台地边缘相 platform margin facies】 浅水台地与深水斜坡之间较强水动力条件下沉积体特征的综合。通常发育于孤立碳酸盐台地和镶边碳酸盐台地之上（见图），其宽度受多种因素影响，一般为几千米至二十多千米。位于台地的前沿，受海浪与洋流的冲击、簸洗，水体能量高；同时也是台地内部较温暖、盐度较高的海水与来自深海海域较冷、盐度正常、富含养分的海水混合的区域，因此，台地边缘是生物礁和浅滩发育的有利场所。

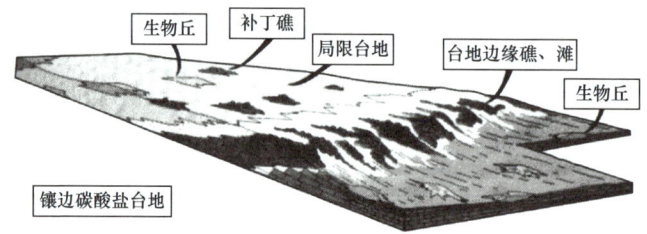

镶边碳酸盐台地中台地边缘所在位置

台地边缘沉积主要是亮晶颗粒石灰岩和礁石灰岩。在现代的巴哈马台地、凯克斯台地、佛罗里达台地等，台地边缘广泛发育鲕粒滩、生屑滩和生物礁。巴哈马台地上，台地边缘鲕粒滩宽达二十几千米，长上百千米；在安德列斯岛东侧的台地边缘上，形成的礁链长达160km。佛罗里达台地边缘的礁带宽5～10km，长100多千米。在中国南方滇黔桂等地的石炭系、二叠系和三叠系碳酸盐台地的边缘以及西北地区塔里木盆地奥陶系的碳酸盐台地的边缘，广泛发育生物礁。台地边缘是油气储层形成的有利相带。

在威尔逊（J.L.Wilson）的碳酸盐相模式中，台地边缘生物礁相和台地边缘砂相均属于台地边缘相。台地边缘生物礁相的主要岩石类型为块状的石灰岩及白云岩，几乎全由生物组成，也有许多生物碎屑，岩石颜色浅。台地边缘砂相主要呈沙洲、海滩、扇状或带状的滨外坝或潮汐坝，或风成沙丘岛。这些边缘砂位于从海平面以上到5～10m深的范围内。颗粒已受波浪、潮汐水流和岸流的簸选，因此比较洁净。此带盐度正常，循环良好，氧气充足。

台地边缘生物礁和浅滩均处于高能带，其礁灰岩和生屑灰岩、鲕粒灰岩及内碎屑灰岩等各种颗粒灰岩通常具有较发育的原生粒间孔隙，后期埋藏成岩过程中的粒间溶孔、粒内溶孔和铸模孔等次生孔隙也较易形成，更重要的是它常处于变盐度环境，易于白云石化，因此往往具有较高的孔隙度，是海相碳酸盐岩中最理想的储集体，世界上许多高产的碳酸盐岩大油田多与之有关。

📔 **推荐书目**

赵澄林，朱筱敏. 沉积岩石学 [M]. 3版. 北京：石油工业出版社，2001.

冯增昭. 沉积岩石学 [M]. 2版. 北京：石油工业出版社，1992.

（金振奎　国景星）

【**台地边缘浅滩** shoal of platform margin facies】台地边缘生物礁向陆的一侧的沙洲、浅滩、扇状或带状的滨外潮汐沙坝或风成沙丘岛沉积体特征的综合。台地边缘浅滩与台地边缘生物礁相伴而生，有时不易区分，可一起归入礁复合体中或称为台地边缘沉积。

岩石类型以亮晶颗粒灰岩为主，其次为泥粒灰岩。颗粒包括鲕粒、骨屑、介壳、核形石、球粒等，多经受过波浪、潮汐流和岸流的簸选，因此比较洁净，分选和磨圆也较好。具大型交错层理。但由于其底质经常变动，不利于海洋底栖生物生长。

（国景星）

【**开阔台地相** open platform facies】开阔台地相位于台地边缘之内的海峡、潟湖以及海湾中，因此也可用陆架潟湖或台地潟湖来命名。该环境水较浅，水深一般几米到几十米。其水体能量一般较低，盐度近于正常或略偏高，水循环中等，适合各种生物生长。沉积物结构变化不大，但含有相当数量的灰泥。岩石类型多样，各种石灰岩均可出现。主要岩石类型为灰泥石灰岩、含颗粒灰泥石灰岩、颗粒质灰泥石灰岩和灰泥颗粒石灰岩，颗粒主要为原地堆积的正常海生物化石。岩石多呈灰色、深灰色，中厚层至块状，缺乏层理构造，生物扰动强烈。此外，还常见风暴岩夹于正常沉积的岩石之中。在有黏土混入时，可见球状及流动状构造以及结核和波状层理等。生物以软体动物、海绵、甲壳类、有孔虫为主，藻类尤其常见，还可见补丁礁。正常盐度的生物有腕足类、头足类、棘皮类以及红藻等，但不如开阔海中丰富。现代的开阔台地见于巴哈马台地，古代的开阔台地沉积分布广泛，如扬子地台的二叠系、华北地台奥陶系的马家沟Ⅳ组。

开阔台地内可分布有孤立分散状的点礁和点滩，是该区较重要的储集体。点礁和点滩的结构组分与台地边缘生物礁及浅滩相似，尽管其规模一般较小、单层厚度较薄，由于它们有许多暴露的机会，常被白云石化或早期胶结物遭到溶蚀，从而形成良好的储层，中国四川盆地二叠系和三叠系这种实例很多。开阔台地水体较深时，其中心部分沉积的暗色泥晶灰岩也可作为较好的烃源岩。

📝 **推荐书目**

赵澄林，朱筱敏．沉积岩石学［M］．3版．北京：石油工业出版社，2001．
郭峰．碳酸盐岩沉积学［M］．北京：石油工业出版社，2011．
朱筱敏．沉积岩石学［M］．4版．北京：石油工业出版社，2008．
朱如凯．中国海相沉积体系与储层分布［M］．北京：科学出版社，2014．

（崔周旗　国景星）

【局限台地相 restricted platform facies】 与广海之间完全被障壁岛（或坝、生物礁）限制、封闭的岸边湖和潟湖中很细的碳酸盐台地沉积物特征的综合。1975年威尔逊（J. L. Wilson）将局限台地定义为：完全封闭的潟湖，水体循环受到极大限制，能量低，盐度显著提高，海底由于缺氧而形成强还原环境，几乎没有生物。

可以位于堡礁之后或堡礁之间，也可以是沿岸沙嘴之后或环礁、小环礁之内。总体沉积条件表现为高度变化：淡水、盐水、超盐度水都可呈现；有还原条件，也有氧化条件；有陆上暴露，也有海水和淡水沼泽。沉积物以灰泥级细质点为主，主要为缺乏生物化石的暗色中—薄层灰泥石灰岩，水平层理普遍发育。较粗沉积物多出现于潮汐水道和局部海滩上。在气候干旱的地区，蒸发岩沉积发育。近地表的各种白云岩石化作用在此相尤为突出，大气水淋滤作用、溶角作用也比较强烈，所以此相中有孔隙的白云岩分布很广，且业已证明此相白云岩为主要储层。中国四川盆地、鄂尔多斯盆地、塔里木盆地和华北地区的古生界及前震旦系都发育着局限海台地相的白云岩储层。

环礁之中的潟湖是典型的封闭台地相，在中国南方黔桂交界处南盘江盆地的二叠系中有不少小型的孤立碳酸盐台地为封闭台地相，台地周边发育生物礁。我国在塔里木、柴达木和吐哈等盆地石炭系发育典型的局限台地相沉积。塔里木盆地沉积物以中—厚层状褐灰色泥晶白云岩、灰质云岩、泥晶灰岩、生屑质泥晶灰岩和球粒泥晶灰岩的局限海低能沉积为主，夹薄层状、透镜状石膏、石膏团块和粉砂质、泥质以及生物砾屑灰岩；局部地带亦可出现高能夹低能的环境，由鲕粒灰岩、核形石灰岩、生屑灰岩等颗粒岩构成的滩体夹薄层泥晶云灰岩、灰云岩等细粒岩组成的滩间沉积洼地沉积构成。

📝 **推荐书目**

朱如凯．中国海相沉积体系与储层分布［M］．北京：科学出版社，2014．

（崔周旗　国景星）

【**半局限台地相** semi-restricted platform facies】 台地中水体较浅且水体循环受到一定限制，主要沉积细粒沉积物或夹膏盐的沉积物特征的综合。半局限台地能量低，海水盐度不正常，狭盐性生物少见，但可有蠕虫类广盐性生物。其沉积主要为中—厚层灰泥石灰岩，化石少，生物扰动构造常见。现代的佛罗里达湾属于半局限台地相。华北地台的大部在奥陶系冶里组沉积时期为半局限台地相。

岩石类型主要以泥晶灰岩、生屑质泥晶灰岩为主，膏质组分较少，颜色以浅色为主，具大量细纹层状泥质，多见鸟眼构造、叠层构造和小型递变层理，钙结壳，具水道时呈交错层理。陆源碎屑少，动植物化石有限，主要为腹足类、藻类、有孔虫和介形虫等。根据岩石微相组合及其环境特征可以分为半局限台地海、半局限滩间洼地、生屑滩、生物—鲕粒—核形石滩等多个沉积微相。在我国塔里木盆地中石炭系的半局限台地相沉积生物化石相对发育，沉积物以泥晶灰岩为主，膏质组分较少，局部地区特别是半局限台地与局限台地的过渡地带和一些地形高地可受到较强波浪和潮汐作用的改造，形成厚度相对较大、面积广的滩体沉积，在滩体间也可以出现分布面积小、沉积厚度薄的滩间洼地细粒沉积物。

📝 推荐书目

冯增昭. 沉积岩石学［M］. 2版. 北京：石油工业出版社，1992.

（金振奎　国景星）

【**生物礁相** organic reef facies】 主要由珊瑚、层孔虫、藻类、古杯类等造礁生物组成格架，形态上一般高于围岩而向上凸起的、存在原地生长痕迹的沉积特征的综合。

广大研究者对礁大体有两类理解，即1970年邓哈姆提出的礁的双重概念：广义礁和狭义礁。

狭义礁即所谓生态礁，是指造礁生物的原地生长造成的坚固的抗浪骨架，它在地形上具有隆起的正性地貌特征。该地貌的出现，逐渐改变周围的沉积环境，造成规则的相带分布。生态礁就是通常所说的生物礁（见图1）。

广义礁实际上是指厚的碳酸盐岩体，横向延伸不远，即是一个三维空间上的碳酸盐岩几何体。它包括如下众多同义或基本同义的多种名词：生物礁、有机建造、生物丘、灰泥丘、生物层、地层礁等。

而礁复合体或礁组合，是指礁石灰岩和有关碳酸盐岩的集合体，大多数人都把它看作生物礁的不同相的总称，凡是与礁形成发展有关的相都应概括在礁复合体中。

图 1 现代生物礁

礁的分类 关于礁的类型，主要是根据其形态和地理位置来划分。

按形态分类 可将礁分为点礁、宝塔礁、马蹄形礁、环礁、丘礁和层状礁。

点礁：也称斑礁或补丁礁。礁体近似圆形，或呈不规则状，规模通常较小，是在碳酸盐台地内部较小隆起上形成的孤立小礁体，位于浪基面以上、止于海平面。

宝塔礁：也称尖柱礁和孤礁，形似锥状或者陡侧向上变尖的丘状，是成礁期海底持续下降而成，多出现于深水带。

马蹄形礁：也叫新月形礁，向风面一侧礁体发育，背风一侧不发育，礁体凸面迎风，多分布于开阔海盆中，如美国二叠纪马蹄形礁。

环礁：礁体围绕海底较大隆起的边缘生长，连接成环状，中央带凹下成潟湖，多出现于广海中。现代太平洋、印度洋以及中国南海均有发育，古代礁如墨西哥白垩纪的环礁。

丘礁：孤立地分布，近似半球状，是波基面以下较深水碳酸盐堆积而成。圆丘礁或宝塔礁用来指示大陆架边缘或盆地内的单元岩隆。

层状礁：也叫带状礁和滩礁，分布面积较大，礁高度不大，多分布于碳酸盐岩台地上。

按地理位置分类 可分为岸礁、堡礁和边缘礁。

岸礁：也称边礁、镶边礁或裙礁，紧靠海岸生长，顶平，由于向海岸一侧斜坡常很陡，故发育陡峭的海岸峭壁或陡坡，呈曲线状。有时在岸礁与岸之间有一小的平底水道相隔，水道逐渐加宽便可发育成堡礁。

现代最长的边缘礁在红海沿岸，长 2700km 以上，向海一侧伸入水下 30 多米深。

中国海南岛和西沙群岛都广泛地发育有岸礁。海南岛是中国珊瑚岸礁最发育的地区之一，全岛岸线总长 1470km，有珊瑚礁分布的岸线断续长约 200km，约占总长的 13%。这里的水温、盐度、水深和光照等条件适宜，是珊瑚礁发育最有利的地方。

堡礁：也叫堤礁、堤岛礁或障壁礁。堡礁多在平缓的海岸生长，离海岸有一定距离。平面上礁多呈曲线状，平行海岸分布。形成的堤礁与陆地之间有潟湖相隔。有时堤礁不止一排，按生物不同生态（或生长深度不同）或其他原因可有多排堡礁出现。现在世界上最大的堡礁是澳大利亚东北岸的大堡礁，长达 2000km，向岸外延伸达 50～145km。古代最大的堡礁是美国新墨西哥州东南部和得克萨斯州西部二叠盆地的船长礁，厚达 360m 以上，长达 644km，现已在埋藏的地下部分找到油气藏。

边缘礁：也和堤礁一样与盆地深度的剧烈变化有关，但远离海岸分布，通常位于碳酸盐台地的边缘。

这种类型的现代礁见于巴哈马群岛，印度洋有恰果斯群岛礁。古代有苏联乌拉尔—伏尔加区的上泥盆统多内昔礁、阿尔兰—迪尤尔提尤利礁等。

生物礁的形成 同自然界的其他事物一样，礁也有它的发生、发展和消亡的过程。海侵过程中的古地貌高常常是礁的发生地；地壳下沉的幅度与造礁生物生长幅度一致是生物礁发育的必要条件。海侵过程中海平面上升的幅度太快，海水变深，或海退过程中海平面下降得太快，海水变浅，盐度增加，以及其他因素等，都会中止生物礁的发育。礁的沉积物特征、礁的微相以及造礁生物群落的演替现象是揭示礁发育过程的重要途径。

在大多数情况下，能够辨出礁的生长有以下 4 个独立阶段。

（1）先驱阶段（定殖阶段）：在古生界和中生界，最常见的是由有柄亚门或棘皮动物碎片组成的一系列浅滩或骨骼灰质砂的堆积体，新生界则由钙质绿藻的板片组成。这些沉积物的表面繁殖着藻类（钙质绿藻）、植物（海草）或者动物（有柄亚门），它们围着底层，使其联结和固定下来，随后星星散散的枝状藻类、苔藓虫、珊瑚虫、软的海绵和其他后生生物就开始在定殖的生物之间生长起来。

（2）拓殖阶段：这个单元同整个礁的构造相比，厚度比较薄，反映造礁后生生物的初期繁殖。此阶段通常以生物种很少为特征，岩石形状有时是成丛的枝状。在新生代的礁中，此阶段所有珊瑚的一个共同特点是它们能够摆脱沉积物而洗净珊瑚虫，因此它们在沉积作用强烈的地区也能够生长。枝状的生长形式造成了许多较小的亚环境，形成了礁生态系统的第一阶段。这个阶段常可见层状晶洞构造。

（3）泛殖阶段：这个阶段是礁体的主要构成时期，也是礁体向上生长最显著的时期，侧部相也发育起来，主要造礁生物的种属通常超过双倍，并且可以看到多种多样的生长习性。随着生物形态的增多，以及形成格架的和起黏结作用的种属数目的扩大，栖居空间即表面洞穴犄角旮旯等也相应增多，导致产生碎屑的生物多样化。

（4）统殖阶段：礁体生长至这个阶段，变化常较突然。最普遍的岩性是石灰岩，并以只具有一种生长习性的（一般是结壳的到纹层状的）少数几个种属的生物占统治地位。在这个阶段，大多数礁受拍岸浪的影响，形成碎块灰岩层。

礁相和礁复合体沉积模式　礁建造物的一个典型特征就是各类岩石和动物化石群落在礁块中有规律地分布，从而造成生物礁体岩相上的明显分带性，为礁相带的划分和模式的建立奠定了基本轮廓。

礁相由前礁、礁顶、礁坪和后礁等组成（见图2）。各相带具有不同的沉积特征。

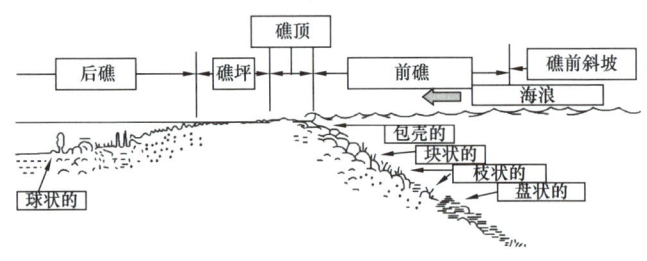

图2　礁沉积模式

礁前带　为碎浪带到100m左右深度的礁体，该地区发育种类丰富的腕足类生物、双壳类生物、珊瑚藻类生物和绿色碎裂钙质藻类生物等。主要的岩石类型为骨架灰岩，生物粘结灰岩和障积岩也较为发育。

礁顶带　是礁体最高的部分，礁顶的成分主要取决于风浪的等级。风浪作用强烈的地区，只有结壳的生物才能存活；波浪作用中等时，结壳结构仍占主导，但也有刃状或枝状结构；在局部能量中等的地区，半球状或球状常与枝状礁体的破碎块体同时存在。主要发育生物粘结灰岩和骨架灰岩。

礁坪带　从层状胶结、夹杂破碎砂砾的骨架碎片到珊瑚藻瘤状沉积、灰质浅滩都有发育。该区域水体很浅且破碎的造礁生物很发育，主要发育砾屑岩和粒屑灰岩。

后礁带　在礁坪的边界部位，环境相对稳定，泥质在礁顶形成悬浮物质，这些泥质与砂质底部生物（如钙质绿藻、腕足类生物、介形虫）共生，主要发育障积岩，偶尔出现带骨架碎屑的格架岩。

生物礁与油气的关系　礁及其复合体极易形成有效圈闭而成藏，可以说凡有碳酸盐发育的地区，大部分都存在由礁控制的油气田，因此可见礁与油气关系密切，且礁具有独特的富油气特征。墨西哥埃尔阿布拉环礁属陆地一半，海洋一半，宽近80km，长180km，陆上称黄金巷带，约有50个油气田；海上从1963年以来已发现了20个油气田。又如美国西得克萨斯马蹄形礁，位于米德兰得内克拉通盆地北端。覆盖地下延伸282km，面积约15540km^2，是世界上最大的礁群之一。沿环礁顶部已发现有15个油田，可采储量达3.5×10^8t。

礁型油气田具有良好的生、储、盖组合。礁块的存在是沉积环境的一个标志。在向岸一方常常是潟湖亚相的沉积环境，从礁向广海（广湖）一侧则是盆地相的沉积环境。许多资料表明，礁前的盆地相和礁后的潟湖相都是有机物质丰富的细粒碳酸盐沉积。这些有机物质丰富的石灰岩或泥灰岩，可以在有利的条件下形成生油岩。有的礁体周围直接就为黑色页岩所围。这些黑色页岩可能是良好的生油岩。因此礁的周围常常为生油岩系包围。不论是海进或是海退，在礁块上覆为蒸发岩系或细粒碳酸盐岩、页岩时，可形成良好的盖层。在有利条件下，必然形成良好的油气田。

（国景星　金振奎）

【**台地边缘生物礁相** platform margin organic reef facies】顺碳酸盐岩台地边缘的走向呈长条形分布的线状礁，简称台缘礁。沉积物为浅色块状石灰岩和白云岩、生物粘结灰岩、生物碎屑粒状灰岩和介壳灰岩；生物群丰富，珊瑚、层孔虫、海绵、有孔虫、腕足、双壳、三叶虫等生物化石十分发育。

台地边缘生物礁相的生态特征取决于水体的能量、斜坡陡峻程度、生物繁殖能力、造礁生物的数量、粘结作用、捕集作用、出露水面的频率等。依其生态特征的变化，可以分出三种生物建造：（1）灰泥丘或生物碎屑丘，发育在低能缓坡边缘，由细枝状生物阻挡斜坡的悬浮灰泥堆积而成；（2）圆丘礁（台），发育在中能缓坡边缘，由孤立的、抗浪能力较弱的造礁生物丛或生物席从浪基面下生长到浪基面附近并和稳定钙屑堆积物的共同组成；（3）格架建筑（古代）礁，发育在高能陡坡边缘，由抗浪能力强的柱状、块状造礁生物组成的堡礁或线状的丘礁群，可从浪基面一直生长到碎波带。

📖 推荐书目

郭峰.碳酸盐岩沉积学[M].北京：石油工业出版社，2011.

（国景星）

【**台地蒸发相** platform evaporation facies】为蒸发气候下的局限海洋地的潮上和内陆湖泊环境——萨巴哈、盐沼、盐坪地区。在强蒸发和海泛共同作用下形成石膏或硬石膏与白云岩纹理状互层，还可能常见风成红色陆源物，束状、水平纹理，泥裂、叠层和海绵状构造也较发育。同生和成岩的变形构造，如结核状和鸡毛状构造，肠状褶皱也较普遍，小间断面或钙质结壳也不乏见。几乎没有原地生物群，只有蓝绿藻。因白云岩单层厚度非常小，很难形成规模能力的储层。中国四川盆地二叠系类似环境的沉积是良好的盖层。

（徐志川　崔周旗）

【海陆过渡相 land and sea transitional facies】 位于海洋和大陆之间的过渡地带，受海洋水体和大陆水体（河流、湖泊）相互作用和控制下形成的沉积特征的综合，又称海陆交互相。该过渡区内主要沉积环境单元包括三角洲相、潮坪相与河口湾相、障壁岛相、陆源近海湖相（滨海湖湘）。过渡带宽窄不一，可以从几千米到几十千米。

环境条件：含盐度不正常，受到河流、波浪、潮汐的共同影响。

生物标志：大陆和海洋的生物群混生，生物群分异度较低，而丰度较高，以丰富的广盐度的生物如双壳类和腹足类繁盛为特征。如生活在半咸水环境中的有孔虫、介形虫、藻类等。

沉积物：除大量发育由河流携带的陆源碎屑沉积物外，有时也因水体咸化而形成一些化学沉积。滨海湖中可见海绿石，黏土矿物大多为伊利石或伊利石—蒙皂石混合型，少见高岭石；Sr/Ba 及 B 的含量有指相意义，Sr/Ba 大于 1 时为海相，小于 1 时为陆相；B 含量在湖泊沉积中最低，海相中约为 100mg/kg 或更高。

沉积构造：水流、波浪形成的沉积构造共生（潮汐弱）。

河流携带的大量陆源沉积物在入海处快速沉积，可形成厚度巨大的三角洲沉积体系。世界上许多大型油气田往往和三角洲沉积有关。

（国景星）

【海陆过渡环境三角洲相 delta facies of marine-terrestrial transitional environment】 河流入海的河口处，河水携带的泥砂沉积形成顶尖向陆的三角形沉积体特征的综合。海陆过渡环境三角洲相一般可以划分为 3 个亚相，即三角洲平原亚相、三角洲前缘亚相和前三角洲亚相，每个亚相又可分为若干微相。

海陆过渡环境三角洲的类型　三角洲的分类有很多，三角洲的形成发育和形态特征主要受河流作用和蓄水体能量的相对强弱所控制。三角洲的形成主要是河流带来大量的泥砂由于受河口地区地形变缓、流速降低、海水顶托、不同电解质水体混合絮凝而迅速堆积而成，而海水则对三角洲沉积物起改造、破坏和再分配的作用。因此河流与海水相互作用下可产生多种类型的三角洲。早期斯考特和费希尔等根据河流、潮汐和波浪作用的强弱将三角洲分为建设性和破坏性三角洲两种类型。其中建设性三角洲以河流作用为主，泥砂在河口区的堆积速度远远大于波浪的改造速度，特点是增长快、沉积厚、面积大、向海突出、砂泥比低。大型河流入海多形成此种三角洲。破坏性三角洲是当海洋作用增强超过河流作用时，波浪、潮汐、海流的能量等于或大于河流输入砂泥的能量，河口区形成的砂泥堆积经海洋水动力的改造、加工和破坏，形成了破坏性的三角洲，特点是形成时间短、面积小，多为中小型河流入海形成。

美国学者加洛韦（W. E. Galloway）于1975年根据河流沉积物注入、波浪能量和潮汐能量的相对强度来划分三角洲的成因类型，提出了三元分类方案，其中3个端元的三角洲分别称为河控三角洲、浪控三角洲和潮控三角洲，并为大多数学者所接受。除了3个端元的三角洲以外还有大量的过渡型三角洲（见图1）。

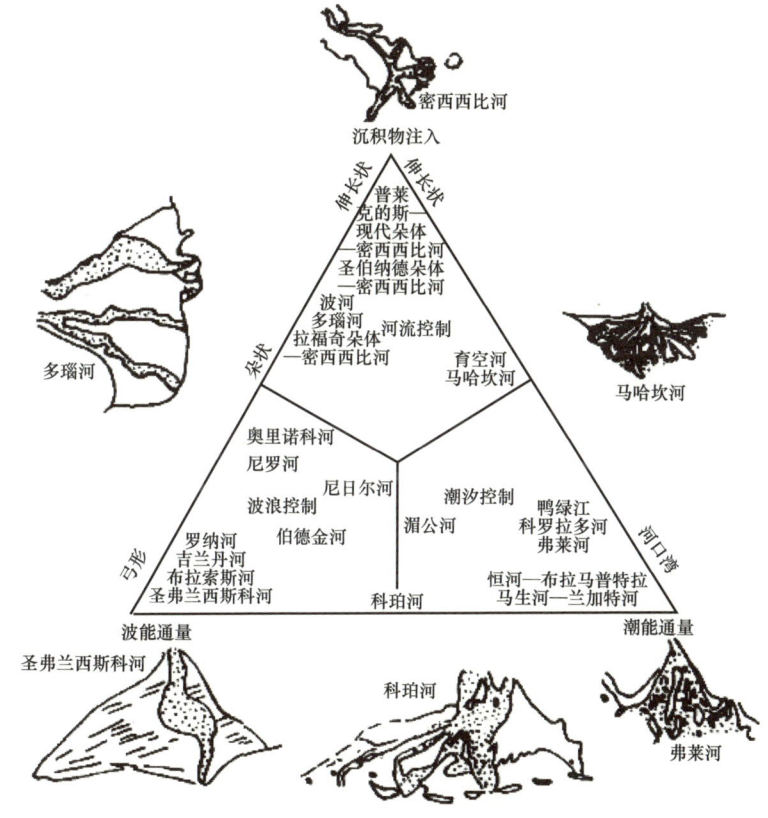

图1　三角洲沉积分类图

三角洲垂向沉积序列　河控三角洲（陆相盆地中主要是河控三角洲）在其形成和发育过程中，三角洲的沉积物不断地由陆地向湖盆方向推进，其结果是形成一个特征的垂向序列。一般来说从下到上底部为前三角洲泥，然后向上依次出现三角洲前缘的砂和粉砂沉积，最上部为三角洲平原的较粗粒陆上分流河道沉积和细粒的沼泽沉积，所以一般认为三角洲沉积是一个下细上粗的反旋回沉积（见图2）。

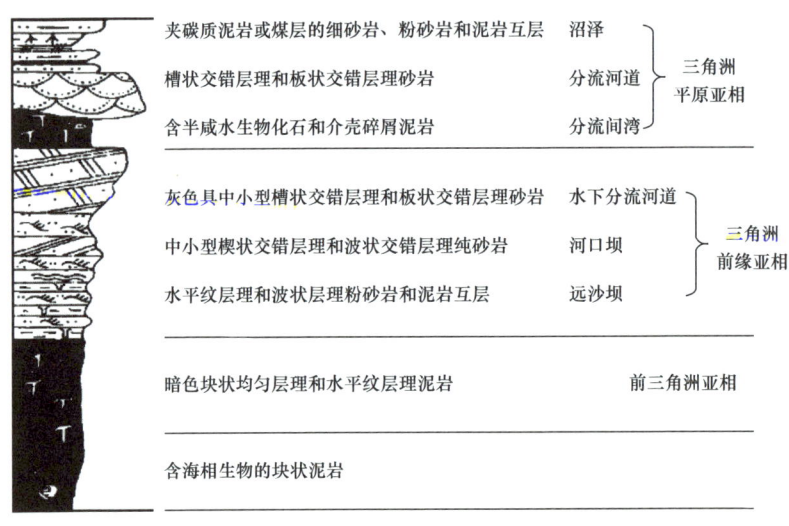

图 2　河控三角洲沉积序列图

海陆过渡环境三角洲沉积特征　三角洲地区沉积物的分布和特征是复杂的，但也是有规律的，它主要受河口水流的变化，同时也受潮汐流和波浪对沉积物的改造和再搬运的影响。

沉积物粒度　由于河口水流变化的趋势是流速逐渐降低，沉积物沿程分异沉降、颗粒逐渐变细，由中砂和细砂→细砂→粉砂→粉砂质泥→泥。

沉积构造　沉积构造的变化与沉积物粒度一样，向海发生有规律的变化，反映水动力作用的逐渐减弱。从陆上分流河道的大型槽状交错层理和板状层理、平行层理到水下分流河道的中小型槽状交错层理、板状交错层理、平行层理和波状交错层理至河口坝的中小型楔状交错层理和波状交错层理及部分微断裂，再向海是波状层理、砂泥互层的水平层理和三角洲最外缘的泥质沉积，由于生物的扰动使原生沉积构造完全破坏，形成块状泥岩。

黏土矿物和微量元素　河口向海区沉积物越来越细，黏土矿物质含量随之增高。如马更些河黏土矿物的含水量在近岸地带为5%左右，而在远离河口的较深水区达30%。黏土矿物的种类在各河口都有所不同，主要取决于陆源物质的性质，如长江口黏土矿物主要是伊利石、绿泥石，其次是蒙皂石。而在伊洛瓦底江河口则以蒙皂石为主。黏土矿物的吸附作用使硼、铜、镍、锂、锌和锰等

微量元素随黏土含量的增加而增加。

三角洲与油气关系　　三角洲地区由于河流带来大量的沉积物沉积于此，特别是在三角洲前缘的水下分流河道和河口坝沉积体，沉积物又受到波浪和潮汐的改造和簸洗，沉积物的矿物和结构成熟度高，是油气储集的最佳场所之一；三角洲的前缘直接与深水细粒生油岩接触，或通过前缘的同生断层与油源岩沟通，是成熟油气有利的指向区；在海侵过程中，深水细粒海相泥岩又直接覆盖其上，形成良好的生、储、盖组合，因此，无论是海相还是陆相湖泊沉积中三角洲始终是油气勘探的重要场所。如美国墨西哥湾的密西西比河三角洲、非洲的尼日尔河三角洲，以及许多地层中的古老三角洲，如美国宾夕法尼亚州北中部晚泥盆世的三角洲都含有丰富的油气，委内瑞拉马拉开波盆地始新统中的三角洲具有重要油气田，科威特的布尔干油田其产层就是三角洲沉积，可采储量达 94×10^8t。

推荐书目

同济大学海洋地质系海洋地质教研室．海洋地质学［M］．北京：地质出版社，1982．
朱世发．沉积岩与沉积相［M］．青岛：中国石油大学出版社，2015．

（顾家裕　国景星）

【河控三角洲 river-dominated delta】　河流输入的沉积物数量比海水能量所能改造的沉积物量大得多的情况下形成的三角洲。该类三角洲中河流的泥砂输入量大、海水能量弱，特别是砂泥比值低、悬浮物质多，有利于天然堤构建而使分支流河道趋于固定，同时沉积很厚的前三角洲泥，分支流河口沙坝发育，它们直接覆盖在前三角洲泥上，并被新的沉积快速埋藏，所以大部分被完好地保存下来，形成富有特征的"指状沙坝"，该砂体主要延伸方向与沉积走向、滨岸线垂直或近于垂直，这种三角洲形似鸟足故称鸟足状三角洲，如密西西比河三角洲。如果输砂量稍少、砂泥比值略高或海水波浪作用有所加强则可形成朵状三角洲。我国的长江三角洲属于朵状三角洲。

河控三角洲在形成发育过程中，不断地从陆地向盆地方向推进，由此形成特有的前积垂向沉积层序。一般来说，底部为前三角洲泥，向上依次出现三角洲前缘亚相的远沙坝、席状砂、分支河口沙坝及分支河道砂体，大体上呈现为一下细上粗的反旋回沉积序列；其上覆盖三角洲平原的较粗粒分流河道沉积和细粒沼泽沉积，表现为进积型沉积序列。总体上构成了一个自下而上、先反后正的复合沉积序列。其中的水下分支河道及河口坝砂体可作为良好的油气储集体。

（国景星）

【浪控三角洲 wave-dominated delta】 波浪作用大于河流作用情况下形成的三角洲。此类三角洲一般只有一条或两条主流河道入海，而分支流不多也不大，河流输入的泥砂量较少，砂泥比值高，波浪改造作用强。因此，河流输入的泥砂很快被波浪作用再分配，在河口两侧形成一系列平行于海岸分布的海滩、沙嘴或障壁沙坝；在河口处有较多的砂质堆积，形成向海突出的河口，形似弓形和鸟嘴状，故称鸟嘴三角洲。埃及尼罗河三角洲以及巴西圣弗兰西斯科河三角洲均属此类型。

沉积层序上通常表现为下细上粗的反旋回沉积，但因波浪和潮汐改造作用强，属破坏性三角洲，故其形成的三角洲层序不如河控三角洲层序那样完整。其中，浪控三角洲前缘沉积的底部，因波浪作用对细粒悬浮物的改造，细粒段经常发育不好；中部和上部见具对称波痕及冲刷构造且分选好的砂岩；三角洲平原之上往往被海岸砂沉积所覆盖。

（国景星）

【潮控三角洲 tide-dominated delta】 河流带来的泥沙沉积物在河口区（三角港或其他形状的港湾），因潮汐作用远大于河流作用而堆积形成的小型三角洲。其外形受港湾所控制，又称港湾型三角洲。潮控三角洲一般发育于中高潮差、低波浪能量、低沿岸流的盆地狭窄地区，如现代科罗拉多三角洲，河口潮差高达8m，碎屑物质的分布明显受潮流的影响。由于潮汐作用强度大，涨潮和退潮期间的双向潮汐流常把河流带来的沉积物在河口的前方堆积成线状的潮汐沙坝，这些沙坝平行于潮流方向。

潮控三角洲沉积层序的最大特征在于近顶部见有双向交错层、复合层理及再作用面构造，以及潮汐沙坝及坝间水道沉积的交替；且属于破坏性三角洲，层序完整性较差。

（国景星）

【海陆过渡环境三角洲平原沉积 delta plain deposit of marine-terrestrial transitional environment】 从三角洲中第一个分流河道的分叉点起向海一侧海岸线之间的陆地部分沉积物特征的综合。属于三角洲的陆上沉积部分，该区域沉积环境多样、变化大、沉积物类型多，可进一步细分为分流河道沉积、天然堤沉积、决口扇沉积，以及牛轭湖、分流间湾沉积等。最主要的是分流河道砂沉积与沼泽的泥炭或褐煤沉积，二者共生是三角洲平原沉积的典型特征。

天然堤 与河流的天然堤相似，位于分流河道的两侧，由洪水期携带泥砂漫出河道淤积而成。天然堤在三角洲平原上部发育较好，向下游方向其高度减小，宽度增大。岩性以粉（细）砂和粉砂质黏土为主，远离分流河道沉积物变细、泥质增多，砂岩中常见上攀交错层理、波状交错层理及流水波痕。

<u>决口扇</u>　由于河道弯曲度的加大、构造活动、洪水作用等影响，使分流河道中的水流冲决天然堤，在分流间湾地带形成扇形堆积。岩性（粒度）介于分流河道与天然堤之间，以（粉）细砂岩、粉砂岩为主。粉细砂岩具有块状层理和小型交错层理。

<u>分流间湾沉积</u>　若干分流河道之间的陆上沉积体特征的综合。该区由于物质供应不足、地势低洼、水流阻滞、无波浪活动，沉积主要是洪水期分流河水冲决堤岸向低处流动形成的沉积物和越过天然堤水流携带物质的沉积，或上游地面片状流水所带物质的沉积，因此沉积物一般偏细、颜色偏深，主要是灰色粉砂、少量细砂、深灰色粉砂质泥和泥质沉积，并含丰富有机质的沼泽泥炭，成岩后可形成煤和煤成油气，可以作为生烃的烃源岩，三角洲分流河道间湾是形成煤的重要场所。砂岩多呈薄层或透镜状，沉积构造主要是波状层理和水平层理，偶见少量的交错层理。当三角洲向海方向推进时，在分支流间湾地区可形成泥岩楔。这种泥岩楔在层序上往往向下渐变为前三角洲泥岩，向上逐渐变为富含有机质的沼泽沉积。

<u>沼泽沉积</u>　位于三角洲平原分支河道间的低洼地区，其表面接近平均高潮线。沼泽中植物繁茂，排水不良，为一停滞的还原环境。其沉积为深色有机质黏土、泥炭、褐煤，夹有洪水成因的纹层状粉砂。富含保存完好的植物碎片，并含有丰富的黄铁矿、蓝铁矿等自生矿物。当排水通畅时，黏土中的有机质不发育，并可见昆虫、藻类、介形虫、腹足类等化石。

<u>淡水湖泊沉积</u>　三角洲平原亚相中湖泊面积小，水体浅，通常只有三到四米，沉积物主要为暗色有机黏土物质并夹有透镜状砂体。黏土沉积物显示极好的纹理，可见黄铁矿和蓝铁矿，但不成结核。多见原地生长的软体动物贝壳，虫孔发育。河流支流注入时，可以形成小型的湖成三角洲沉积。

（国景星）

【海陆过渡环境三角洲分流河道沉积 distributary channel deposition in the delta of the sea-land transitional environment】　从三角洲的第一个分流点至海岸线之间的河流沉积特征的综合。沉积物主要为浅褐色、灰白色，其沉积物粒度比中、上游河道沉积物粒度细，下部主要是中、细砂，少量含砾，上部为粉砂和泥质沉积物，粒度由下而上为从粗变细的正韵律变化，具二元结构特征；沉积构造丰富，下部以板状层理、槽状交错层理和平行层理、交错层理为主，上部以波状层理、波纹层理和水平层理为主，在低水位时沉积的黏土层可保存下来，但其上表面往往有冲刷的特征，泥质层混在砂质沉积物中，常见层内变形构造和河

— 139 —

道壁附近的滑塌构造。

储层非均质性 不同河型形成的分流河道砂体的非均质性有所差异。（1）低弯曲度分流河道砂体：砂体较窄，多为500～1000m，宽厚比80～160，层内渗透率表现为较为典型的正韵律，高渗透率段位于中偏下部，夹层主要为粉砂质泥岩、泥质粉砂岩，砂体渗透率在平面上方向性明显。（2）顺直型分流河道砂体：平面上砂体呈小条带状或断续豆荚状，宽度小于500m，宽厚比小于100，纵向上可见多次冲刷—充填形成多个正韵律特征，层内渗透率变化复杂，可表现为不存在明显高渗透段，也可表现为渗透率级差较大的非均质特征，砂体渗透率在平面上具方向性。剖面形态为顶平下突。

油水运动特点 平面上，河型不同，油水运动各异。顺直型分流河道砂注入水明显地沿主体带快速舌进，砂体几何形态的方向性和渗透率方向性非常明显；弯曲型分流河道砂体，注入水前缘推进则相对均匀。

垂向上，层内纵向水淹厚度（效率）与砂层厚度、渗透率级差、夹层发育与否等因素有关。一般而言，层内渗透率级差越大，纵向水淹效率越低；多个正韵律组成的分流河道砂呈现多段下部水洗特点，总的水洗厚度较大。而快速废弃的分流河道砂，层内上下岩性、渗透性差异较大，除水淹厚度较小外，由于层内夹层不甚发育，层内改造挖潜效果也较差。

（国景星）

【海陆过渡环境三角洲前缘沉积 delta front deposit of marine–terrestrial transitional environment】 三角洲中岸线向外至细粒前三角洲之间的水下部分沉积物特征的综合。由于该区由分流河道带来的泥砂受水面开阔、流速降低、海水顶托和河水与海水混合发生的絮凝作用，大量的沉积物在此堆积，并经过海作用的再改造、再分配，是三角洲中骨架砂体主要的沉积区域。鉴于湖泊、海洋对沉积物改造作用的差异，湖泊三角洲与海陆过渡环境三角洲中三角洲前缘砂体的岩性、砂体规模、储集物性、非均质性等均存在一定差异。

海陆过渡环境中三角洲前缘砂体，由于受到河流、波浪和潮汐的反复作用，结构和成分成熟度较高、分选好，总体上反映为一个向上变粗的反粒序的沉积。岩性以灰色、灰白中细砂和粉砂为主，沉积构造主要是交错层理、槽状层理、波状层理、平行层理和少量的水平层理。

在三角洲前缘邻近较深水区，一些砂体可以直接与生烃岩接触，或通过三角洲前缘的生长断层沟与烃源岩沟通，其上又因海侵形成优质隔层，因此常表现为三角洲中油气最富集的地区。

（国景星　顾家裕）

【海陆过渡环境三角洲水下分流河道沉积 subaquatic distributary channel deposit in the delta of the marine-terrestrial transitional environment】 陆上分流河道在水下延伸部分的沉积物特征的综合。它位于海岸线以下至席状砂分布的近岸部分。由于陆上河道进入水下以后还保持比较强的冲刷力,在海底冲刷出一条水下河道并形成沉积。水下分流河道微相是三角洲前缘亚相中的一个组成部分,其沉积特征与陆上分流河道微相十分相似,但由于海水的阻滞与顶托,水流速度更慢,因此其沉积物更细,下部主要是细砂,少量的中砂,上部为粉砂和泥质粉砂沉积物,粒度由下而上为从粗变细的正韵律变化,但二元结构特征不明显,沉积物在运移过程中既受重力分异作用的影响,又受到波浪和海流作用的影响,因而顶部泥质不易沉积;沉积构造比较丰富,下部以槽状交错层理和平行层理为主,上部以波状层理、波纹层理和少量水平层理为主。分流河道砂体平面上形态呈断续弯曲的长条状,剖面上为双凸透镜体或底凸顶平的透镜体,厚度不大,一般为几米至十几米,少数达几十米。由于水体动荡、化石较少,在三角洲中海相广盐性生物较多,也含一些陆相生物。

(顾家裕)

【海陆过渡环境水下天然堤沉积 underwater natural levee deposit of the marine-terrestrial transitional environment】 陆上天然堤的水下延伸部分的沉积物特征的综合。为水下分支河道两侧的砂脊,退潮时可部分出露水面成为砂坪。沉积物为极细的砂和粉砂,且厚度不大,一般为几十厘米至几米。粒度概率曲线为悬浮总体含量较高的单段或两段型,基本上由单一的悬浮总体组成,常发育少量的泥质夹层。沉积构造上以流水形成的波状层理为主,局部出现流水与波浪共同作用形成的复杂交错层理。可见虫孔、泥球、包卷层理和植物碎片等。

(国景星)

【海陆过渡环境水下分流间沉积 inter-subaquatic distributary channel deposit of the marine-terrestrial transitional environment】 水下分流河道之间相对低洼区沉积物特征的综合。为一系列顶尖向陆的楔形沉积体,主要是水下分流河道中较细粒悬浮物质或水下分流河道中的溢流携带的物质,受相对停滞水体的影响而沉积,是三角洲前缘亚相的组成部分。由于水流能量比水下分流河道处更小,从而使这些悬浮或溢流所携带的物质沉积下来,形成较细粒沉积层。因此,沉积物一般偏细、颜色偏深,主要是灰色粉砂、深灰色粉砂质泥和泥质沉积的互层,偶有少量细砂层。其沉积构造主要是水平层理和波状层理,偶见少量的小型交错层理。随水下分流河道的不断迁移和摆动,水下分流河道间沉积可以在侧向上分隔水下分流河道的沉积砂体，在垂向上成为直接覆盖于分流河道砂体之上的沉积盖层。

（顾家裕　国景星）

【**海陆过渡环境河口沙坝沉积** river mouth bar deposit of the marine-terrestrial transitional environment】 位于水下分支河道的河口处的沙坝，也称分流河口沙坝。无论是海陆过渡环境下的河口沙坝沉积，还是湖泊三角洲中的河口沙坝，由于海（湖）水的冲刷和簸选作用，细粒的泥质沉积物被带走，砂质沉积物被保留下来，故河口沙坝主要由分选好、质纯的中细砂和粉砂组成。

河口沙坝的形态在平面上多呈长轴方向与河流方向平行的椭圆形，横剖面上呈近对称的双透镜状，其前缘为前三角洲亚相沉积。当砂泥供应量大、砂泥比低时，河口沙坝较发育，在其向海推进过程中可形成所谓的指状沙坝。

沉积构造上具有较发育的槽状层理、楔状交错层理或"S"形前积纹理、水平纹理，其前积纹层的倾向多变，反映水流方向的变化，偶见水流波痕和波浪波痕等层面构造。

垂向上常呈现向上变粗变厚的层序或复合韵律，与湖泊三角洲中河口沙坝相似，显示三角洲向海的进积（前积）作用，单砂层也显示反粒序，这与海浪的筛选有关。非均质性及其注水开发特点与湖泊三角洲河口沙坝相似。

（国景星）

【**海陆过渡环境远沙坝沉积** distal bar deposit of the marine-terrestrial transitional environment】 位于河口沙坝前方较远部位的沙坝，又称末端沙坝。沉积物较河口沙坝更细，主要为粉砂，并有少量黏土和细砂。砂岩中可发育中小型槽状交错层理、包卷层理、水流波痕和浪成波痕以及冲刷—充填构造等。可见较为特征的粉砂和黏土组成的结构纹层及由植物炭屑构成的颜色纹层，而且向河口方向结构纹层增加，颜色纹层减少，向海方向则相反。在垂向沉积层序上，位于河口沙坝之下，前三角洲黏土沉积之上，与河口沙坝构成下细上粗的垂向层序，明显区别于河流沉积表现出的下粗上细垂向系列。

（国景星）

【**海陆过渡环境前三角洲沉积** prodelta deposit of marine-terrestrial transitional environment】 三角洲体系中在三角洲最前缘、水深最大部分，由入海河流挟带的悬移泥砂沉降形成沉积物特征的综合。是河流携带物质分布最广、沉积最细的地方。岩性主要由暗灰色黏土和粉砂质黏土组成，可含有少量的极细砂。

前三角洲环境微体生物大量繁殖，生物有机质来源丰富，黏土矿物含量高，利于吸附有机质，沉积速率低、水深大、水动力弱，为有机质提供了有利的沉积、保存和转化条件，故可发育良好的生油层。

前三角洲砂岩不甚发育，在某些地质因素作用下，具有较陡沉积界面的三角洲前缘砂可向前滑塌，在前三角洲或在其前方形成规模较小、沉积物分选较好的滑塌型浊积扇，并因被富含有机质的暗色泥岩包围，油气来源充足，形成数量和规模不等的岩性油气藏，聚集和保存条件优越。

（国景星）

【沉积方式 deposition pattern】 碎屑物堆积成砂体或某种沉积微相形成时所经历的方式。是研究储层非均质性的重要基础和内容，尤其是层内非均质性。

无论是油气田的勘探还是开发都离不开对储层的综合评价、建模及预测。尤其是在油气开发过程中，对老油田的挖潜和提高采收率，均涉及影响剩余油的分布或（和）注入剂波及系数的储层非均质性。而造成该结果的根本因素是形成沉积砂体的成因机制——即沉积方式（或沉积作用）。1985年，裘怿楠先生就提出了沉积方式（或作用）与储层非均质性响应的观点，即不同的沉积微相是由不同的沉积方式在一定的环境条件下的产物，不同沉积方式下形成的沉积砂体具有不同的储层非均质性响应。沉积方式可归纳为8种类型：侧积、垂积、前积、填积、选积、独积、漫积和筛积。

（国景星）

【侧积 lateral accretion】 沉积物堆积于一个斜坡地貌上，而整个加积过程并不改变这一斜坡的地形特征，只引起向斜坡倾斜方向（下坡方向）的侧向移动。由此使得侧积沉积体呈现一定的内部结构：由底部的低地形相向上渐变为高地形相。如潮坪沉积就可能形成于纯的侧向加积。

从研究砂体层内非均质性出发，为区别于另一种产生不同层内非均质性的沉积方式——前积或前积作用，有必要把侧积限于较为狭义的范畴，即当砂体侧向加积方向与碎屑物搬运方向成正交时才叫侧积。

侧向加积作用形成的地层具有如下特征。

（1）未经构造变动和未发生倒转的地层序列，其沉积层是原始倾斜的，即其等时面是原始倾斜的，这种斜列的沉积层不符合地层叠覆律。

（2）在大范围内连续延伸的相同属性岩层或岩性界面，其穿时性是绝对的，等时性是相对的，即地层时间界面和岩性界面不一致或斜交。

（3）地层的相变符合沃尔索相律。

狭义的侧积主要是指发生在河道内部，由于河道的弯曲使水流形成侧向运动并造成沉积物重新分布的过程，是形成曲流点坝（或称边滩）的主要成因机理。曲流点坝的沉积发生于曲流段凸岸（内岸）一侧，同时凹岸（外岸）遭受剥蚀，是曲流河道不断侧移增大曲率的过程，也是内岸砂体沉积不断侧向加积增长的过程。一次洪泛事件沉积一个侧积体，多个侧积体组成一个点坝砂体。每个侧积体沉积时，从河床底部向岸，不仅由于水流能量的递减形成向上变细的粒序，而且由于各处流速和水深的不同，导致产生由大型槽状交错层理向小型槽状和波痕交错层理的演变，有时夹有平行层理。在剥蚀基准面相对不变、河流水力学参数稳定的情况下，侧积形成的砂体具有水平上成层性明显、粒度向上变细的典型正韵律结构。反映在层内渗透率非均质性上，底部最粗滞留沉积段，成为注水开发中最易水窜的特高渗透率段，向上逐渐变低，到顶部溢岸沉积部分最小。

侧积形成的砂体，其层内不连续薄泥质夹层可分两类：一是洪泛衰落期悬移质沉积，发生于每次沉积事件的末期，出现于砂体的上部；另一类是两次洪泛沉积事件间沉积的侧积泥岩，披覆于侧积面上，容易被下一期洪泛冲走而难以保存，在快速加积条件下可能较完整地保存于砂体内成为开发中的隔层。侧积泥岩的存在使得点坝沙体层内非均质性更为复杂（见图），表现为下半部连通，上半部隔层复杂分布特征。

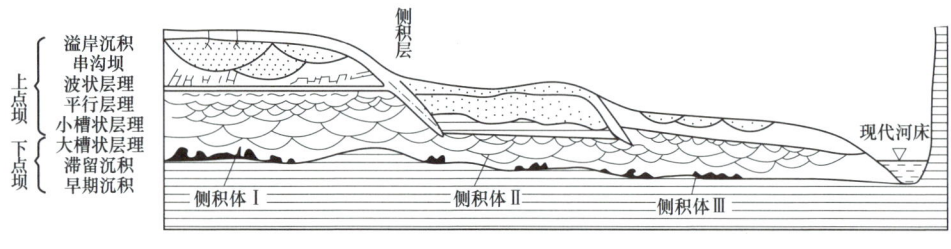

点沙坝侧积体排列方式

侧积不仅发生于曲流河，只要有一定曲率的河段均可能形成侧积，如心滩坝的侧缘、网状河道沉积的末期。

（国景星）

【**垂积** vertical accretion】沉积物从沉积介质中自上而下地降落和堆积，整个沉积过程中停积表面的地形特征只是直接向上延展而不发生任何侧向移动的沉积方式，又称纵向堆积作用。垂积是最早被人们认识的地层形成方式，初始只狭义地描述曲流河中悬移质的垂向沉积，以区别于推移质的侧向加积。通常形成"千层糕式"的地层记录。地层特征主要表现为：未发生倒转的地层，总是上新下老；岩性界面一般是水平或近于水平的；连续延伸的相同属性的岩层界面必然是等时面；时间界面与岩性界面是平行或基本平行的。

垂积作用可以发生在大洋环境、大型湖盆、封闭海盆、潟湖和爆发型火山沉积、浊积等场所。由多次沉积事件携带的碎屑物在一定的环境下自上而下降落和堆积而成的砂体，例如辫状河心滩沙坝，由于各次沉积事件的洪泛能量强弱不同，且变化无一定规律性，所携带沉积的碎屑物不仅纵向上粗细不同，而且没有一定规律的粒序可循。使得这种垂积形成的砂体内部粒度组成虽有明显的成层性，却无粒序规则性。表现在渗透率非均质性上，成为纵向上高低交互变化的特征。如胜坨油田沙二段二砂组、三砂组的辫状河砂体，全层粗细变化无序，还可见顶部较粗的含砾砂岩与泛滥平原泥岩直接突变接触，而底部并不一定是最粗的粒级（见图）。

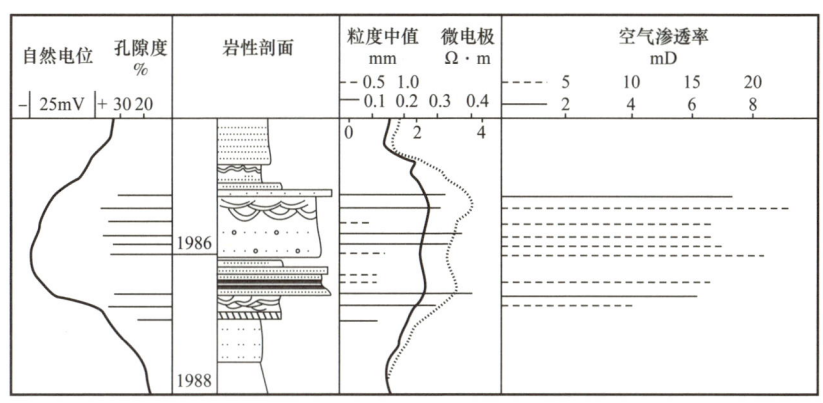

垂积砂体层内的非均质性

（胜坨油田 2-2 检 1502 井沙 3+4 层辫状坝）

（国景星）

【**前积 porgradation**】 碎屑物于一定环境下在多次沉积事件中不断地由上游向下游方向的加积作用，又称顺流加积或进积。前积作用始于描述三角洲向海盆或湖盆建设沉积的过程。随着三角洲向水盆增生，各亚相带依次向前伸展，在纵向剖面上相互叠置，自下而上为：前三角洲（底积层）、三角洲前缘（前积层）和三角洲平原（顶积层），形成识别三角洲沉积的重要标志——反旋回的三角洲层序。前积看似与侧积存在一定相似性，但从沉积方式的实质和形成的砂体层内非均质性而言，两者有着重要的区别。前积的砂体加积方向与碎屑物搬运方向一致；而侧积则是砂体加积方向与碎屑物搬运方向成正交。这一差别导致了砂体完全相反的层内粒序。

由于沉积方式上的特殊性，即由上游向下游加积，下一次沉积事件上游相带较粗的碎屑物上覆于上一次沉积事件下游相带较细的碎屑物上，因此在纵向沉积剖面上总出现向上变粗的反韵律粒序。三角洲前缘河口沙坝即为典型代表，粒度下细上粗，渗透率下小上大，有规律地向上变化，最高渗透率段处于顶部，构成了该类注水开发中极为有利的层内非均质性（见图）。

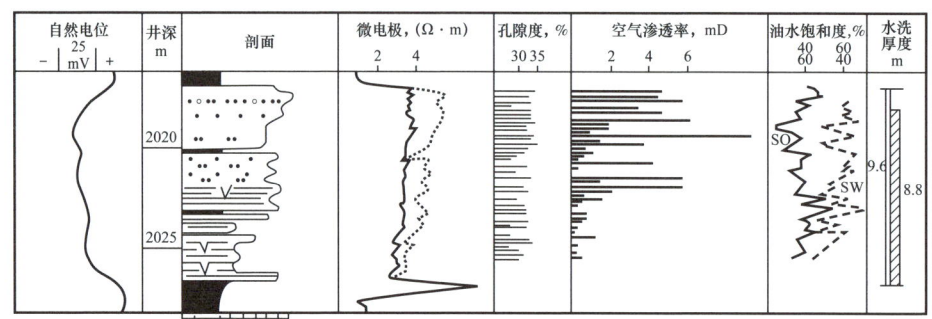

前积砂体层内非均质性

（胜坨油田 1-1-检 53 井沙二下亚段河口沙坝）

除了常见于三角洲环境特别是三角洲前缘的河口坝，前积作用也可存在于其他环境。例如辫状河心滩坝在垂积作用的同时还存在向前迁移作用，在其前端也可见明显的前积方式。斯蒂尔等研究英国北斯坦福施（staffordshier）三叠系的砾石质辫状河时，发现坝头粗砾石前积覆于坝身上，形成了下细上粗的反韵律粒序。曲流河的一个曲流段在侧向迁移的同时也向下游迁移，在曲流段的上游半段中也可出现前积作用。如爱尔兰克里赫德出露的上泥盆统—下石炭统曲流河道砂局部见到的向上变粗粒序。在冲积扇环境中，当水流强度局部增强或碎屑物局部增多时，也可产生前积方式。但无论在何种环境下，发生前积作用的纵向剖面上总会出现反粒序。

前积作用形成的砂体内部薄泥质夹层的分布也有其本身的规律性，与侧积砂体相反，一般出现于砂体下部，而且有一定的连续性，出现的频率往上急剧减少。

（国景星）

【**填积** aggradation and channel filling】 主要是指河道内的充填沉积。是河流携带的大量的碎屑物质在流水能量小于颗粒自身重量（或碎屑物的供给超过河流携带能力）时，沉积物发生卸载并充填于河道内的沉积方式。常形成于顺直河、网状河与三角洲分流河道之中，是机械分异作用的结果，形成的沉积构造以（同心）槽状交错层理为主，反映了河道的下切与充填。另外，各种河流废弃时的充填沉积和一些"短命"河流的"切割—充填"沉积均可概括为填积式沉积方式，其层内非均质性都有共同点。

湖盆碎屑岩中比较有代表性的是三角洲平原上的顺直型分流河道（砂体），该类分流河道形成后活动生命期很短，从形成河道、沉积物充填到断流转移，是在一个短暂的时间内完成的。碎屑物的沉积充填，也往往是河道断流废弃的主要原因。这种快速充填式的沉积，碎屑物只是在沉积过程中受重力作用的粗略分异，先粗后细地沉降，使得形成的砂体具有正韵律粒序，层内渗透率也就呈现向上变低的特点，但渗透率级差相对于侧积的点坝砂体要小。大庆油田的一些顺直型分流河道砂体的渗透率级差一般小于10。

网状河或限制性河谷充填沉积，沉积与沉降速率往往保持较长时间的均衡补偿，形成多次充填叠加的砂体，即多个正韵律单元叠加成一个较厚的砂体。在各正韵律间可保存物源供应较少、能量较低或短暂废弃时充填的泥质、粉砂质泥、泥质粉砂薄层，成为砂体内的夹层或层间隔层。

各种河型的河道废弃后的沉积物，其沉积方式同样属于填积，由于废弃充填物总是较细的碎屑物：快速废弃时以沉积悬移质为主，间歇性慢速废弃时可夹杂一些砂屑沉积物；整个砂体仍然表现为正韵律的层内非均质性，下部较粗的河道砂沉积向上突变为较细粒沉积物。

填积沉积物在平面上多呈带状或网状出现，砂体的叠置在横切剖面上表现为孤立的透镜状或多边分叉式。

（国景星）

【选积 winnowing deposition】 是汇水盆地沿岸环境碎屑物在波浪往复淘洗形成滩坝的沉积作用。滨岸环境的滩砂、堡坝及沿岸坝等是受该沉积方式的产物。

由于其特殊的沉积作用，造成沉积物的韵律特征一般并不十分明显，尤其是滩砂沉积。但滨岸沙坝则多表现为反韵律结构特征，原因在于选积作用总是从坝顶把细碎屑物簸选到坝缘，使坝顶砂变得较粗而又洁净，加剧了这些沿岸坝粒序的反韵律性，其层内渗透率呈明显的向上变高，最高渗透率段处于顶部。

岩性上粒度可粗可细，粗者可达砾岩（砾石滩），但以中细砂岩为主，分选磨圆很好。在粉砂岩和泥岩中可见大量的生物扰动构造。其孔、渗对应关系良好，渗透率级差和变异系数偏低，层内非均质性较弱，即比较均匀；当滩砂中由于回流作用而发育滩砂水道或回流水道时，储层的非均质性表现出较强的特点。储层的储集物性多为高孔、高渗型，开发中易高产且有利于注水开采。

三角洲前缘砂体也常受到选积作用的影响。我国东部中—新生代湖盆碎屑沉积物中，选积作用一般见于三角洲间湖湾的滩坝沉积和三角洲前缘席状砂。前者由于湖能较小，碎屑物供应欠充足，一般也只形成一些薄层蓆状砂，成为分选较好、层内渗透率比较均匀、很少出现层内夹层的储层。

（国景星）

【浊积 turldity deposition】 碎屑物质和水的混合物中由流体紊动向上的分力支撑颗粒，碎屑物质呈悬浮状态，并与上覆水体形成明显的密度差，在密度差引起的重力作用下，碎屑物质沿着（水下）陡斜坡流动并向前堆积的过程。

鲍马认为浊流的形成与活动可分成 4 个阶段：(1) 三角洲阶段；(2) 滑动阶段；(3) 流动阶段；(4) 浊流阶段。形成的浊积岩具有典型的鲍马序列，垂向上通常为多层系、多个中—小韵律的叠加，砂体在空间的叠置形式以垒状多层式为主，多期沉积时可形成很厚的储集体。

在层内渗透率非均质性上，浊积砂体与河道砂体的正韵律粒序并不相同。由于浊流携带的碎屑物在搬运时全都处于悬移状态，沉积物分选很差。在砂体内部，底部分选最差，向上变好。虽然粒度下粗上细，但由于分选性的变化（下差上好），最高渗透率段并非处于底部最粗处，而是处于粒度、分选都是中等的中部，如美国文图拉油田。在注水开发中，这一特点比侧积的点坝砂体——最高渗透率段处于底部——更有利于提高厚度波及系数。

我国湖盆内已发现的浊积岩储层，主要属于浊流水道部分粗相带沉积，由多次浊流沉积叠加成一个厚砂体，内部常保存一些 E 段的泥质层，这些泥质层即使厚度甚薄，其侧向连续性仍相当稳定。分析浊积砂体层内非均质性时，特别要注意发现这些隔层的存在。

（国景星）

【漫积 sheetflood deposition】 由于河水或洪水漫过堤岸，远离河道，流速减慢，大量悬浮物质卸载形成的泛滥平原沉积，或简称为漫溢沉积。通常是指冲积扇环境的漫流沉积作用。

漫积物沉积间歇性较强，多形成薄层细粒碎屑岩，以粉砂岩、粉细砂岩为主，垂向上无明显的韵律特点。沉积构造以流水小型沙纹交错层理为主。当与其他砂体叠合连通时，通常以细粒的较低渗透薄层（细砂和粉细砂）面貌出现；当以独立砂体作为储层时，由于层薄，孔、渗变化不大，非均质程度很弱，可视为层内均质体来对待。由于这种作用多为基准面缓慢下降条件下所发生的沉积，故砂体在空间的叠置形式为透镜—席状交叉式，即剖面上表现为条带状，平面上为席状。

（国景星）

【筛积 sieve deposition】 主要是指发生在冲积扇的扇中平原，在大量砾石已堆积的前提下，高渗透性砾石层发挥类似筛子的作用，使细粒物质在搬运过程中向下渗透并产生选择性沉积的过程。

霍克（Hooke）于 1967 年首先描述了冲积扇环境中的筛积作用。筛积作用将细粒碎屑物筛滤后只留下较粗的砾石骨架,又称为支撑砾岩或开启骨架砾岩,与下伏单元呈渐变接触。由于沉积后的改造,筛积物通常很少能保存下来,因而在冲积扇中所占比例通常较小。这些筛积物在冲积扇砂砾岩体中以特高渗透率夹层出现,虽然厚度不大、延伸不广,但其存在可使冲积扇砂砾岩储层的层内非均质性严重地复杂化。新疆克拉玛依油田三叠系冲积扇储层中,这种筛积物夹层厚20~30cm,在扇顶、扇中部分剖面上分布频率较大,有可能相互叠置,在整个中低渗透率储集体中形成一个高渗透网络。

(国景星)

【储层模型 reservoir model】 综合运用钻井、岩心、地震、测井、试井、开发动态等资料,以构造地质学、储层沉积学、石油与天然气地质学和地质统计学为指导,将储层的各种地质特征在三维空间的分布及变化定性或定量表述出来的地质模型,即储层地质模型。所描述的储层特征主要包括储集体的几何形态、规模、连续性、连通性、内部结构、孔隙特征、储层物性参数的变化和分布、隔夹层分布以及裂缝的发育状况等。

建立储层地质模型、开展储层(精细)描述,不仅是油气勘探开发深入发展的需要,是油藏地质模型的核心,同时也是储层研究向更高阶段发展的体现,是建模难度最大的部分,在油气勘探开发过程中有着举足轻重的作用。

储层地质模型包括一维模型、二维模型和三维模型。一维模型为井模型,即沿井轨迹所反映的储层地质特征,如沉积微相、砂体、隔夹层、孔隙度、渗透率、含油饱和度等;二维模型包括平面和剖面模型,反映储层地质特征在平面或剖面上的分布,油田开发地质研究中编制的小层平面图、油层剖面图等均属二维模型;三维模型是油藏地质模型的核心,也是建模难度最大的部分。三维模型所描述的储层特征包括储集体的几何形态、规模、空间连续性、内部建筑结构、孔隙结构特征、物性参数分布、隔夹层分布及裂缝发育状况等,是油田开发中非均质性分析、储量计算和油藏开发管理的重要依据。建立三维储层地质模型时,抛弃传统的以等值线图来反映储层参数分布的做法,把储层网块化,通过各种方法和技术,得出每个网块的参数值,即建成三维的、定量的储层模型。网块尺寸越小,标志着模型越细;每个网块参数值与实际误差越小,标志着模型的精度越高。

模型分类 储层地质模型应能满足油田不同勘探开发阶段的需要,能反映储层中的孔隙度、渗透率、流体特征和动态特征,同时还能满足不同层次、不同规模地质体预测的需要。不同学者研究地质体的层次不同,以及研究储层目标参数的着重点不同,也就有不同的储层地质模型的分类。在各种分类方法中,

按开发阶段的任务及模型建立精度进行划分为宜。不同油田开发阶段，所进行的工作量不同，对油藏所取得的资料信息和认识程度存在着差异，所要解决的开发任务也就有所不同，总是随着油藏开采程度的提高，由浅入深逐步向前推进。不同开发阶段所要求建立的储层地质模型也就相应地不同。

（1）精度及作用分类。不同的勘探开发阶段，由于资料占有程度不同，所建模型的精度及作用不同，由粗到细分为：概念地质模型、静态地质模型和预测地质模型。在油气评价阶段和开发设计阶段，基础资料主要为大井距的预探井和评价井资料（岩心、测井、测试资料）以及地震资料。在这一阶段，所建模型为分辨率相对较低（主要是垂向分辨率相对较低）的概念地质模型，但可以满足勘探阶段油藏评价和开发设计要求，对评价井设计、储量计算、开发可行性评价以及油田开发方案优化具有十分重要的意义；在开发方案实施及油藏管理阶段，由于开发井网的完成，基础资料大为丰富，因而可以建立精度相对较高的静态地质模型。对确定注采井别、射孔方案、作业施工、配产配注及油田开发动态分析等具有重要意义；在开发中后期及三次采油阶段，基础资料十分丰富，井资料更多，特别是具有大量的动态资料，因而可建立精度更高的预测地质模型和剩余油分布模型，是为了适应注水开发中后期及三次采油对剩余油开采的需求，要将开发井网井间数十米甚至数米级规模的储层参数的变化及其绝对值预测出来。

（2）表述内容分类：按照储层模型所表述的内容可以将储层模型分为储层结构模型、储层参数分布模型、裂缝分布模型等。

① 储层结构模型是指储层及其内部构成单元的大小、几何形态及其在三位空间上的展布，是对储集砂体的几何形态及其在三维空间的展布、砂体连通性及其与渗流屏障空间分布结构的表述，该模型是储层地质模型的骨架，也是决定油藏数值模拟中模拟网块大小和数量的重要依据。储层结构模型的核心是沉积模型，不同沉积条件下所形成的储层具有不同的储层结构，主要分为千层饼状储层结构、拼合板状储层结构和迷宫状储层结构。

② 储层参数分布模型是对储层物性（孔隙度、渗透率、含油饱和度等）特征在三维空间分布和变化的表征，在该模型中主要建立孔隙度模型、渗透率模型和含油饱和度模型。孔隙度模型反映储存流体的孔隙体积分布，渗透率模型反映流体在三维空间的渗流性能，含油饱和度模型则反映三维空间上油气的分布。三种模型对于油藏评价及油气田开发均有很重要的意义。

③ 裂缝分布模型是描述储层段中裂缝的产状和发育程度的模型，模型可分：裂缝网络模型，表征裂缝类型、大小、形状、产状、切割关系及基质岩块等；裂缝密度模型，用以表征裂缝的发育程度。

（3）非均质尺度分类。按储层非均质尺度将储层地质模型分五级：① 油藏尺度或层系尺度，重点表征整个油藏或其内部各油组、砂层组及其间的宏观非均质特征；② 层尺度，重点表征某一单层层内及平面非均质性；③ 砂体尺度，重点表征成因砂体内层内及平面非均质性；④ 层理尺度，表征成因体内部层系组、层系甚至纹层的非均质性；⑤ 孔隙尺度，对储层微观孔隙结构的表征。

<u>建模原则</u>　储层地质模型是以储层各种属性参数数据体为支柱，应用地质统计学、分形几何学、神经网络等分析方法，以计算机为工具建立起来的。鉴于储层各种属性参数数据的不完备性、各种数学算法的局限性等，为了保障模型客观、准确地反映地下地质实际，在建立模型过程中需要注意5个原则。（1）多学科综合一体化建模原则。充分应用多学科信息（地质、测井、地震、试井等）进行协同建模。用于储层描述与建模的资料总是不完整的，例如，井眼资料，优点是比较准确、精度高，缺点是空间的局限性；地震资料，优点是横向覆盖广，缺点是垂向分辨率低、多解性强，所以应用多学科优势协同建模。（2）多种建模方法相结合原则。现有的建模算法都是在数学意义上表达部分地质规律与地质思维。在应用各种数学算法进行储层预测与建模时，由于算法的局限性，得到的建模结果可能不尽人意。在实际建模过程中，为了尽量降低模型中的不确定性，应尽量应用多种建模方法相结合的建模思路。（3）等时建模原则。沉积地质体是在不同的时间段形成的，各时间段的砂体特征或规律有所差别。在建模过程中，若将不同时间段的沉积体作为一个单元来模拟，则必将导致所建模型不能客观地反映地质实际。为了提高建模精度和准确性，在建模过程中应进行等时地质约束，即应用高分辨率层序地层学原理确定等时界面，并利用等时界面将沉积体划分为若干等时层。在建模时，按层建模，然后再将其组合为统一的三维沉积模型。这样，针对不同的等时层进行三维网格化，可减小等厚或等比例三维网格化对井间赋值带来的误差；同时，针对不同的等时层输入不同的反映各自地质特征的建模参数，可使所建模型能更客观地反映地质实际。这就是等时约束建模的主要目的。（4）相模式或成因控制建模原则。沉积相的分布是有其内部规律的，相模式则体现了相带之间及相带内部的成因关系。同时，相的空间分布与层序地层之间、相与相之间、相内部的沉积层之间均有一定的成因关系，在储层地质建模特别是沉积模型建立时，为了建立尽量符合地质实际的储层相模型，应充分应用层序地层学原理及<u>沉积相模式</u>来约束建模过程，即应用层序地层学原理确定等时界面及等时地层格架，并在由等时界面限制的模拟单元层内，依据一定的相模式选取建模参数，进行沉积相的三维建模研究。（5）相控建模原则。就孔隙度、渗透率、含油饱和度等参数建模而言，对于具有多相分布或复杂储层结构（如拼合板状和迷宫状结构）的储

层来说，由于不同相（亚相、微相）的储层参数分布有较大的差别，不能简单地采用"一步建模"（即直接根据各井储层参数进行井间插值）来建立储层参数三维分布模型。而应采用"相控建模"方法，即首先建立沉积相、储层结构或流动单元模型，然后根据不同沉积相（砂体类型或流动单元）的储层参数定量分布规律，分相（砂体类型或流动单元）进行井间插值或随机模拟，建立储层参数分布模型。这种多步模拟方法是符合地质规律且行之有效的储层参数建模方法。

建模步骤 三维储层建模的主要目的是将储层的结构和储层参数的变化在三维空间用图形显示出来。三维建模一般遵循点（一维垂向模型）—面（二维层面模型）—体（三维储层模型）的步骤，主要包括三个主要环节，即数据准备、地层—构造建模和储层属性建模。储层建模是以数据库为基础的，数据的丰富程度及其准确性在很大程度上决定着所建模型的精度，基本数据包括坐标数据、分层数据、断层数据和储层数据四类；构造模型反映储层的空间格架，包括断层模型和层面模型，断层模型根据地震资料和井资料校正的断层文件建立断层在三维空间的分布，层面模型是通过插值法应用分层数据，生成各个等时层的顶、底层面模型，然后将各个层面模型进行空间叠合，建立储层空间格架。在建立储层属性模型之前应先进行构造建模；储层属性建模是在构造模型的基础上，建立储层属性的三维分布。主要利用井数据和地震数据按照插值法对模型中的每个三维网块进行赋值，建立储层属性的三维数据体。

建模方法 储层建模的核心问题是井间储层预测，相应地有两种建模途径：确定性建模和随机建模方法。确定性建模方法是从具有确定性资料的控制点（如井点）出发，基于一定的信息和推测方法，对井间的储层分布给出确定的、唯一的预测。关于确定性建模的方法主要是克里金方法。但是由于地下地质的复杂性和资料的不完备性，建模中总会存在一些不确定性。为了评价储层预测中的不确定性，广泛采用随机建模技术。随机建模技术以已知的信息为基础，以随机函数为理论指导，应用随机模拟方法，产生可选的、等可能的储层模型，通过对多个等可能随机储层模型中不确定性进行评价，以满足油田勘探开发决策中在一定风险范围内正确性的需要。主要分为基于目标的方法和基于象元的方法两大类。

资料来源及数据准备 储层地质建模的资料来源包括5个方面：（1）地质信息，如区域地质资料、钻井取心、岩屑录井、地化录井等资料及其分析数据；（2）测井信息；（3）地震信息；（4）测试信息，包括试油和试井资料及数据；（5）生产动态信息。储层建模需要根据以上5类资料至少准备4类数据，并建立数据库：（1）坐标数据，包括井位坐标、深度（或高程）、地震测网坐标等；

（2）分层数据，各井层组划分对比数据，地震资料解释的层面数据等；（3）断层数据，断层位置、产状、断距等；（4）储层数据，包括井眼储层数据（井内相、砂体、隔夹层、孔隙度、渗透率、含油饱和度等）、地震储层数据（速度、波阻抗、频率等）和试井储层数据（储层连通性信息和储层参数信息）。

应用范围 储层模型用于油田动态分析，探讨剩余油空间分布，为开发调整、各种挖潜措施、三次采油方案设计和效果分析提供地质依据；其次，可满足不同层次、不同规模地质体预测的需要；最后，服务于地质知识库的建立。

储层描述方法 储层描述方法随世界油气工业的发展而不断发生变化，从钻录井技术到地震勘探技术，再到现在普遍为储层研究进行的各种创新和革新技术的发展，储层描述方法日新月异。基于储层描述资料基础，一般可以概括为三大类。（1）地质资料描述法。野外露头和岩心具有直观性强、精确度高、便于大比例尺研究等特点，通过露头和岩心沉积背景分析、层序及砂体内部构成分析、沉积相分析、成岩分析、储层非均质性研究等，有助于建立储层原型模型和储层地质知识库，特别是野外露头，更具完整性强等特点，有助于开展较为准确的井间预测。（2）地震储层描述。地震信息具有连续、丰富的特点，特别是三维地震资料，除精细构造、微构造解释外，采用储层识别和标定、相干分析、储层属性提取分析和测井约束反演等技术方法，可对储层进行精细描述和预测。（3）测井描述。测井资料具有纵向分辨率高、连续性强、信息类型多样等特点，特别是高精度声波、密度、地层倾角测井等，通过方法优选、最优化处理与多功能解释技术等，结合储集岩的孔隙结构、渗流能力和岩心分析化验技术，可以开展储层参数的精细解释。

📝 **推荐书目**

吴胜和，金振奎. 储层建模［M］. 北京：石油工业出版社，1999.

吴胜和. 储层表征与建模［M］. 北京：石油工业出版社，2010.

（国景星）

【**储层** reservoir】 具有连通孔隙、允许油气在其中储存和渗滤的岩层，又称储集层。即储层必须具备储存石油和天然气的空间以及能使油气流动的条件。储层是构成油气藏的基本要素之一，也是控制油气分布、储量及油气产出能力的主要因素。

储层分类 根据研究目的及油田生产实践的需要，储层有多种分类方案。（1）岩性分类。按照岩石类别可以分为碎屑岩储层、碳酸盐岩储层和特殊岩类储层。① 碎屑岩储层主要包括砂岩、砾岩等，其中砂岩储层是世界上分布最广的一类储层。砂岩的储油空间是砂粒的粒间孔隙或是原有组构为骨架的次生溶蚀孔，有时裂缝可以是砂岩储层的重要渗流通道。② 碳酸盐岩储层主要为石灰岩和白云岩。如礁灰岩储层是世界上单井日产量最高的一类储层。碳酸盐岩储层除粒间孔隙外还有大量裂缝，以及成岩后溶蚀形成的次生孔隙和各种溶洞。③ 特殊岩性储层主要包括火成岩、变质岩及泥岩等致密岩层，由于岩石内部裂缝发育，亦可作为储层。（2）物性分类。依据储层的孔隙性和渗透性分为常规储层和致密储层。① 常规储层可进一步细分为特高孔高渗储层、高孔高渗储层、中孔中渗储层、低孔低渗储层和特低孔低渗储层。② 致密储层分为一般致密储层、很致密储层和超致密储层。（3）储集空间分类。按照储层的储集空间类型可分为：① 孔隙型储层；② 裂缝型储层；③ 溶洞—裂缝型储层；④ 孔隙—裂缝型储层；⑤ 孔、洞、缝型储层。（4）开发方式分类。按开发方式可将储层分为常规储层和非常规储层。① 常规储层是按传统开发方式容易以低成本获得油气的储层，包括渗透性较高的碎屑岩储层、碳酸盐岩储层、火山岩储层、变质岩储层和泥岩裂缝储层。② 非常规储层是必须采用非常规手段才能开采出工业油气流的储层，主要包括致密砂岩储层、页岩储层和煤岩储层，这些储层的微孔隙及微裂缝中含有大量的天然气，是石油天然气研究的热点。

储层研究内容 储层研究主要包括：（1）储层的岩石类型（碎屑岩、碳酸盐岩及其他岩性储层）以及基本物性特征（孔隙度、渗透率和流体饱和度）；（2）储集体的成因类型、分布模式，不同沉积环境下发育不同类型的储层或储集体，是油气储层预测、储层非均质性及储层建模研究的重要理论基础；（3）储层成岩演化及孔隙演化机理（成岩作用对孔隙形成和破坏的控制作用及控制因素）、孔隙演化模式及分布规律，是油气储层预测、成岩非均质研究及储层潜在敏感性研究的重要理论基础；（4）储层孔隙和喉道及孔隙结构特征，是储层质量评价及油气开采过程中油气微观驱替效率研究的重要基础；（5）储层裂缝的力学成因及地质成因机理、裂缝的分布规律及裂缝型储层的基本地质特征，其中裂缝预测特别是井间裂缝预测是重点攻关课题之一；（6）不同类型及规模的储层非均质性的基本特征及其对油气开采特别是注水开采的影响；（7）储层伤害的原因及类型、储层敏感性机理（水敏性、速敏性、酸敏性等）以及储层敏感性评价的方法和技术；（8）非常规储层储集机理和成藏机理研究。

储层地质特征控制因素 决定储层地质特征的因素归结为沉积作用、成岩作用和构造作用三大类。对于不同类型储层，三者的影响程度各异。一般而言，沉积作用形成的岩石是储层地质特征的基础，而成岩作用和构造作用则对储层起到改造的作用，在一定程度上受沉积作用的制约。以碎屑岩储层为例，沉积作用影响或控制储集体或储层的分布（形态）、规模、沉积方式、岩石类型、内部结构、沉积构造等，在三大类作用中表现尤为突出。对于碳酸盐岩储层特别是裂缝、溶洞发育的储层，成岩作用和构造作用则对储层特征的影响明显加强，甚至发挥关键作用。因此，有必要应用各种地质资料恢复古沉积环境、开展应力场分析等，并与现代相同环境下的沉积模式比较，以期解释和预测同一类储层的各种地质特征，有助于掌控不同类型油气储层中流体运动，并指导不同类型油气储层开发。

有效储层　有效储层是指在现有工艺条件下能获得工业油流的储层。可分为常规有效储层和非常规有效储层，在地层天然能量下可产石油的储层，定义为常规有效储层；而需要采取措施才产油的储层，则定义为非常规有效储层。在实际应用中，有效储层会随着生产技术的进步和采油技术的提高而变化，早前所判定的无效储层可转化为有效储层，产出工业油流。Murray 提出工业性储集岩的临界油柱高度标准，即生产纯油段储层岩样有效喉道半径约为 $0.5\mu m$；Mannon 等利用岩样渗透率和毛细管压力的综合分析提出渗透率下限；王允诚提出利用相渗透率曲线法确定物性下限；向丹等人运用实验分析和模拟资料方法确定储层物性下限。影响储层物性下限值因素较多，包括地层温度、地层压力、流体性质、工艺技术等。通过对各类方法的分析概括，提出适用于储层物性下限确定的方法，并提出有效储层物性发展的方向。依据储层物性下限确定时所取数据的来源，把各种方法归结为动态法［压汞实验法、测试法、试油（气）法、产能模拟实验法、钻井液侵入法等］和静态法（含油产状法、物性参数统计频率法、岩心孔渗关系法、束缚水饱和度法及经验法等）。

优质储层　是个相对的概念，并无孔隙度和渗透率的绝对指标。例如，可将碎屑岩储层五级分类中的特高孔高渗储层，高孔高渗储层定义为优质储层；而在一个普遍低孔低渗的背景下，具有相对高的孔隙度及渗透率指标的储层也应属于相对的优质储层。例如，陕甘宁盆地西峰油田延长组长 8 层，在普遍极低的孔隙度、渗透率背景下，优质储层的孔隙度为 12%、渗透率仅为 1.2mD 左右；车镇凹陷北带古近系中深层储层，将孔隙度为 8.90%～15.20%（平均 12.50%）、渗透率为 1.15～32.00mD（平均 10.80mD），物性较好的储层称为优质储层；孔隙度为 5.19%～10.30%（平均 7.71%）、渗透率为 0.465～12.890mD（平均 4.252mD），物性中等的储层定为相对优质储层。对于中深层致密砂岩储层而言，控制优质储层的因素主要包括沉积条件（如颗粒成分、粒度、分选、磨圆、颗粒间杂基含量等）或沉积相带以及一系列成岩作用（如压实、胶结、溶解和交代等）。以车镇凹陷北带古近系中深层优质储层为例，沉积作用是形成中深部优质储层的基础，成岩作用是控制中深部储层有效性纵向变化的关键，异常高压是中深部优质储层的保护条件。

（国景星）

【碎屑岩储层 clastic reservoir】 母岩因物理、化学、生物作用风化剥蚀后形成的矿物和岩石碎屑，经水、风等不同介质的搬运，以及沉积、埋藏和诸如压实和胶结等成岩作用而形成的储油气岩层。是油气田的主要储层之一，其油气储量约占全世界总储量的60%。碎屑岩储层的岩石类型主要包括砾岩、砂岩和少量泥岩。

成因类型 碎屑岩储层可于海相和陆相沉积盆地的各类环境下，形成冲积扇砂砾岩体、河流相砂体、扇三角洲砂体、洪水—漫湖砂体、三角洲砂体、湖底扇砂体、滩坝砂体、风暴砂体等。

储集空间类型 按形态分孔、洞、缝三大类，按储集空间大小，把大于2mm的称为洞，小于2mm的称为孔，缝的大小范围在0.01～1mm。孔隙按成因类型分原生孔隙和次生孔隙，碎屑岩储层储集空间以孔隙为主。

孔喉大小结构 按孔的大小分很大孔（>100μm）、大孔（50～100μm）、中孔（20～50μm）、小孔（10～20μm）和微孔（<10μm）。喉道大小分粗喉（>20μm）、中喉（10～20μm）、细喉（3～10μm）、很细喉（1～3μm）及微喉（<1μm）。

储集物性分类 按储集性能可将碎屑岩储层分为：特高孔—特高渗型、高孔—高渗型、中孔—中渗型、低孔—低渗型和特低孔—特低渗型以及它们之间的过渡类型等。在大多数情况下，碎屑岩的孔隙度与渗透率呈正相关。

成岩作用 碎屑岩储层的成岩阶段分同生成岩阶段、早成岩阶段、中成岩阶段、晚成岩阶段和表生成岩阶段。油气的分布与储层所处的成岩阶段有密切关系，在中成岩A期以产油为主，中成岩A2—B期以产轻质油及气为主，晚成岩阶段则产干气。处在早成岩阶段的储层，多为产重油的次生油藏。

非均质性 油气田地下相互隔开、相对独立的油、气、水运动单元的砂岩体称为油砂体。不同性质的油砂体在垂向上叠置构成储层的层间非均质性。油砂体的形态、面积、延伸方向、各向连续性、厚度、孔隙度以及渗透率在平面上的变化等构成油砂体的平面非均质性。储层内碎屑颗粒粗细、渗透率高低、层理构造类型等存在差异性。这种差异受沉积成因的影响而表现出一定的规律性，或上粗下细，或下粗上细，或几个粗细相间的韵律，有时夹有不连续的泥质夹层，构成油砂体层内非均质性。碎屑颗粒之间保留的孔隙，颗粒之间不同接触关系形成的喉道，流体通过喉道在孔隙之间流动，孤立而不参与渗流的孔隙，以及孔隙、喉道内充填的黏土矿物等，构成了油砂体储层的微观非均质性。储层的层间、层内、平面及微观非均质性直接影响开发时油、气、水的运动，是决定各项开发措施的重要依据。

📝 **推荐书目**

应凤祥,罗平,何东博.中国含油气盆地碎屑岩储集层成岩作用与成岩数值模拟[M].北京: 石油工业出版社,2004.

裘亦楠,薛叔浩.油气储层评价技术[M].北京:石油工业出版社,1997.

（国景星）

【**碳酸盐岩储层** carbonate reservoir】 由碳酸盐岩孔隙和缝洞空间为油气聚集主要场所及渗滤通道的岩层。

碳酸盐岩储层主要包括石灰岩、白云岩及其之间的过渡类型岩石。按结构和成因可以分为颗粒灰岩、泥晶灰岩、生物礁灰岩和生物滩灰岩。碳酸盐岩储层广泛分布于各地质时代的地层中，在中国碳酸盐岩中已发现具工业性油气流的沉积盆地有四川（三叠系—震旦系）、鄂尔多斯（奥陶系）以及塔里木、渤海湾、珠江口、苏北、柴达木等盆地，从元古宇、古生界、中生界到新生界都有发现。与碎屑岩相似，碳酸盐岩是油气生成、储集的重要岩石类型。

碳酸盐岩储层的成岩阶段分同生成岩阶段、早成岩阶段、中成岩阶段、晚成岩阶段和表生成岩阶段。碳酸盐岩在不同成岩环境下（如海水、淡水和混合水不同水介质和不同埋藏深度及温度、压力成岩环境下）的成岩作用类型有压实、压溶、胶结、交代、溶解、重结晶等。

碳酸盐岩储层中孔、缝、洞的成因和分布相较于*碎屑岩储层*中的储集空间更为复杂。其基本孔隙是粒间孔、粒内孔、晶间孔、印模孔、生长格架孔等受原始岩石组构控制的原生孔隙和次生孔隙。溶洞的发育取决于岩溶条件（如可溶性岩石、地下水的溶蚀能力及流动性等）。裂缝以构造缝为主，其分布和发育程度取决于构造应力的分布和岩石性质。裂缝沟通孔、洞形成一个统一的连通单元，称为一个裂缝系统。一个油田可发育有若干个完全独立的裂缝系统，也可以是由一系列裂缝沟通形成一个完全连通的开发单元。由此可见，相对于碎屑岩储层，碳酸盐岩储层中裂缝、溶缝、溶孔及溶洞的发育，不仅使得储集空间类型更为多样，是重要的储集空间也是油气的渗滤通道；而且其大小、分布不均衡，使得孔渗性具有较为明显的非均一性，特别是裂缝发育时，地下油、气、水的渗流表现出明显的方向性。

碳酸盐岩可发育于海相潮坪、台地、缓坡和盆地，亦可发育于陆相湖泊。虽然各种环境中碳酸盐岩沉积物经过后期成岩作用和构造作用改造后均可成为储集岩，但不同环境下所形成的储层特征不尽相同，储集潜力存在巨大差异。油气勘探开发及研究成果表明，有利于碳酸盐岩储层形成和发育的主要沉积相带主要为生物礁、浅滩、潮坪、斜坡浊积扇和远洋白垩相等。

（国景星）

【特殊岩性储层 special lithologic reservoir】 以次生孔隙为主要储集空间、裂缝为主要渗滤通道的变质岩、火山岩、泥质岩类储层。储层的岩石类型多样，包括变质岩储层、岩浆岩储层、火山碎屑岩储层、泥质岩类储层等。

储集空间多样，但是多以次生孔隙为主，特别是裂缝比较发育，且孔隙结构比较复杂。形成这类储层的主要地质原因是风化作用和断裂构造作用。岩浆岩、变质岩经过风化作用都可以形成风化壳，从而成为缝洞比较发育的储集体。风化壳储层储集空间的大小、形态及其分布规律与岩性有关，不同的岩性的风化难易程度不同，溶蚀效果千差万别，另外还与古地形和古气候有关，古地形决定着溶解和风化的产物是否能被及时搬运走，湿润的古气候条件以化学风化为主形成溶蚀孔洞，干旱的古气候条件以物理风化为主，易形成碎屑角砾岩内的粒间孔隙。裂缝是岩浆岩、变质岩、泥页岩的主要储集空间，除构造作用形成的构造裂缝外，还有节理和成岩裂缝。此外，岩浆喷出地表在冷凝过程中形成的柱状节理缝，火山弹冷凝收缩形成的放射状和环状裂缝，气体在岩浆体内爆炸形成的隐爆裂缝均可构成岩浆岩储层的储集空间。

该类储层中发现的油气储量仅占总储量的一小部分，随着油气勘探开发的不断深入和推进，可望从该类储层中获得较多的油气储量。

(国景星)

【变质岩储层 metamorphic rock reservoir】 以变质岩中的孔、洞、缝为油气聚集空间和渗滤通道的岩层。

岩石类型以遭受多期变化的混合岩类为主，其次是板岩、千枚岩、片岩、片麻岩、变粒岩等区域变质岩和碎裂岩类，储集条件受制于古风化壳的形成与演化。

变质岩类储层的储集空间为孔隙和裂隙。根据成因和阶段性划分为变晶的、构造的、物理风化和化学淋滤的储集空间，其中的表生风化、构造破裂形成的风化孔隙、裂隙和构造裂缝为主要储集空间和渗流通道，故该类储层多发育在不整合带。

孔隙结构特征表现在如下4个方面。

(1) 孔、洞、缝交织，空间结构复杂。形态不同、发育程度不同的孔、洞、缝按照不同的方式组合在一起，形成复杂的空间网络，使储层孔隙结构显示出强烈的非均质性。主要表现在：① 孔、洞大小变化范围大，从微米级到毫米级，甚至到厘米级；② 连通程度的差异性，不同部位的孔隙连通情况不同，有的连通性较好，有的呈孤立状；③ 岩石物性的突变性，孔隙度和渗透率等性质常常发生突变；④ 储集空间的断续性，储集空间发育不均衡、分布不连续。

（2）次生溶蚀孔隙分布局限、连通性差，对储层物性的影响有限。变质岩储层中几乎没有原生孔隙存在，少量的次生溶蚀等孔隙也主要呈孤立状分布，对储渗作用影响弱。因此各种裂缝在改善变质岩储层的储存和渗滤能力方面起到了重要作用。

（3）裂缝类型多样，几何形态各异。包括风化淋滤缝、层间缝、构造缝、微裂缝等多种类型的裂缝，各种裂缝既可以单独存在，也可在同一块岩石中同时出现；几何形态上，可以呈网状、带状、树枝状、锯齿状，也可以是平直切割状、共轭状或不规则状等。

（4）裂缝分布不均。由于受地形、构造等因素的影响及风化作用的参与，使变质岩储层中裂缝的发育表现出极大的不均衡性，无论在横向或平面上的井与井之间，还是在纵向上的潜山内幕或单井剖面上的不同层段均可有显著差异。

盆地边缘斜坡以及盆地内古地形突出部位，风化孔隙更为发育，构造条件或构造因素使裂隙在区域性发育的基础上进一步加强，形成有一定方向和连通性的裂隙密集带，为油气提供良好的储集场所和渗滤通道。

我国变质岩油气藏最早在1959年8月发现于酒西盆地鸭儿峡背斜构造。之后，在辽河西部凹陷、黄骅拗陷、东营凹陷等获得一系列发现（见表），表明我国变质岩有较大的勘探开发前景。

中国部分油田变质岩储层油气发现统计表

油田	地质时代	储集岩类型	油藏类型
玉门	古生代志留纪泉脑沟组沉积期	千枚岩、板岩	鸭儿峡志留系古潜山油藏
辽河	元古宙	变质石英砂岩	杜家台元古宇古潜山油藏
辽河	太古宙鞍山群	混合岩类、区域变质岩	兴隆台、东胜堡、静安堡、齐家、欢喜岭、牛心坨等古潜山油藏
胜利	太古宙泰山群	碎裂状片麻岩、混合岩和变粒岩	王庄太古宇古潜山油藏
渤海	元古宙	花岗质混合岩类	锦州20-2构造太古宇古潜山油藏
冀东	太古宙	花岗质混合岩类	冀东太古宇变质岩油藏

推荐书目

于兴河. 油气储层地质学基础［M］. 北京：石油工业出版社，2015.

纪友亮. 油气储层地质学［M］. 北京：石油工业出版社，2015.

（国景星）

【岩浆岩储层 magmatite reservoir】 以岩浆岩中的孔、洞、缝为油气储集空间和渗滤通道的岩体或岩层。岩墙、岩脉等侵入岩及喷出岩，特别是因构造变动和风化剥蚀而形成缝洞时均可成为岩浆岩储层。

岩浆岩的储集空间包括孔隙和裂隙两种类型，根据成因划分为原生孔隙和次生孔隙。原生孔隙有气孔、晶间孔，次生孔隙包括溶蚀孔、杏仁体内孔、晶内孔、收缩孔缝、胀裂孔、构造孔缝等。岩浆岩储层的孔隙结构是极其复杂的，主要特征为以下四点。

（1）孔缝类型多样、形态各异。孔隙大小不等、形态各异，如孔状、线状、片状、洞穴状、串珠状等，多为不规则形态；裂缝可呈细长型、粗短型、直交型、斜交型等。

（2）孔、洞、缝交织，结构复杂。不同形态和发育程度的孔、洞、缝按不同的方式组合在一起，形成复杂的空间网络，使储层孔隙结构显示出强烈的非均质性，与变质岩储层孔隙结构特征相似。

（3）储集空间分布不均。受侵入产状、喷发类型、岩浆成分、构造变动、古地貌等多种因素控制，孔缝分布呈严重的非均质性。近断层处裂缝、溶蚀孔隙发育；富气的岩浆形成多孔的玄武岩，贫气的岩浆形成致密的玄武岩等。

（4）孔隙连通性差，裂缝起改善储集物性的重要作用。岩浆岩中虽然发育有原生孔隙，但多呈孤立状，渗透性差。构造作用不仅产生裂缝连通岩石的原生孔隙，并有助于溶蚀而产生新的孔隙，从而大大改善岩浆岩储层的储集性能。

早在19世纪末20世纪初，古巴、日本、阿根廷、美国等国家先后发现了岩浆岩油气藏。中国也已发现一定规模并有一定储量和产量的岩浆岩油气藏，例如准噶尔盆地石炭系的玄武岩油田，苏北坳陷闵桥地区古近系的玄武岩油田，济阳坳陷滨南等地古近系、辽河坳陷于楼等地中—新生界、渤海湾石臼坨428构造和锦州20-2构造中生界的玄武岩—安山岩油田，以及内蒙古二连盆地阿北中生界安山岩油田等。

济阳坳陷义和庄地区侏罗纪浅成侵入岩—煌斑岩储层，分布在1800m以下，据105个岩心样品的物性分析，其孔隙度达15%，最大达25.2%，渗透率平均为6.6mD，最大达30mD，孔隙类型属次生溶孔，并有构造裂缝及溶缝相沟通，裂缝线密度平均为15条/m，沿裂缝密集处次生孔隙较多。

从油气聚集的数量来看，喷出相远多于侵入相，中—基性喷出岩储层占有重要地位。

📝 **推荐书目**

于兴河. 油气储层地质学基础 [M]. 北京：石油工业出版社，2015.
纪友亮. 油气储层地质学 [M]. 北京：石油工业出版社，2015.

（国景星　应凤祥）

【**火山碎屑岩储层** volcaniclastic reservoir】 以火山碎屑岩中孔、洞、缝为油气聚集场所和渗滤通道的岩层。

火山碎屑岩主要包括各种成分的集块岩、火山角砾岩、凝灰岩等。

储层的储集空间类型包括四大类：原生孔隙，主要包括粒间孔、剩余粒间孔、碎屑颗粒粒内孔和晶间孔等；次生孔隙，主要有溶蚀粒间孔、溶蚀粒内孔和溶蚀填隙物内孔等；原生裂缝，主要为冷凝收缩缝；次生裂缝，包括溶蚀缝和构造裂缝等。总体上，该类储层以次生孔隙为主。

火山碎屑岩是在火山作用和沉积作用的共同控制下的结果，在岩石成分、结构、构造、成岩作用及岩石类型空间分布上与陆源碎屑岩明显似而不同，储层特点包括：（1）原生火山碎屑岩储层主要受岩相控制，通常以近火山口相较好；（2）断裂附近裂隙性火山岩储层发育；（3）一般以风化壳发育带最好最富油气；（4）储层孔隙结构非均质性较强。

中国火山碎屑岩中发育了许多油气藏，如开鲁盆地陆家堡凹陷九佛堂组火山碎屑岩油藏，试油获得日产油127m³的高产工业油流；惠民凹陷商河构造沙一段火山碎屑岩油藏最大含油高度200m，试采初产 13～30t/d。除此之外还有准噶尔盆地西北缘百口泉油田二叠系佳木河组佳三段火山碎屑岩油藏，渤海湾石臼坨渤中6井中生代火山碎屑油藏，大港油田官103井中生界的安山质火山角砾熔岩油藏等。

（国景星）

【**泥岩裂缝储层** fractured shale reservoir】 以泥质岩中裂缝和孔隙为油气重要储集空间和渗滤通道的岩层。

该类储层中裂缝的发育不仅是成藏的关键因素，也影响和（或）决定着该类储层油藏的开发，因此其研究的关键内容之一是裂缝发育特征。首先，盆地的沉积建造条件对泥岩裂缝储层的形成和富集起着明显的控制作用。泥岩裂缝储层主要发育在厚层的泥岩展布区中，即一些水体较深的深湖相或半深湖相区、三角洲前缘前端或前三角洲最易形成该类储层。其次，断裂发育有利于裂缝的产生，但断裂发育密度大的地区或层段不利于该类型油气藏的保存。以济阳坳陷为例，裂缝泥岩油气藏主要分布于厚层生油层中富钙质高阻层段，深度主要分布于2200m以下的沙河街组四段上亚段、沙河街组三段下亚段及沙河街组一段下亚段等层位。沾化凹陷东北部是泥岩裂缝油气藏集中地区之一，沙三下亚段湖侵过程中形成的暗色泥岩是该区最为重要的烃源岩，储层主要为沙三下亚段半深湖—深湖相泥岩，主要储集空间为裂缝发育带以及泥岩溶蚀孔隙。

泥岩裂缝储层的宏观、微观特征均十分复杂。在现有条件下，对泥岩裂缝的变化做出定量预测十分困难，要根据所钻遇的目的层的岩石成分、岩层厚度及组合，岩层所处的构造部位及断裂发育情况、区域压力场的期数及方向等作出综合性的推断，才有可能对泥岩裂缝的分布及规模作出比较客观的估计。

美国、俄罗斯、加拿大和阿根廷等国家均在泥质岩中发现泥岩裂缝油气藏并进行了开采，年产均在 10×10^4t 以上。国内的松辽、渤海湾、江汉、四川及柴达木等盆地均发现了具工业价值的泥岩裂缝油气藏，已逐渐成为油气勘探开发的重要领域。

推荐书目

于兴河. 油气储层地质学基础［M］. 北京：石油工业出版社，2015.

（国景星）

【**成岩作用 diagenesis**】 沉积物由埋藏之后转变为沉积岩直至变质作用之前所经受过的物理、化学、生物作用以及有机—无机和水—岩之间所发生的一切变化。

具体作用包括：早期沉积物被后期沉积物埋藏，随着沉积物增厚，压力和温度不断增加，沉积物被压实并伴随孔隙水的排出；同时，由于物理化学条件的变化，不仅有新矿物沉淀生成而发生胶结作用，而且有矿物溶解而发生溶解作用，有的矿物发生重结晶作用、交代作用或蚀变转化等。这些变化或作用，直至发生变质作用之前，不仅使沉积物固结形成沉积岩，还使岩石的成分、结构和孔隙发生一定的变化。

成岩作用控制储层的孔隙结构特征。鉴于碎屑岩、碳酸盐岩两大类储层在矿物成分、结构组分等方面的差异，油气储层成岩作用研究主要包括碎屑岩成岩作用和碳酸盐岩成岩作用，它们的成岩作用各有其特点。对于碎屑岩储层而言，成岩作用较弱时，储层一般具有大孔粗喉的孔隙结构，随着成岩作用的加强，孔隙和喉道大小多随之减小；不同的胶结物产状对孔隙和喉道产生不同的影响。孔隙式胶结主要减少孔隙体积，而对喉道的影响较小；石英次生加大式胶结、接触式胶结、黏土矿物的搭桥式胶结等，主要伤害喉道空间（如大小、形态等），对孔隙的影响相对较小；凝块式、连晶式胶结则是在岩石的局部或大部分位置占据所有的孔隙和喉道空间。溶解作用形成的次生孔隙会对孔隙结构进一步改造，这主要与溶解的组分有关。胶结物的溶解，对孔隙和喉道均会产生积极影响；颗粒的溶解往往会形成铸模孔或超大孔，形成大孔细喉的孔隙结构。在碳酸盐储层中，由于多期次的成岩作用，孔、洞、缝的复杂形态和组合关系往往形成更为复杂的孔隙结构，根据孔隙结构的特点以及对开发效果的影响，可将碳酸盐岩孔隙结构分为4种类型：大缝洞型孔隙结构，以宽度大于0.1mm的裂缝为喉道，连通大、中型溶洞所组成的孔隙结构，可进一步细分为宽喉均质型、下洞上喉型、上洞下喉型；微缝孔隙型孔隙结构，以微裂缝、晶间隙等为喉道，连通各种孔隙和小型溶洞所组成的孔隙结构，主要分为短喉型、网格型、细长型等；裂缝型孔隙结构，储集空间和喉道均为裂缝，孔、洞不发育；复合型孔隙结构，大裂缝、溶洞、小孔隙等以各种不同的方式和数量组合而成的不规则的孔隙结构。

📝 推荐书目

于兴河.油气储层地质学基础［M］.北京：石油工业出版社，2015.
纪友亮.油气储层地质学［M］.北京：石油工业出版社，2015.

（国景星　贾爱林）

【**碎屑岩成岩作用** clastic rock diagenesis】 碎屑沉积物沉积后转变为沉积岩直至变质作用以前或因构造运动重新抬升到地表遭受风化以前所发生的一切作用。碎屑沉积物沉积后所处物理化学环境（如温度、压力、细菌、有机质转化、孔隙水的pH值和Eh值、孔隙水运动等）的不断变化，不仅使岩石成分、结构发生变化，而且对岩石的孔喉类型与大小、孔隙结构及分布、孔渗性强弱有重要影响。与碎屑岩油气储层演化关系最密切的成岩作用有：压实作用、压溶作用、胶结作用、溶解与交代作用。其中压实作用、胶结作用、压溶作用和重结晶作用为降低储层孔渗性的成岩作用；溶解和淋滤作用为增加储层孔渗性的成岩作用；交代作用对孔隙的影响不大，但可为后期溶解作用提供更多的易溶物质，从而有利于溶解作用的进行。

（1）压实作用：又称物理压实或机械压实作用，是指沉积物沉积后在上覆水体和沉积层的重荷下，或在构造应力和作用下，发生水分排出、孔隙度和渗透率降低、体积缩小的作用。任何沉积物转变为沉积岩都经受了压实作用。压实作用是碎屑岩原始孔损失的最主要原因之一。压实作用在沉积物埋藏早期阶段表现得比较明显。

压实作用主要与碎屑颗粒的形状、圆度、粗糙度、分选性等有关。颗粒圆度越高、分选越好，原始沉积物填积越紧密，可压实程度越小。碎屑颗粒的成分也是影响压实作用的主要因素，石英等刚性颗粒抗压实能力强，对原生孔隙的保存有利；火山岩屑、泥岩岩屑、云母等塑性颗粒易发生压实变形，对孔隙的伤害程度很大。除此之外，早期胶结作用、排水不畅导致的欠压实等能有效减弱压实效应。

经过压实作用后，会发生碎屑颗粒的重新排列，塑性岩屑挤压变形，塑性矿物颗粒弯曲进而发生成分变化，刚性颗粒发生破裂。随着压实强度的增大，颗粒接触关系可由悬浮接触逐渐过渡为点接触甚至线接触、凹凸接触等。

（2）压溶作用：又叫化学压实作用，指沉积物随埋藏深度的增加，碎屑颗粒接触点上所承受的来自上覆地层的压力或来自构造作用的侧向应力超过正常的孔隙流体压力时（达2~2.5倍），颗粒接触处的溶解度增高，将发生晶格变形和溶解作用，排出被溶物质，同时使颗粒接触更加紧密，由点接触向线接触、凹凸接触、缝合线接触转变。被溶物质还可在附近以其他形式再次沉淀下来。石英颗粒接触处最易观察到压溶作用，压溶的石英成分可以以石英加大的形式再次沉淀。颗粒表面的黏土薄膜、水膜有利于压溶物质的扩散和排出。

（3）胶结作用：是指从孔隙溶液中沉淀出矿物质（胶结物）将松散的沉积物固结起来的作用。胶结作用是沉积物转变成沉积岩的重要作用，也是沉积岩原始孔隙度和渗透率降低的最主要原因之一。同时一些早期胶结物的存在可以降低岩石的压实程度，也为后来的溶解作用生成次生孔隙提供了物质基础。胶结物是沉积岩中独有的一种矿物结构形式，其矿物成分和产状多种多样，常见的有：碳酸盐矿物、硫酸盐矿物、沸石等的孔隙充填式、凝块式、连晶式胶结；石英、长石矿物的加大式、接触式胶结；高岭石矿物的孔隙充填式胶结；伊利石矿物的孔隙衬边式或搭桥式胶结；绿泥石矿物的薄膜式胶结等。还有一些海绿石、片钠铝石等特殊类型的胶结物。胶结物的产状对孔隙结构影响很大，其中接触式胶结对渗透率损害很大，对孔隙度损害较小；孔隙式胶结对孔隙度和渗透率均造成损害；黏土矿物胶结往往会形成一定量的微孔隙，虽然总孔隙度较高，但孔隙微小，渗透率很低。

（4）溶解作用：指碎屑岩中的某些矿物成分因孔隙流体的作用而发生溶解形成次生孔隙的作用。与破坏性的压实作用和胶结作用相比，溶解作用是建设性成岩作用，通过形成次生孔隙来改善储层的孔隙性能。发生溶解作用一般必须具备两个条件：一是可溶组分的存在，可以是颗粒（如长石、岩屑颗粒等）、杂基（如部分泥质杂基）或胶结物（如方解石、石膏、浊沸石等）；二是溶蚀性孔隙流体的活动，如与有机质演化有关的酸性孔隙水、富含CO_2的酸性孔隙水、深部的热循环孔隙流体、近地表淡水淋滤等。次生孔隙的发育程度往往与原生孔隙的保存有关，保存一定的原生孔隙有利于孔隙流体的流动和溶解作用的发生，而强烈胶结或强烈压实的砂岩中原生孔隙丧失殆尽，孔隙流体活动受限，不利于溶解作用的发生。次生孔隙是世界上许多油气储层的主要储、渗孔隙，在中国一些次生孔隙发育带也往往与油气聚集带相对应。对次生孔隙改善储层质量的评价一定要客观,如在相对封闭的体系中,由于地层流体活动受限,被溶物质往往在附近以其他形式再次沉淀下来,而不能被及时地排出带走,这样次生孔隙只是引起孔隙结构的变化,对总孔隙度的增长意义不大。

(5)交代作用:指一种矿物替代另一种矿物的现象,实质是被交代矿物的溶解和交代矿物的沉淀同时进行并逐步替代的过程。当交代过程中发生原地转化,新形成的矿物保持原有矿物的假象时,称为假象交代作用。交代作用服从体积保持定律及质量守恒定律,因而对储层的孔隙度和渗透率的影响相对较小。

(贾爱林 国景星)

【碳酸盐岩成岩作用 carbonate rock diagenesis】 在沉积作用之后,碳酸盐沉积物及碳酸盐岩所发生的一系列物理、化学、物理化学和生物的作用,以及这些作用所引起的碳酸盐沉积物和碳酸盐岩的结构、构造、成分以及物理化学性质的变化。碳酸盐岩成岩作用与碳酸盐岩孔隙的形成和演化关系十分密切。碳酸盐岩成岩作用类型主要有溶解作用、矿物的转化和重结晶作用、胶结作用、交代作用、压实作用、破裂作用、生物及生物化学成岩作用等。其中破坏孔隙的成岩作用包括胶结作用、压实作用、压溶作用、重结晶作用和沉积物的充填作用等;利于孔隙形成和演化的成岩作用包括溶解作用、白云石化作用、破裂作用和生物化学成岩作用等。

(1)压实作用:碳酸盐沉积物在上覆层的压力下,发生孔隙流体的减少、孔隙度降低、密度增加、体积减小、颗粒变形破裂,甚至引起颗粒和岩石局部溶解的作用,统称压实作用。它可进一步分为物理压实(即狭义压实)作用和化学压实(即压溶)作用。物理压实引起填积密度增大,使颗粒或其他结构组分压弯、变形、破裂、揉皱等。一般而言,物理压实作用对碳酸盐岩影响较小。压溶作用又称溶解蠕变,是一种有流体参与的塑性变形过程。上覆层压力或构造应力可使碳酸盐岩在高压应力区发生溶解,通过流体迁移,在低压应力区沉淀,从而造成塑性变形。压溶作用可以产生缝合线甚至形成缝合线网络,对碳酸盐岩的孔隙起着破坏作用。随着压溶作用释放出的碳酸钙充填在颗粒附近的孔隙内,发生胶结作用,使孔隙被填塞。综合来看,压溶作用是一种减少碳酸盐岩孔隙的作用,但在埋藏过程中形成的缝合线,在构造抬升过程中因上覆地层剥蚀而导致上覆压力降低时,可以重新开放。此时的缝合线往往具有大量的串珠状溶孔,既可以作为流体的通道,沿缝合线进行溶蚀而产生孔隙,同时也可以作为油气运移的通道。

(2)胶结作用:是指在孔隙水的物理化学和生物化学的沉淀作用下,孔隙中新生矿物晶体生长形成胶结物,把碳酸盐颗粒或矿物粘结起来变成固结的岩石的作用。碳酸盐胶结物的矿物成分主要有低镁方解石、文石、高镁方解石和白云石。胶结物主要有三种结晶形态：泥晶、纤维晶和粒状晶体。碳酸盐胶结物的形成往往有多个时代，早期一般围绕颗粒周围成薄膜胶结，常见为纤维状或马牙状无铁方解石，晚期多为粒状含铁方解石。

（3）矿物的转化和重结晶作用：矿物转化作用包括两种情况，一种是矿物的同质多象转化，即仅发生晶格和晶形的变化，并不发生化学成分的变化，如文石转变为低镁方解石；另一种是化学成分发生变化，但不发生晶格和晶形的变化，如高镁方解石转变为低镁方解石。重结晶作用是指在成岩过程中，矿物的晶体形状和大小发生变化而主要矿物成分不改变的作用。可分为简单重结晶作用和应变重结晶作用，前者指矿物晶体单纯地增大或缩小，后者指在应力作用下矿物晶格发生变形。一般情况下出现晶体长大的现象，福克（Fork）称之为"进变新生变形"；特殊情况下也可能发生晶体的缩小，或叫"退变新生变形"。

（4）溶解作用：是由于碳酸盐沉积物或碳酸盐岩中的孔隙水的性质发生变化，从而引起碳酸盐矿物或其他成分发生溶解的作用。在成岩作用的各个阶段都可以发生溶解作用。成岩早期一般是对文石、高镁方解石组分的选择性溶解；成岩晚期一般是沿节理、裂缝和原生孔隙发生非选择性溶解，形成溶孔、溶缝、溶洞等；表生溶解作用表现为较大规模的溶蚀作用（淋滤作用），可形成大型孔、缝、洞的溶蚀地貌（喀斯特地貌）。溶解作用的强弱取决于岩石本身的溶解性（溶解度）、水溶液的性质、饱和程度以及水溶液的循环强度（流动性）。溶解作用在沉积作用阶段主要发生于颗粒岩中，可以形成粒内孔隙，而在成岩作用和表生阶段，溶解作用主要发生在各种碳酸盐岩类中，主要形成扩大的粒间空隙。

（5）交代作用：指在碳酸盐沉积物或碳酸盐岩中，原来的矿物和组分被新矿物所取代的作用。常见的交代作用有：白云化、去白云化、硅化、石膏化和硬石膏化、去膏化、菱铁矿化和黄铁矿化等。其中白云化作用的影响最大。白云化机理很多，如蒸发泵作用、回流渗透白云化作用、混合白云化作用、调整白云化作用等。对白云化产生的结果尚存争议，多数学者认为石灰岩被白云石以分子对分子交代方解石时，其体积收缩12.8%，如果没有压实作用，必然会导致一定程度的孔隙度增加。也有学者指出，白云化结果主要不是增加了孔隙度，而是改变了渗透性，原因在于白云化使岩石结构变粗，晶间孔变大，连通性变好。白云岩的孔隙度随着白云石化作用的强度而变，Power 于 1962 年指出，当白云石含量超过 75% 时，孔隙度随白云石含量的增加而增加；在白云石含量达到约 77% 的时候，白云石晶体的晶间缝开始变大，有效的晶间孔隙发育；当白云石含量达到 80% 的时候，平均孔隙度可达 19%；当白云石含量再增加的时候，孔隙度和渗透率会相对衰减，当白云石含量达到 90% 的时候，孔隙度就变得很小。

（6）破裂作用：破裂作用产生的裂缝及与其有关的孔隙是碳酸盐岩储层的重要储集空间。在成岩阶段，破裂作用可以分为构造成因的破裂作用和非构造成因的破裂作用。其中构造成因的破裂作用是指固结岩石在区域构造应力作用下破裂，是岩石在埋藏成岩期产生裂缝的主要原因。裂缝常成组出现在岩层变形单元的一定部位，具有一定的方向性且呈网状；非构造成因的裂缝作用有多种成因，可由成岩收缩、岩溶和卸载破裂等作用造成。成岩收缩作用指碳酸盐沉积物在气候干燥条件下失水发生的收缩作用；岩溶作用指地表、地下碳酸盐岩和蒸发岩的溶解导致的岩石破裂，由此产生裂缝和角砾间孔隙；卸载破裂作用指碳酸盐岩在抬升过程中发生剥蚀后，因上覆负荷降低而产生裂缝的作用。

（7）生物及生物化学成岩作用：生物穿过沉积物能够形成潜穴网络和孔洞孔隙，能使粗细沉积物混合或使颗粒破碎，从而改变已有的孔隙。生物化学成岩作用对孔隙的影响主要表现为碳酸盐沉积物内有机质的腐烂和分解形成孔隙。

（国景星　贾爱林）

【储集空间 reservoir space】 储层内能储集流体（油、气、水）的空间。

储集空间类型　根据形态可以分为三大类：孔隙、溶洞和裂缝。

孔隙根据成因又可分为原生孔隙和次生孔隙。原生孔隙是岩石在沉积和成岩过程中形成的孔隙，会因压实作用和胶结作用而减小。在碎屑岩中原生孔隙类型主要有粒间孔隙、基质内微孔隙、矿物节理缝、层理层间缝等。粒间孔隙发育于碎屑颗粒之间，一般具有孔隙大、喉道较粗、连通性好以及储渗条件好的特征，是砂岩储集岩中最重要的有效储集孔隙类型。碳酸盐岩中的原生孔隙主要有粒间孔隙、生物骨架孔隙或格架孔、壳体遮蔽孔隙、泥晶微孔、晶间孔、粒内孔隙、鸟眼孔隙等。次生孔隙是指岩石经成岩作用改造后产生的孔隙，最主要的类型是溶蚀孔隙，还有少数交代作用和重结晶作用形成的晶间孔隙。这类孔隙除少数具有原沉积物的组构特征外，绝大部分为非组构型孔隙。碎屑岩中次生孔隙类型主要有粒间溶孔、粒内溶孔、颗粒溶孔、铸模孔、超大孔等。碳酸盐岩中的次生孔隙主要有粒间溶孔、粒内溶孔、铸模孔、晶间孔、生物骨架或格架溶孔、晶内溶孔、晶间溶孔、基质溶孔、岩溶角砾溶孔等。

洞指直径大于 2mm 以上的孔，一般均为次生成因。碎屑岩中的洞多与表生淋滤作用有关。碳酸盐岩中的洞主要发育于岩溶型储层中，大者可达几米以上。

裂缝按成因也可分为原生和次生两种类型。原生裂缝包括层间缝、矿物节理缝等。次生裂缝又可分为构造裂缝、成岩裂缝和风化裂缝，它们又均可受溶蚀作用的改造。构造裂缝指岩石受构造应力作用产生的裂缝，一般缝壁平直，组系分明，定向性强，在所有裂缝类型中最常见、分布范围最广。成岩缝指由于干裂和失水收缩而产生的裂隙以及压溶作用产生的压溶缝合线等，一般无方向性，缝壁弯曲，延伸范围小，有时有分枝现象，其分布受层理或层面限制，不穿且形状不规则。风化裂缝是指地表岩石在温度变化和水、空气、生物等风化营力作用下形成的裂隙，常在成岩、构造裂隙的基础上进一步发育，形成密集均匀、无明显方向性、连通良好的裂隙网络。裂缝一般仅提供百分之几的孔隙度，但却能较大地提高渗滤能力，特别是碎屑岩储层。在微孔隙和孤立溶孔发育的砂岩储集岩中，裂隙起着主要渗滤通道的作用。

储集空间体系 指以不同的形式和比例相互连通的各种储集空间在油气藏形成过程中形成的统一的储集单元，是一种很复杂的空间体现。其中，孔缝洞构成比例各异，裂缝大小等级不同，孔隙和缝洞大小差别显著，分布有层状、分层状和二者的混合。根据这些特点，可将储集空间体系划分成若干基本类型。

储集空间体系类型划分的依据主要有：各类储集空间的发育程度、各级裂缝的相对孔隙度、*裂缝渗透率*与基质渗透率的比值、各类储集空间的分布状况和配置关系等。根据各类储集空间的发育程度，可应用三角图对储集空间体系进行分类，如图所示。

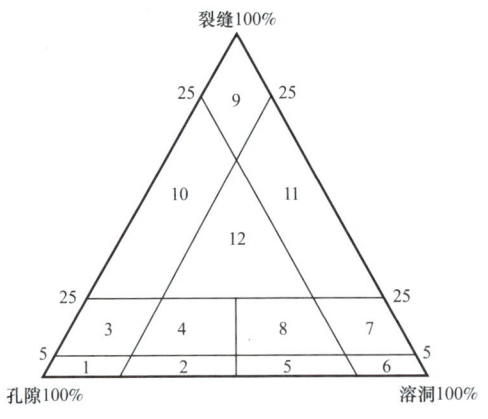

储集空间体系分类图
孔隙类：1—孔隙型；2—溶洞孔隙型；3—裂缝孔隙型；4—裂缝溶洞孔隙型
溶洞类：5—溶洞型；6—孔隙溶洞型；7—裂缝溶洞型；8—裂缝孔隙溶洞型
裂缝类：9—裂缝型；10—孔隙裂缝型；11—溶洞裂缝型；12—孔隙溶洞裂缝型

储集空间参数评价 储集空间主要由两类物性参数进行评价，孔隙度和渗透率。对于不同的储集空间体系类型，应采用不同的手段进行参数评价。根据储集空间发育特点分两类储层进行评价。一类是储集空间以孔隙或以小型孔洞缝为主，分布较均匀的储层，其孔隙度和渗透率参数可以通过岩心测试资料、测井解释资料和试井解释资料进行综合评价。另一类是储集空间差别大、分布不均匀的储层，即大缝洞型储层，其孔隙度和渗透率参数评价较为复杂，可以通过岩心分析基质孔隙度和渗透率，较大岩心统计缝、洞面孔率和裂缝密度，放空扩径溶洞率统计，测井解释，试井解释，野外露头统计和模拟方法等进行综合评价。

📖 推荐书目

于兴河.油气储层地质学基础［M］.北京：石油工业出版社，2015.
纪友亮.油气储层地质学［M］.北京：石油工业出版社，2015.

（贾爱林　国景星）

【孔隙 pore】广义上讲是指岩石中未被固体物质所充填的空间。又称空隙。即油气在地下的储集空间，包括狭义的孔隙、裂缝和溶洞等。狭义的孔隙是指岩石中颗粒间、颗粒内和填隙物内的空隙。孔隙是流体储存于岩石中的基本储集空间，孔隙之间可以是相互连通的，也可以孤立存在。孔隙对岩石的孔隙度、渗透率等物理特性具有很大的影响；同时，由于孔隙的大小、形态及连通情况不同，孔隙对孔隙度、渗透率的影响或贡献可以存在较大差异。

根据不同的研究内容和目的，孔隙可按不同的方法进行分类，如按孔隙成因或形成时间顺序、孔隙大小、与颗粒的接触关系等分类，由此得出的分类结果各不相同。表1为碎屑岩常见孔隙分类方法及分类结果。

表1　碎屑岩常见孔隙分类方案

分类方法	分类依据（标准）	分类结果
孔隙成因分类	沉积与成岩作用	原生孔隙
	固结成岩后改造	次生孔隙
孔径（缝宽）大小及其对流体作用	孔径＞0.5mm 缝宽＞0.25mm	超毛细孔隙
	0.0002mm＜孔径≤0.5mm 0.0001mm＜缝宽≤0.25mm	毛细孔隙
	孔径≤0.0002mm 缝宽≤0.0001mm	微毛细孔隙
孔隙对流体的渗流情况	孔隙连通且参与渗流	有效孔隙
	孔隙孤立或细微不参与渗流	无效孔隙
孔隙与颗粒关系	孔隙在岩石中分布的位置	粒间孔隙
		粒内孔隙
		填隙物内孔隙

碳酸盐岩孔隙 碳酸盐岩岩性变化大、储集空间类型多样，以及孔隙空间系统常经历多次改造等特点，其孔隙类型划分存在多种方案，如按形态分类可分为孔、洞、缝三种类型，孔主要为原生孔隙，包括粒间、晶间、粒内生物格架等孔隙，洞主要为次生孔隙，包括溶孔或晶洞，缝是岩石受应力作用产生的，不但可作为储集空间，在油气运移过程中也起着重要作用。除此之外，还可以按储集空间的主控因素、形成时间或成因、孔径大小等进行分类（见表2）。

表2 碳酸盐岩常见孔隙分类

分类方法	分类依据（标准）	分类结果
孔隙形态成因分类	孔（粒间—晶间孔隙）	原生孔隙（粒间孔隙、粒内孔隙、生物格架孔隙等）；次生孔隙（晶间孔隙、角砾孔隙等）
	缝（裂缝—基质孔隙）	构造缝；层间缝；成岩缝；压溶缝等
	洞（溶解—溶蚀孔隙）	岩溶溶洞；溶蚀孔隙
孔隙形成时间（成因）分类	沉积与成岩作用	原生孔隙（各种粒间孔、生物骨架孔隙、成岩缝等）
	成岩后改造作用	次生孔隙（溶蚀孔缝、构造缝、层间缝等）
孔隙主控因素分类	组构控制的原生孔隙	粒间孔隙；粒内孔隙；生物骨架孔隙；生物钻孔孔隙；鸟眼孔隙；晶间孔隙等
	溶解作用的次生孔隙	粒内溶孔；溶模孔隙；粒间溶孔；角砾溶孔等
	裂缝	构造缝；成岩缝；沉积—构造缝；压溶缝；溶蚀缝等
孔径大小分类	孔径>2mm	溶洞
	1.0mm<孔径≤2.0mm	溶孔
	0.5mm<孔径≤1.0mm	粗孔
	0.25mm<孔径≤0.5mm	中孔
	0.1mm<孔径≤0.25mm	细孔
	0.01mm<孔径≤0.1mm	很细孔
	孔径≤0.01mm	极细孔

火成岩孔隙 火成岩由于受到喷发、溢流、冷凝、结晶和构造作用的影响，这些作用在火成岩岩体内形成孔隙和裂缝。根据成因分为原生和次生两大类。

原生孔隙主要有粒间孔、气孔、晶间孔等；次生孔隙主要包括溶蚀形成的粒内溶孔、溶缝、溶洞，以及构造应力作用形成的构造缝等。主要孔隙包括：（1）气孔，是岩浆中的挥发分集中之后再散逸留下的空间，形状各异，大小差别很大；（2）杏仁体内孔，由次生矿物充填气孔后留下的空间，或者是充填物被溶蚀后形成的孔隙；（3）斑晶间孔，结晶矿物晶体间形成的孔隙，结晶程度越高，该类孔隙越多；（4）收缩孔，火成岩中充填于某种空间的物质由于冷凝结晶而收缩所产生的孔隙，该类孔隙多见于喷出岩；（5）微晶晶间孔，火成岩基质中矿物结晶体之间所形成的微孔隙，岩石结晶程度越高，该类孔隙越发育；（6）晶内孔，斑晶内由晶内破裂面溶蚀作用形成；（7）溶蚀孔，火成岩中的矿物全部或部分被溶蚀后留下的孔隙；（8）胀裂孔，于深部结晶的矿物随着岩浆运移到浅部，由于压力和温度环境的变化，晶体胀裂而形成的孔隙，多发育于长石斑晶内。

变质岩孔隙 多采用成因—形态分类，分为四大类：（1）变晶成因，如变晶间孔、变余晶间孔、节理缝隙等；（2）构造成因，包括构造裂隙、破裂粒间孔等；（3）物理风化成因，主要有风化裂隙、风化破碎粒间孔等；（4）化学淋溶成因，如溶蚀孔、溶蚀缝隙等。

推荐书目

于兴河. 油气储层地质学基础［M］. 北京：石油工业出版社，2015.
纪友亮. 油气储层地质学［M］. 北京：石油工业出版社，2015.

（国景星）

【**原生孔隙 primary pore**】 指沉积物沉积后，在成岩作用之前（或同时）形成的孔隙。如碎屑岩颗粒组成格架之间的空间，这种孔隙取决于粒度、分选性、颗粒球度、圆度和填集性，当颗粒减小时，孔隙度增高，而渗透率降低，分选好的砂岩比分选差的孔隙度和渗透率高；碳酸盐岩原生孔隙的发育受岩石的结构和沉积构造控制，包括粒间孔隙、粒内孔隙、生物骨架孔隙、生物钻孔孔隙、鸟眼孔隙和晶间孔隙等类型。

碎屑岩中其主要孔隙类型如下。

（1）粒间孔隙：砂岩为颗粒支撑或杂基支撑，含少量胶结物，在颗粒与杂基及胶结物间的孔隙称为粒间孔隙。它是砂岩储集体中最主要、最普遍的孔隙类型，其孔隙大、喉道粗，连通性较好。

（2）杂基的微孔隙：包括泥状杂基沉积石化时收缩形成的孔隙及黏土矿物重结晶晶间隙，如高岭土、绿泥石、水云母及碳酸盐泥杂基中均具此类孔隙。孔隙极为细小，宽度一般小于 0.2μm，在扫描电镜下方可清晰辨认。

（3）矿物解理缝和岩屑内粒间微孔隙：如长石和云母等解理发育的矿物，常见有片状或楔形解理缝，其宽度大都小于 0.1μm，有的可达 0.2μm。

（4）纹理及层理缝：在具有层型和纹理层构造的砂岩中，由于不同细层的岩性或颗粒排列方向的差异，沿纹理或层理常具缝隙，或表现为渗透率的好坏具有方向性。

碳酸盐岩中主要孔隙类型如下。

（1）粒间孔隙：鲕粒灰岩、生物碎屑灰岩和内碎屑灰岩等颗粒石灰岩常具有的孔隙，特征与砂岩相似，孔隙度的大小与颗粒大小、分选程度、灰泥基质含量和亮晶胶结物的含量有密切联系。

（2）粒内孔隙：指碳酸盐岩颗粒内部的孔隙，生物灰岩常具有这种孔隙，因而又称生物体腔孔隙。

（3）生物骨架孔隙：由原地生长的造礁生物在生长时形成的坚固骨架，在骨架之间留下的孔隙，孔隙形状随生物生长方式而异，在骨架之间构成疏松多孔的结构，常具有高的孔隙度和渗透率。

（4）生物钻孔孔隙：由某些生物的钻孔所形成的孔隙，孔隙常被充填。

（5）鸟眼孔隙：透镜状或不规则状孔隙，常成群出现，平行于纹层或层面分布。鸟眼构造留下的孔隙，常比粒间孔隙直径大，多发育在潮上带或潮间带，在成岩后期，由于气泡或干缩而成，是网格状或窗状孔隙的一种类型。

（6）晶间孔隙：碳酸盐岩矿物晶体之间的孔隙。晶间孔隙可以是沉积时期形成的，但更多的是在成岩后生阶段由于重结晶作用、白云岩化作用等形成的。

推荐书目

蒋有录，查明.石油天然气地质与勘探［M］.北京：石油工业出版社，2016.

（国景星　朱华银）

【次生孔隙 secondary pore】　指沉积物沉积后，在成岩过程中由于溶解、重结晶等作用形成的孔隙。碎屑岩的次生孔隙主要是非硅酸盐组分溶解的产物，形成溶蚀孔隙的可溶物质可呈三种结构形式：沉积的物质、自生胶结物和自生交代产物。岩石组分的破裂收缩也可使碎屑岩产生重要的次生孔隙，通常居于次要地位，按其成因可分为破裂产生的孔隙、收缩孔隙和溶解作用产生的孔隙；碳酸盐岩中次生孔隙主要指碳酸盐矿物或伴生的其他易溶矿物被地下水、地表水溶解形成的孔隙，包括组构选择性溶解形成的次生孔隙（粒内溶孔、粒间溶孔、晶间溶孔、铸模孔等）和非组构选择性溶解形成的次生孔隙。

碎屑岩主要次生孔隙类型如下。

（1）破裂产生的孔隙：由于岩石或岩石组分发生破裂而形成破裂面，之后充填裂隙物质被溶解而形成的重新开启的裂缝。包括张开的裂隙、张开的颗粒裂隙和张开的粒间裂隙。张开的岩石裂隙具有延伸长度超过单个颗粒或单个粒间空间的分离面;张开的颗粒裂隙的分离面限于个别颗粒之中,在数量上仅占孔隙的很小部分,对了解成岩和孔隙历史有鉴定价值;张开的粒间裂隙限于单个粒间空间组分中,产生在粒间基质、粒间胶结物和粒间交代物中,是确定成岩次序的极好的证据。

(2)收缩孔隙:是部分矿物在脱水和重结晶过程中形成的孔隙。可出现在颗粒、杂基和胶结物中,包括多种多样的孔隙结构,其规模通常可以从微观到接近砂岩颗粒的大小,形状可以是孔,也可以是缝。

(3)溶解产生的孔隙:由碳酸盐、长石、硫酸盐或者其他可溶组分溶解而成。是一种很重要的储集空间,可分为粒间溶孔、粒内溶孔、胶结物内溶孔和晶内溶孔等。

① 粒间溶孔:由颗粒之间的填隙物选择性溶解形成,可由残余胶结物和再沉淀的胶结物所充填。

② 颗粒内溶孔和胶结物内溶孔:指颗粒内部被溶蚀或早期易溶矿物交代颗粒后再被溶解而形成的溶解孔隙。

③ 晶内溶孔:指晶体内部被溶解产生的次生孔隙,常见的是长石部分溶解形成的晶内孔,当孔隙发育时,可使长石形成残骸状。

④ 铸模孔隙:指外形和原组分外形特征相同的孔隙。常见的铸模有颗粒印模、胶结物印模、交代印模等。这类孔隙由颗粒溶解而成,也可为颗粒先被交代,而后交代物再被溶解形成。

⑤ 特大溶孔:孔径超过相邻颗粒直径1.2倍以上的孔隙,常由易溶颗粒被全部溶解形成,在特大溶孔中可分布漂浮状颗粒。

⑥ 贴粒缝:是沿颗粒边缘溶解形成的线状孔隙。

碳酸盐岩主要次生孔隙类型如下。

(1)粒间溶孔:由颗粒间胶结物选择性溶解形成。

(2)粒内溶孔和铸模孔:颗粒内部被选择性溶解形成的孔隙。粒内溶孔进一步扩大,颗粒被溶蚀成空心状、空环状等仅具颗粒外形时便形成铸模孔。

(3)晶间溶孔:由晶间孔溶蚀扩大而形成的孔隙。晶间孔面积大、喉道宽,是重要的储集空间。

(4)砾间溶孔:角砾间充填的方解石被溶解形成。

(5)非组构性溶孔:不受组构控制的溶蚀孔隙,孔隙可切割颗粒、胶结物,打破粒间、粒内界限,又称非选择性溶蚀孔隙。

📝 **推荐书目**

于兴河. 油气储层地质学基础 [M]. 北京：石油工业出版社，2015.
纪友亮. 油气储层地质学 [M]. 北京：石油工业出版社，2015.

（国景星）

【**储层裂缝** reservoir fracture】 由于成岩作用或构造作用形成的片状空隙。广义上讲，岩石裂缝是指地壳中大小及成因极为不同的各种断裂变形空间，根据其成因可分为原生裂缝与次生裂缝，原生裂缝是指岩石在成岩过程中产生的裂缝，如沉积岩在成岩过程中因失水收缩而产生的裂缝，岩浆岩在岩浆冷凝过程中产生的裂缝等。次生裂缝是指在岩石成岩之后形成的裂缝，包括构造（裂）缝和非构造（裂）缝。具体使用中，经常把原生裂缝和次生裂缝中的非构造缝合并称作非构造裂缝（即广义的非构造裂缝），是在溶蚀、风化、热胀、冷缩、压实、失水等因素作用下形成的裂缝。

油气储层研究的裂缝通常是指没有明显位移或位移发生在断裂面内的岩石断裂变形空间，它对储层的结构产生重大影响，尤其是对储层的孔隙度和渗透率影响显著。虽然裂缝提供的储集空间有限，一般只有百分之几甚至更低，但因它在岩石中对孔隙起到了很好的连通作用，故可大大改善储集岩的渗滤性能。

当前，对储层裂缝的定量描述和预测仍是石油地质界的一个世界性难题，尚处于探索阶段，研究常用的方法可概括为三大类。（1）直接观测和探测方法，包括：① 露头和岩心裂缝的宏观与微观观测、统计和类比分析法；② 裂缝方位和现今主压应力方位（有效裂缝方位）的地球物理测定方法；③ 测井识别方法；④ 地震检测方法；⑤ 动态观测及资料分析法。（2）实验研究方法，如物理实验分析法、岩石力学实验和力学参数测定等。（3）间接分析和预测方法，包括各种地质分析方法、概率统计方法、分形方法、物理模拟、数值模拟等。

测井识别评价裂缝的方法包括：利用常规测井资料识别和解释裂缝的方法，以及利用新型和特殊测井识别和解释裂缝的方法。其中常用的测井识别评价裂缝的方法有：微电阻率成像测井（FMI）、微电阻率扫描测井（FMS）、声波成像测井（UBI）、纵横波裂缝声波识别测井（DTCS）、电磁波裂缝识别测井（EPT）、微电导异常识别测井（SHDT）、倾角测井资料裂缝识别（DCA），以及多种测井方法的综合利用。

地震裂缝预测方面，鉴于裂缝具有多尺度性和各向异性，主要采用横波、纵波及转换波之间的参数变化来预测裂缝。核心技术为裂缝等效介质模型、纵波各向异性及横波分裂现象。在此基础上，进一步发展出多种裂缝检测技术，如纵波各向异性裂缝预测、多分量转换波裂缝预测等。

📝 **推荐书目**

袁明生，潘懋，童亨茂，等. 低渗透裂缝性油藏勘探［M］. 北京：石油工业出版社，2000.

（朱华银　国景星）

【**构造裂缝** structural fracture】 指构造运动中岩石受构造力的作用发生脆性变形而形成的裂缝。它是岩层或岩体中分布最广的一种裂缝。储层中的裂缝，特别是宏观裂缝主要为构造裂缝，它不仅对油气的运聚成藏及油气藏的保存有重要作用或影响，而且对地下流体的渗流及油气开发具有重要意义，是油气成藏、油气开发的重要研究内容。构造裂缝最主要的特点是具有一定的方向性，通常形成一定的组系，纵横交切，垂直、斜交或平行，或切过一组岩性不同的岩层，或局限在岩性相似的岩层中。

（朱华银　国景星）

【**成岩裂缝** diagenetic fracture】 指在成岩过程中由于冷凝收缩（岩浆岩，如玄武岩中的柱状节理）、失水收缩与干裂（沉积岩）、重结晶等作用下形成的裂缝，属非构造缝之一，也称为原生的非构造裂缝。这种裂缝多见于泥质岩、石灰岩、白云岩、粉砂岩以及岩浆岩中。在沉积岩中，无论是缝宽还是延伸距离均较小，且多被有机质、方解石、白云石、石膏等所充填，分布受层面限制，不穿层，因此对岩石的储集性影响不大，但它可以起到沟通孔隙的作用，在一定程度上改善岩石的渗滤能力。

（国景星）

【**收缩缝** shrinkage fracture】 由于岩石组分发生变化或成岩脱水收缩引起的应力变形产生的裂缝，收缩裂缝为典型的成岩缝。这种裂缝较小，以微裂缝为主，缝宽一般只有几微米到几十微米。其成因虽然与构造缝截然不同，为数也更少，但其形态和对储集岩产能的作用都与构造缝一致，对储集岩的渗滤能力都有一定的改善作用。

（朱华银）

【**层间缝** interlayer fracture】 在具有层理和纹理层构造的砂岩中，由于不同细层的岩性或颗粒排列方向的差异，沿纹理或层理形成的缝隙，属于成岩缝。它使岩石的渗透率在方向上表现出很强的非均质性，沿裂缝方向的渗透性较好。

（朱华银）

【**裂缝要素** fracture element】 用于表征（构造）裂缝几何形态和运动性质的各参数总称，主要包括裂缝的规模（延伸长度、切穿深度等）、方向、种类和发育程度等,可通过裂缝的性质、产状(走向、倾向和倾角)、密度、强度、开度、充填程度和充填物等参数具体表征。

裂缝的性质 多数构造裂缝为张性裂缝、张剪性裂缝或剪裂缝,剪裂缝常呈共轭节理形式出现,但岩层强烈的非均质性通常可以抑制其中一组发育,而只留下另一组。除此之外,还涉及裂缝的开度、充填程度(未充填、部分充填、完全充填)和充填物(成分特征)。

裂缝的产状 表征裂缝几何形态特征,包括裂缝的走向、倾向和倾角。走向是指沿裂缝面延伸的方向,亦称方位;倾向是指裂缝面倾斜方向;倾角是指裂缝面与其水平投影面之间的夹角。裂缝产状在野外露头上可以直接测定,岩心测量裂缝产状最好在定向取心井上进行,非定向取心井可通过岩心古地磁定向或借用已知地层的裂缝产状测定。在裂缝面不易测量的情况下,通常用裂缝的走向表征。除此之外,倾角测井和成像测井可直接测量裂缝产状。储层的裂缝产状测量成果可以用玫瑰花图表示(见图1和图2),反映裂缝的优势方位。

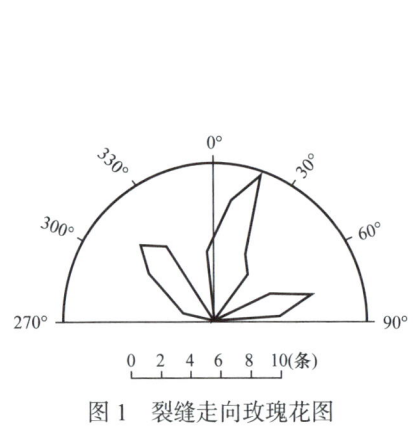

图1 裂缝走向玫瑰花图

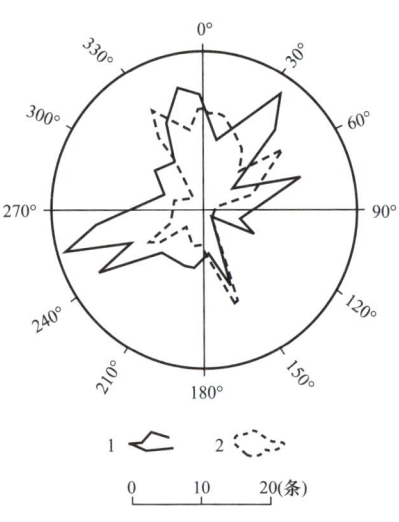

图2 裂缝倾向、倾角玫瑰花图
1—裂缝倾向;2—裂缝倾角

裂缝的倾角,根据裂缝与水平面的夹角分为四个类别:水平缝(0°~15°)、低角度斜交缝(15°~45°)、高角度斜交缝(45°~75°)和垂直缝(75°~90°)。中国低渗透砂岩油藏的垂直裂缝一般发育于西部挤压型盆地,切穿深度较大,沿走向延伸和长度大,在注水开发中影响十分明显。低角度裂缝和水平裂缝一般发育于埋藏较浅的储层中,如克拉玛依油田三叠系S6油层(埋深1200m)和老君庙油田新近系M油层(平均埋深818m),低角度裂缝和水平裂缝在注水中也会引起水窜。有时水平裂缝与垂直裂缝相沟通，形成网状裂缝系统，对于油气的聚储与渗流起着重要的作用。

裂缝规模 反映裂缝发育规模的要素包括：(1)穿切长度，指裂缝在纵向上穿切地层的延伸长度，在岩心上指平行裂缝倾向的沿垂直面上的长度；(2)延伸长度，指沿裂缝走向的延伸长度；(3)裂缝的张开度，指垂直裂缝面方向上两壁的相对位移距离，又称裂缝宽度。单位通常用毫米、微米。油田地下储层裂缝开度一般在10～200μm之间，其中10～20μm最为常见。在岩心描述时，不考虑充填物存在，尽可能描述不同延伸方向的宽度变化，录取平均宽度。

裂缝间距与密度 相邻两条裂缝之间的距离称为裂缝间距。在定量讨论裂缝发育程度时，常以裂缝密度作为指标。裂缝密度包括线性裂缝密度、面积裂缝密度和体积裂缝密度三种，单位均为 m^{-1}。

线性裂缝密度（L_{fD}） 指与测量直线段（垂直于流动方向）相交的裂缝数目与该直线段长度 L_B 的比值。

$$L_{fD} = \frac{n_f}{L_B} \tag{1}$$

式中：n_f 为裂缝总条数；L_B 为直线段长度，m。

面积裂缝密度（A_{fD}） 指测量截面（一般为流动截面）上裂缝累计长度 L 与该截面上基质总面积 S_g 的比值。

$$A_{fD} = \frac{L}{S_g} = \frac{n_f \cdot I}{S_g} \tag{2}$$

式中：L 为裂缝累计长度，m；n_f 为裂缝总条数；I 为裂缝平均长度，m；S_g 为流动横截面积，m^2。

体积裂缝密度（V_{fD}） 指测量体所测裂缝总表面积（S）与该测量体基质总体积（V_g）的比值。

$$V_{fD} = \frac{S}{V_g} \tag{3}$$

式中：S 为裂缝总表面积，m^2；V_g 为基质总体积，m^3。

裂缝强度 表示单位层厚内发育裂缝的数目。根据T.D.范高尔夫—拉特的裂缝强度公式：

$$T = \frac{n_f}{\sum_{i=1}^{n} n_i h_i} \tag{4}$$

式中：T 为裂缝强度，m^{-1}；n_f 为裂缝条数；n_i 为裂缝层数；h_i 为裂缝厚度，m。

裂缝的强度与各层位的岩性、厚度和构造有关。裂缝强度越大，反映岩层的裂缝发育，穿层也越多。

裂缝充填 包括充填程度和充填物两个方面。充填程度包括完全充填、半充填和未充填三种情况。裂缝充填程度不同，直接反应裂缝的储集有效性好坏，一般将未充填和半充填的裂缝定义为有效裂缝。裂缝的充填物主要指裂缝充填物成分，如方解石、泥质、碳质和铁质等物质充填等。裂缝的充填程度可以用充填的缝间隙截面积与总截面积的比值表示。

裂缝开启程度 指裂缝间隙被充填后剩余的可作为储集空间的宽度，亦称开度。开度决定了裂缝的规模，同时，开度也是裂缝物性参数计算中的关键参数，对于油气运移和渗流具有重要影响。根据裂缝可否作为流体储渗空间和运移通道，可将裂缝分为四类：闭合裂缝、开启裂缝、局部开启缝及高压开启缝。

（国景星）

【**闭合裂缝** closed fracture】 在地下储层条件下呈闭合状态的裂缝。闭合裂缝或由于地应力作用而闭合，或因裂缝被完全充填所致。闭合裂缝不存在有效开度，不能给流体流动提供通道，在油气储集和渗流过程中不起作用。然而在油藏原始状态下呈闭合无效的裂缝，在人工诱发下（钻井、注水、压裂过程中的机械诱发以及降压开采过程中的卸载诱发）会张开而成为有效裂缝。因此闭合裂缝也称为潜在缝；与之对应的张开裂缝称为显裂缝，即开启裂缝，两者在开发中所起的作用不同，在油藏描述中应严格区分。潜在缝会由于取出地面卸压而裂开成开启缝，岩心描述裂缝时应特别注意区分开放缝与闭合缝，可通过缝面特征、有无充填物等加以识别，也可以借助于测井资料加以区分。

（禹长安　国景星）

【**开启裂缝** opened fracture】 在地下储层条件下呈开放状态的裂缝。开启缝不仅可成为流体流动的通道，还可作为流体储存的空间。除了一般意义的开启裂缝，还有局部开启缝和高压开启缝。局部开启缝即裂缝局部开启，其他部位闭合。可以是裂缝产生时即形成，或原裂缝中充填物局部被溶蚀后形成；高压开启缝是指在一定的注水压差下由闭合变为开启的裂缝，可有条件地成为流体运移的通道。

地下裂缝的真实开度是裂缝参数描述中的难题。一般而言，岩心观测中实测的裂缝开度或裂缝充填宽度要比地下裂缝的真实开度小，因此需要修正；用双侧向测井的差异和电阻率值可以求取张开度，但是该方法受到的影响因素太多，误差较大；而应用微电阻率扫描和方位电阻率成像相结合，从裂缝在井壁上的形态特征来评价裂缝的开度更为准确。

（国景星）

【**天然裂缝** natural fracture】 岩石在地质应力（构造应力和非构造应力）作用下超过应变极限时形成的裂缝。天然裂缝是储层被钻开并投入开发之前的原始状态下就存在的，它不是人工外加应力所形成的。从地质角度而言，天然裂缝的形成受各种地质作用的控制，如局部构造作用、区域应力作用、成岩收缩作用、卸载作用、风化作用甚至沉积作用，故可将天然裂缝大致分为三大类：与区域或局部构造事件有关的构造裂缝（局部构造裂缝、区域构造裂缝）、非构造裂缝（或称岩性裂缝，如收缩裂缝、卸载裂缝、风化裂缝、岩溶裂缝等）以及沉积—构造裂缝（如层间缝等）。

局部构造裂缝 指由于构造作用所形成或局部构造作用伴生的裂缝，主要是与断层和褶皱有关的裂缝，简称构造裂缝。裂缝的方向、分布和形成均与局部构造的形成和发展有关。

区域构造裂缝 指在区域上大面积切割所有局部构造的裂缝，简称区域裂缝。在大面积区域内，裂缝方位变化相对较小，裂缝面两侧沿裂缝延伸方向无明显水平错移，且总是垂直于层面。区域裂缝与构造裂缝的主要差异在于：（1）区域裂缝的几何形态简单且稳定；（2）裂缝间距相对较大；（3）一般为两组正交裂缝，分别平行于盆地长轴和短轴；（4）区域裂缝多为垂直缝；（5）在大面积内切割所有局部构造。在油气储层中，区域裂缝的重要性仅次于构造裂缝。

收缩裂缝 指与岩石体积减小相伴生的张性裂缝的总称。其形成与构造作用无关，为成岩收缩缝。成因主要有：干缩作用（形成泥裂）、脱水作用（形成脱水收缩缝）、矿物相变（形成矿物相变裂缝）和热力收缩作用（形成热力收缩裂缝）。

干缩裂缝（即泥裂）是在炎热气候条件下，黏土或灰泥沉积物出露地表因干燥失水收缩形成。往往被后期沉积物充填，对油气储集意义不大。

脱水收缩缝是因脱水作用（沉积物体积缩小的一种化学过程），包括黏土的失水和体积减小、凝胶或胶体的失水和体积减小而形成。可发生于地表，也可发生于水下或地下。不仅可以出现于泥页岩中，也可出现于粉砂岩、细砂岩、粗砂岩、石灰岩和白云岩中，发育这种裂缝的岩层可形成很好的油气储层。

矿物相变裂缝是由于沉积物中碳酸盐或黏土组分的矿物相变引起的体积减小而形成。如方解石向白云石转变。

热力收缩裂缝是指那些受热岩石在冷却过程中发生收缩而形成的裂缝。如玄武岩中的柱状节理。

卸载裂缝 是由于上覆地层的侵蚀而诱导的裂缝。上覆地层遭受侵蚀，岩层的负载减小，应力释放（力学上薄弱的界面产生膨胀、隆起和破裂）形成裂缝；在一定范围内侵蚀厚度变化较大（地形起伏较大），地下岩层所承受的静水压力在横向上出现差异，造成流体横向运移，若与深部高压剖面或连续含水层相通，可使流体压力梯度增大，形成天然水压裂缝。

风化裂缝 是指在地表或近地表与各种机械和化学风化作用（如冰融循环、小规模岩石崩解、矿物蚀变和成岩作用）及块体坡移有关的裂缝。一般在潜山油气藏顶部的风化壳中发育，裂缝密度大，裂缝方向规律性差，常呈网状分布，并被红色的氧化黏土物质充填。

岩溶缩缝 与岩溶发育有关的裂缝。在溶洞发育过程中或溶洞形成后，由于上覆地层自身重力作用，溶洞的顶部坍塌，同时形成裂缝。一般分布在溶洞的顶部，呈环状发育。

层理缝 主要是指具剥离线理的平行层理纹层面间的裂缝，为沉积作用和构造应力综合作用的结果。一系列厘米级甚至毫米级厚度的平板薄层间为力学性质薄弱的界面，后期构造应力加剧了界面间的破裂，形成沿层理面发育的裂缝。

一般情况下，没有被矿物充填的天然裂缝具有较低的孔隙度和较高甚至特高的渗透率，这种较高甚至特高渗透率具有明显的方向性，即与裂缝延伸方向一致；在垂直裂缝的方向上，其渗透率与基质基本相同。因此天然裂缝是油气运移的良好通道，同时加剧了储层的非均质性，对于后者在油田开发中应给予特别的重视。

随着储层埋藏深度的增加或因油气开采导致的油气层压力降低，致使天然裂缝受到挤压，裂缝渗透率降低程度要大于基质渗透率降低程度，而这种降低往往是不可逆的。

（国景星）

【人工裂缝 artifical fracture】 在人为外加应力作用下岩石所形成的裂缝。人工裂缝分为两种：一种是闭合的天然裂缝（潜裂缝或隐裂缝）在人为外加应力的诱发下张开，形成有效裂缝（显裂缝或诱发缝）；另一种是在没有天然闭合缝条件下，人为外加应力作用下岩石形成的裂缝，如在钻井过程中形成的诱导缝和压裂作用下形成的水力裂缝。常见的人工诱导缝包括：（1）钻井过程中由于钻具振动形成的钻具诱导缝，一般十分微小且径向延伸很短；（2）重钻井液与地应力的不平衡性造成的压裂缝，该类裂缝径向延伸不远，但张开度和纵向延伸可能都较大；（3）应力释放缝，在古构造应力未得到释放的致密碳酸盐岩层段，一旦该地层被钻开，随着地应力释放而产生的裂缝。

水力裂缝的形态取决于地应力的大小和方向。压裂时，在油层中形成何种类型裂缝，取决于地层中垂向应力和水平应力的相对大小（见图）。水力压裂将改变油藏的渗流状态，从而改变油藏的开发效果。

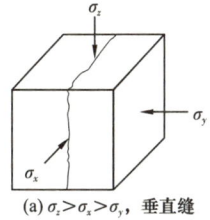 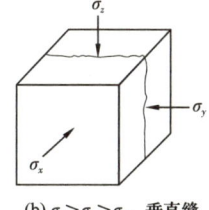 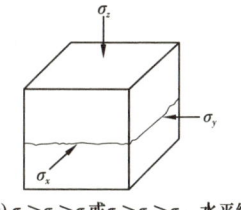

(a) $\sigma_z>\sigma_x>\sigma_y$，垂直缝　　(b) $\sigma_x>\sigma_y>\sigma_z$，垂直缝　　(c) $\sigma_x>\sigma_y>\sigma_z$ 或 $\sigma_y>\sigma_x>\sigma_z$，水平缝

裂缝面与最小主应力的关系

（国景星　禹长安）

【**裂缝有效性** fracture effectiveness】 狭义上是指裂缝的张开程度，在油气田现场更关注的是裂缝（通道）是否具有有效的连通性。在地下众多的裂缝中，特别是在较古老地层中的裂缝，大多数或已闭合，或已被各种各样的岩矿完全充填而成为对储层毫无贡献的无效裂缝，真正具渗滤性能的裂缝为数不多。因此，对裂缝有效性的评价成为裂缝性储层评价中一个非常关键的问题。裂缝的有效性一般从裂缝的张开程度、径向延伸和连通情况三个方面进行评价。

（国景星）

【**洞穴** cave】 一般指岩石中因溶蚀形成的较大孔隙（孔隙直径大于2mm），又称溶洞，形状不规则。属于次生洞穴，即岩石形成之后的次生作用形成。碳酸盐岩中该种洞穴较发育，有的直径可达数米或更大。在溶蚀型油气田钻探过程中，有时可发生钻具"放空"、钻井液漏失量增大等现象，这类现象的出现一般与洞穴有关，且经常伴随有高产层的局部存在。

广义的洞穴还包括原生洞穴，即地下空间与周围围岩是同时形成的。一般来说，该种洞穴与地下水没有关系。如形成于岩浆流动过程中的熔岩隧道（俗称火山洞），其形成与流动的岩浆内外温差有关，岩浆外面或表层冷却快结成硬壳，而中部的岩浆保持高温继续流动，岩浆流尽，终成地下熔岩洞。

（国景星）

【**孔隙结构** pore structure】 岩石所具有的孔隙和喉道的几何形状、大小、分布及其相互连通、配置关系。将岩石的孔隙系统或孔隙空间划分为孔隙和喉道两部分是研究储集岩孔隙结构的前提,一般将岩石颗粒包围着的较大空间称为孔隙,而将颗粒间连通的狭窄部分称为喉道。孔隙是流体赋存于岩石中的基本储集空间,而喉道则是控制流体在岩石中渗流特征的主要因素。研究储层孔隙结构,深入揭示油气储层的内部结构,对油气勘探和开发有着重要的意义。

<u>孔隙结构类型</u>　孔隙结构的分类方案有两大类:(1)基本分类,包括① 按孔隙与喉道大小组合分类,② 根据孔、洞、缝大类孔喉组合分类,③ 按孔隙结构的特点和对开发效果的影响分类,④ 按孔隙空间构造分类,⑤ 按流体渗滤及几何特征的裂缝性碳酸盐岩孔隙结构分类,⑥ 按孔隙与喉道类型组合分类,⑦ 孔隙结构简化模型;(2)综合分类。罗蛰潭、邸世祥、谢庆邦等不同学者依据孔隙结构特征或参数组合、特征参数与岩石类型等多重因素提出了各自的定性、半定量划分方案(见表1),学术领域内尚没有统一标准。

表1　储层孔隙结构综合分类方案

分类方案	分类依据	分类结果
罗蛰潭方案 (我国砂岩储层)	毛细管压力特征及孔隙铸体薄片观察结果	大孔粗喉结构
		大孔细喉结构
		小孔细喉结构
		小孔极细喉结构
邸世祥方案	孔隙结构特征(排替压力、喉道均值、毛细管压力曲线特征)、主要岩性、主要孔隙类型及连通情况等	好(Ⅰ):最好(ⅠA)、次好(ⅠB)
		中(Ⅱ):中上(ⅡA)、中下(ⅡB)
		差(Ⅲ):次差(ⅢA)、极差(ⅢB)
谢庆邦方案 (低渗透砂岩储层)	孔隙喉道大小	中孔粗细喉道(有效储层)
		中小孔细喉道(有效储层)
		小孔微喉道(有效储层)
		微细孔微喉道(非储层)
		微孔微喉道(非储层)

应用较为广泛的分类主要包括:按孔隙与喉道大小组合分类方案,依据孔隙结构的特点和对开发效果的影响分类。

按孔隙与喉道大小组合分类方案,见表2。

按孔隙结构的特点和对开发效果的影响,可将碳酸盐岩孔隙结构分为以下4种类型。

表 2　孔喉分类及孔喉组合类型表

类型	喉道分级界线（半径），μm	孔隙中值界线（直径），μm
孔隙类型	粗喉道：>7.5 中喉道：0.62~7.5 细喉道：0.063~0.62 微喉道：<0.063	大孔型：>60 中孔型：30~60 小孔型：10~30 微孔型：<10
孔喉组合类型	A1 粗喉道—B1 大孔型 A2 中喉道—B2 中孔型 A3 细喉道—B3 小孔型 A4 微喉道—B4 微孔型	A1B1 型、A1B2 型 A2B1 型、A2B2 型、A2B3 型 A3B2 型、A3B3 型、A3B4 型 A4B3 型、A4B4 型

（1）大缝洞型孔隙结构：以宽度大于 0.1mm 的裂缝为喉道，连通大、中型溶洞所组成的孔隙结构。其可细分为以下三种类型。

① 宽喉均质型：溶洞周围被宽度大致相等的裂缝型喉道连通。喉道宽、连通好。这种孔隙结构的水驱油效率高（见图 1a）。

② 下洞上喉型：溶洞上面有裂缝型喉道连通，下方无喉道（见图 1b），该类结构驱油效率不高。

③ 上洞下喉型：溶洞上方无连通喉道，下方有裂缝喉道与它连通（见图 1c），洞中的油气不易采出。

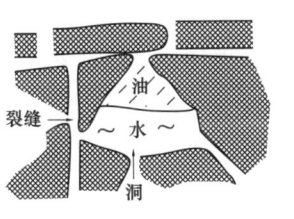 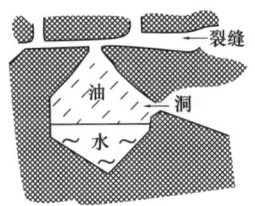 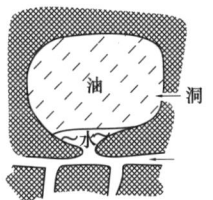

(a) 宽喉均质型　　　　　(b) 下洞上喉型　　　　　(b) 上洞下喉型

图 1　大缝洞孔隙结构模式图

（2）微缝孔隙型孔隙结构：以微裂缝及晶间隙为喉道，连通各种孔隙和小型洞所组成的孔隙结构。其主要可分为以下 3 类。

① 短喉型：储集空间多为晶间孔、粒间孔隙和小的溶蚀孔洞，喉道短、宽、多而平直，孔隙比较小，连通性好，对油气的储渗非常有利（见图 2a、b）。

② 网格型：喉道呈微裂缝网格状（见图 2c）或孔隙结构晶间网状（见图 2d），连通各种晶间孔隙和小的溶蚀孔洞，其储渗能力比短喉型差。

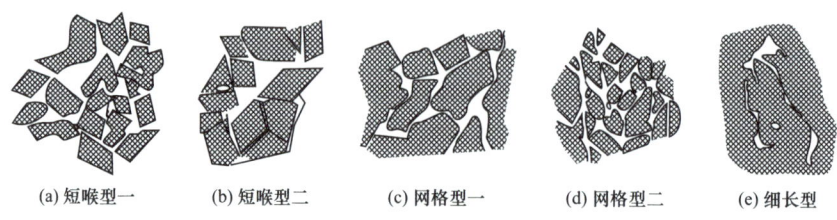

(a) 短喉型一　(b) 短喉型二　(c) 网格型一　(d) 网格型二　(e) 细长型

图 2　微缝型孔隙结构类型图

③ 细长型：喉道细长而曲折，孔隙不发育，连通性不好，储集性能差（见图2e）。

（3）裂缝型孔隙结构：储集空间和喉道均为裂缝，孔洞极不发育。若缝宽度大、密度大、分布均匀，则储集性能好。

（4）复合型孔隙结构：裂缝、溶洞、微裂缝及小孔隙混合而成的极不规则的孔隙结构（见图3）。

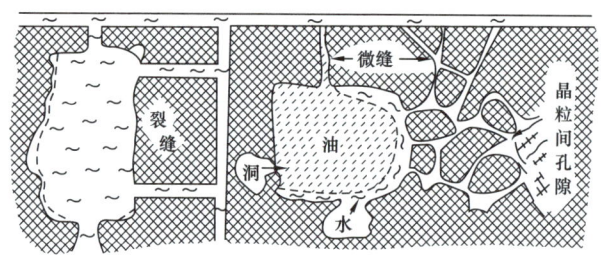

图 3　复合型孔隙结构模式图

孔隙结构研究内容　主要集中于孔隙结构的定量表征和分类评价，其次是储层孔隙结构的成因分析、孔隙结构对流体活动与开发的影响等。其中，孔隙结构的定量表征参数包括：（1）反映孔隙大小的参数，如孔隙喉道半径（简称孔喉半径）、毛细管压力中值等；（2）反映孔喉分选特征的参数，如孔隙喉道分选系数、孔隙喉道歪度、孔隙喉道峰态、均值系数等；（3）反映孔喉连通性、控制流体运动特征的参数，如退汞效率、孔隙喉道比、孔喉配位数、孔隙曲折度等。

孔隙结构研究方法　主要包括三大类（见表）。一般采用常规薄片、铸体薄片及图像分析、扫描电镜观察、压汞分析等岩心实验手段，这些分析方法能够从不同角度对储层的微观孔隙结构特征进行表征。储层（微观）孔隙结构复杂，仅靠单一的技术手段难以取得理想的结果，需要多种方法综合使用，才能更加全面、系统、客观地对孔隙结构进行定量表征。此外，随着科技的进步，储层微观孔隙结构的研究手段不仅向先进的实验测试发展，同时也逐渐呈现出多学科交叉的特点，涉及地质、化学、数学和物理等学科。如采用薄片观察和压汞等物性数据统计相结合的分析方法、测井分析方法（核磁共振测井等）、模糊识别和 BP 神经网络等数学方法等。

储层孔隙结构测量研究方法

类别	方法
直接观测法	铸体薄片法、图像分析法、各种荧光显示剂注入法、扫描电镜法等
间接测定法	毛细管压力法，包括压汞法、半渗透隔板法、离心机法、动力驱替法、蒸气压力法等
数字岩心法	铸体模型法、数字岩心孔隙结构三维模型重构技术等

（国景星）

【喉道 pore throat】 通常将两个相邻岩石颗粒间连通的狭窄的部位称为喉道，是连通孔隙的通道。喉道的大小及形态主要取决于岩石颗粒接触关系、胶结类型以及颗粒本身的形状和大小。喉道的形状、大小、分布等是制约储集岩渗流能力的关键因素。

<u>喉道类型</u> 可依据喉道的几何形状、尺寸、与孔隙的连通关系等进行描述与划分。砂岩的喉道类型可分为 5 种。

（1）孔隙缩小型（见图 1a）。喉道为孔隙的缩小部分，孔隙与喉道直径接近。这种类型的喉道常见于以粒间孔隙为主的砂岩储层，且胶结物较少。

（2）缩颈型（见图 1b）。喉道是颗粒间可变断面的收缩部分，岩石中孔隙较大，而喉道较细。此类型的喉道见于孔隙度较高，而渗透率较低的储层。

（3）片状型（见图 1c）。喉道呈片状、长条状，具有该类喉道的储集岩的孔隙小、喉道细，常见于接触式胶结的砂岩储层。

（4）弯曲片状型（见图 1d）。常见于接触式砂岩储层，但接触更为紧密、复杂，喉道呈弯曲状。

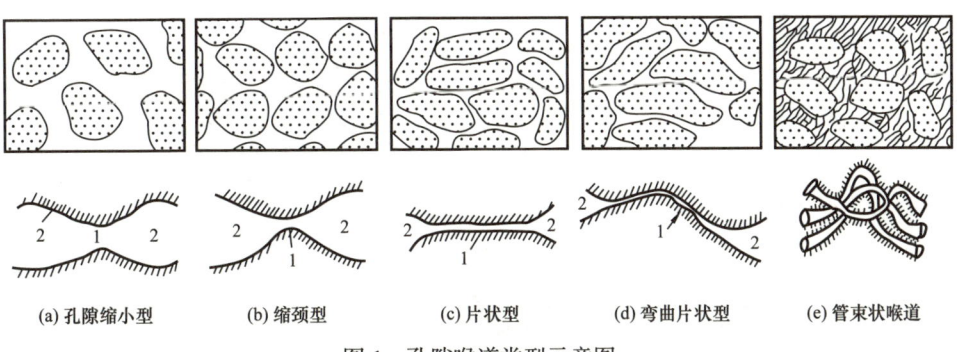

图 1　孔隙喉道类型示意图

（5）管束状喉道（见图1e）。常见于杂基支撑和基底式胶结的砂岩（或砂砾岩）储层，原生的粒间孔隙有时可以完全被堵塞，杂基及各种胶结物中的微孔隙本身既是孔隙又是喉道，这些微孔隙像一支支微毛细管交叉地分布在杂基和胶结物中组成管束状喉道。

碳酸盐岩的喉道类型也包括5种类型。

（1）构造裂缝型（见图2a）。喉道宏观呈片状，延伸较远、边缘较平直，具有一定方向和组系。根据裂缝宽度分为：大裂缝喉道，缝宽大于0.1mm；小裂缝喉道，缝宽介于0.01~0.1mm；微裂缝喉道，缝宽小于10μm。

（2）晶间隙型。喉道为白云石或方解石晶体间的缝隙。与裂缝型喉道相比，喉道具有窄、短、平的特点。根据形态可进一步细分为6种类型（见图2b~g）：规则型、短喉型、弯曲型、曲折型、不平直型、宽度不等型。

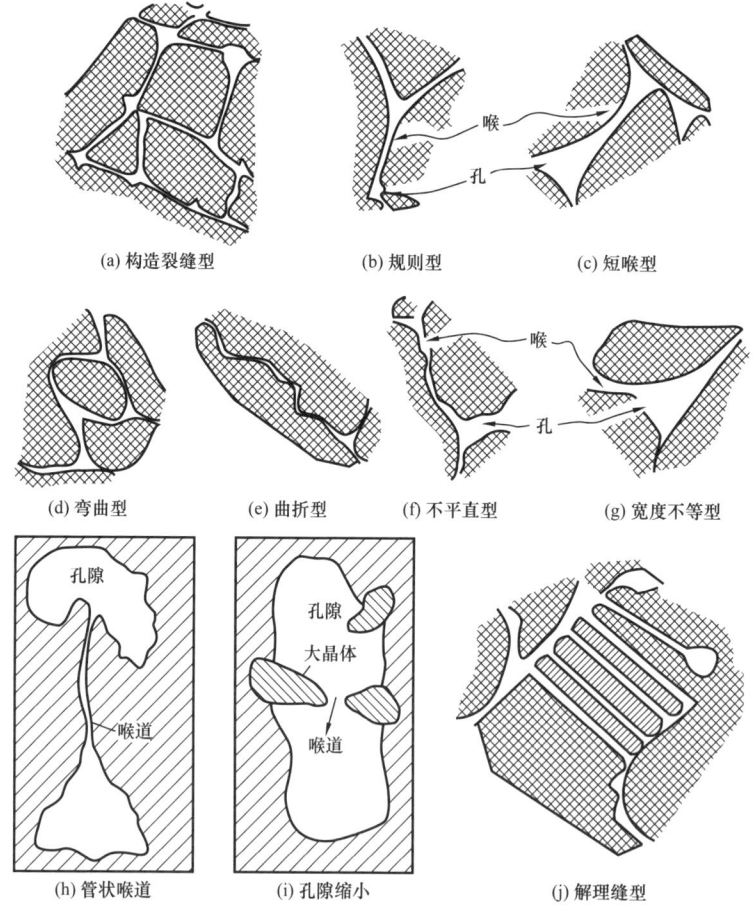

图2 碳酸盐岩储层喉道类型示意图

（3）管状喉道（见图2h）。孔隙之间由细长的毛细管相连，其断面接近圆形。多见于负鲕状灰岩的鲕粒内空间相连的通道。

（4）孔隙缩小部分成为喉道（见图2i）。孔隙与喉道无明显界限，扩大部分为孔隙，缩小的狭窄部分即喉道。这是由于孔隙内晶体生长或有充填物等原因而形成的喉道。

（5）解理缝型（见图2j）。喉道为沿粗大白云石或方解石晶体解理面裂开而成，或该裂开的解理面经溶蚀扩大而形成。

喉道半径　是度量孔隙喉道大小的参数。孔隙喉道大小是以能够通过孔隙喉道的最大球体的直径来衡量，一般以半径表示，即孔隙喉道半径。喉道半径主要影响岩石的渗透性，其值越大，岩石的渗透能力越强。

（国景星）

【孔喉比 pore-throat ratio】　指孔隙大小与喉道大小的比值，或孔隙直径与喉道直径之比，也可以是体积之比。是孔隙结构的重要特征参数。一般而言，孔喉比值越高，岩石的渗透能力越低；反之，比值越低，渗透能力越高。例如，大孔粗喉型孔隙结构的孔隙大、喉道粗，孔喉比接近于1，一般表现为孔隙度大，渗透率高；而大孔细喉型孔隙结构的孔喉比很大，孔隙度较高，但是渗透率低。

孔喉比的测定可通过铸体薄片的显微镜观察或图像分析仪的自动扫描获得的孔隙直径大小及分布和驱替型毛细管力曲线（最好是压汞毛细管力曲线），求出喉道大小及分布，以二者各自的中值（即r_{50}）计算出储集岩的孔喉直径比。也可用恒速压汞法直接获取孔隙与喉道的尺寸，这样就可以用同一岩样同时获得孔隙与喉道的大小分布，从而大大提高测量精度。

孔喉比参数对研究采收率非常有用。在采油过程中，如果孔隙与喉道直径变化不大，则油流的运移是比较顺畅的。如果孔喉比较大，从孔隙到喉道，油流的运移通道由大变小，毛细管力增大，油的运移阻力加大，油流很容易被拉断，形成孤立的油珠滞留在孔隙中。

（国景星）

【比表面 specific surface area】　指单位体积的岩石内岩石骨架的总表面积或单位体积岩石内总孔隙的内表面积。岩石的比表面是度量岩石颗粒分散程度的物理参数。岩石比表面越大，说明其骨架的分散程度越大，颗粒越细。

对碎屑岩油气层来说，比表面表示单位体积岩石颗粒分散程度，其大小影响储油气岩石的孔隙结构和渗透率。当岩石与流体接触时，比表面的大小对流动阻力和对流体的吸附都有很大的影响，也直接影响到油气运移和开采。因此，深入研究油气储层岩石的比表面意义重大。

比表面的不同表达方式　比表面公式中的体积可以分别以岩石的骨架体积、外表体积或孔隙体积为基数，三种不同表达方式的数值是不同的，它们之间有如下关系。

（1）以岩石骨架体积 V_m 为基数的比表面：

$$S_m = \frac{A}{V_m} = \frac{6}{D} \tag{1}$$

（2）以岩石外表体积 V_t 为基数的比表面：

$$S_t = \frac{A}{V_t} = \frac{\pi}{D} \tag{2}$$

（3）以岩石孔隙体积 V_p 为基数的比表面：

$$S_p = \frac{A}{V_p} = \frac{\pi}{\phi_e D} \tag{3}$$

三者之间的关系是：

$$S_t = \phi_e S_p = (1-\phi_e) S_m \tag{4}$$

其中：

$$\phi_e = 1 - \frac{\pi}{6} \tag{5}$$

式中：A 为岩石颗粒的总表面积，cm^2；ϕ_e 为有效孔隙度；D 为颗粒直径，mm。

影响比表面的因素　对碎屑岩，影响因素有三方面。

（1）颗粒直径的影响。颗粒直径越小，比表面越大。一般主要粒径为 0.25~1mm 的砂岩，其比表面为 500~950cm^2/cm^3；主要粒径为 0.10~0.25mm 的细砂岩，其比表面为 950~2300cm^2/cm^3；主要粒径为 0.01~0.10mm 的粉砂岩，其比表面大于 2300cm^2/cm^3。岩石的比表面越大，构成岩石骨架的颗粒越细。

（2）泥质含量的影响。泥质含量越多，岩石的比表面越大，因为泥质颗粒粒径小于 0.01mm。

（3）颗粒形状的影响。颗粒形状越不规则，岩石的比表面越大。

（李秉智　国景星）

【孔隙迂曲度 pore tortuosity】　反映流体流动通道弯曲状况的参数。流体在岩样孔隙中流动时，流体质点实际走过的路程长度 L_e 与岩样的表观长度 L 的比值（τ），即 $\tau = L/L_e$。它是表征孔隙结构的重要参数之一，一般无法直接测定，可从

1.2～2.5 之间选用。

1974 年，薛定谔（A.E.Scheidegger）在《多孔介质中的渗流物理》一书中提出将多孔介质的流动系统设想为一个网络，用电阻测量法求出迂曲度，其中假定多孔介质中的水力通道与电流通道一致，但实际上二者之间是有差别的。因为水动力学流动不仅取决于这些通道的总截面积，也取决于通道的形状。

1953 年，伯丁（N.T.Burdine）根据迂曲度是饱和度的函数，划分出了润湿相与非润湿相迂曲度。设 τ 为孔隙介质中只由一种流体所饱和时的迂曲度，τ_{wt} 为两相渗流条件下湿相的迂曲度，则迂曲度的比值 $\tau_{rwt}=\tau/\tau_{wt}$，其计算公式如下。

对润湿相相对渗透率：

$$K_{rwt} = \frac{\tau_{rwt}^2 \int_0^{S_{wt}} dS/p_c^2}{\int_0^1 dS/p_c^2} \tag{1}$$

对非润湿相相对渗透率：

$$K_{rnwt} = \frac{\tau_{rnwt}^2 \int_{S_{wt}}^1 dS/p_c^2}{\int_0^1 dS/p_c^2} \tag{2}$$

其中：

$$\tau_{rwt} = \frac{S_{wt} - S_{min}}{1 - S_{min}} \tag{3}$$

$$\tau_{rnwt} = \frac{S_{nwt} - S_{nwtr}}{(1 - S_{min}) - S_{nwtr}} \tag{4}$$

式中：p_c 为毛细管力；S_{min} 为在毛细管力曲线中确定的最小润湿相饱和度，若为水湿岩石则为束缚水饱和度；S_{wt} 为润湿相饱和度；S_{nwt} 为非润湿相饱和度；S_{nwtr} 为残余非润湿相饱和度，若为水湿岩石则为残余油饱和度。

📝 推荐书目

F A L Dullien. 多孔介质——流体渗移与孔隙结构［M］. 杨富民，黎用启，译. 北京：石油工业出版社，1990.

何更生. 油层物理［M］. 北京：石油工业出版社，2002.

A E 薛定谔. 多孔介质中的渗流物理［M］. 王鸿勋，张朝琛，等，译. 北京：石油工业出版社，1982.

（李秉智）

【**孔喉配位数** pore coordination number】 岩石中每个孔隙所连接的喉道的数目。如一个孔隙与四个喉道相连，其孔喉配位数就是 4。砂岩孔喉配位数一般为 2～6，有时更多一些。它反映了孔喉之间的连通程度，配位数越高，储层性质越好。

配位数是 1956 年法特（I.Fatt）在引进和使用典型毛细管网络模型中提出的，网络模型中的配位数是指离开一个节点的连线数，这是研究网络几何的弥渗概率时所用的术语。节点是网络中孔隙或毛细管段的连接点，用配位数 Z 的数值表征网络的连通性。20 世纪六七十年代，杜林（F.A.L.Dullien）在此基础上又研究了各种二维和三维网络模型的连通条件，将孔隙结构的研究与石油储集岩密切结合起来，也使得孔隙结构的研究更加深入。研究表明，配位数与采收率关系密切，配位数越大，岩石的连通性越好。但是配位数对采收率的影响还无法与孔喉比相比，因为配位数虽高，如果连接的多是细微喉道，对石油的采出效果也不会太好。

配位数来自毛细管网络的研究，应该属于三维范畴，但它的测定大多采用铸体薄片的显微镜观察，只能统计到二维的参数。若用扫描电镜观察镀膜岩样时，应统计第三方向（z 轴方向）喉道与孔隙的连接情况，这对深入研究储集岩的连通性是有益的。当然最好的办法是利用孔隙铸体模型在扫描电镜下详细研究，这样可以得到比较准确的配位数。

推荐书目

F A L Dullien. 多孔介质——流体渗移与孔隙结构［M］. 杨富民，黎用启，译. 北京：石油工业出版社，1990.

（李秉智　国景星）

【**压汞法** mercury injection】 将汞压入岩样（孔隙）中测定岩石的毛细管力曲线，可以定性、半定量地研究储层的孔隙结构，获取能够反映孔喉大小、连通性和渗流能力的参数，是最常用、最准确、最可靠的测定喉道方法。

我国从 20 世纪 70 年代开始对储层的毛细管压力进行大量研究，但随着一些复杂油气田的开发，常规压汞技术已不能满足生产的需要，而恒速压汞技术在实验进程上实现了对喉道数量的测量，从而克服了常规压汞方法的不足。

工作原理　在外加压力作用下非润湿相流体——汞克服岩样的毛细管阻力进入岩样（孔喉），即当压力等于或超过一定喉道的毛细管力时，汞才能进入该区间的喉道及其所控制的孔隙中，达到平衡后，继续升高压力，汞又进入较小喉道及其所控制的孔隙（见图 1a）。如此不断提高外加压力，重复以上步骤，直到岩样不能再压入汞或达到仪器的最高使用压力时，即可作出一条压汞的毛细管力曲线。恒速压汞的原理是以非常低的进汞速度维持准静态进汞过程。当汞进入到喉道 1 时，压力上升，突破后，压力突然下降，汞进入孔隙，此过程对应于图 1b 中的第一个压力降落 O（1）；之后汞进入下一个次级喉道，产生第 2 个次级压力降落 O（2），然后渐次将主喉道所控制的所有次级孔室填满；主喉道半径由突破点的压力确定，孔隙的大小由进汞体积确定，这样喉道的大小以及数量就可在进汞压力曲线上得到明确的反映。

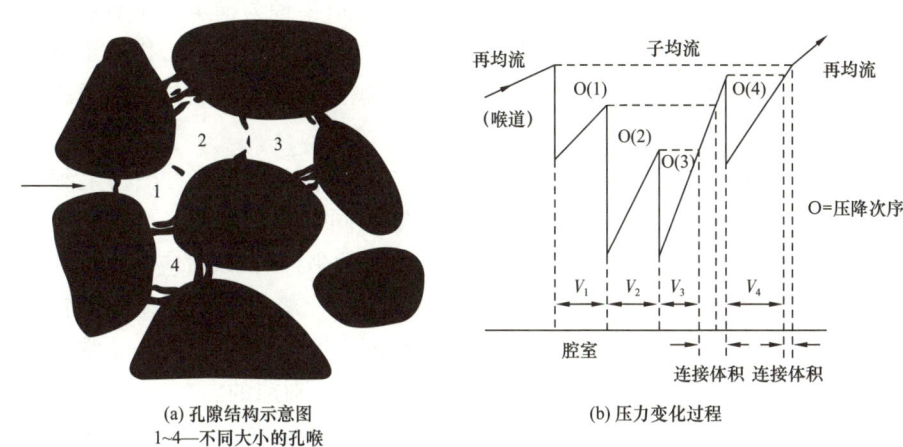

图 1　恒速压汞测试原理图

实验仪器　压汞仪、真空泵。恒速压汞法使用高精度的恒速泵和高分辨率的压力传感器。

实验方法与计算　从真空时开始测试，逐渐升压，每个压力点保持一定平稳时间，以保证每个压力点的进汞量达到平衡。压力升到最高点测完之后，按进汞压力依次退汞，直到真空。

计算公式为：

$$\Delta S_{Hg} = \frac{\left[(B_{i+1} - B_i) - (K_{i+1} - K_i)\right] \times \alpha}{V_p} \times 100 \qquad （1）$$

式中：ΔS_{Hg} 为汞饱和度增量，%；α 为仪器体积常数，即该压汞仪单位测量值所代表的体积变化；B_i、B_{i+1} 为当压力为 p_i 和 p_{i+1} 时，体积的测量值；K_i、K_{i+1} 为当压力为 p_i 和 p_{i+1} 时，空白体积的测量值；V_p 为孔隙体积。

按下式计算喉道大小及分布：

$$p_c = \frac{2\sigma\cos\theta}{r_t} \qquad （2）$$

式中：p_c 为毛细管力，MPa；σ 为汞表面张力，N/m；θ 为接触角，(°)；r_t 为岩样喉道半径，μm。

当 $\sigma=0.48\text{N/m}$，$\theta=140°$ 时：

$$p_c = \frac{0.735}{r_t} \quad (3)$$

绘制喉道分布直方图与频率分布曲线　以喉道半径为横坐标（对数坐标），以每个区间喉道半径的进汞体积占总孔隙体积百分数为纵坐标，作喉道分布直方图及频率分布曲线（见图2），其中某一矩形越高，说明该岩样的喉道组成越均匀。

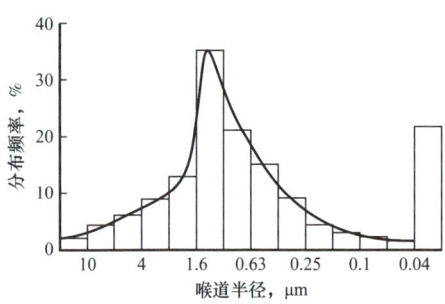

图2　孔隙喉道大小分布直方图

也可将喉道分布直方图与毛细管力曲线绘在同一图上，而以喉道半径为纵坐标（对数坐标），以对应的汞饱和度增量为横坐标，将直方图画在毛细管力曲线的右侧（见毛细管力曲线），喉道半径与毛细管力是对应的。

在砂岩储层中，造岩矿物的种类繁多，它们与不同流体之间的接触角变化较大，而汞以其对绝大多数矿物的强烈非润湿性能，可将汞对各种造岩矿物的接触角 θ 定为140°，汞的表面张力为0.48N/m，这样汞的毛细管力 p_c 与喉道半径 r_t 之间就有了相应值 $p_c=0.735/r_t$。而水、油及其他溶剂对每种矿物的 θ 变化较大，计算时只能以流体对砂岩中的主要矿物（如石英）的 θ 来计算，这样就会有较大误差。因此用压汞的方法测定毛细管力曲线，并用来计算岩石的喉道大小及分布是最准确、可靠的，又是效率最高的测试计算方法。

（李秉智　国景星）

【**图像分析法**　image analysis】　通过仪器设备对岩心（岩样）截面进行图像采集，然后观察样品中孔隙及喉道的大小、连通及分布情况。该方法主要包括铸体薄片法、扫描电镜法和 CT 扫描法。

基于岩石铸体薄片的图像分析主要针对铸体薄片法生成的图像，通过图像预处理、图像分割等图像处理技术，以识别孔隙，分析孔隙在储层中的存在方式以及微观结构类型，并计算图像中的孔隙个数、孔喉比、平均孔喉体系比、孔喉配位数等物性参数，揭示储层中油气分布与孔隙结构的关系，为准确识别和评价油气层提供了可靠依据。该方法简单易行，成本低廉，是图像分析法中最常用的方法。

基本原理　在一定温度和压力下，注入岩石孔隙中的环氧树脂或有机玻璃与固化剂发生固化反应，孔隙被坚硬的反应物充填，形成岩石铸体，将岩石铸体研磨成薄片，获得二维截面；对二维图像进行扫描，并对特征点的像素群进行检测和编辑处理，得到二维图像的特征值。

设备主要构成　图像分析仪、显微镜、孔隙铸体仪等。

计算孔隙结构特征参数　面孔率、（等效）孔隙直径、平均（等效）孔隙直径、孔喉比、平均孔喉比、孔隙均质系数、孔隙直径分选系数和平均孔隙配位数等。

面孔率计算公式：

$$\phi = \frac{1}{n}\sum_{j=1}^{n}\left(\sum_{i=1}^{N}A_{pij}/A_{pj}\right)\times 100\% \tag{1}$$

式中：ϕ 为面孔率，以百分数表示；A_{pij} 为第 j 个视域中的第 i 个孔隙的面积，μm^2；A_{pj} 为第 j 个视域的面积；N 为第 j 个视域面积中的孔隙个数；n 为视域个数。

孔隙直径计算公式：

$$D_p = 2\sqrt{A_p/\pi} \tag{2}$$

式中：D_p 为等效面积圆直径，μm；A_p 为孔隙面积，μm^2。

平均孔隙直径计算公式：

$$\overline{D}_p = \sum_{i=1}^{N}D_{pi}f_i/100 \tag{3}$$

式中：$\overline{D}_p$ 为平均孔隙直径，μm；D_{pi} 为第 i 个孔隙的直径，μm；f_i 为面积频率，%；N 为孔隙个数。

孔喉比计算公式：

$$R_{pt} = D_p/\left(\sum_{i=1}^{N}H_i/N\right) \tag{4}$$

式中：R_{pt} 为孔喉比；D_p 为孔隙直径，μm；H_i 为与一个孔腔连通的第 i 个喉道的宽度，μm；N 为与一个孔腔连通的喉道个数。

平均孔喉比计算公式：

$$\overline{R}_{pt} = \sum_{i=1}^{N}R_{pti}/N \tag{5}$$

式中：$\overline{R}_{pt}$ 为平均孔喉比；R_{pti} 为第 i 个孔隙的孔喉比；N 为孔隙个数。

孔隙均质系数计算公式：

$$\alpha = \overline{D}_p / D_{p\max} \qquad (6)$$

式中：α 为均质系数；$\overline{D}_p$ 为平均孔隙直径，μm；$D_{p\max}$ 为最大孔隙直径，μm。

孔隙直径分选系数计算公式：

$$S_p = \left[\sum_{i=1}^{N} \left(D_{pi} - \overline{D}_p \right)^2 f_i / 100 \right]^{1/2} \qquad (7)$$

式中：S_p 为孔隙直径分选系数；$\overline{D}_p$ 为平均孔隙直径，μm；D_{pi} 为第 i 个孔隙的直径，μm；f_i 为面积频率，%；N 为孔隙个数。

平均孔隙配位数计算公式：

$$\overline{CN} = \sum_{i=1}^{N} CN_i / N \qquad (8)$$

式中：$\overline{CN}$ 为平均孔隙的配位数；CN_i 为第 i 个孔隙的配位数；N 为孔隙个数。

除了基于岩石铸体薄片的图像分析之外，也可针对扫描电镜法、CT 扫描法所生成的图像进行图像分析。

图像分析法对算法的准确性要求较高，特别是对识别喉道算法要求极高。因为喉道识别的准确性直接影响每个孔隙的属性数据（包括面积、周长、配位数等），以至影响岩石孔隙结构参数。张吉群等提出了一种改进的识别喉道算法，并结合计算机图形学算法分析计算孔隙的各项属性数据，提高识别喉道和分析孔隙各项属性的准确性和速度。

（国景星）

【扫描电镜分析法 scanning electron microscope（SEM）】 使用扫描电镜直观研究孔隙结构的方法。

储集岩中孔隙和喉道的形态、大小、分布状况以及孔隙与喉道之间的相互连通关系及组合方式等是孔隙结构研究的主要内容。油气储层的孔隙结构属于专项岩心分析的研究范畴，也是微观物理研究的核心。

孔隙度、渗透率的测试可以获得储集岩的宏观统计资料，而孔隙结构的研究，深入到储集岩的内部微观结构，揭示了决定储层的流体运移、储集、渗流和开采的内在决定因素。因此用现代新技术加强对孔隙结构的研究，充分发挥油气储层的内在潜力，尽可能提高油气采收率有着深远的理论和现实意义。

  扫描电镜　全称扫描电子显微镜，它利用具有一定能量的电子束轰击固体样品，由探测器收集产生的信息，处理成像。它可以提供样品的超微形貌、结构特征等，借助附加设备，如能谱仪，也可检测样品的元素成分。

  扫描电镜由电子光学系统、信息检测系统、扫描系统、真空系统和电源系统组成。如果需要检测微量的成分，可以配上 X 射线能谱仪。

  电子束轰击样品表面产生的各种信息，经过多次放大，送往信息处理单元，处理的结果馈送到显示器中阴极射线管的控制栅极上，形成扫描电镜图像。普通扫描电镜的放大倍数为 20~20000 倍，可根据实验目的选择放大倍数，被观察的最小部位为 1μm，甚至可达到 0.1μm。

  样品制备　在扫描电镜下研究孔隙结构的样品主要有以下两种。

  （1）常规样品的处理。将选好的岩样经洗油、磨制、酸化（去污、除去风化表面）、净化（去灰尘）、干燥后用导电的乳胶粘在样品桩上，然后进行真空镀膜（增加岩样表面的导电、导热性能，加强岩样的机械稳定性），如果岩样的孔隙较大，且十分松散，需采取多次镀膜的方法。

  （2）孔隙铸体样品。经真空及加压灌注带色树脂的岩样先磨制成方块，酸溶（用盐酸或氢氟酸等溶蚀岩石骨架）后，制成孔隙铸体模型。将此模型按常规样品的粘接方法，用与镀膜相同的程序处理即可供扫描电镜检测。

  也可将灌注带色树脂的岩样磨制成铸体薄片（它一般是在显微镜下观测的），如果准备用扫描电镜观察，则磨制的薄片比常规薄片稍厚（厚度为 50μm），薄片尺寸略小于样品桩，且不加盖玻片。

  也可以用伍德合金代替树脂压入岩石孔隙，制作孔隙铸体。它多用于研究残余油饱和度（先注入伍德合金，再用树脂排驱）。或在不同压力下注入伍德合金，用以研究孔隙和喉道大小分布。

  扫描电镜法的观测内容　观测的内容主要包括以下三方面。

  （1）观察储集岩孔隙的全貌。岩石的孔隙被树脂灌满后，在骨架被基本溶解的情况下，可观察到孔隙网络的全貌，并估算孔隙度。如果研究的是碎屑岩，其粒间孔和与之相连的管状和片状喉道相互连通，孔隙网络完整；如果是碳酸盐岩，则可见到晶间孔隙、溶蚀孔隙和裂缝，有时还可见到晶洞。但一般情况下，碳酸盐岩的孔缝相对较少（后生作用活跃地区或裂缝发育地区除外）、孔隙和喉道比较细小，孔隙铸体模型比较脆弱，常形成一些破碎的网络，不像砂岩那样比较完整。

  （2）确定孔隙喉道的大小、形状、连通性及孔喉配位数。这是扫描电镜主要观测内容，孔隙喉道可直接量测，因为能看到它们的真实尺寸，因此可确定孔隙及喉道的大小分布，计算孔喉直径比。在研究孔隙与喉道的连通性时，可以利用扫描电镜的观察或从其照片上确定孔隙和喉道连通的 β 系数（参见孔隙结构），β 系数为连接在每一个流动通道上喉道的数目，从扫描图像或照片中可直接统计，如照片中观察到有 7 个孔隙与中心孔隙相邻近，并互相连通，则 β=14。

孔喉配位数是由网络节点引申而来，统计配位数时多从铸体薄片的显微镜下统计，也可在扫描电镜的图像上获取。岩样中孔喉的立体连接也只有在扫描电镜下能见到，因此绝对不能错过描述与统计孔喉在第三方向的连接情况，这应该是研究孔喉连通性的一个重要任务。

此外，还可根据孔隙边缘的形态判断砂岩的原生孔隙与次生孔隙，根据孔隙、喉道尺寸、孔隙含量、孔喉配位数判断储集性能好坏。

（3）确定模拟岩样的孔隙结构模型。根据扫描电镜观察岩样的孔隙形态、孔喉的连通状况，以选定需用什么模型来模拟此类岩石。如砂岩的孔隙空间用毛细管网络模型来模拟是比较适合的。当选定了孔隙结构的物理模型后，就可以用数字处理，计算这种多孔介质的流动特征。

推荐书目

陈丽华，缪昕. 扫描电镜在石油地质上的应用［M］. 北京：石油工业出版社，1990.

罗蛰潭，王允诚. 油气储集层的孔隙结构［M］. 北京：科学出版社，1986.

（李秉智）

【CT 扫描法 computed tomography scan（CT scan）】 利用 CT 机内 X 射线束与灵敏度极高的探测器一同围绕岩心的断面扫描。鉴于其在不同介质中吸收性质的差异特性，每次扫描过程中由探测器接收穿过岩心的衰减 X 射线信息，经电子计算机高速计算后，得出该层面各点的 X 射线吸收系数值，再经图像显示器将不同的数据以不同的灰度等级显示出来，这样该断面的孔隙结构就可以清晰地显示在监视器上。

通过岩心 CT 扫描，能够可视化再现岩石的内部结构，提供岩石孔喉分布、连通性、孔隙度以及流体饱和度等信息。例如彭瑞东等对工业 CT 扫描中获得的岩石切片图像进行分析，从中提取岩石的微观孔隙结构特点，并讨论孔隙率和分形维数之间的关系。结果证明，对岩石的 CT 扫描图像进行灰度化后，其孔隙分形维数是孔隙率等重要参数的有效补充，可以更好地表征岩石孔隙结构的分形特征。梁亚宁等以低渗透砂岩岩心为基础进行 CT 扫描分析，认为 CT 扫描能够判断岩心的致密程度，确定岩心的孔隙度值，观察岩心破裂后的裂缝变化情况等。曹永娜利用 CT 扫描技术不仅识别岩心的非均质性特征，直观得到岩心不同断面不同时刻的渗流分布特征，并通过对每一驱替阶段岩心含油饱和度值的计算，得到微观剩余油在微观介质中的三维分布及含油饱和度的沿程分布信息，实现了岩心驱替过程中渗透规律的描述及含油饱和度的可视化和定量表征。

（国景星）

【储层物性 reservoir physical property】 油气储层的物理性质。广义上的储层物性包括储层岩石的力学特征（如渗流特征、机械特性等）、热学性质（如热导率等）、电学性质（如导电性等）、声学性质、放射性及各种敏感性等。狭义上的储层物性一般指储层岩石的孔隙性（度）和渗透性（率），有时还涉及含流体性（流体饱和度）。

（国景星）

【孔隙度 porosity】 岩石中孔隙总体积 V_p（或岩石中未被固体物质充填的空间体积）与岩石总体积 V_t 的比值。又称孔隙率，不仅是对多孔介质中孔隙体积、岩石储集流体能力的量度，还是认识油气储层、计算储量和进行油气田勘探开发的基础数据。通常用希腊字母 ϕ 表示。其表达式为：

$$\phi = \frac{V_p}{V_t} \times 100\% = \frac{V_t - V_m}{V_t} \times 100\% = \frac{V_p}{V_p + V_m} \times 100\%$$

式中：ϕ 为孔隙度，%；V_p 为岩石孔隙体积，cm³；V_m 为岩石骨架体积，cm³；V_t 为岩石总体积，cm³。

根据孔隙类型和孔隙的连通状况，可定义不同的孔隙度：总孔隙度、有效孔隙度和流动孔隙度。将含有裂缝—孔隙或溶洞—孔隙的储层岩石称为双重孔隙介质，分为基质孔隙度和缝洞孔隙度。

通常，碎屑岩储层的孔隙度在 10%～40% 之间，碳酸盐岩储层的孔隙度在 5%～25% 之间。按照孔隙度值来评价储层时，碎屑岩和非碎屑岩储层评价标准略有差别（见表）。

油（气）藏的储层孔隙度分级

分级（分类）	碎屑岩孔隙度	非碎屑岩孔隙度
特高	≥30%	
高	25%～30%	≥10%
中	15%～25%	5%～10%
低	10%～15%	2%～5%
特低	<10%	<2%

📝 **推荐书目**

秦积舜，李爱芬. 油层物理学 [M]. 2版. 东营：石油大学出版社，2003.
何更生，唐海. 油层物理 [M]. 2版. 北京：石油工业出版社，2011.

（国景星）

【**总孔隙度 total porosity**】 岩石的总孔隙体积（包括连通的和不连通的孔隙体积）V_{tp} 与岩石总体积（外表体积）V_t 的比值，又称绝对孔隙度，用百分数表示为：

$$\phi_t = \frac{V_{tp}}{V_t} \times 100\%$$

（国景星）

【**有效孔隙度 effective porosity**】 从油田开发的观点考虑，岩石中那些互相连通的、且在一定压差下允许流体在其中流动（参与渗流）的孔隙称为有效孔隙，而不参与流动（渗流）的孔隙称为无效孔隙。有效孔隙度 ϕ_e 就是岩石中的有效孔隙体积 V_{ep} 与岩石外表体积 V_t 之比，即：

$$\phi_e = \frac{V_{ep}}{V_t} \times 100\%$$

（国景星）

【**流动孔隙度 flowing porosity**】 指流体能在岩石孔隙中流动的孔隙体积 V_{fp} 与岩石总体积 V_t 的比值。又称运动孔隙度，用百分数表示为：

$$\phi_f = \frac{V_{fp}}{V_t} \times 100\% \tag{1}$$

流动孔隙度与有效孔隙度的区别是，它不包括岩石颗粒表面上存在的液体薄膜的体积。此外，流动孔隙度随地层中的压力梯度和液体的物理化学性质（如黏度等）而变化。

以上三种孔隙度的关系是：

$$\phi_t > \phi_e > \phi_f \tag{2}$$

在油气田勘探开发中，常用的是有效孔隙度和流动孔隙度。

（国景星）

【**基质孔隙度 matrix porosity**】 基质孔隙体积与基质总体积的比值。

裂缝性储层常具有岩块基质系统与裂缝系统，它们具有两种孔隙系统：第一类是由岩石颗粒之间的孔隙空间构成的粒间系统；第二类是由裂缝和孔洞的空隙空间形成的系统。因此,对具裂缝的岩石就必须用两种(双重)孔隙度来描述(见图),即基质孔隙度(ϕ_m)和缝洞孔隙度,基质孔隙度为:

$$\phi_m = \frac{基质孔隙体积}{基质总体积} \times 100\%$$

(a) 固结颗粒的孔隙空间(基质)　　(b) 孔洞和裂缝空隙空间简化图

双重孔隙示意图

(朱华银)

【**缝洞孔隙度** fracture and cave porosity】 双重介质储层中裂缝和洞穴所占的总体积与岩石外观体积的比值。通常由于取心很难获得带有裂缝的岩心,实验测定的岩样大都只是裂缝岩石的基质部分(即基质孔隙度),而裂缝孔隙度 ϕ_f 可用裂缝面积与岩石的面积比值来计算(见图),即:

$$\phi_f = \frac{Lb}{A} \times 100\%$$

式中:L 为裂缝长度,m;b 为裂缝宽度,m;A 为裂缝岩石的渗滤面积,m^2。

若设岩石外表体积为 1,则基质总体积为 $1-\phi_f$,基质孔隙度 ϕ_m 和裂缝孔隙度 ϕ_f 具有如图所示的关系。

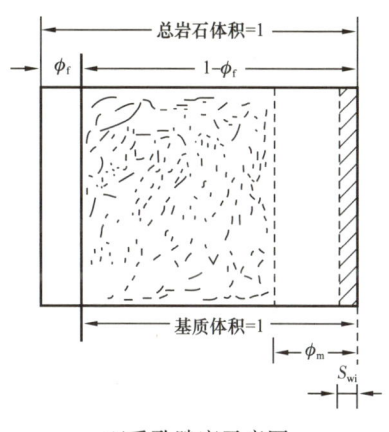

双重孔隙度示意图

(朱华银)

【**裂缝孔隙度** fracture porosity】 裂缝孔隙体积与岩石外观体积的比值。裂缝孔隙度的求取主要通过测井数据开展,比较常用的计算方法包括两条途径:一是利用双侧向测井资料计算,二是利用成像测井资料计算。以双侧向测井资料为例,其计算公式如下:

对水层:

$$\phi_\mathrm{f} = \sqrt[m]{(1/R_\mathrm{LLS} - 1/R_\mathrm{LLD})/(1/R_\mathrm{mf} - 1/R_\mathrm{w})} \tag{1}$$

对油层：

$$\phi_\mathrm{f} = \sqrt[m]{(1/R_\mathrm{LLD} - 1/R_\mathrm{b})/R_\mathrm{mf}} \tag{2}$$

式中：R_LLD 为深侧向电阻率；R_LLS 为浅侧向电阻率；R_mf 为钻井液滤液电阻率；R_w 为地层水电阻率；R_b 为基块（岩）电阻率；m 为裂缝地层的孔隙度指数，取值为 1.1～1.8。

双侧向测井虽然对裂缝的反映较为敏感，但其他影响因素较多；成像测井可以能提供连续的高分辨率图像，但是裂缝的拾取受多种因素影响或干扰，且所获得的裂缝孔隙度是面积意义上的孔隙度，而并非真实的裂缝孔隙度。由此可见，利用测井数据求取裂缝孔隙度的方法不仅在理论上尚不够成熟，而且计算结果也存在一定偏差。

（国景星）

【洞穴孔隙度 cave porosity】 洞穴孔隙体积与岩石外观体积的比值。由于总孔隙度是由基质孔隙度、裂缝孔隙度与洞穴孔隙度共同组成，因而在确定了基质孔隙度、裂缝孔隙度和总孔隙度后，即可求出洞穴孔隙度。

$$\phi_\mathrm{h} = \phi_\mathrm{t} - \phi_\mathrm{b} - \phi_\mathrm{f} \tag{1}$$

式中：ϕ_h 为洞穴孔隙度，%；ϕ_b 为基质孔隙度，%；ϕ_f 为裂缝孔隙度，%；ϕ_t 为总孔隙度，%。

在实际计算中，除裂缝对储层的贡献以外，基质孔隙度和洞穴孔隙度均对储层起到不可忽视的作用，合并称为孔洞孔隙度（ϕ_bh）。

$$\phi_\mathrm{bh} = \phi_\mathrm{b} + \phi_\mathrm{h} \tag{2}$$

（国景星）

【面孔率 areal porosity】 在显微镜下二维平面上定量观测岩石孔隙时（岩石薄片鉴定），某一截面上孔隙面积占岩石总面积的百分比，即可视孔隙面积占观测视域总面积的百分比。面孔率越大，表示岩石中孔隙越发育，岩石的孔隙度也越大。

基于岩石铸体薄片的图像分析法计算面孔率公式如下：

$$\phi = \frac{1}{n}\sum_{j=1}^{n}\left(\sum_{i=1}^{N} A_{pij}/A_{pj}\right)\times 100\%$$

式中：ϕ 为面孔率，%；A_{pij} 为第 j 个视域中第 i 个孔隙的面积，μm^2；A_{pj} 代表第 j 个视域的面积，μm^2；N 代表第 j 个视域的面积中的孔隙个数；n 为视域个数。

（国景星）

【渗透率 permeability】 在一定的压差下，岩石本身允许流体通过的能力，通常用 K 表示。

渗透率是储层物性关键属性之一。对于油气产层而言，渗透率是评价储层好坏、划分主力油层、确定有效厚度的重要参数，它直接影响到油气藏的产能和油气井的产量，是最受关注的储层特征之一。

1856 年法国水文工程师亨利·达西（Henry Darcy）第一次用数学公式定义了这一岩石特性，即达西定律。

在岩石的孔隙空间 100% 被一种流体饱和、流体与岩石不发生物理化学反应、流体在岩石的孔隙空间呈层流渗流前提下，黏度（μ）为 1mPa·s 的流体，在 0.1MPa 的压差（Δp）作用下，通过长度（L）为 1cm、截面积（A）为 1cm^2 的岩石，当流量（Q）为 1cm^3/s 时，该岩石的渗透率 K 为 1D。

$$Q = K\frac{A\Delta p}{\mu L} \text{ 或 } K = \frac{Q\mu L}{A\Delta p}$$

根据在岩石中流动流体的相态数量和状态将渗透率分为绝对渗透率、有效渗透率和相对渗透率；根据岩石的构造形态将渗透率分为裂缝渗透率、溶洞渗透率和双重介质渗透率；根据岩石中流体渗流的空间方位，将渗透率分为水平渗透率、垂直渗透率和平面径向流渗透率等。

由于储层类型和流体性质的差别，国际上还没有统一的储层渗透率评价标准，中国各油田常按各自特点制订储层评价标准，而且油藏储层与气藏储层使用的渗透率标准存在一定差别（见表）。

油（气）藏的储层渗透率分级评价表

分类	油藏空气渗透率，mD	气藏空气渗透率，mD
特高	≥1000	≥500
高	500～1000	100～500
中	50～500	10～100
低	5～50	1～10
特低	<5	<1

（国景星　李秉智）

【绝对渗透率 absolute permeability】 单相流体充满多孔介质（岩石）并在其中流动，不与液体发生化学和物理化学作用，并且流体的流动符合达西渗滤定律的条件下，求得的渗透率值。又称物理渗透率。由于用液体测定渗透率时，会遇到岩石所含黏土遇水膨胀、岩石孔隙表面吸附液体等问题，将影响渗透率测定的准确性，因此通常采用空气进行测定，因此又称空气渗透率。对于不同孔隙结构的岩石，K 值不同；对于同一块岩石，K 值的大小是与流体性质和流动机理都无关的常数，是岩石本身的固有属性，是仅取决于岩石孔隙结构的参数。

（国景星）

【相渗透率 phase permeability】 岩石中有两种或两种以上流体共存和流动时，岩石对其中某一相流体通过的能力，又称有效渗透率。如当岩石中油、气、水并存时，岩石对油相、气相、水相的通过能力分别称为油相、气相、水相渗透率。相渗透率不但与岩石的孔隙结构有关，而且与流体本身性质和在岩石中的数量（饱和度）有关。通常将油、气、水各相的相（有效）渗透率分别记为 K_o、K_g、K_w，且对于同一岩石中的多相渗透率存在这样一种现象：所有相渗透率的和小于或等于绝对渗透率（K），即：

$$K_o + K_g + K_w \leq K$$

（国景星）

【相对渗透率 relative permeability】 岩石中多相流体共存和流动时，某一相流体的有效渗透率与该岩样绝对渗透率的比值。以小数或百分数表示，如油的相对渗透率。

在相对渗透率的测试中，绝对渗透率的选择是不同的。一般而言，油水系统和气油系统是将束缚水时的油相渗透率作为绝对渗透率，或将空气渗透率作为绝对渗透率。气水系统分两种情况，水驱气是将束缚水时的气体渗透率作为绝对渗透率，气驱水时将完全水饱和时的水相渗透率作为绝对渗透率。

油、气、水的相对渗透率分别记为：

$$K_{ro} = K_o / K \tag{1}$$

$$K_{rg} = K_g / K \tag{2}$$

$$K_{rw} = K_w / K \tag{3}$$

相对渗透率的表征还可用相对渗透率与流体饱和度的关系曲线。如水润湿岩样的油水相对渗透率曲线如图所示。在绘制相对渗透率曲线时，应注明使用绝对渗透率的种类。

相对渗透率是饱和度的函数。它除受岩石的非均质性、孔隙结构及分布的影响外，还受流体饱和过程、润湿性、流体类型和分布以及实验温度等各种因素的影响。

（国景星）

【空气渗透率 air permeability】 采用空气测定的岩石绝对渗透率。空气渗透率测试是让清洁干燥的空气在合适的压差下通过滤板，测量其压差和流速，计算出样品的渗透率。

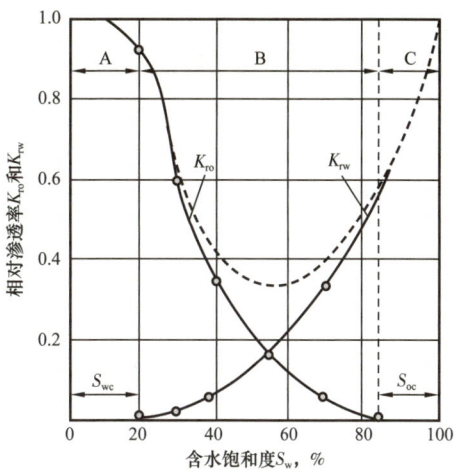

油水相对渗透率曲线

用液体测量岩石渗透率时，由于岩石两端的压力 p_1 和 p_2 的差值较小，液体的压缩性可以忽略。液体的体积流量 Q 在岩石中任意横截面上都是不变的。而气体则不同，气体的体积随压力和温度的变化而变化。气体在岩石中渗流时，沿岩石长度方向上任一断面的压力均不同，进入岩石的气体体积流量沿着压力下降的方向不断膨胀、增大，在岩石内每一点都是变化的。因此，气体在岩石中任一点的流动状态需用达西定律的微分形式表示：

$$Q = -\frac{K_a A}{\mu} \cdot \frac{\mathrm{d}p}{\mathrm{d}L} \tag{1}$$

在稳定流状态下，气体流过各断面上的质量流量不变，根据波义耳—马略特定律，在等温条件下，则有：

$$Q = \frac{Q_0 p_0}{p} \tag{2}$$

将式（2）代入微分形式的达西公式，可得：

$$K = -\frac{Q_0 p_0 \mu}{A} \cdot \frac{\mathrm{d}L}{p \mathrm{d}p} \tag{3}$$

分离变量，两边积分，得：

$$K_a = \frac{2 Q_0 p_0 \mu L}{A(p_1^2 - p_2^2)} \tag{4}$$

式中：K_a 为气测渗透率，D；p_1 为进口压力，10^{-1}MPa；p_2 为出口压力，10^{-1}MPa；p_0 为大气压力，10^{-1}MPa；μ 为气体黏度，mPa·s；Q_0 为 p_0 压力下气体的体积流量，cm³/s；A 为岩样的截面积，cm²；L 为岩样的长度，cm。

式（4）中的气体渗透率是绝对渗透率，是岩心自身的性质，取决于岩石的孔隙结构，在满足：（1）流体呈层状流动；（2）流体与岩石无反应；（3）孔隙空间被单相流体完全饱和三个条件情况下，岩心的绝对渗透率与通过的流体性质无关。在实验室测定时，通常用空气作为通过岩心的介质，因此，岩心的绝对渗透率又称作空气渗透率。

由于绝对渗透率是与流体性质无关而仅与岩石本身孔隙结构有关的物理参数，因此，生产中使用的绝对渗透率一般是用的空气渗透率测试来测定。需要注意的是，由于液体与气体在孔道中的流动差异（滑脱效应）影响，不同压差下测定的 K_a 值不同，因此作为储层的重要参数，应用之前都应将 K_a 校正为 K_∞ 后使用。

（国景星）

【**裂缝渗透率** fracture permeability】 纯片状裂缝性储层岩石的渗透率。

由于裂缝发育（分布）的复杂性、无序性以及地下流体的改造等，获取有代表性的岩心极为困难。尚没有完善的方法可以直接测量裂缝渗透率，大多采用简化的纯裂缝模型开展研究和计算，计算公式为：

$$K_f = 8.33 \times 10^6 \phi_f b^2$$

式中：K_f 为裂缝渗透率，D；b 为裂缝宽度，cm；ϕ_f 为裂缝孔隙度，$\phi_f = n \times b$；n 为裂缝密度（渗滤面内裂缝总长度 L 与渗滤面积 A 的比值，$n=L/A$）。

裂缝的渗透率主要取决于裂缝的宽度和延伸的长度。裂缝宽度变化很大，可从 10μm 大至 2cm，如轮古 7 试验区奥陶系潜山构造裂缝长度一般为数厘米到数十厘米，少数可长达 1m 左右；裂缝宽度一般介于 0.1~10mm 之间。裂缝性岩石的渗透率通常较高，例如一条张开度为若干微米的裂缝其渗透率可达 1μm² 级。

（国景星　陈明强）

【**双重介质渗透率** dual medium permeability】 既有基质孔隙又发育有裂缝系统储层岩石的渗透率。

对于发育孔隙、裂缝双重孔隙介质的岩石，基质孔隙和裂缝均兼具储集和渗滤作用。一般基质孔隙的储集作用较为突出，而裂缝则是油气渗流（滤）的主要通道。

对于兼有孔隙和裂缝的储层岩石，其总渗透率一般可用基质渗透率与裂缝渗透率的和表示：

$$K_t = K_m + K_f$$

式中：K_t 为双重介质岩石渗透率或称总渗透率，D；K_m 为岩石基质渗透率，D；K_f 为岩石裂缝渗透率，D。

📖 **推荐书目**

秦积舜，李爱芬. 油层物理学［M］. 2 版. 东营：石油大学出版社，2003.
何更生，唐海. 油层物理［M］. 2 版. 北京：石油工业出版社，2011.

（陈明强　国景星）

【**溶孔（洞）渗透率** cavern permeability】 具有纯溶蚀孔（洞）储层岩石的渗透率。

岩石中的溶孔渗透率表示为：

$$K_h = \frac{\phi_h r^2}{8} \tag{1}$$

式中：K_h 为溶孔岩石的渗透率，D；r 为溶孔半径，cm；ϕ_h 为溶孔岩石的孔隙度。

采用达西单位制时，计算公式为：

$$K_h = 12.5 \times 10^6 \phi_h r^2 \tag{2}$$

溶洞型储层岩石的渗透率公式为：

$$K_v = 12.7 \times 10^6 r^2 \tag{3}$$

式中：K_v 为溶洞渗透率，D；r 为溶洞的半径，cm。

📖 **推荐书目**

何更生，唐海. 油层物理［M］. 2 版. 北京：石油工业出版社，2011.

（国景星）

【**水平方向渗透率** horizontal permeability】 按水平方向取样所测得的岩样渗透率。

流体的全部流线均相互平行，且与流动方向垂直的每个截面上各点的渗流速度平行并相等，其渗透率公式计算如下。

液体：

$$K_\text{H} = \frac{Q\mu L}{A(p_1 - p_2)} \tag{1}$$

气体：

$$K_\text{H(a)} = \frac{2Q_0 p_0 \mu L}{A(p_1^2 - p_2^2)} \tag{2}$$

式中：K_H 为水平方向渗透率，D；Q 为体积流量，cm³/s；μ 为流体黏度，mPa·s；L 为岩样长度，cm；A 为岩样的横截面积，cm²；p_1 为进口压力，10^{-1}MPa；p_2 为出口压力，10^{-1}MPa。

（陈明强）

【**垂直方向渗透率** vertical permeability】 按垂直方向取样所测得的岩样渗透率。计算公式如下。

液体：

$$K_\text{Z} = \frac{Q\mu L}{A(p_1 - p_2)} \tag{1}$$

气体：

$$K_\text{Z(a)} = \frac{2Q_0 p_0 \mu L}{A(p_1^2 - p_2^2)} \tag{2}$$

式中：K_Z 为垂直方向渗透率，D；其余符号同水平方向渗透率。

（陈明强）

【**径向流渗透率** radial permeability】 在全直径岩心分析中，用径向流方式测得的岩心渗透率。

流体由周围向岩样中心流动，其渗透率公式如下。

液体：

$$K_\text{R} = \frac{Q p \mu \ln\left(\dfrac{d_\text{o}}{d_\text{w}}\right)}{\pi h (p_1 - p_2)} \tag{1}$$

气体：

$$K_\text{R(a)} = \frac{Q_0 p_0 \mu \ln\left(\dfrac{d_\text{o}}{d_\text{w}}\right)}{\pi h (p_1^2 - p_2^2)} \tag{2}$$

式中：K_R 为径向流液体渗透率，D；$K_{R(a)}$ 为径向流气体渗透率，D；d_o 为岩样直径，cm；d_w 为岩样中心孔眼直径，cm；h 为岩样高度，cm；p_1 为入口压力，10^{-1}MPa；p_2 为出口压力，10^{-1}MPa。

（陈明强）

【**毛细管压力** capillary pressure】 在毛细管或多孔介质中存在两相或多相流体时，由于毛细管表面对两相流体的润湿不同而形成弯液面，弯液面两侧存在着压力差，该压力差即为毛细管力，通常以 p_c 表示［见图（a）］。非润湿相界面的弯液面总呈凸形的［见图（b）］，说明非润湿相压力大于润湿相压力。

毛细管压力可表示为：

$$p_c = p_{nw} - p_w = \frac{2\sigma \cdot \cos\theta}{r}$$

式中：p_c 为毛细管压力，10^{-5}N/cm²；p_w 表示润湿流体的压力，p_{nw} 表示非润湿流体的压力；σ 为两相界面张力，10^{-5}N/cm；θ 为两相接触角，(°)；r 为毛细管半径，cm。

油气藏中的毛细管压力是岩石和流体间表面和界面张力、孔隙大小和几何形状以及系统的润湿特征综合作用的结果。当多孔介质中的流体被另一流体驱替时，毛细管压力既可以是有益的驱替力，也可以是起相反作用的阻力。

毛细管力是固体表面与流体分子间相互作用的结果，因此它对流体在多孔介质中渗流必然产生重要影响：（1）润湿滞后造成的影响，当油（气）向储

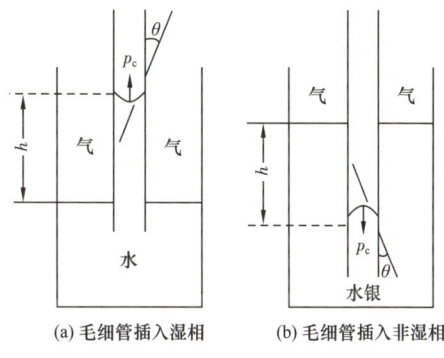

(a) 毛细管插入湿相　　(b) 毛细管插入非湿相

毛细管中湿相的上升和非湿相的下降

层中运移时，它们将储层孔隙中的水驱出，而逐渐形成油（气）藏，这是油驱水过程，而在注水开发时，水将油（气）从储层中驱出，就是水驱油过程；（2）液滴在变断面孔隙通道中运动时所受的毛细管阻力，油滴若要通过孔隙通道的细端则必须克服毛细管力。

推荐书目

秦积舜，李爱芬. 油层物理学［M］. 2版. 东营：石油大学出版社，2003.
何更生，唐海. 油层物理［M］. 2版. 北京：石油工业出版社，2011.

（李秉智　国景星）

【毛细管压力曲线 capillary pressure curve】 用实验方法测得的毛细管压力与某一流体饱和度（润湿相或非润湿相）的关系曲线。通常以毛细管压力为纵坐标，流体饱和度为横坐标，采用半对数作图。

测量方法 油田中常用的测定岩石毛细管压力曲线的方法主要有三种。

（1）半渗透隔板法。是一种经典的测定毛细管力的方法，适合于固体多孔段塞气水系统驱替毛细管力的测定。当外加驱替压力（抽真空或加压）等于或超过一定喉道的毛细管力时，非润湿相才能通过喉道进入孔隙将润湿相流体排出，这时的外加压力就相当于该喉道的毛细管力。使用的半渗透隔板只能通过润湿相流体，而不能通过非润湿相流体。

（2）压汞法。与半渗透隔板法相同，但压汞法使用的注入介质——汞对绝大多数造岩矿物都是非润湿的。汞的表面张力和接触角比较恒定，因此压汞法不仅能测定岩样的毛细管力曲线，还可以准确地计算其孔喉大小及分布。

（3）离心法。利用离心机旋转时产生的离心力作为外加的驱替压力，实现非润湿相驱替润湿相的目的。该方法适用于胶结段塞测定油水、气水、气油驱替和吸入的毛细管力曲线。

毛细管压力曲线形态 一般具有两头陡、中间缓的特征，因此常将曲线分为三段——初始段、中间平缓段和末端上翘段。根据大量的曲线形态特征，可将毛细管压力曲线分成六种不同分选和歪度下的典型曲线（见图）。实际应用中，还可通过排驱压力 p_d、饱和度中值毛细管压力 p_{c50}、最小湿相饱和度 S_{min} 等参数给出毛细管压力曲线的定量特征。

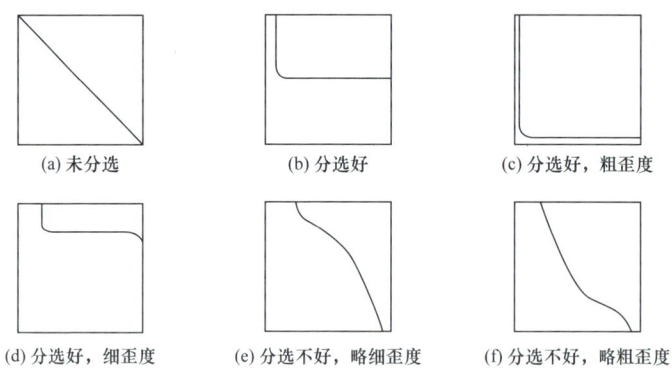

不同分选和歪度下的典型毛细管压力曲线

毛细管压力曲线的形态受喉道分选性、孔喉大小分布的偏度（歪度）以及平均孔喉半径等的影响。分选性是指喉道大小的分散（或集中）程度，喉道大小越集中，则分选性越好，毛细管压力曲线的中间平缓段也就越长，且近似平行于横坐标。孔喉大小与集中程度主要影响曲线的歪度，是毛细管压力曲线形态偏于粗喉道或细喉道的量度，喉道越大、粗喉道越多，则曲线越靠向曲线图的左下方，称为粗歪度；反之，曲线位于右上方，称为细歪度。

毛细管力曲线是研究岩石孔隙结构、判断岩石润湿性、评价储层性能、研究油藏过渡带内流体饱和度分布、确定残余油饱和度的重要资料。

（国景星）

【排驱压力 displacement pressure】 非润湿相流体开始进入岩样中最大喉道的压力。又称入口压力、门槛压力或阈压。

确定排驱压力的方法很多，一般是将毛细管压力曲线中间平缓段延长（或对平缓段作切线）至汞饱和度为零对应的垂线上，由交点作横坐标的水平线与纵轴相交，交点对应的压力即为排驱压力，与其相对应的喉道半径是连通孔隙的最大喉道半径 r_{max}（见图）。毛细管力曲线的中段平缓（坦）部分（图中的 S_{cb}）所占饱和度百分数和斜度（图中的 α 角），α 角越小，S_{cb} 越长，表明最大连通孔隙喉道的集中程度越高，岩石的分选性越好，孔隙结构越均匀。

排驱压力是评价岩石储集性能好坏的主要参数之一，尤其是评价岩石的渗透性好坏。排驱压力与岩石的渗透率关系密切，凡是渗透性好的岩石，其排驱压力均比较低；反之，排驱压力越大，岩石的渗透性越差。

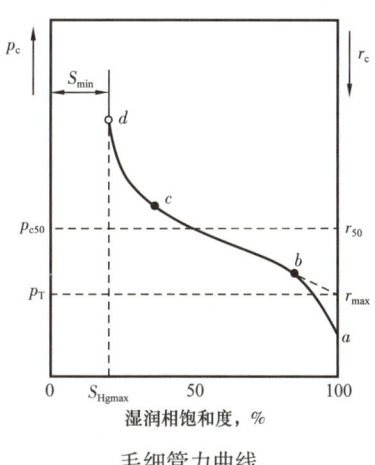

毛细管力曲线

（国景星 李秉智）

【饱和度中值压力 median saturation pressure】 毛细管压力曲线上汞饱和度为 50% 时所对应的毛细管压力值（p_{c50}）。与 p_{c50} 相对应的喉道半径是饱和度中值喉道半径（r_{50}），简称为中值半径。

p_{c50} 和 r_{50} 两参数也是评价岩石储集性能的重要参数，岩石物性越好，p_{c50} 越低，r_{50} 越大；物性差的岩石，p_{c50} 很高，甚至在毛细管力曲线上读不出来（汞饱和度小于 50%）。由于大多数岩石的孔隙大小分布接近于正态分布，故中值半径可粗略地视为岩石的平均喉道半径。由于岩石的孔隙分布接近正态分布曲线，因此 r_{50} 可近似地看作岩石的平均喉道半径的大小。

此外，还可将压汞中 p_{c50} 换算成油藏条件下饱和度 50% 的油水毛细管力 p_{c50wo}，以求出生产纯油的油柱高度，用来预测该层段油层的产油能力。

（国景星 李秉智）

【黏土矿物 clay mineral】 构成岩石和土壤细粒部分（粒级小于 $2\mu m$）的主要成分矿物。一般情况下，黏土矿物是细分散的、含水的层状构造硅酸盐矿物和层链状构造硅酸盐矿物，以及含水的非晶质硅酸盐矿物的总称。油气储层中主要研究的是层状构造硅酸盐矿物。黏土矿物有很大的表面积，吸附能力和离子交换能力很强，因此对各种注入剂的注入能力、吸附、改性和驱替效果等都有很大影响。

黏土矿物类型 黏土矿物是一个庞大的家族，种类繁多。黏土矿物可以分为结晶质黏土矿物和非结晶质黏土矿物两大类，结晶质黏土矿物又有层状构造和层链状构造之分。层状构造黏土矿物最为常见，也是研究的主要对象。对于层状黏土矿物，主要依据四面体片和八面体片的结合类型（1∶1层型或1∶2层型）、层电荷、八面体片的阳离子容量（二八面体的或三八面体的）、层间物类型、多型（单元晶层的叠积方式）、化学成分、间层黏土矿物的组成层类型和叠积性质（有序或无序）等进行分类。一般常见的黏土矿物类型有高岭石、蒙皂石、伊利石、绿泥石，以及伊/蒙混层、绿/蒙混层结构的矿物等。

描述及研究重点 对储层中黏土矿物的描述内容主要包括黏土矿物成分、含量及其分布状况。油田开发阶段，主要研究各类黏土矿物对储层伤害的敏感性，包括：水敏、速敏、盐敏、酸敏、碱敏。

（1）水敏性。是指因流体盐度变化（矿物与外来流体不匹配）引起黏土发生膨胀、分散、迁移而导致储层岩石渗透率下降。储层水敏程度主要取决于储层内黏土矿物的类型及含量。大部分黏土矿物具有不同程度的膨胀性。在常见黏土矿物中，蒙皂石的膨胀能力最强，其次是伊/蒙混层和绿/蒙混层矿物，而绿泥石膨胀力弱，伊利石很弱，高岭石则无膨胀性。

（2）速敏性。是指因流体流动速度的变化引起储层岩石中矿物微粒移动，堵塞孔隙喉道而造成储层岩石渗透率下降。速敏性研究的目的在于了解储层的临界流速及渗透率的变化与储层中流体流动速度的关系。

（3）盐敏性。是指随含盐度的下降（注入液矿化度降低）引起储层岩石中黏土矿物水化膨胀、晶层扩张而导致渗透率降低。储层盐敏性实际上是储层耐受低盐度流体的能力的度量。

（4）酸敏性。是指进入储层的酸液与储层中酸敏矿物或流体接触发生化学物理反应，产生凝胶或沉淀，也可能释放出微粒，从而导致储层渗透率下降。酸敏性导致地层损害的形式主要有两种，一是产生化学沉淀或凝胶；二是破坏岩石原有结构，产生或加剧速敏性。

（5）碱敏性。是指碱性液体进入储层与碱敏矿物或流体接触发生反应而产生沉淀或释放出颗粒，造成储层渗透率下降。

蒙皂石类矿物具有较强的水敏性。伊利石类矿物具有较强的速敏性，也有一定的水敏性。高岭石类矿物具有较强的速敏性。绿泥石类矿物具有较强的盐敏性和酸敏性。伊/蒙混层结构矿物的敏感性介于伊利石和蒙皂石之间，具有水敏性和速敏性。绿/蒙混层结构矿物具有较强的水敏性，也有一定的酸敏性。

黏土矿物晶体结构　　层状构造硅酸盐黏土矿物晶体结构中的最小结构单元是四面体和八面体。四面体（或硅氧四面体）由四个氧离子和一个硅离子构成，是硅酸盐矿物的最稳定基本结构单元。八面体由两层氧离子或氢氧离子紧密堆积而成，大阳离子（Al^{3+}、Mg^{2+}、Fe^{3+}、Fe^{2+} 等）位于其中呈八面体配位，最常见的是 Al^{3+}，所以又叫铝氧八面体。四面体和八面体可以分别连接成片状，叫四面体片和八面体片。四面体片和八面体片以 1∶1 的比例或 2∶1 的比例排列组合，形成两种基本的结构层型，这是划分黏土矿物类型最基本的依据之一。高岭石是 1∶1 层型的典型代表，白云母是 2∶1 层型的典型代表。

推荐书目

赵杏媛，张有瑜. 黏土矿物与黏土矿物分析［M］. 北京：石油工业出版社，1990.

（贾爱林　国景星）

【储层非均质性 reservoir heterogeneity】　指油气储层在形成过程中受沉积环境、成岩作用及构造作用的综合影响，储层在三维空间的分布及其内部的各种地质属性存在明显的不均一性。储层非均质性的研究是油藏描述的核心内容。储层的非均质性是绝对的，而均质是相对的。相对于海相沉积储层，陆相沉积储层非均质性更为严重，中国已发现的油气储层 90% 来自陆相储层，绝大多数为注水开发，储层非均质性将直接影响到储层中油、气、水的分布及开发效果。因此，对于中国陆相油田开发而言，了解和掌握储层非均质性尤为重要。

储层分布非均质性主要表现在两个方面：（1）储层分布的层次性，一套储层包含多个层次，不同层次具有各自不同的构成单元，高一级层次的构成单元包含若干次一级层次的构成单元；（2）储层分布的复杂性，同一层次的构成单元在空间上也并非均质体，如单一（层）储集体规模及其与侧向隔挡体的差异分布、储集体内部单元与夹层的差异分布等；（3）储层质量（储集和渗滤流体能力）的非均一性，包括储层质量参数的差异分布、储层质量差异程度、储层质量参数的各向异性等。

储层非均质性研究内容　　一般分为两大类，即储层宏观非均质性和储层微观非均质性。

（1）储层层间非均质性，重点描述层系的旋回性、砂层间渗透率的非均质程度、隔层分布、特殊类型层的分布等。

（2）储层平面非均质性，描述砂体成因单元的连续性及连通程度，平面孔隙度、渗透率的变化，非均质程度以及渗透率的方向性等。

（3）储层层内非均质性，重点描述粒度韵律性、层理构造序列、渗透率差异程度及高渗透段位置、层内连续薄泥质夹层的分布频率和大小，以及其他不渗透隔层的分布及全层规模的水平渗透率、垂直渗透率的比值等。

（4）储层微观非均质性，重点描述孔隙、喉道的分布，孔隙结构特征，黏土基质及砂粒排列的方向性等。

储层非均质性分类　根据不同研究目的，对非均质性的分类有所不同。

（1）佩蒂庄（Pett John）分类，对河流沉积储层按非均质性规模大小，提出由大到小划分为油藏、层、砂体、层理、孔隙五种规模的储层非均质性。

（2）Haldorsen（1983年）提出的四个级别：微观非均质性（孔隙和砂粒规模）、宏观非均质性（通常的岩心规模）、大型非均质性（模拟网格规模）和巨型非均质性（地层或区域规模）。

（3）Tyler（1988年，1993年）对曲流河道、河控／潮控扇三角洲储层按非均质规模的大小，提出了一个由大到小的非均质分类图，划分了：油层组规模（巨型尺度）、建筑块规模（较大的网格单元，大尺度）、岩相规模（较小的网格单元，中尺度）、纹层规模（小尺度）和孔隙规模（微尺度）五种规模的储层非均质性。

（4）威伯（Weber，1986年）分类，威伯根据佩蒂庄的思路，不仅考虑储层非均质性的规模，同时考虑了非均质属性及其对流体渗流的影响，将储层非均质性分为7类：① 封闭、半封闭、未封闭断层，是一种大规模储层非均质属性，断裂的封闭程度对油区内大范围的流体渗流具有很大的影响；② 成因单元边界，实质上是沉积相边界、岩石变化边界，通常是渗透层与非渗透层的分界线，至少是渗透性差异的分界线，控制着较大规模的流体渗流；③ 成因单元内渗透层，不同渗透性的岩层，它在垂向上呈网状分布，导致储层在垂向上的非均质性；④ 成因单元内隔夹层，它主要影响流体的垂向渗流，也影响流体的水平渗流；⑤ 纹层和交错层理，纹层方向具较大的差异，这种差异对流体有较大影响，从而影响注水开发剩余油的分布；⑥ 微观非均质性，是最小规模的非均质性，即由于岩石结构和矿物特征差异导致的孔隙规模的储层非均质性；⑦ 封闭、开启裂缝。

（5）裘怿楠分类，考虑非均质性的规模及注水开发生产的实用性，将碎屑岩储层非均质性由大到小分为四类：层间非均质性、平面非均质性、层内非均质性和孔隙非均质性。

储层非均质性注水开发的影响 储层的非均质性在油田注水开发过程中影响注入水的波及体积和驱油效率，从而影响水驱采收率的大小。层间及层内非均质性导致注入水在垂向上的推进速度不同，从而影响注水波及厚度的大小；平面非均质性导致注入水在平面上推进的不均衡性，从而影响注水波及面积的大小，层间、平面及层内非均质性总体上影响注入水波及体积的大小。而孔隙级别的微观非均质性影响注入水对原油的驱扫效率（即驱油效率）的大小。油藏注水开发过程中合理地划分开发层系，优化合理的井网密度，采取分层开采的注采工艺技术，根据注水开发过程中开发动态监测，不断进行开发调整，就可以最大限度地增加注水波及厚度和波及面积，再配合各种提高驱油效率的强化采油技术方法，就可以提高油藏水驱采收率。

推荐书目

戴启德，黄玉杰. 油田开发地质学［M］. 东营：石油大学出版社，1999.

裘怿楠，陈子琪. 中国油藏管理技术手册·油藏描述［M］. 北京：石油工业出版社，1996.

（肖敬修　国景星）

【**储层宏观非均质性** macroscopic reservoir heterogeneity】 储层在三维空间的分布及其变化的差异性。它包括层间非均质性、平面非均质性和层内非均质性。储层层间非均质性，重点描述层系的旋回性，砂层间渗透率的非均质程度，隔层分布，特殊类型层的分布。储层平面非均质性，重点描述砂体成因单元的连续性及连通程度、平面孔隙度、渗透率的变化以及渗透率的方向性。储层层内非均质性，重点描述粒度的韵律性、层理构造序列、渗透率差异程度及高渗透段位置、层内不连续薄泥质夹层的分布频率和大小，以及其他不渗透隔层的分布及全层水平渗透率、垂直渗透率的比值等。

（肖敬修　贾爱林）

【**储层微观非均质性** microscopic reservoir heterogeneity】 储层孔隙喉道内影响流体流动的地质因素。主要包括孔隙及喉道的分布、孔隙结构特征，黏土基质、砂粒排列方式等。一般将岩石颗粒包围着的较大空间称为孔隙，而连通孔隙的狭窄部分称为喉道。孔隙是流体储存于岩石中的基本储集空间，而喉道则是控制流体在岩石中渗流的重要通道，喉道的大小和分布以及它们的几何形状是影响储集岩渗流特征的主要因素，它直接影响注入流体驱替原油的效率。

孔喉分布研究 通过压汞曲线或图像分析技术描述下述内容。

（1）孔隙喉道的形态，它主要取决于颗粒大小、形状、接触关系和胶结类型，喉道大小和形状的差异导致产生不同的毛细管力，影响岩石的性质，常见的有五种类型（参见喉道类型）。

（2）反映孔喉大小的参数：①排驱压力（p_d）；②最大连通孔喉半径（r_d）；③饱和度中值压力（p_{c50}），p_{c50} 越小，反映岩石渗滤性能越好；④喉道半径中值（r_{50}）；⑤平均喉道半径（R_m）；⑥主要流动孔喉半径平均值（R_z）；⑦孔喉半径均值（D_m）；⑧难流动孔喉半径。

（3）表征孔喉分选特征的参数：①孔喉分选系数（S_p）；②相对分选系数（D）；③均值系数（a）；④偏态；⑤峰态；⑥峰值（V_m）。

（4）反映孔喉连通性及控制流体流动特征的参数：①退汞效率（w_e）；②孔喉配位数；③孔喉比。

黏土基质研究 主要是通过X衍射扫描电镜和敏感性实验等方法，确定黏土矿物的成因、含量及产状。黏土矿物的成因分为碎屑来源和自生黏土矿物，通过偏光显微镜及扫描电镜来识别；黏土矿物含量的定量分析由X衍射技术测定；黏土矿物在储层中呈现的形态（如絮状、片状、书页状、蠕虫状等）及其产状（如分散状、薄层状、桥式等）可以通过扫描电镜进行认识，通过速敏、水敏、盐敏等实验来说明黏土矿物在油田开发过程中对储层性质的影响。

颗粒排列方式 由于颗粒排列方式是造成渗透率各向异性的主要原因，要描述伸长状砂粒排列的方向性、层内构造产状、纹层厚度及内部粒度变化、片状矿物排列的方向性等。

（肖敬修　贾爱林　国景星）

【**储层层内非均质性** intra-formation reservoir heterogeneity】一个单砂层规模内垂向上的储层性质变化，包括层内垂向上渗透率的差异程度、最高渗透率段所处的位置、层内粒度韵律、渗透率韵律及渗透率的非均质程度，层内不连续的泥质薄夹层的分布。层内非均质性是造成层内矛盾的内因，它直接控制和影响一个单砂层内注入剂波及体积。储层层内非均质性主要指两大方面：（1）层内最高渗透率段所处位置，以及层内各段间渗透率的差异程度；（2）一个单砂层规模宏观的垂向渗透率和水平渗透率的比值，它们是决定流体垂向窜流的重要因素。这两方面所表现的层内非均质性又受控于许多地质特征。

从储层地质和储层沉积学出发应着重描述下述内容。

（1）粒度（或渗透率）韵律。一个单砂层内部碎屑颗粒粒度大小在垂向上的变化称为粒度韵律，它受沉积环境和沉积方式的控制。粒度韵律有正韵律（底部粗，向上变细）、反韵律（底部细，向上变粗）、复合韵律（即正反韵律的组合）和均质韵律（粒度在垂向上变化无韵律性）四类。

（2）最高渗透率段所处位置。描述层内最高渗透率段处于底部、顶部、中部以及中偏下部、中偏上部等。

（3）沉积构造的垂向演变。层理类型受沉积环境和水流条件的控制，不同层理类型对渗透率方向性的影响不同，如平行层理影响流体的垂向渗流，其垂向渗透率小于水平渗透率；对于斜层理，渗透率各向异性较为显著，影响注水开发的驱油效率，从模拟实验数据得出平行层理走向的采收率最高，而顺层理倾向的采收率最低。

（4）层内不连续薄夹层。它对流体流动可起到不渗透隔层作用或极低渗透的高阻层作用，因而对驱油进程影响极大，是直接影响一个单砂层从顶部到底部宏观规模的垂直渗透率和水平渗透率比值的重要因素，可能直接遮挡注入剂段塞，使驱油效果变差。描述内容：① 不连续薄夹层类型；② 各类夹层厚度、分布范围和产状；③ 夹层出现的频率和密度；④ 各类夹（隔）层的分布规律及成因分析。

（5）层内渗透率非均质程度。常用渗透率变异系数、渗透率级差、非均质系数等参数来表征。

（肖敬修　国景星）

【储层层间非均质性 inter-formation reservoir heterogeneity】各油（气）储层之间在岩性、储集物性、产能等方面的差异。层间非均质性是造成层间矛盾的内因，是多油层注水开发油田中最为突出的矛盾。层间非均质性是针对一套砂、泥岩间互的含油气层系、油层组或砂层组的总体描述，包括各种环境的砂体在剖面上交互出现的规律性，以及作为隔层的泥质岩类的发育和分布规律等，是决定开发层系、分层开采工艺技术等重大开发战略的依据，需要描述下述内容。

（1）分层系数（A_n），指一定层段内砂层的层数，以平均单井钻过砂层数表示：

$$A_n = \frac{\sum_{i=1}^{n} n_{Bi}}{n} \tag{1}$$

式中：n_{Bi} 为某井统计层段内的砂层层数；n 为统计井数。

（2）砂岩厚度系数，或称砂岩密度、砂岩百分含量，指剖面上砂岩总厚度与地层总厚度之比，以百分数表示：

$$S_n = H_{砂}/H_{地} \times 100\% \tag{2}$$

式中：S_n 为砂岩厚度系数，%；$H_{砂}$ 为砂岩总厚度，m；$H_{地}$ 为地层总厚度，m。

（3）各砂层间渗透率非均质程度，指各砂层间渗透率变异系数、渗透率级差、渗透率突进系数等的层间差异，其计算方法参见非均质性表征参数。

（肖敬修　国景星）

【**储层平面非均质性** horizontal reservoir heterogeneity】　储层在平面上的几何形态、规模、连续性，以及岩性、厚度、储集物性等在平面上的变化或差异。平面非均质性是造成平面矛盾的内因，是注水开发油田三大矛盾之一，直接关系到注入剂的波及范围或效率，需要描述下列内容。

（1）砂体几何形态，各种环境下沉积的砂体有其相应的几何形态，它是砂体各向大小的相对反映，一般以长宽比分类命名。席状砂体：长宽比近于1∶1，宽厚比大于1000。土豆状砂体：长宽比小于3∶1，宽厚比大于100。条带状砂体：长宽比小于20∶1，宽厚比大于30。鞋带状砂体：长宽比大于20∶1，宽厚比大于30。

（2）砂体规模及各向连续性，重点研究砂体侧向连续性，一般描述砂体长度、砂体宽度或宽厚比，也可用钻遇率表征。① 按延伸长度将砂体分为5级：一级，砂体延伸长度大于2000m，连续性极好；二级，砂体延伸1600~2000m，连续性好；三级，砂体延伸600~1600m，连续性中等；四级，砂体延伸300~600m，连续性差；五级，砂体延伸小于300m，连续性极差。② 钻遇率，表示在一定井网下对砂体的控制程度。钻遇率＝钻遇砂层井数/总井数×100%。

（3）砂体连通性，指砂体在垂向上和平面上的相互接触连通，用砂体配位数（指与某一个砂体连通接触的砂体数）、连通程度（指连通的砂体面积占砂体总面积的百分数）、连通系数（连通的砂体层数占砂体总层数的百分数）来表示，连通后形成的连通体通常有3种形式，即多边式（侧向上相互连通为主）、多层式（或称叠加式，垂向上相互连通为主）、孤立式（未与其他砂体连通）。

（4）砂体内孔隙度、渗透率的平面变化及方向性，研究重点是渗透率的方向性，它对流体的平面运动影响极大。① 宏观渗透率的方向性，指砂体内岩性变化引起的方向性，包括主体带与边缘带的差别；沉积高能带与低能带的差别；砂体几何形态引起的方向性。② 微观渗透率方向性，指砂体内沉积构造和结构因素引起的渗透率方向性即各向异性，以各向渗透率之间的比值表示。③ 裂缝引起的渗透率方向性，储层存在裂缝时，将导致严重的渗透率方向性，要研究各种裂缝的产状，尤其是走向，包括构造作用产生的构造缝和与沉积作用有关的层面缝、层理缝等。

（肖敬修　国景星）

【**非均质性表征参数** characterzation parameters of heterogeneity】 表征储层非均质性的各种参数及数据。

通常用岩心样品分析数据进行统计、计算，用统计指标来反映非均质程度。一般用渗透率参数来表征非均质性程度。当取心资料不具代表性时，可用测井连续解释的渗透率值进行统计。

计算非均质指标的方法如下。（1）单层内按单块样品的差异程度，此方法适用于单层厚度较小、取样密度较大较均匀、层内渗透率相对较均匀的单层。（2）在单层内划分相对均质段，在相对均质段内按单样品值统计各项非均质指标，然后再计算各项相对均质段之间的差异程度，此方法适用于单层厚度较大、层内粒度（渗透率）具分段性的层。相对均质段的划分原则：① 同一相对均质段内渗透率（粒度）比较接近；② 各相对均质段间渗透率有明显差别，或存在薄夹层；③ 一个相对均质段应有一定厚度（不小于0.5m）；④ 各相对均质段的厚度不应差别过大。计算各项指标时一个均质段以一个样本值参加计算；计算平均值时要用各段的厚度加权值计算。

非均质程度常用的指标如下。

（1）渗透率变异系数（K_v）：

$$K_v = \frac{\sqrt{\sum_{i=1}^{n}(K_i - \overline{K})^2 / n}}{\overline{K}} \tag{1}$$

$$\overline{K} = \frac{\sum_{i=1}^{n} h_i K_i}{\sum_{i=1}^{n} h_i} \tag{2}$$

式中：$\overline{K}$ 为平均渗透率值，D 或 mD；K_i 为单个样品或各相对均质段渗透率值，D 或 mD；h_i 为各段厚度值，m。

当 K_v 不大于 0.5 时为均匀型；K_v 介于 0.5~0.7 为较均匀型；K_v 大于 0.7 为不均匀型。

（2）渗透率级差（K_j）：

$$K_j = K_{max} / K_{min} \tag{3}$$

式中：K_{max} 为最大渗透率值，D 或 mD；K_{min} 为最小渗透率值，D 或 mD。

渗透率级差越接近于1的储层均质性越好。

（3）突进系数（非均质系数，K_t）：

$$K_t = K_{max} / \bar{K} \quad (4)$$

式中：$\bar{K}$ 为平均渗透率值，D 或 mD；K_{max} 为最大渗透率值。

一般，当 K_t 小于 2 时属于均匀型；K_t 介于 2～3 时称为较均匀型；当 K_t 大于 3 时，属不均匀型。

（4）渗透率均质系数（K_p）：

$$K_p = \frac{\bar{K}}{K_{max}} \quad (5)$$

式中：$\bar{K}$ 为平均渗透率值，D 或 mD；K_{max} 为最大渗透率值。

渗透率均质系数（K_p）是突进系数（K_t）的倒数。K_p 值在 0～1 之间变化，K_p 越接近 1，均质性越好。

（5）垂直渗透率与水平渗透率的比值（K_e/K_L）：一般采用同一深度岩心取样分析数据求得。

该比值对油层注水开发中的水洗效果有较大影响。K_e/K_L 小，说明流体垂向渗透能力相对较低，层内水洗波及厚度可能较小。

（国景星）

【**储层夹层** interbed】 储层内相对低渗透或非渗透的部分。它包括注水开发中对流体起隔挡作用的非渗透层，也包括在一定条件下能够限制和阻碍流体运动的相对低渗透层。夹层是油层非均质性的一项重要内容，在注水开发过程中，夹层对地下流体具有遮挡作用，对水驱油过程有很大影响。

夹层分类 从研究夹层分布状态和稳定性出发，按其成因把夹层分为单元间夹层和单元内夹层。（1）单元间夹层，叫作旋回层间夹层，如河流泛滥时期或三角洲朵叶体废弃时期形成的泥质、粉砂质等细粒沉积物，具有广泛的分布、相对稳定的层位，在开发井网条件下可以追溯对比，在河流环境中，砂体间相互切割，使得这类夹层保留程度较差；在分流水道切割能力较弱时，这类夹层会出现层状分布。（2）单元内夹层，叫作旋回层内夹层，在河流沉积过程中各种不同水动力条件下形成，如曲流点坝间的废弃充填物，点坝内侧积体间的夹层，河床底部透镜状滞留沉积物，河口沙坝的顺直分流中水平状充填的薄夹层，各种层理和纹理间纹层状薄夹层等属于层内夹层，分布范围有限，除废弃河道充填物外，一般很薄（仅数厘米至数十厘米），在开发井网条件下难以对比。

夹层描述内容 研究夹层分布规律主要使用岩心和测井资料。（1）描述夹层岩性及其厚度，常见的有泥（页）岩、粉砂质泥岩、钙质泥岩、砂质泥岩等；

此外还包括成岩过程中形成的硅质、钙质条带，石油运移过程中产生的沥青或重质油充填条带等。(2) 统计夹层频率（单位厚度岩层中夹层的层数）和夹层的密度（夹层总厚度占统计砂岩总厚度百分数），也可绘成夹层等密度图来直观反映。

储层内部存在的夹层，层薄且在平面上呈不连续分布，这些夹层对砂体的垂向渗透率和水平渗透率影响极大，而这些夹层的变化规律往往是数十米，甚至是数米的数量级，一般在数百米的开发井网下很难用井来控制其变化规律，必须根据沉积相分析作出预测。因其成因不同，各种沉积环境下砂体内部这类夹层会有一定的规律（见图）。如河道砂体内部废弃充填泥质夹层宽度不可能超过古河道宽度，三角洲外前缘砂体内泥质夹层比内前缘多而分布稳定等，应该说夹层非均质性的预测处于定性到半定量的水平，必须根据本油田本区域的实例和经验来判断。

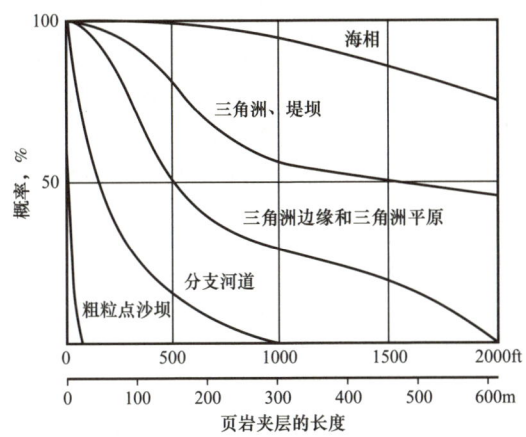

页岩（粉砂）夹层的连续性为沉积环境的函数

推荐书目

吴元燕，徐龙，张昌明，等. 油气储层地质 [M]. 北京：石油工业出版社，1996.
夏位荣，张占峰，程时清. 油气田开发地质学 [M]. 北京：石油工业出版社，1999.

（贾爱林　肖敬修）

【**储层隔层 barrier**】 油田开发过程中对流体具有隔挡作用的不渗透岩层。隔层是非均质多油层油田正确划分开发层系，进行各种分层工艺措施时必须考虑的一个重要因素，因此，进行有关隔层的研究是油藏描述的一个重要内容。隔层是个相对概念，具体油田要具体分析，油层与隔层的物性界限标准应随不同开发阶段开采工艺水平的提高而不断变化，如大庆油田开发初期隔层渗透率上限定为 10mD，到高含水开发阶段压裂工艺水平的提高，隔层渗透率上限定为 1mD。

研究隔层的标准　研究隔层常以以下标准为准。

（1）隔层的岩石类型。碎屑岩储层中隔层以泥质岩类为主，有泥岩、粉砂质泥岩、泥质粉砂岩和钙质粉砂岩以及致密胶结岩类、盐类沉积、沥青充填岩石等，其中以泥岩和钙质粉砂岩的隔层阻渗效果好。

（2）隔层的物性标准。要搞清岩石的渗透率在什么界线以下可作为隔层，应着重分析影响渗透率的因素：① 通过岩性、物性、含油性关系的研究确定隔层标准，对不同类型的岩石样品进行物性、粒度和胶结物含量分析，应用分析资料作各种参数交绘图；② 通过水驱实验研究隔层界限；③ 通过试油确定隔层的物性上限值（用储层的物性下限值作为隔层的物性上限值）。

（3）应用测井曲线划分隔层。隔层的岩性、物性标准确定后，进一步研究岩性、物性、电性关系，确定隔层在测井曲线上的响应及划分标准：① 典型曲线对比法，通过岩心观察，按各类隔层岩石在测井曲线上的响应特征建立典型剖面，作为未取心井利用测井资料确定隔层岩性的依据；② 定量解释法，在测井资料解释的物性连续剖面中，按隔层物性截取。

（4）隔层厚度标准。根据射孔技术水平及井下作业技术条件确定厚度标准，如大庆油田，初期开发井网划分层系的隔层厚度标准为 5m，一次加密调整时为 3m，二次加密调整时为 1.5～2.0m。

隔层分布　描述隔层的最终目的是要反映其分布特点。

（1）隔层在剖面上的分布。主要描述隔层在储层剖面上出现的位置、岩性及其厚度，用剖面图表示。

（2）隔层在平面上的分布。描述隔层厚度在平面上的变化，以等厚图或不同等级厚度所占井数的分布频率表示。

隔层调整　储层之间的隔层，由于局部地区出现隔层厚度不足或隔层尖灭现象，为保证储层在注水开发过程中能够独立开采，互不干扰，对不符合隔层条件的地区必须采取措施，确保注水开发过程中储层间不发生窜流，必须进行隔层调整：（1）调整的范围应大于隔层厚度不足的范围；（2）尽量保证占有主要储量的潜力层在注采系统中的完整性。

推荐书目

隋军，吕晓光，赵翰御，等.大庆油田河流—三角洲相储层研究[M].北京：石油工业出版社，2000.

（肖敬修　贾爱林）

【储层物性分类 classification of reservoir petrophysical property】 储层物性是评价储层好坏的一项重要指标。由于岩石的孔隙性和渗透性都是受岩石的孔隙结构所控制，其孔隙度和渗透率之间又没有严格的函数关系，因此很多油田都采用综合考虑孔隙度和渗透率来进行储层分类（见表）。另外，由于气体和液体的流动性存在很大的差异，因此对于气藏和油藏的储层物性分类标准又有较大的差异，一般说来在渗透率指标的划分上，气藏分类要求低一些。

油田常用储层物性分类方案表

类型	孔隙度，%	渗透率，mD
高孔、高渗透型储层	25～30	500～2000
中孔、中渗型储层	15～25	100～500
中孔、低渗型储层	15～25	10～100
低孔、低渗型储层	10～15	10～100
特低孔、特低渗型储层	5～10	<10
超低渗型储层	<5	<1.0

（朱华银）

【高渗透储层 high permeability reservoir】 指渗透率大于1000mD的储层。中国石油天然气集团有限公司将渗透率为500～2000mD的储层定为高渗透储层。该类储层渗流条件极好，产能很高，是最好的油气储层。裂缝发育可大大改善储层的渗透性，易形成高渗透储层。对于孔隙型高渗透砂岩储层，一般具有以下特征：碎屑颗粒相对较粗，分选好，胶结物含量少，压实作用相对较弱，剩余粒间孔发育，孔隙连通性好，孔隙度和渗透率多较高。

（朱华银）

【中渗透储层 middle permeability reservoir】 一般指基质渗透率为50～1000mD的储层。这类储层渗流条件较好，具有较高的产能。其中渗透率在50～100mD的储层又称作中低渗透储层。中国石油天然气集团有限公司将渗透率为100～500mD的储层定为中渗透储层。中渗透储层一般孔隙较发育，连通性相对较好。

（朱华银）

【低渗透储层 low permeability reservoir】 这是一个相对的概念，世界上并无统一固定的标准和界限，因不同国家、不同时期的资源状况和技术经济条件而划定。根据中国的生产实践和理论研究，对于低渗透储层的范围和界限比较一致的标准是基质渗透率为 0.1～50mD 的储层。低渗透储层具有一些很显著的地质特征：（1）沉积物成熟度低，但后生成岩作用往往比较强烈；（2）孔隙极不均匀，喉道细小，结构复杂；（3）裂缝往往比较发育；（4）储层物性差，孔隙度和基质渗透率都较低；（5）非均质性强；（6）黏土矿物含量高，在钻井、完井和开发过程中极易造成储层伤害。

根据实际生产特征，按渗透率大小可进一步把低渗透储层划分为一般低渗透储层、特低渗透储层、超低渗透储层。

一般低渗透储层渗透率为 10～50mD，接近于正常储层。这类储层一般具有工业性自然产能，但产量较低，需采取压裂等增产措施进行储层改造，提高生产能力才能取得较好的开发效果和经济效益。

另外，根据岩性的不同，还可将低渗透储层分为：低渗透碎屑岩储层、碳酸盐岩裂缝储层、泥岩裂缝储层、变质岩裂缝储层和岩浆岩裂缝储层。低渗透碎屑岩储层包括砂岩、粉砂岩和砂砾岩低渗透储层，一般把它们统一简称为低渗透砂岩储层，而通常所说的低渗透储层即指低渗透砂岩储层。

📝 **推荐书目**

袁明生，潘愚，童亨茂. 低渗透裂缝性油藏勘探［M］. 北京：石油工业出版社，2000.
李道品. 低渗透裂缝油田开发［M］. 北京：石油工业出版社，1997.

（朱华银）

【**特低渗透储层** extra-low permeability reservoir】 渗透率为 1～10mD 的储层，或称为极低渗透储层。这类储层与正常油层差别比较明显，一般束缚水饱和度较高（0～70%）。其自然产能一般达不到工业性标准，必须采取压裂改造和其他相应措施才能产出油气（投入工业开发）。

（国景星）

【**超低渗透储层** ultra-low permeability reservoir】 渗透率介于 0.1～1mD 的储层，已接近有效储层的下限，又称致密型储层。这类储层非常致密，孔喉半径很小，油气很难进入，因而束缚水饱和度很高（多大于 50%），几乎没有产油能力，一般不具备工业开发价值。但如果其他方面条件有利，如油气层较厚、微裂缝发育、原油性质比较好等，同时采取既能提高单井产量，又能减少投资、降低成本的有利措施，也可以进行工业开发。

长庆油田根据在鄂尔多斯盆地多年来的油气勘探开发实践与研究成果，把超低渗透储层进一步细分为三类：将渗透率为 0.5～1.0mD 的储层划分为超低渗透Ⅰ类储层，该类储层部分已得到有效开发；将渗透率为 0.3～0.5mD 的储层划分为超低渗透Ⅱ类储层；将渗透率小于 0.3mD 的储层划分为超低渗透Ⅲ类储层。

（国景星）

【**致密砂岩储层** tight sand reservoir】 基质渗透率小于 0.1mD 的砂岩储层。形成致密砂岩储层有两种成因，一个是受沉积作用控制，由于沉积物颗粒细，泥质含量高和（或）分选差，形成的孔隙小而少，使岩石变得致密。另一个成因主要是受成岩作用控制，由于机械压实作用、自生矿物充填、胶结作用及石英长石次生加大等降低了沉积物的原生孔隙，形成致密储层。当微裂缝或次生孔隙较为发育时，这类储层可成为低渗透储层，其特点是孔隙极不均匀，结构复杂，喉道细小，孔隙度和渗透率都较低。

（国景星　朱华银）

【**孔隙型储层** porous reservoir】 以孔隙作为油气主要储集空间的储层。该类储层以砂岩为主，是最为常见的一类储层。储集岩的孔隙空间主要是粒间孔和溶蚀孔，基本不发育裂缝。该类储层孔隙度与渗透率具有一定的相关性，孔隙发育，孔隙度高，渗透率一般也较高。

（朱华银）

【**缝洞型储层** fracture-cavity reservoir】 以裂缝及洞穴为油气储集空间的储层。这类储层多为碳酸盐岩和火成岩，储集空间和渗流通道以裂缝及其连通的溶孔、溶洞为主。大孔洞直径达 2mm 以上，微孔则小于 10μm。该类储层储集空间好，裂缝连通率高，一般属于高渗透储层，是很好的油气储层。

（朱华银）

【**双重孔隙介质储层** dual porous medium reservoir】 指具有孔隙和裂缝（或洞穴）两种孔隙系统的储层。该类储层裂缝发育，由具有一般孔隙结构的岩块储集体和分隔岩块储集体的裂缝系统组成。其两种孔隙系统为：（1）岩石颗粒之间的孔隙空间构成的粒间系统；（2）裂缝和孔洞的空隙空间形成的缝洞系统。孔隙空间提供了较好的储集性，裂缝系统则提供了很好的渗透性，因此该类储层属于较好的油气储层，一般可获得较好的产能。

（朱华银）

【**储层地质知识库** geological knowledge base of reservoir】 广义上来说，包括一切能表征不同成因类型储层三维空间特征和成因及其控制作用的定性和定量的知识总结；狭义上来说，是指能定量表征各类砂体成因单元的空间特征、边界条件和物理特征的参数以及定性表征的各种沉积模式。

所谓储层地质知识库是通过对研究目标的沉积成因、沉积规模、空间形态和展布规模等的总结和储层单井模型的统计分析，建立表征储层特征的地质知识，这些知识可以直接作为输入参数参与储层随机建模，或为某些参数的确定、模拟方法的选择、实现的选取及结果的检验提供数据或地质依据。穆龙新认为储层地质知识库是指经大量研究高度概括和总结出的能定性或定量表征不同成因类型储层地质特征、具有普遍意义的参数。图中是对河控三角洲各储层成因单元地质特征和各种参数的总结和概括，是地质知识库的表现形式之一。

成因单元	形状	长度 km	宽度 km	厚度 m	水平页岩遮挡层 m	沉积构造	粒度	分选	标准化渗透率	标准化孔隙度	GR曲线	初级流动单元类型
远沙坝		25~30	2~4	10~24	100~1000	砂纹层理	vfs~slt	中差	1~0.03	1~0.8		A
江心洲		25~30	1~2	10~20	0~50	小规模交错层理	ms~ms	好好	1~1	1~1		B
分流河道下部		25~30	0.5~1	2~10	30~400	小规模交错层理	ms~cg	中差	0.4~0.6	0.8~0.9		C
分流河道上部		25~30	0.5~1	3~10		砂纹层理	slt~ms	中中	0.9~1	1~1		D
天然堤		25~30	0.5~2	0.5~2	500~1000	砂纹层理植物根底	vfs~slt	中差	1~0.2	1~1		E
决口扇		1~7	5~20	3~15	100~1000	砂纹层理	vfs~slt	中差	1~0.03	1~0.8		A

河控三角洲储层成因单元地质知识库
slt—粉砂；vfs—极细砂；ms—中砂；cgl—砾

储层地质知识库的主要内容　一般包括：(1)油藏类，包括坐标数据(包括井轨迹数据)、构造数据、分层数据、断层数据、物源方向等；(2)储层类，包括相、亚相、旋回划分等；(3)储层骨架类，包括微相类型、砂体规模、砂体形态(长、宽、厚、长宽比、宽厚比、主轴方向、曲率)、砂体数量(全局含量比、分段含量比、纵横向比例曲线)、砂体连通性等；(4)储层物性类，包括孔隙度、渗透率、饱和度(分布直方图、最大值、最小值、均值、方差、变差函数特征值)及三者关系、孔隙度与渗透率的分形特征值等。

储层地质知识库的建立 可通过现代沉积调查、沉积物理模拟实验以及密井网解剖等传统的方法而获得相应的地质参数,从而建立知识库。该方法的不足之处在于,费时、费力而且在实验研究过程中受人为因素影响很大,容易造成结果上的误差。随着计算机兴起以及计算方法的优化从而使大规模的沉积模拟成为可能,相比于传统方法,数值模拟具有节约成本、时间,参数设置更加贴近实际,以及受人为因素影响小等优点。

胡长军等利用先进的人工智能技术建立储层知识库,进而建立和数学模型互相补充的基于专家知识的符号模型,从单井自动相分析、单井自动储层评价入手,利用测井、地质等知识,设计了基于 WINDOWS 的储层知识库系统。利用该系统可很容易地得出沉积特征、相类型、储层特征等方面的结论,建立单井综合评价图,从而给出概念模式。

国际上许多国家已经对沉积过程模拟进行了深刻的研究,如 delft 3D 就是一种基于泥沙动力学的研究方法,可再现沉积物的沉积和剥蚀。宋亚开、王冬冬等通过 delft 3D 数值模拟软件,基于对沉积区岩相古地理的研究、砂体厚度的分布分析以及现代沉积调查等,对不同流量下河道的展布情况以及宽深比的变化,砂质沉积分布的长、宽、厚的统计分析,由此得到不同研究区的砂体展布状况、形态参数等。

石书缘等利用 Google Earth 软件测量了不同地区不同曲率的河道宽度、点坝长度及弧长,建立了曲流河地质知识库,并认为不同地区不同曲率河流的河道宽度和点坝长度之间具不同的定量化公式,反映出曲流河地质模式具"同中有异"的特点,建议在建立曲流河地质知识库的同时建立曲流河模式库,以方便地下储层地质模型的建立、对比和预测。

地质知识库的建立可以概括为油藏地质精细研究、原始数据的提取、地质统计分析、数据入库等几个基本步骤。

(国景星)

【储层综合评价 comprehensive evaluation of reservoir】 在*储层非均质性*研究基础上,对油田内每一套含油层系中各油层组、砂层组、单油层和油砂体之间的差异进行分类,以有利于开发上区别对待。

评价参数的选择 常用评价参数有以下八类。(1)有效厚度,它直接反映储量的丰度和储量的多少。(2)有效厚度(或砂岩)钻遇率,在同一井网条件下,每个层组的有效厚度钻遇率反映含油面积的大小。(3)渗透率,是反映储层岩石渗流能力的参数,与储层产能直接相关,各层组和单层间渗透率的差异直接反映层间非均质程度。(4)*有效孔隙度*,有效孔隙度与有效厚度组合

（$h \cdot \phi$）能更确切反映储量丰度；若单独应用亦可反映非均质性。（5）油砂体面积或延伸长度，当开发井网密度能控制油砂体分布时，直接统计油砂体面积或延伸长度，用以反映储层连续性。（6）泥质含量和黏土矿物类型、碳酸盐含量或其他特殊胶结物含量，当这些杂基含量充填物或胶结物含量明显影响渗透率时，或其含量达到一定值而必须考虑保护储层和改造储层时，应作为重要参数参与储层评价。（7）孔隙结构参数，它不但间接体现储层渗流条件的优劣，也直接影响主要开采工艺决策的储层性质，常用参数为平均喉道半径或中值喉道半径以及相对分选系数。（8）层内非均质性，这是二次采油、三次采油需要评价的重要储层性质，一般以层内渗透率变异系数及韵律性作为评价指标。

<u>计算单项参数评价分数</u>　采用最大值标准化法，即以本项参数在评价单元中的最大值为1，使其他单元本项参数评价值在0～1之间。

（1）对于其值越大，反映储层的参数越好的参数，如有效厚度、钻遇率、渗透率、有效孔隙度等值除以本项参数最大值，计算公式为：

$$E_i = \frac{x_i}{x_{\max}} \tag{1}$$

（2）对于参数值越小，反映储层性质越好的值，可用下式计算：

$$E_i = \frac{x_{\max} - x_i}{x_{\max}} \tag{2}$$

式中：E_i 为第 i 单元的本项参数评价得分；x_i 为第 i 单元的本项参数实际值；$x_{\max}$ 为所有单元中本项参数的最大值。

<u>确定各项参数的权系数</u>　计算评价单元的各项参数得分，根据评价目的，对各项参数给予不同的"权"系数，体现各参数的重要程度。在评价阶段，各层组占有的储量丰度是评价储层的重要指标，将有效厚度作为第一权重；在方案设计阶段，划分开发层系采用不同井网成为主要矛盾时，渗透率和其他影响储层渗流特征的参数作为第一权重；当所需井网密度处于经济边界条件时，反映储层连续性的参数，应加大权系数。

<u>综合得分分类</u>　把各项参数得分以给定的权系数权衡后即得综合评价得分，以一定的分值分类，即得最后的综合评价分类。以曙光油田杜家台油层分油组的综合评价得分为例，见表，其分类标准为：

Ⅰ类，0.7～1；

Ⅱ类，0.35～0.7；

Ⅲ类，＜0.35。

曙光油田杜家台油层分区分油组综合权衡评价分类

分区	油组	H_o单项评价分数 ×0.3	H_o钻遇率单项评价分数 ×0.2	K_a单项评价分数 ×0.2	ϕ单项评价分数 ×0.1	泥质含量单项评价分数 ×0.1	碳酸盐含量单项评价分数 ×0.1	综合权衡评价分数	类别
二	杜Ⅰ组	0.186	0.166	0.200	0.068	0.066	0.025	0.711	Ⅰ
二	杜Ⅱ组	0.300	0.130	0.080	0.073	0.068	0.062	0.713	Ⅰ
二	杜Ⅲ组	0.057	0.036	0.030	0.060	0.066	0.058	0.307	Ⅲ
三	杜Ⅰ组	0.078	0.134	0.030	0.088	0.038	0.041	0.409	Ⅱ
三	杜Ⅱ组	0.252	0.200	0.050	0.088	0.039	0.039	0.668	Ⅱ
三	杜Ⅲ组	0.144	0.164	0.150	0.097	0.054	0.061	0.670	Ⅱ
四	杜Ⅰ组	0.090	0.036	0.010	0.088	0	0	0.224	Ⅰ
四	杜Ⅱ组	0.129	0.164	0.050	0.100	0.044	0.050	0.537	Ⅱ
四	杜Ⅲ组	0.066	0.110	0.030	0.100	0.041	0.045	0.392	Ⅲ
权系数		0.3	0.2	0.2	0.1	0.1	0.1		

（贾爱林　肖敬修）

【流体模型　fluid model】 表征储层内流体性质及其在三维空间的分布和变化的模型。油（气）藏内油气水按密度自上而下呈重力分异，形成气油、油水或气水界面，它们在油藏内按统一的界面存在时，这一储层系统是相互连通的，称为一个油气水系统。

流体界面的确定　划分油气水系统主要依据录井、岩心、钻杆测试、试油及测井资料进行研究，早期的油藏描述可参考地震AVO、模型识别技术等进行确定。(1) 单井油、气、水层划分，依赖测井解释（其解释图版必须通过单层测试验证）成果。(2) 确定流体界面：统计法、作图法、压力梯度法；原始油层压力和流体密度确定；类比法确定气水界面深度。

储层流体性质　描述油、气、水性质是确定油（气）田开发层系、开采方式、井网部署的依据之一。主要描述内容如下。(1) 原油：原油的化学组成和原油的馏分；原油的组分；原油物理性质（包含地面和地层）。(2) 天然气：天然气组分；天然气分类。(3) 油（气）层水：油层水的化学成分；油层水物理性质；总矿化度；油层水分类。

开采过程中流体性质的变化 在油藏注水开发过程中，储层中原油与注入水长期接触，产生一系列物理、化学反应，使原油性质发生变化，随含水上升率的升高，采出的原油密度、黏度、含蜡量、含胶量和凝固点有不同程度的增大，其中以原油黏度变化幅度最大。在选择注水用的水源时，一定要注意与油层水配伍，以防止发生化学反应，产生沉淀结垢。

（肖敬修　贾爱林）

【流体饱和度 fluid saturation】 油气储层岩石孔隙中流体的体积与岩石孔隙体积的比值，常以百分数或小数表示。流体饱和度计算公式为：

$$S_l = \frac{V_l}{V_p} = \frac{V_l}{\phi V_t} \tag{1}$$

式中：S_l 为流体饱和度；V_l 为孔隙中流体的体积，cm^3；V_p 为孔隙体积，cm^3；V_t 为岩石总体积（外表体积），cm^3；ϕ 为孔隙度。

通常，油气储层的岩石孔隙中为原油、天然气和地层水所饱和，所以流体饱和度又可分为含油饱和度、含气饱和度与含水饱和度。

含油饱和度 S_o　孔隙中油的体积 V_o 与孔隙体积 V_p 的比值：

$$S_o = \frac{V_o}{V_p} = \frac{V_o}{\phi V_t} \tag{2}$$

含气饱和度 S_g　孔隙中气体的体积 V_g 与孔隙体积 V_p 的比值：

$$S_g = \frac{V_g}{V_p} = \frac{V_g}{\phi V_t} \tag{3}$$

含水饱和度 S_w　孔隙中水的体积 V_w 与孔隙体积 V_p 的比值：

$$S_w = \frac{V_w}{V_p} = \frac{V_w}{\phi V_t} \tag{4}$$

若储层岩石孔隙中油、气、水三相共存，则有：

$$S_o + S_g + S_w = 1 \tag{5}$$

流体饱和度反映了油、气、水在储层岩石孔隙中各自所占的比例，它直接关系到油、气在地层中的储量大小，也是评价储层好坏的重要参数。

（国景星　李秉智）

【原始流体饱和度 initial fluid saturation】 仍处于勘探阶段，油气田尚未开发时的流体饱和度。它包括原始含油饱和度 S_{oi}、原始含气饱和度 S_{gi} 和原始含水饱和度 S_{wi}。

当油藏刚投入开发时，油层中通常只存在油和束缚水两相。原始含油饱和度是最重要的参数，它关系到油藏储量的大小；而束缚水饱和度反映了油、气运移到来之后，驱替沉积岩中原存水的能力，束缚水量的大小还与储层的润湿性和毛细管力的作用有关，束缚水同时也制约了原始含油饱和度的大小。一般，在纯油带的原始含水饱和度就是束缚水饱和度；如果处于油水过渡带，原始含水饱和度就是共存水饱和度（除了束缚水之外，还有可移动水）。天然气在地层压力下一般都溶解在油中，只有在油藏中存在气顶或含气区域内，才存在原始含气饱和度。

（李秉智）

【原始含油饱和度 initial oil saturation】 油藏投入开发之前所测得的储层岩石孔隙空间中原始含油体积 V_{oi} 与岩石孔隙体积 V_p 的比值。表示为：

$$S_{oi} = \frac{V_{oi}}{V_p} \times 100\% \qquad (1)$$

式中：S_{oi} 为原始含油饱和度；V_{oi} 为原始含油体积；V_p 为岩石孔隙体积。

此时，油藏储层岩石的含水饱和度称为原始含水饱和度，当已知原始含水饱和度 S_{wi} 时，则有：

$$S_{oi} = 1 - S_{wi} \qquad (2)$$

影响饱和度的因素主要有以下三点。

（1）孔隙结构是影响储层岩石饱和度的最主要因素。一般而言，岩石粒度较粗，孔隙喉道半径较大，孔隙的连通性较好，渗透率较高，束缚水饱和度就比较低，原始油（气）饱和度就较高。

（2）润湿性决定了储层中油、水在孔隙中的分布。油湿的储层束缚水饱和度较低，原始含油（气）饱和度就较高。

（3）原油的性质对油水分布也有较大的影响。如果运移来的原油黏度大，流动困难，不易进入孔隙，使得残余水含量高，油气饱和度就低。

原始含油饱和度是油气勘探与开发中非常重要的参数，只有准确获取原始含油饱和度，才能客观、准确地计算油藏储量。

（国景星　李秉智）

【原始含气饱和度 initial gas saturation】 油（气）藏投入开发之前所测得的储层

岩石孔隙空间中原始含气体积 V_{gi} 与岩石孔隙体积 V_p 的比值。计算公式为：

$$S_{gi} = \frac{V_{gi}}{V_p} \times 100\%$$

与<u>原始含油饱和度</u>一样，原始含气饱和度也是油气勘探与开发中非常重要的参数，只有确定了原始含气饱和度，才能准确计算气藏储量。大型气田或纯气田可采用油基钻井液或密闭取心，通过分析其<u>束缚水饱和度</u>直接确定含气饱和度。对于裂缝性储层，由于裂缝的毛细管作用很小，因而气层裂缝的含气饱和度可接近 100%。对于油气藏中气顶内的含气饱和度，不仅需要考虑孔隙中一定数量的残余油，还需考虑束缚油饱和度的影响。

（国景星）

【含水饱和度 water saturation】 储层岩石孔隙中所含水的体积 V_w 与岩石孔隙体积 V_p 的比值，一般用百分数或小数表示。表达式如下：

$$S_w = \frac{V_w}{V_p} \times 100\% = \frac{V_w}{\phi V_t} \times 100\%$$

式中：ϕ 为孔隙度；V_t 为岩石外表体积。

绝大部分储层属于沉积岩，其中的储集空间最初完全为水所饱和，油、气则是之后从底部、侧面等不同方向运移并聚集的。油气的运聚以逐步驱替原来饱和于孔隙中的水为前提，由于毛细管作用和岩石颗粒表面的吸附作用，油气不可能将孔隙中的水全部驱走，因此，在油气层（藏）的不同位置和不同时期，始终存在一定量的水或含水饱和度。

（国景星）

【束缚水饱和度 irreducible water saturation】 油（气）藏投入开发之前（即储层具有最大烃饱和度条件下），储层岩石孔隙空间中原始含水体积 V_{wi} 和岩石孔隙体积 V_p 的比值。又称原始含水饱和度。可用下式表示：

$$S_{wi} = \frac{V_{wi}}{V_p} \times 100\%$$

大量的现场取心分析表明，即使是纯油气藏，其储层内都会含有一定数量的不流动水，通常称之为束缚水。束缚水一般存在于颗粒表面、颗粒接触处角隅或微毛细管孔道中。不同油（气）藏由于其岩石及流体性质不同，束缚水饱和度的大小差别很大。

影响束缚水饱和度的主要因素包括储层的孔隙结构、泥质含量及流体性质。

岩石的孔隙越小、泥质含量高、微毛细管孔隙越发育，则渗透性越差、束缚水饱和度越高。一般，水对岩石的润湿性越好、油水界面张力越大，则岩石的束缚水饱和度越高；粉砂岩、含泥质较多的低渗透碎屑岩的束缚水饱和度较高。

（国景星）

【目前流体饱和度 current fluid saturation】 在油、气田开发的不同时期或不同开发阶段所测得的流体饱和度。即在油、气田开发一段时间后，在目前储层压力、温度等条件下所测得的含油饱和度、含气饱和度、含水饱和度。

　　油气田投入开发之后，随着开发的不断推进，储层中的油、气也包括一定量的水将陆续被采出，被采出流体原占据的空间多被水所充填，即油气储层岩石孔隙中水的体积逐渐增加。因此，伴随着开发的不断推进或开发程度的不断提高，油气层（油气藏）中含水饱和度将不断升高，而含气饱和度、含油饱和度将不断降低。而且，鉴于储层宏观及微观非均质性，特别是储层的层内非均质性和微观非均质性，油气层不同部位的油气流动难易程度不同、采出程度不同，势必导致同一油气层（油气藏）的不同部位在特定的时间、储层压力及温度下的目前含油饱和度、含气饱和度差异性增强。

（国景星）

【残余油饱和度 residual oil saturation】 残余油体积在岩石孔隙中所占体积的百分数，用 S_{or} 表示。油田开发后期，仍然未能采出而残留于油层孔隙中的原油称为残余油。事实上，不同的开采方法，其残余油和残余油饱和度是不同的。如果纯粹靠天然能量开采，或在天然能量开采后期再注水开采，或者在开发之初就早期注水开采，都可能有各自不同的残余油饱和度，而且它又随开发的工作制度和采取的措施而异。残余油饱和度的大小反映了油藏的开发效果，它既取决于油藏本身条件的好坏，又受开采工艺技术的影响。由于油藏中残余油饱和度的存在，它理所当然地成为提高采收率工作的目标。

（李秉智　国景星）

【地层压力 formation pressure】 作用于地层（岩石）孔隙内流体（油气水）上的压力，常用 p_f 表示。又称孔隙流体压力。地层中流体若为油或天然气，地层压力则被称为油层压力或气层压力。油（气）层未被钻开之前，油（气）层内各处的地层压力保持相对平衡状态。一旦油（气）层被钻开并投入开采，其平衡状态遭到破坏，油（气）层压力与井底压力之间产生压差，使得油（气）层内的流体流向井筒，甚至喷出井口或地面。

　　地层压力常利用地层压力梯度、压力系数等指标开展分类与描述。

（国景星）

【地层压力系数 formation pressure coefficient】 油气藏实测（原始）地层压力（p_o）与相同深度下静水柱压力（p_H）的比值。可用下式求取：

$$\alpha_p = \frac{p_o}{p_H} = \frac{p_o}{H\rho_w g} \approx \frac{100 p_o}{H\rho_w}$$

式中：α_p 为地层压力系数；p_o 为实测原始地层压力，MPa；p_H 为同一深度（H，单位 m）下静水柱压力，MPa；ρ_w 为水的密度，一般取值 1000kg/m³。

压力系数是衡量地层压力是否正常的一个指标。压力系数 α_p 为 0.8～1.2 为正常压力，$\alpha_p > 1.2$ 的油气层称异常高压油气层，$\alpha_p < 0.8$ 的油气层称异常低压油气层。

国外一些国家则常用压力梯度 G_p 来表示异常地层压力的大小。当 G_p 介于 0.008～0.012MPa/m 时，属正常地层压力；当 $G_p > 0.012$MPa/m 时，属高异常地层压力（简称高压异常）；当 $G_p < 0.008$MPa/m 时，属低异常地层压力（简称低压异常）。

不论是在中国还是在国外，也不论是油田还是气田，异常地层压力都是普遍存在的（见表）。

国内外典型油气田压力系数

油气田名称	油层深度，m	原始油层压力，MPa	压力系数
老君庙油田（L 油层）	700～1000	9.46	1.11
克拉玛依油田	417～566	8.61	1.40～1.70
大庆油田（葡萄花油层）	800～1200	10.51	1.05
东溪气田	915～1038	14.12	1.36～1.54
川中蓬莱镇油田	2222	32.00	1.44
布路介迪（罗马尼亚）	1681	8.90	0.53
基尔库克（伊拉克）	700～1400	17.5～20.0	1.50～2.50
帕宾那（加拿大）	1560	18.80	1.20
东得克萨斯（美国）	915～996	11.01	1.10～1.20
拉克气田（法国）	3500	63.00	1.80
苏拉汗（苏联）	350	2.50	0.71
杜依玛兹（苏联）	1650～1800	17.70	1.00

（国景星）

【地层压力梯度 formation pressure gradient】 同一油气藏（层）中海拔高程相差100m的压力变化值，或垂直方向上每增加单位深度时压力的增加值。在油田系统应用时，统称压力梯度。需要注意的是，压力梯度是和油气藏（层）及深度区间对应的，同一口井，不同油气藏（层）及深度区间，压力梯度并非同一个值。

当油气藏压力资料较少时，常用不同海拔高程的原始油气层压力求取油气层的压力梯度。计算公式为：

$$G_p = \frac{100(p_2 - p_1)}{(h_2 - h_1)\rho_w} \quad (1)$$

式中：G_p 为压力梯度，MPa/100m；p_1、p_2 分别为钻遇同一油气藏（层）的1号、2号井的原始油气层压力（油层中部原始油气层压力），MPa；h_1、h_2 分别为1号、2号井油气层中部海拔高度，m；ρ_w 为水的密度，一般取值 1000kg/m³。

当钻遇某一油气藏（层）压力资料较多时，可绘制压力梯度曲线，更精确地确定油气层压力梯度（见图）。

当已知油气藏的压力梯度时，可用下式预测新钻井的油气层压力：

$$p_x = p_1 + \frac{(h_x - h_1)G_p}{100} \quad (2)$$

式中：p_x、p_1 分别为新井和老井的油气层静止压力，MPa；h_x、h_1 分别为新井和老井的油气层中部海拔高度，m；G_p 为油气层压力梯度，MPa/100m。

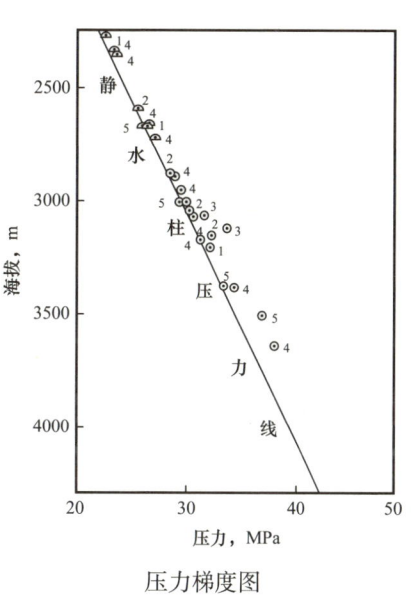

压力梯度图

（禹长安　国景星）

【异常地层压力 abnormal formation pressure】 在正常压实条件下，作用于孔隙流体的压力即为静水柱的压力。但是由于诸多因素的影响，作用于地层孔隙流体的压力很少等于静水柱压力。通常把偏离静水柱压力的地层孔隙流体压力称之为异常地层压力，或称为压力异常。

异常地层压力大小的表示　常用压力系数或压力梯度来表示异常地层压力的大小。

异常地层压力成因　多种多样，主要包括成岩作用、（不均衡）剥蚀作用、断裂作用、刺穿作用、热力及生物化学作用、测压水位影响、渗析作用、流体密度差异、油气开采等。实践表明，油气开采是所发现的异常低压油气藏的主要诱因。

异常地层压力的预测方法　按照与钻井的先后关系可以分为三大类：（1）钻前压力预测，主要是以地震资料为主的地震层速度法；（2）钻进过程中的随钻压力监测，主要是以钻井工程与钻井液参数为主的钻井资料分析法；（3）钻后的地球物理测井资料检测法。

研究意义　研究和预测压力异常对认识油层能量特征，评价油气藏形成的基本条件及指导安全生产、保护油气层等方面是极为重要的。例如，在钻井过程中，当油气层的地层压力异常低时，易产生井漏；当地层压力异常高时，易产生井喷。因此，有必要根据钻前预测结果，在钻井设计时拟定相应预案和必要措施。

（国景星）

【原始油层压力 initial reservoir pressure】　油（气）层在未被打开（开采）之前所具有的压力，即原始状态下的地层压力。事实上原始油层压力是无法直接测量的，通常将第一口或第一批井（探井、评价井）打开油层之后关井，使油层压力恢复平衡，用井底压力计下至油（气）层中部测得。

原始油层压力也可用试井分析法、压力梯度法等求得。

原始油层压力的基本来源是静水压头，但并非唯一来源。当油层中存在天然气特别是存在游离气顶甚至为气层时，将使得地层压力高于相应深度下的静水压力。除此之外，还要考虑地静压力。在地静压力作用下，岩石的孔隙容积缩小，从而造成油层中原始压力的增加。

（国景星）

【目前油层压力 current reservoir pressure】　油（气）藏（田）投入开发后某一时期的地层压力。油、水井生产和油层中发生的每一点变化都会改变油层压力，为了更为客观、准确地描述目前油层压力，将目前油层压力分为油层静止压力和流动压力。

静止压力　油田投入生产后，油（气）井关井，待压力恢复到稳定状态之后，测得的油（气）层中部的压力，也称为井底流压，简称静压，常用符号 p_s 表示。油（气）层静压代表测压时间的目前油（气）层压力，是衡量油（气）层压力水平的标志，需要每隔一段时间定期进行测量。

流动压力　油（气）井在正常生产时测得的油（气）层中部的压力，也称为井底流压，简称流压，常用符号 p_b 表示。油（气）井生产时，井底流压 p_b 小于油（气）层静止压力 p_s，油（气）层中的流体正是在该压差的作用下流入井筒。

静压梯度 同一井内单位深度（10m 或 100m）静止压力的变化值。利用静压梯度可以计算井内不同深度的静压值，确定油水界面或气水界面，判断不同井钻遇的油（气）层是否属于同一压力系统（同一油气藏）等。

流压梯度 油（气）井在开井时，单位深度（10m 或 100m）流动压力的变化值。根据流动压力可以推算井内不同深度的流动压力，还可判断油井是否见水（如见水，流压梯度增大）。

（国景星）

【**油层折算压力** converted pressure of reservoir】 将某一深度测得的地层（油层）压力折算到某一基准面（海平面或油水、气水接触面）的压力。

以油水接触面为折算基准面的折算压力公式为：

$$p_c = p_f + 0.01\rho_o |h_{wo} - h_o| \tag{1}$$

式中：p_c 为油层折算压力，Pa；p_f 为油层中部实测压力值，Pa；h_{wo} 为油水接触面海拔，m；ρ_o 为地层条件下原油密度，g/cm³；$|h_{wo}-h_o|$ 为油水接触面与油层中部海拔高差的绝对值，m。

以海平面为折算基准面的折算压力公式为：

$$p_c = p_f + 0.01\rho_o h_o \tag{2}$$

式中：h_o 为油层中部海拔，m。

利用折算压力可以对比井与井之间压力高低，正确判断同一油（气）层内流体流动方向。

（国景星）

【**原始饱和压力** original saturation pressure】 在原始地层条件下，地层原油在压力降低到天然气开始从原油中分离出来时的压力。

原始饱和压力的高低反映储油层弹性能量的大小。当地层压力下降但仍高于饱和压力时，储层骨架及其储存的流体（一般为原油、束缚水及溶解水）发生弹性体积膨胀，原油靠弹性膨胀能量驱动至井底，即为弹性驱动。原始油层压力与油藏原始饱和压力之差越大，油藏弹性能量越大，依靠弹性能量驱动而产油量及采收率也越高。

在地层条件下原油的密度与黏度的大小与原油的化学组成、压力、温度及溶解气量有关。在低于地层饱和压力情况下，地层压力增加，溶解气量增大，

- 235 -

原油的密度及黏度减小；当压力高于饱和压力后，溶解气停止溶解，压力的增加使原油的密度和黏度增大。

（禹长安　国景星）

【**地饱压差** difference between reservoir pressure and saturation pressure】 目前的地层压力与饱和压力之差。原始地饱压差是衡量油层弹性能量大小和油藏开发状况的重要指标。地饱压差越大，弹性能量越大，反之弹性能量越小。如果油藏在地层压力低于饱和压力较多的条件下开发，油层中的原油就要大量脱气，原油黏度增大，油层产油能力降低，油田开发效果变差。因此在地饱压差较小的油藏，应考虑采用人工补充能量（注水或注气）保持压力的开发方式。

（禹长安）

【**油气藏压力系统** reservoir pressure system】 受统一压力源控制的，在油气藏的垂直方向或水平方向上，流体压力能够互相传递和互相影响的范围。又称水动力系统，简称压力系统。油气藏中流体所承受的压力主要来源于上覆岩层压力、边水或底水的水柱压力、油气藏形成时的构造作用力和热力等。同一个油气层在横向上可能因断层、岩性尖灭、渗透性的变化以及裂缝发育不均匀等被分隔成若干个独立的压力系统。

正确识别不同的压力系统是油气藏描述的重要内容。

在一个油气田内，属于同一个压力系统的油气层必须符合以下条件：（1）处于同一构造单元、储层纵横向连通性较好；（2）同一压力系统内各处（各井点）的原始折算压力相等（见图）；（3）依靠天然能量开采条件下，同一压力系统内各井压降速度基本一致，各个同期测定的静压数值大体相等。

压力系统的识别一般采用地质条件分析法、油气层压力资料分析法和井间干扰试井法进行研究。

不同压力系统的油（气）层，不能组合为同一开发层系。

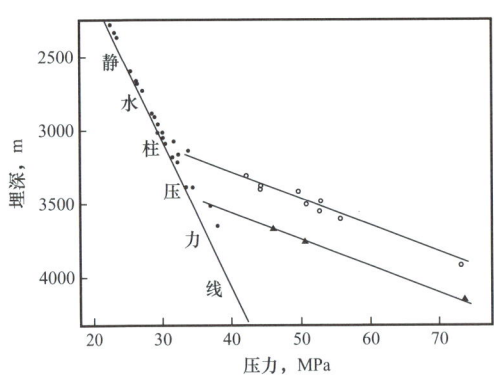

油层原始压力—埋藏深度关系图

（禹长安　国景星）

【**油气藏驱动方式** driving mode of oil and gas reservoir】 油、气藏开采时，驱使原油或天然气流向井底的主要动力来源或能量。又称油气藏驱动类型。

石油开采可分为一次采油、二次采油和三次采油三个阶段。一次采油是指利用油藏天然能量开采的过程，如利用溶解气驱、气顶驱、天然水驱、岩石和流体弹性驱及重力驱等能量，是油藏开发的第一阶段；二次采油是指采用外部补充能量（如注水、注气），以保持地层能量为目的的提高采收率的采油方法；三次采油是指通过注入其他流体，采用物理、化学、热量、生物等方法改变油藏岩石及流体性质，提高水驱后油藏采收率的方法。

驱动方式不同，油、气田的开发方法、开发效果及经济效益也不同。研究油、气藏驱动方式的主要目的是要正确判断油、气藏驱动类型，确定油、气田的合理开发方式，充分利用天然能量，建立高效率的驱动方式，以便最佳地开发油、气田。

（国景星）

【油气水层 oil, gas and water bearing formation】 在油（气）藏中，储集有石油（天然气）的储层，以及不含石油、天然气和其他气体，产水量达到规定标准的含水层。

在油气藏形成的漫长的地质历程中，油、气、水在连通的储集体中按流体密度在垂向上以重力分异规律分布，一般情况下，自上而下分布有气层、油层、水层（在原始状态下水层一般为边水或底水）。由于受到流体物化性质及储层孔隙结构和物性非均质等因素的影响，在气层与油层之间或油层与水层之间会出现过渡带，因此在油气藏垂向剖面上存在油气同层、油水同层或气水同层。

正确识别每口井所钻遇的油、气、水层及其在剖面上的分布，是研究油、气、水在油气藏三维空间的分布以及正确制订油藏开发方案必需的基础工作。单井识别和划分油、气、水层主要依据岩心观察、地质录井及试油等直接方法，但对于大多数井每口井每个层的识别还要依靠测井解释。测井解释标准或图版的正确性必须经过单层测试资料的验证。

油层　储藏有石油的储层。又称储油层或含油层。一般是指具有工业油流，含水率在5%以下的产层。

气层　储藏有天然气的储层。又称储气层或含气层。一般是指具有工业气流或凝析气流的产层。

含水油层　具有工业油流，综合含水率在5%～20%的产层。

油气同层　指同一油气层中油、气并存，且经测试产油、产气量达到工业标准的储层。油气同层常在带气顶的油藏或带油环的气藏的气油过渡段（带）中出现，也可自成系统出现于复杂油、气藏中。

油水同层　指同一油层中气、水并存，经测试，产油量达到工业标准，产水量以含水率计算大于2%（或综合含水率超过20%）的产层。油水同层常在具有底水或边水的油藏的油水过渡段（带）中出现，也可自成油水系统出现于复杂油藏中。

气水同层 指同一气层中气、水并存，经测试，产气量达到工业标准，产水量达到一定标准的储层。它常在具有底水或边水的气藏的气水过渡段（带）中出现，也可单独出现于复杂的气藏中。

低产油气层 油气产量未达到工业油气流的标准，但油气产量高于干层标准的产层。

水层 在油（气）藏中，不含石油、天然气及其他气体，产水量达到规定标准的含水层。其常以边水或底水形式出现。出水量高于干层标准而油气产量低于干层标准上限的产层。

干层 根据地质录井和测井资料，虽有微弱油气水显示，但储层物性差，产油气水能力极低，不会超过干层产量标准的地层或岩层。经过改善渗透性能的措施后，用抽汲、提捞或测液面等方法，日产液量低于干层标准（见表）的产层。

干层产液量标准（SY/T 6293—2021《勘探试油工作规范》）

油层深度，m	液面深度，m	日产量			观察天数，d
		油，kg	气，m³	水，L	
<2000	距射孔井段 500	≤100	≤200	≤250	2
2000～3000	1800	≤200	≤400	≤400	2
3000～4000	2000	≤300	≤600	≤500	2
>4000	套管允许掏空深度	≤400	≤800	≤600	2

工业油层与工业气层 指具有工业开采价值的油层和气层。有无工业开采价值取决于油气层的产能大小、埋藏深度、开采技术、油气价格、国家能源政策、地理位置及交通运输条件等因素。

可疑油层与可疑气层 根据测井资料解释有可能含油（气），需要通过试油（气）验证的储层。

（国景星　许　贺　梁志恒）

【**油气层有效厚度** effective thickness of pay】 现有经济及开采工艺技术条件下，油（气）层中具有产出工业性价值油气能力的那部分储层的厚度，即能够提供工业价值油气能力的厚度，或对全井达到工业油井标准有贡献的储层厚度。可通过油气层厚度扣除夹层及不出油气部分的厚度来求取。

有效厚度必须具备的两个条件：油气层内具有可动油气，而且在现有工艺技术条件下，达到工业油气流标准并可提供工业性开采。

根据 SEC（美国证券交易委员会）评估的要求，有效厚度可分为 A、B、C 三个等级（见表）。

有效厚度等级划分

等级	主要特征（产油能力及确定性）	储量类型
A 级产层	通过确凿的测井或地层测试证明具有产油能力，确定性很高	证实（探明）储量
B 级产层	缺乏确定的测试资料，电性上没有 A 级产层那样明显的特征	控制储量（概算储量）
C 级产层	缺乏确定的测试数据和明显的电性特征，岩石物性的不确定性也较大，对生产的潜在贡献较小	预算储量（可能储量）

美国称有效厚度为生产层净厚度，有效厚度下限称截止值，且更强调净厚度的商业价值。只有目前开采有经济价值的厚度才能估算储量，目前无经济价值的接近或低于边际的厚度只能算是资源，待油价上涨或开采工艺提高或成本下降后才能升级为储量。

俄罗斯将储层界限分为 3 级：标准界限，界限以上储层厚度中存在可流动石油，开采时经济上盈利；下限，下限以上的储层厚度中存在可流动石油，若开采经济上不合算；绝对界限，界限以上的储层厚度中存在石油但不能流动，界限以下的储层厚度中不存在石油。因此，只有标准界限以上的储层厚度才称有效厚度。

在油气田勘探开发实践中，油气层有效厚度可细分为两类：一类有效厚度和二类有效厚度。一类有效厚度是指油气层中达到有效厚度标准（即物性下限标准）的厚度；二类有效厚度是指油层中含油情况稍低于有效厚度下限（即物性下限标准）的厚度。二类有效厚度又分为油水二类、油干二类，油水二类一般分布在油水过渡带（外含油边界至内含油边界区域，含油饱和度相对较低），油干二类多分布于油层物性相对较低区域，特别是渗透率较差的区域。

（国景星）

【**工业油气流标准** industrial oil and gas flow standard】 油气井的工业油气流标准和储层的工业油气流标准。

油气井的工业油气流标准 指在现有的技术、经济条件下，一口油（气）井具有实际开发价值的最低产油气量标准（即油气井的产油气下限）。

储层的工业油气流标准 指工业油气井内储层的产油气下限，即有效厚度的测试下限（储量计算的起点）。

当前，在考虑到酸化、压裂等增产措施的有效应用条件下，我国现行油气井工业油气流标准见表。

中国工业油气流标准（DZ/T 0217—2020《石油天然气储量估算规范》）

油气藏埋藏深度，m	单井工业油流下限，t/d		单井工业气流下限，$10^4 m^3/d$	
	陆地	海域	陆地	海域
≤500	0.3		0.05	
500～1000	0.5	10.0	0.10	1.00
1000～2000	1.0	20.0	0.30	3.00
2000～3000	3.0	30.0	0.50	5.00
3000～4000	5.0	50.0	1.00	10.00
>4000	10.0		2.00	10.00

油气井的产量下限受油气销售价格、钻井成本、勘探建设费用、经营成本、利税等多种因素影响。其中的钻井成本取决于油气藏的埋藏深度、工艺技术水平等。因此，油气井的工业油气流标准并非统一，需要根据各地区的具体情况估算。决定有效厚度测试下限（储量计算起算标准）的具体参数主要有油层的孔隙度、渗透率、含油饱和度、石油的密度和黏度、油层产能、单层厚度等。

（国景星）

【**油气水界面** oil/gas/water contact】油（气）藏中油、气、水之间的相互接触面。

在油藏中，油与水的接触面称为油水界面；在气藏中气与水的接触面称为气水界面；带气顶的油藏或带油环的气藏中油与气的接触面称为油气界面。

多数情况下，各种原始流体界面，实际上并非一个截然分界面，储层内部两种流体在纵向上是一种渐变的过渡接触关系，一般存在一个由含气到纯油段的油气过渡段、由纯油段至纯水段之间的油水过渡段（见图），以及气藏中的由含气段至纯水段之间的气水过渡段。为此，正确地判识和划分流体界面对油气储量计算和确定油气藏的布井方式、注采方式及油气层射孔方案等都具有重要意义。

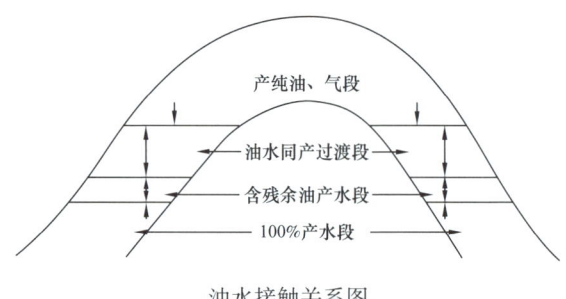

油水接触关系图

（禹长安　国景星）

【油水过渡带 oil/water transition zone】
含油边界线与含水边界线之间的区域（见图）。在边水油藏中，油水界面与油层底面的交线称作含水边界（缘），亦称为含油内边界（缘）。油水界面与油层顶面的交界线称为含油边界（缘），或含油内边界（缘）。

钻于油水过渡带区域内的油井，在开采时油水同出，越靠近含油边界线的油井，一般原油中含水率越高，越靠近含水边界的油井，一般原油含水率越低。

在油水过渡带内，原油长期受到边水的氧化作用，造成油水过渡带内的原油黏度一般高于纯油区内的原油黏度。当油田的油水过渡带较宽、面积较大时，油水过渡带的开发方式、井网部署及完井采油工艺技术都应该单独对待。

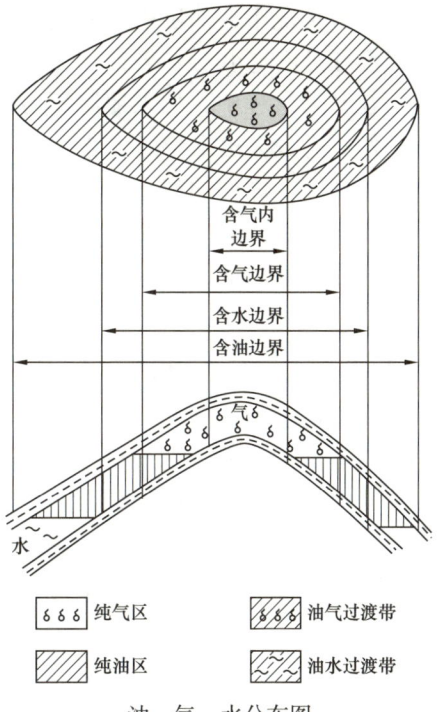
油、气、水分布图

（禹长安　国景星）

【油气过渡带 oil/gas transition zone】 带气顶油藏的含气外边界线与含气内边界线所包围的区域（参见油水过渡带）。其中，油气界面与油气层底界面的交线称为含气内边界（缘），含气内边界圈定的范围内属于纯气区；油气界面与油气层顶界面的交线称作含气外边界（缘）。

带气顶油藏的油气过渡带在开发中的渗流问题比较复杂，关键是在油、气开发过程中保持油气界面相对稳定而不受破坏，若开发措施不当，使油气界面失衡，导致油局部侵入气顶，使侵入气顶中的原油难以采出，原油采收率降低；与此同时，在靠气顶膨胀或气驱油过程中造成气向油指进或舌进，导致气驱波及率下降，同样会造成原油采收率降低。在含气区的内缘或外缘布置注水井排，形成水障，将气区和油区分别开发，该开发方法有助于提高油气资源的采收率。

（禹长安　国景星）

【原始油气比 initial gas-oil ratio】 在地层原始状态下，单位体积或质量原油所溶解的天然气量。其单位为 m^3/m^3 或 m^3/t。原始气油比是油藏中原油溶解天然气量多少的指标。又称原始溶解气油比（*initially dissolved gas-oil ratio*）。

一般情况下，油层中原始气油比越高，原油中天然气的溶解量越大，原油的密度和黏度越小。

在开采过程中，如果地层压力降低到饱和压力以下，原油中溶解的天然气从溶解状态分离出来（即天然气逸出），使油层中气油比降低，使得油层中出现油、气两相，原油的产量和采收率会降低。如果采油井的流动压力降低至泡点压力以下，在井筒中天然气会从原油中分离出来，使井口气油比升高，有利于井筒中原油举升作业。

（国景星　禹长安）

【**油气田水** oil/gas field water】　油气田区域（含油构造）内的地下水，包括油层水和非油层水。油气开发地质研究的重点是与油气藏有密切联系（油气田范围内直接与油层连通）的地下水，即油层水，也称狭义上的油田水。它往往与石油和天然气组成统一的流体系统。

油气田水的赋存状态及物理化学性质等包括如下几个方面。

油气田水的来源　一般认为，油气田水主要有四种来源：沉积物堆积过程中保存在其中的沉积水；大气降雨时渗入地下空隙和渗透性岩层中的渗入水；深成水，源于上地幔及地壳深部、由岩浆游离出来的初生水（即原生水）和变质作用过程的变质水；转化水，沉积成岩和烃类形成过程中，黏土矿物转化脱出的层间水及有机质向烃类转化时分解出的水。油田水可视作是沉积水、渗入水、深成水及转化水以不同比例的混合水，经过一系列复杂的物理化学作用，并与油气相伴生的油层水。

油气田水的赋存状态　油气田水按其在岩石孔隙—裂缝系中的蕴藏状态可分为三种类型。（1）超毛细管水。蕴藏于孔隙直径大于 0.5mm、裂缝宽度大于 0.25mm 的超毛细管孔洞缝中，在重力作用下能自由运动和传递静水压力，也称其为重力水或自由水。（2）毛细管水。蕴藏于孔隙直径 0.0002～0.5mm、裂缝宽度 0.0001～0.25mm 的毛细管孔隙中。当充满于孔洞缝中时，可传递静水压力；未充满时，受毛细管力阻碍，毛细管水在孔洞缝中不能自由流动，只有当外力大于毛细管阻力时，水才能自由移动，在重力作用下水不能自由移动。（3）束缚水。束缚在矿物颗粒表面的地下水。存在于孔隙直径小于 0.0002mm，裂缝宽度小于 0.0001mm 的微毛细管孔隙中。又可分为吸着水和薄膜两层。吸着水是以单独的水分子状态包围在矿物颗粒表面。薄膜水是在吸着水外围以薄膜形式存在的弱结合水，厚度可达数百个水分子直径。束缚水不能传导静水压力。

油气田水按其与油气藏分布位置的相互关系，可分为两种类型。（1）边水。同一储层中，外含油边缘以外的水称为边水。特别是油气层相对较薄、地层倾角较为平缓时,油田水主要为边水。在油田开发过程中,边水一般呈水平方向驱动。(2)底水。同一储层中,外含油边缘之内、油水界面之下的水称为底水,特别是油气层厚度较大、地层倾角较陡时,底水特征突出。在油田开发过程中,底水一般呈垂直方向驱动。

油气田水化学组成 由于油气田水长期与岩石、石油及天然气相互作用,使得油(气)田水的化学成分非常复杂,除离子成分外,还有气体成分、有机组分和微量元素。(1)常见的离子成分有:Na^+、K^+、Ca^{2+}、Mg^{2+}、Fe^{2+}、Fe^{3+}等阳离子以及Cl^-、SO_4^{2-}、CO_3^{2-}、HCO_3^-等阴离子。(2)气体成分包括甲烷、乙烷、重烃气体等烃类气体,以及氧、氮、硫化氢、氦、氩等非烃类气体。含重烃气体是油气田水的主要特征,可作为寻找油气田的标志之一。(3)有机组分主要包括有机酸、酚和苯等,其中有机酸又包括环烷酸、脂肪酸和氨基酸等,其中以环烷酸含量较高,是石油中环烷烃的衍生物,常可作为找油的重要水化学标志。(4)微量元素主要有碘、溴、硼、铵、锶、钡等,微量元素的种类及其含量,可以指示油田水的来源和所处环境的封闭程度。

油气田水的物理性质 (1)颜色及透明度:油气田水通常是有颜色的,颜色与其化学组成有关,如含有Fe^{3+}常呈淡红色、含H_2S时呈淡青绿色或黄绿色等。油田水常呈混浊状,透明度一般较差。(2)密度:油气田水中溶有数量不等的盐类,因此密度一般大于$1g/cm^3$。(3)黏度:因含有数量不等的盐分,油气田水黏度一般比纯水高,且随矿化度的增加而增大。(4)电学性质:因含有各种离子,油气田水能够导电,而且导电性随油气田水矿化度和温度的增加而增强,此外氧化还原电位值的高低常常作为指示水的氧化还原环境。

油气田水的矿化度 指单位体积油气田水中所含溶解状态的固体物质总量,即单位体积水中各种离子、元素及化合物的总含量,用g/L、mg/L表示。总矿化度小于1g/L为淡水;1~3g/L为微咸水;3~10g/L为咸水;10~50g/L为盐水;大于50g/L为卤水。多数情况下,油气田水的矿化度高于沉积水,具有高矿化度特征。根据我国陆相油气田水的资料,矿化度一般低于50g/L,以低于10g/L的占优势。

油气田水的化学分类 国内外的分类方法较多,大都以水中所溶解的Na^+、K^+、Ca^{2+}、Mg^{2+}以及Cl^-、SO_4^{2-}、CO_3^{2-}、HCO_3^-等离子含量及其组合关系为分类基础。油田常用的为苏林水型分类,主要考虑天然水的化学成分,同时结合其形成环境,利用离子比$r(Na^+)/r(Cl^-)$、$[r(Na^+)-r(Cl^-)]/r(SO_4^{2-})$、$[r(Cl^-)-r(Na^+)]/r(Mg^{2+})$,把天然水划分成$CaCl_2$型、$NaHCO_3$型、$Na_2SO_4$型及$MgCl_2$型等四种基本类型(见表)。

苏林的天然水成因分类表

水的类型		成因系数		
		$r(Na^+)/r(Cl^-)$	$[r(Na^+)-r(Cl^-)]/r(SO_4^{2-})$	$[r(Cl^-)-r(Na^+)]/r(Mg^{2+})$
大陆水	硫酸钠型（Na_2SO_4 型）	>1	<1	<0
大陆水	重碳酸钠型（$NaHCO_3$ 型）	>1	>1	<0
海水	氯化镁型（$MgCl_2$ 型）	<1	<0	<1
深层水	氯化钙型（$CaCl_2$ 型）	<1	<0	>1

一般认为：Na_2SO_4 型水分布于地表或地下浅层水活跃区，通常表示水文地质封闭性差，不利于油气藏的保存；$CaCl_2$ 型水为形成于地壳深部封闭性良好、水体交替停滞、利于油气藏保存的还原环境，油气田水往往是高矿化度的 $CaCl_2$ 型水；$NaHCO_3$ 型和 $MgCl_2$ 型则为过渡型环境。$MgCl_2$ 型水主要为海水在潟湖中蒸发浓缩所致，$MgCl_2$ 型水在油气田中较少见；高矿化度的 $NaHCO_3$ 型水是油气物质存在的还原环境下的产物，成因上与油气田有关，为油气田水的基本水型之一。

推荐书目

蒋有录，查明. 石油天然气地质与勘探 [M]. 2 版. 北京：石油工业出版社，2016.

裘怿楠，陈子琪. 中国油藏管理技术手册·油藏描述 [M]. 北京：石油工业出版社，1996.

（国景星）

【**小层数据表** individual reservoir data list】 根据油层对比的结果，以井为统计单元，按照统一格式整理和统计出的油层数据表格，又称单井*小层数据表*。小层数据表的格式各油田不尽相同，但是基本内容一般包括：小层或单层解释序号，所属油层组、砂层组，统层对比后的小层及单油层编号，小层顶（底）界限、砂岩顶界与底界、砂层厚度数据，以及测井解释结论、有效厚度数据，*空气渗透率*等。小层数据表是油层对比的成果表，是油气田地下地质研究的基础资料，是编制*油层剖面图*、*小层平面图*、*油层栅状图*等工作的重要依据。

（国景星）

【**油层剖面图** oil layer profile】 油田上沿某一方向的油层对比图，反映油层的横向延伸、渗透率及横向变化以及上、下层的连通情况等，不反映构造形态（见图）。

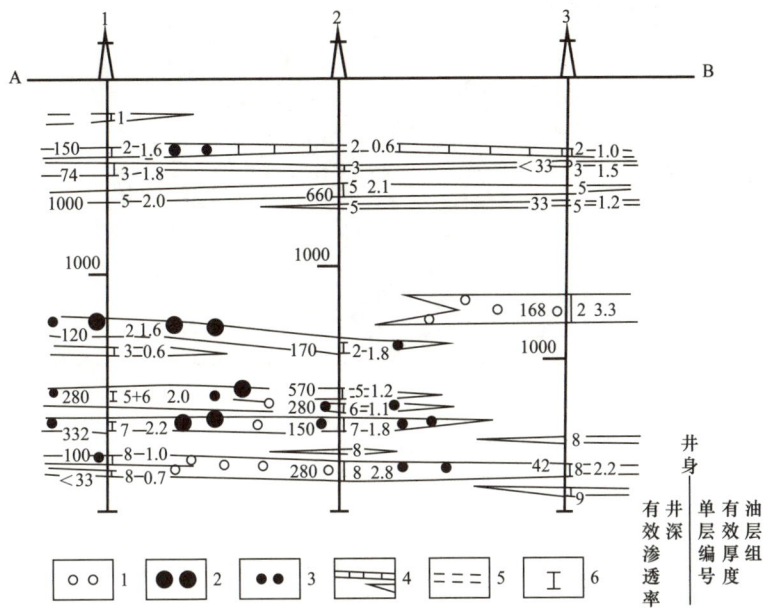

油层剖面示意图

1—高渗透层（大于 0.5mD）；2—中渗透层（0.3～0.5mD）；3—低渗透层（小于 0.3mD）；
4—有效厚度层；5—不具有效厚度的砂层；6—射孔井段

油层剖面图的编制一般包括 5 个环节：选择剖面方向、确定剖面结构（纵横向比例尺）、按照规范（规定格式、符号等）标注小层数据、连接小层对比线（砂层顶底界）、分层注明渗透率分级符号等。

（国景星）

【小层平面图 individual reservoir plan】 表示小层（或单油层）在平面上的分布范围和有效厚度及渗透率变化情况的图件。又称连通体平面图（见图）。小层平面图是根据小层数据表制作的，每一个单油层原则上都应当编绘一幅小层平面图。小层平面图是了解油层分布状况的重要图件，是计算油气储量、制订开发方案、进行开发方案动态分析的基础资料（图件）之一。

绘制小层平面图时，一般需要先落实断层特别是区块的边界断层、油水界面及内（外）含油边界，再依次勾绘砂岩尖灭线、有效厚度零线及有效厚度等值线。

砂岩尖灭线的绘制 砂岩尖灭线位于砂岩不发育井点与砂岩井点之间，尖灭线距离两口井的距离取决于砂岩的展布规律（沉积相展布规律或相模式）与尖灭规律；同时，还与砂层厚度和砂岩渗透性有关，井点砂层厚度越大，砂岩渗透性越好，则尖灭位置距离该井就越远。在开发井网密度较大的情况下，也可直接在砂岩不发育井与砂岩发育井的中间点（1/2）井确定砂岩尖灭线。

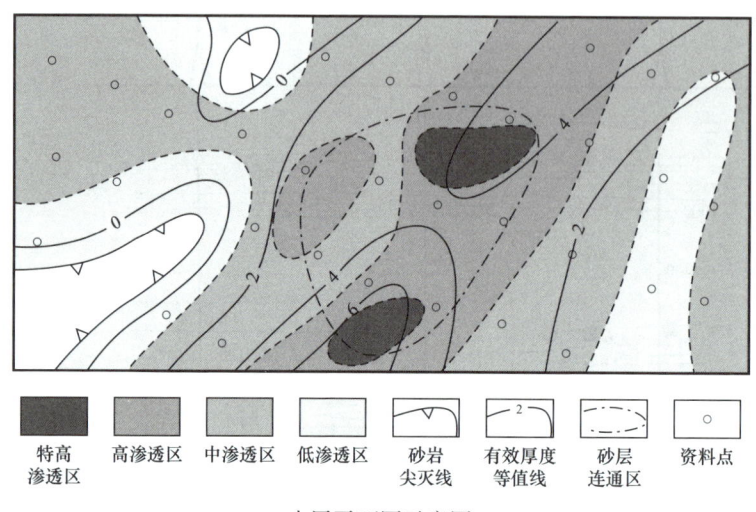

小层平面图示意图

图例:特高渗透区、高渗透区、中渗透区、低渗透区、砂岩尖灭线、有效厚度等值线、砂层连通区、资料点

有效厚度零线的绘制 首先,由砂岩尖灭线距有效厚度不为零井点的1/3(1/2)处确定;其次,取有效厚度为零的井点与有效厚度不为零井点1/2处确定;最后,在油水过渡带,过渡带内的井点若具一类有效厚度,有效厚度零线与外含油边界重合,若具二类有效厚度,有效厚度零线与内含油边界重合。

有效厚度等值线绘制 利用各井点的有效厚度资料,根据三角网井间等值内插法(线性内插法)勾绘。

(国景星)

【**油层栅状图** fence diagram of oil layer】 油层剖面图和小层平面图综合组成的立体图。俗称油层连通图。是研究单个砂层在平面上及纵向上变化的基础图件之一。可清楚地反映各油层在不同方向上的连通情况及其储油物性的好坏,是进行油井动态分析、确定注水方案常用的重要图件之一。

绘制栅状图时,通常以注水井为中心,将受影响的井置于周围,以某一砂层组(相当于三级沉积旋回)为单位,先落实和连接砂层组内四级旋回界限,再连接注水井和生产井之间同一单层顶底界,即构成栅状图(见图)。

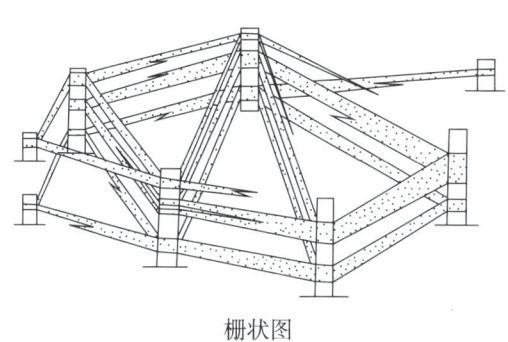

栅状图

(国景星)

【油藏地质模型 reservoir geological model】 表述油藏开发地质特征在三维空间的分布及定量变化的地质模型。是油藏描述研究的最终成果，它是对油（气）藏的类型、几何形态、规模、油藏内部结构、储层参数及流体分布等地质特征的高度概括，通常是由圈闭结构模型、储层地质模型和流体分布模型组成。为了建立油藏地质模型，首先要研制地层格架模型、构造模型、沉积模型、成岩模型和地化模型等子模型。油藏地质模型是油藏综合评价、油藏数值模拟、开发方案（或调整方案）的基础和依据。

建立信息库　模型建立是从信息库（数据库和资料库）开始，包括：（1）地震信息库，用于地层划分对比、构造分析、地震相研究、砂体预测、储层参数预测、地层压力预测等；（2）地质信息库，包括区域地质、岩心录井、岩屑录井、地化录井等资料及其分析数据；（3）测井信息库，用于层组划分对比、测井相与沉积相研究、单井储层参数解释、油气水层解释、隔夹层解释、砂体内部结构及砂体定向解释、裂缝特征及分布等研究；（4）测试信息库，包括试油试井（RFT、脉冲测试等）资料及数据、流体性质及分布、油气产能、地层压力系统、砂体连通性、断层封闭性及裂缝宏观分布等研究；（5）生产动态信息库，用于开发阶段储层、流体（油、气、水）的动态变化及分布研究，分析水驱油状况、储量动用状况及剩余油分布状况，建立剩余油分布模型。

建模技术的总思路　以石油地质学、沉积学、岩石矿物学、构造地质学、储层地质学、油藏地球化学等地质理论为基础，以五大信息库为支柱，充分应用油藏描述软件系统中的数据模块等功能，采用精细尺度的露头调查和测量，运用密井网测井、储层地震、地质统计、随机建模、确定性建模、示踪测试和计算机三维处理显示等技术手段，协同综合，正确揭示油藏开发地质特征，逐步实现由宏观向微观、由定性向定量的发展，最终建立一个逼近油藏的地质模型。

建模方法与步骤　建立油藏地质模型方法有确定性建模方法和随机性建模方法两大类。一般采用三个步骤：（1）一维单井模型；（2）二维层模型；（3）三维地质模型。所建地质模型要进行网块粗化（把地质模型的网块尺寸按数值模拟需要和可能按保持渗流特征不变的原则进行合并）。

📖 推荐书目

吴胜和．储层表征与建模［M］．北京：石油工业出版社，2010.
贾爱林．精细油藏描述与地质建模技术［M］．北京：石油工业出版社，2010.

（肖敬修　贾爱林　任丽华）

【概念地质模型 conceptual geological model】 针对某一种类型的油藏（储层）地质特征，在研究区内建立具有普遍意义的典型化和概念化的储层地质模型。

它只追求油藏总的地质特征和关键性的地质特征的描述，基本符合实际，并不追求每一局部的客观描述。

在油田开发早期油藏评价阶段（从油田发现到整体开发前），只能依据少量的钻井信息，借鉴各种类型的沉积模式、成岩模式建立研究区的储层概念模型，指导油田评价阶段和开发设计阶段的战略决策。

模型建立的基础资料　建模的基础资料有以下四类。（1）地质录井资料（以岩心资料为主），确定储层类型，并对其沉积成因、规模有一个基本认识，为储层特征参数的预测提供地质依据。（2）地球物理测井资料，对关键取心井多采集测井信息，指导非取心井的资料处理和解释，提供定量的物性参数数据；通过建立测井资料标准化，在描述范围内具有统一的刻度，保证所提取的测井信息具有可对比性。（3）地震资料，主要用二维地震资料，有时也用三维地震资料，结合钻井、测井等资料标定刻度，通过地震反演，进行储层横向预测。（4）工程测试资料：常用钻杆测试、单层试油、多层试油、稳定和不稳定试井以及试采、试注等直接了解储层内流体性质、产出能力、压力、温度分布、储层物性、油藏边界等参数。

概念地质模型内容　包括：（1）单砂体层内非均质概念模型，以岩心资料为依据，按微相类型建立，此类模型可满足各种开采方式机理研究和求取拟函数的需要；（2）砂体格架概念模型，应用已有相似沉积类型的地质知识，以评价井实际钻遇砂体一维分布出发，参考二维地震的反演成果建立格架模型，为优化注采系统和井网提供重要依据；（3）砂体渗透率分布概念模型，以同类沉积砂体为原型，提取各类砂体渗透率分布地质统计结果，用随机建模方法，建立工作区各类砂体的渗透率分布模型，提供开发设计各项主要开发指标预测的可靠性。

（贾爱林　肖敬修）

【静态地质模型 static geological model】　针对某一具体油田（或开发区块）一个（或一套）储层，按照开发井网资料将其储层地质特征在三维空间的变化和分布如实地加以描述而建立的地质模型。这些模型只是把多井网所揭示的储层宏观分布的面貌描述出来，并不追求井间参数的预测精度，有学者称为储层描述模型。这一模型主要为编制开发调整方案及油藏管理服务，为确定注采井别、射孔方案、作业施工、配产配注及油田开发动态分析等提供地质依据，以减少油藏经营管理的地质风险。

20世纪60年代以来，中国各油田投入开发以后，以手工编制和二维显示为主的各种小层平面图、微相分布图、油层剖面图、栅状图、物性参数等值图等，这些静态模型在中国注水实践中起到了很好的和必不可少的作用。

20世纪80年代以后，利用计算机技术，逐步发展出一套利用计算机存储和显示的三维储层静态模型，即将储层网块化后，把各网块参数按三维空间分布位置存入计算机内，形成三维数据体，进行储层的三维显示，可以任意方向切片进行剖面显示，同时可进行各种运算和分析。所建三维静态模型可以直接与油藏数值模拟相连接。

2000年以来，越来越强大的计算机硬件配置推动了三维静态地质模型构建的效率和精度，网格数量越来越多，表征的尺度越来越精细。因此，高精度静态地质模型已成为油藏描述研究过程中的一项核心成果，对于了解油藏的地质和开发特征起到了举足轻重的作用。

推荐书目

穆龙新. 储层精细研究方法：国内外露头储层和现代沉积及精细地质建模研究[M]. 北京：石油工业出版社，2000.

贾爱林. 精细油藏描述与地质建模技术[M]. 北京：石油工业出版社，2010.

（贾爱林　肖敬修　任丽华）

【**预测地质模型** predictable geological model】预测井点间及以外地区油藏（储层）变化情况的地质模型，是比静态模型精度更高的地质模型，是为研究开发后期剩余油分布和三次采油提高采收率服务的。预测地质模型的提出，本身就是油田开发深入的需求，因为在二次采油之后地下仍存在大量剩余油需进行开发调整、井网加密或进行三次采油，需要建立精度很高的储层地质模型。三次采油技术近年来发展很快，除热采重油外，都没有达到普遍工业性应用水平，其中一个重要原因是储层描述水平不能满足三次采油的需求。由于储层参数的空间分布对剩余油分布的敏感性极强，同时储层特征及其细微变化对三次采油注入剂及驱油效率的敏感性远大于对注水效率的敏感性，因而需要在开发井网（一般百米级）条件下将井间数十米甚至数米级规模的储层参数的变化及其绝对值预测出来，即建立储层预测模型。

预测地质模型的建立是攻关的难题，需要通过出露完整的露头密集取样和详细的沉积学研究或通过地下密井网区油藏精细解剖，把不同沉积类型砂体内部储层参数的三维空间分布，如实地直接揭示出来，并且与微小的沉积单元（如岩石相、能量单元等）建立对比关系，然后推导出一种能反映这类砂体参数变化的地质统计学方法，去预测地下同类沉积砂体储层的参数分布，即建立某类储层的原型地质模型和地质知识库。建立预测模型的方法还有井间地震、水平井方法、井间电磁波测量、试井及开采动态资料反演等的综合应用。

📖 **推荐书目**

胡伟光，申小平，范春华. 砂岩储层综合解释与预测 [M]. 北京：中国石化出版社，2016.

（贾爱林　肖敬修）

【**原型地质模型** prototype geological model】 与模拟目标储层沉积类似，并具有足够密集的数据控制点，得到过详细描述的储层地质模型。从原型模型中可以总结出地质规律，用于指导相似沉积类型的储层预测；获得各种参数的统计特征，如变异函数、砂体密度及宽厚比等，作为模拟及约束条件来进行目标砂体随机建模，从而保证非均质性特征的可靠性。原型模型研究是精细建模的主要研究方向之一。

建立储层原型模型的方法很多，其中人们研究最多的是野外露头、现代沉积物理模拟和密井网精细解剖，以及地震资料确定性建立模型方法。

（1）野外露头和现代沉积建立原型模型。野外露头和现代沉积研究所建立的原型模型具有直观性、完整性、精确性、便于大比例尺研究的特点。通过对储层进行精细的地质描述和测量，然后通过室内分析、统计来确定储层原型模型的参数，其理论研究意义十分重大。但是受限于沉积环境、沉积条件的不确定性，该方法具有一定的局限性。近几十年，欧美各国改变了传统的以区域地质勘探为目的的工作方法，而花费巨资从事为油田开发服务的精细露头储层研究工作。如美国能源部在怀俄明州粉河盆地的陆架砂脊开展露头调查；英国、法国、荷兰、挪威等国组成的专家组（Heresim 小组）在英格兰约克郡（Yorkshire）研究三角洲露头，为建立北海 Brent 组的地质模型提供了知识库。Mayer 等对美国科罗拉多 Muddy J 砂岩的地表露头和地下储层开展地质特征对比；Dreyer 等利用美国加利福尼亚 Ridge 盆地的露头资料对比挪威中部陆架部分河控扇三角洲 Tilje 组，并进行岩相分析和流体流动单元分析；Lowry 等对犹他州中东部地区 Mancos Shale 组 Ferron 砂岩段的河控三角洲前缘层序露头研究进行储层模拟等。其中最有影响的是由 BP 投资在美国俄克拉何马州吐尔萨附近对 GYPSY 砂岩所开展的露头调查工作。研究耗资数百万美元，整个研究工程包括：露头调查、覆盖带浅井数十口、地震与雷达勘探、钻深部实验井 5 口。这些露头研究工作一方面是为了建立含油层系规模的地质模型，另一方面是为了建立砂体规模地质模型。国内开展以建立储层地质模型为目的，为油田开发应用的露头和现代沉积研究始于 20 世纪 80 年代，如青海油砂山辫状河三角洲和分流河道砂体露头调查；阜新盆地辫状河三角洲露头调查；永定河辫状河现代沉积、岱海现代辫状河沉积、扇三角洲露头调查和拒马河曲流河现代沉积点坝研究等，都对不同类型储层非均质的宏观和微观描述做出了贡献。早期国内开展露头研究最新最精细的是中国石油勘探开发研究院承担的中国石油天然气集团有限公司"九五"重点科技攻关项目"储层露头精细描述及应用研究"，是国内第一个有关扇三角洲和辫状河储层露头的综合解剖研究项目，穆龙新和贾爱林等人通过对山西大同辫状河露头和滦平桑园营子扇三角洲沉积露头的研究，建立了辫状河和扇三角洲沉积体系的详细的储层地质知识库和露头原型，对于研究相似沉积环境的储层分布预测有很好的理论借鉴意义。国内各石油地质类高校都针对不同地区野外露头和现代沉积开展过深入的解剖研究工作，并借助探地雷达、无人机等设备，建立了不同沉积类型的定量地质知识库，用以指导原型模型的建立。

（2）物理模拟建立原型模型。物理模拟也是一种非常可靠的原型模型建模方法，比如，通过湖盆水槽模拟实验，可以得到大量的关于不同沉积类型的储层砂体模型。这种模型与露头是类似的，其最大的优势在于测量方便（可以随意切片、取样），对沉积过程记录详细，成因机理明确。对沉积学的研究和确定储层宏观分布规律的参数意义重大，但对储层评价参数（物性、含流体特征）和在具体油田建模上的应用非常局限。

（3）密井网条件建立原型模型。充分利用开发成熟区块的静态、动态资料，进行精细的油藏地质研究（包括地层学研究、构造学研究、沉积学研究、储层评价研究等），是针对油田覆盖区建立储层原型模型的经济有效的方法。大量的实践证明：高分辨率层序地层学划分与对比、沉积微相的精细研究、详细的开发动态分析、小层段和大比例尺的工业制图等方法和技术的广泛应用，足以获得可靠的储层原型地质模型。密井网区所建原型模型，其优点是可以根据密井网具有的大量的动、静态资料，便于对地下情况进行详细的研究，但受井距的限制，对于井间储层预测需要结合其他信息。

（4）地震资料建立确定性模型方法随着地震技术，尤其是三维地震、开发地震等技术的迅速发展，可以对地下储层进行连续信息的采集、分析与成像，加深了对地下储层的认识程度。在以往的油藏描述中，各种地震储层横向预测技术实际上是一种确定性的储层建模技术，不仅可以对一个油区的储层进行预测与评价，同样还可以获得储层的原型地质模型。利用地震资料所建立的原型模型，提供了一个比较确定性的储层宏观分布模型，具有储层横向信息丰富的优势，可以在储层横向分布上进行很好的预测，但垂向分辨率低一直是其一大缺陷。

> **推荐书目**

林承焰，李红南，董春梅.油藏仿真模型与剩余油预测［M］.北京：石油工业出版社，2009.

（任丽华）

【**离散型模型** discrete model】 从属于随机地质统计模型的一种类型。

离散型模型主要用于描述具有离散性质的地质特征在三维空间（或井间）的分布。该类模型以目标物体为模拟对象，如储层沉积相、储层结构、储层流动单元、储层裂缝及断层分布等均属于离散变量。从研究对象的尺度来看，离散型模型主要描述大范围的非均质性，如各种沉积学建造结构或流动单元，属于大尺度非均质研究的范畴。

模拟方法原理 离散型地质变量指只取有限个值的随机变量。例如储层空间的沉积相带分布，可以用一个特定的整数值来指代一个特定的相带，那么该地质变量早期储层范围内只有有限个值。沉积相分布常用取值为离散的随机函数（或随机场）来刻画，其中 x 是空间参照域 D 中的点，参照域 D 代表了储层空间展布的范围，$L(x)$ 则代表了相的类型，也称为相的标签，常取值为 $\{L_1, L_2, \cdots, L_n\}$。

模拟方法选用 随机模型理论及应用研究表明，不同随机模型对不同的地质条件有一定的适用性。若模型选用不当，其模拟实现与地质实际会有较大差别。用于离散特征的随机模型主要有：布尔模拟、示性点过程模拟、截断高斯模拟、马尔科夫模拟、两点直方图等方法（见表）。

常用随机建模技术

模型	技术		
	种类	方法	算法
离散型模型	以目标物体为基础	条件模拟	示性点过程法
			马尔科夫随机域法
			截断高斯法
			两点直方图法
			指标模拟法
		非条件模拟	布尔法

续表

模型	技术		
	种类	方法	算法
连续型模型	以象元为基础	条件模拟	模拟退火法
			顺序指标模拟法
			分形随机函数法
			马尔科夫随机域法
			LU 分解法
		非条件模拟	转带法

📖 推荐书目

李少华, 尹艳树, 张昌民. 储层随机建模系列技术 [M]. 北京: 石油工业出版社, 2007.
刘绍平, 汤军, 许晓宏. 数学地质方法及应用 [M]. 北京: 石油工业出版社, 2011.

（贾爱林　肖敬修）

【**连续型模型** continuous model】 具有一定概率分布理论, 用于描述连续型地质变量空间分布的模型。它们的取值范围可以充满一个区间, 如孔隙度、渗透率、流体饱和度、地震层速度、地层厚度、油水界面等参数的空间分布, 该类模型以象元为模拟对象。

模拟方法原理 连续性随机变量（函数）可表示为 $\{Z(x) \mid x \in D\}$, 其中 D 为研究的储层区域。此时, 对任意 $x \in D$, $Z(x)$ 相应于一个连续型随机变量。连续型地质变量的空间变异性可以用变异函数来度量:

$$\gamma(h) = \frac{1}{2} E \left\{ \left[Z(x) - Z(x+h) \right]^2 \right\}$$

上式揭示了在空间相距的两个位置取值的相似性程度或变异性程度。当 $\gamma(h)$ 值较小时, 说明二者取值较为接近, 反之说明差异较大。用上式定量地刻画 $Z(x)$ 的空间变异性程度。

模拟方法选用 连续型模型主要描述储层内部岩石物性参数的变化, 属于小规模非均质研究的范畴。连续型变量可用序贯模拟（其中序贯高斯模拟适用于建立孔隙度参数模型, 而序贯指示模拟适用于建立渗透率模型）、退火模拟、分形模拟、人工神经网络等方法求取。

📖 **推荐书目**

吴胜和. 储层表征与建模［M］. 北京：石油工业出版社，2010.

（肖敬修　贾爱林）

【**地质模型建模方法** methods for geological model building】 根据已知的控制点资料内插、外推资料点间及以外的油藏特征的建模方法。它是油藏地质建模技术的关键点，可分为确定性建模方法和随机性建模方法两大类。

确定性建模方法采用插值方法来确定无资料点的属性值，由于插值结果是唯一的，故此得名。如传统地质工作方法的内插编图；克里金作图和一些数学方法作图以及开发地震的储层解释成果及水平井沿层取得的测井解释成果，都是确定性建模的重要依据。确定性建模保证了资料点的准确再现，但没有保证原始数据的有关统计的性质的再现。

随机性建模方法以保证原始数据有关统计性质的真实再现为特点，由于不具有唯一性，从而可以有无穷多个实现。如果进一步要求保证资料点的准确再现，则称为条件模拟。条件模拟是主要的随机建模方法。应用地质统计学发展随机建模方法，已有不少模型和相应软件问世，较为常用的有：布尔模拟、示性点过程模拟、模拟退火、序贯模拟、截断高斯模拟、协同克里金、分形几何学，以及人工神经网络等随机建模方法。

建立储层地质模型采用三个步骤：（1）单井模型；（2）层模型；（3）三维地质模型。所建地质模型要进行网块粗化（把地质模型的网块尺寸按数值模拟需要和可能并符合其渗流规律进行合并）。

📖 **推荐书目**

王占刚，朱希安. 空间数据三维建模与可视化［M］. 北京：知识产权出版社，2015.
尹艳树，张昌民，李少华. 多点地质统计学原理、方法及应用［M］. 北京：地质出版社，2013.

（贾爱林　肖敬修）

【**确定性地质建模方法** deterministic model building】 保证资料点数据的准确再现，对井间未知区给出确定性的预测结果的建模方法。即试图从确定性资料的控制点（如井点）出发，推测出井点之间确定的、唯一的、真实的储层参数。建模的核心问题是如何提高井间储层预测精度。

一般要在开发井网钻完之后才有条件进行确定性建模。建模方法包括以下几种。

（1）传统的地质作图方法，即按地质趋势进行线性内插，有简单性内插、趋势面作图法、相带控制下的线性内插等。这些方法对构造现象简单和非均质程度弱的参数是成熟的。

（2）开发地震方法有 三维地震 和 井间地震。地震属性不单是简单地受控于岩石物性，还受其他因素的影响；加之受地震分辨率的限制，开发地震反演成果仍有较大的不确定性；其有效应用还必须与地质紧密结合。由于开发地震反演成果也是唯一的，因此也属于确定性建模范畴。

（3）计算机建模。对于流行的一些计算机地质绘图软件，只要它基于内插技术的，就仍然属于确定性建模。插值的方法很多，大致可分为传统的统计学估值方法和地质统计估值方法（主要是克里金方法）。由于传统的数理统计学插值法（如距离平方反比加权法）只考虑观测点与待估点之间的距离，而不考虑已知点位置之间的相互联系，即地质规律所造成的储层参数在空间上的相关性，因此插值精度相对较低。为了提高对储层参数的估值精度，人们采用克里金方法进行井间插值。克里金估值法，是根据待估点周围的若干已知信息，应用变异函数所特有的性质，对待估点的未知值作出最优（即估计方差最小）、无偏（即估计值的均值与观测值的均值相同）的估计。

克里金方法是一种光滑的内插方法，实际上是特殊的加权平均法。当储层连续性差、井距大且分布不均匀时，则估值误差较大。克里金方法给出的井间插值只是接近真实值，其误差大小取决于克里金方法本身的适用性及客观地质条件。克里金方法是定量描述储层的有力工具。

（4）水平井方法。水平井沿储层走向或倾向钻井、直接取得储层侧向变化的参数，建立确定性的储层模型。水平井的钻井技术和经济可行性已经解决，这种技术手段现阶段在部分油田已经作为主力的井型开始大规模部署。但是，水平井很难进行连续取心，而是依赖于测井所取得的测井信息，受测井解释技术所限，仍然存在一些不确定的因素。

📝 推荐书目

贾爱林，肖敬修. 油藏评价阶段建立地质模型的技术与方法［M］. 北京：石油工业出版社，2002.

穆龙新. 精细油藏描述及一体化技术［M］. 北京：石油工业出版社，2006.

（肖敬修　贾爱林　任丽华）

【**随机性地质建模方法** stochastic model building】　保证原始数据有关统计性质核心的一类建模方法。确定性建模保证了资料点数据的准确再现，但没有保证原始数据有关统计性质的准确再现。随机地质建模方法在保证原始数据有关统计性质的前提下，可以通过加入约束条件的方式，同时也保证资料点数据的准确再现，从而比传统的确定性建模有更广泛的适用性，是地质建模技术的新发展。

由于满足统计性质的解不是唯一的，因此随机建模可以有无穷多个解，每个解称为一个随机实现。可以根据应用的需要产生一个或多个实现。在多个实现的情形下，通过对各模型的比较，可了解受资料限制而导致的井间储层预测的不确定性，以满足油田开发决策在一定风险范围内的正确性。

随机模拟原理 随机模拟是以随机函数理论为基础。随机函数是由一个区域化变量的分布函数[或变差（异）函数]来表征。其基本思路是从一个随机函数$Z(u)$中抽取多个可能的实现，即人工合成反映$Z(u)$空间分布可供选择的、等概率的实现，记为$\{Z^{(L)}(U), U \in A\}$，$L=1, 2, 3, \cdots L$代表变量$Z(U)$在非均质场A中空间分布的L个可能的实现。在所建地质模型中对已有控制点资料不作任何修改，完全忠实于原有控制点的资料，使其采样点的模拟值与实测值相同，称为条件模拟；反之称为非条件模拟。

在随机函数中可以联合模拟几个变量，其中一个简单替代方法是先模拟最重要的或自相关性最好的变量，然后通过它们的相关关系来模拟其他相关的变量。

随机建模是以地质统计学为基础，模拟过程的两步建模程序是依据储层沉积学理论建立储层相骨架模型为第一步，以此来控制物性等其他参数的空间分布。

随机模拟方法 随机模拟的算法（指模拟过程中的数学规则）比较多，仍在不断创新。下面主要介绍几种比较重要的方法。(1)地质统计随机模拟方法：① 布尔模拟方法；② 示点性过程模拟方法；③ 模拟退火方法；④ 序贯模拟方法；⑤ 截断高斯模拟方法；⑥ 协同克里金模拟方法。(2)分形几何学方法。(3)人工神经网络方法。

随机模拟分类 随机模型是指具有一定概率分布理论、能表征研究现象具有随机特征的统计模型。随机模型可分为两大类：离散型模型和连续性模型。根据模拟的基本单元，可将随机模型分为基于目标和基于象元两大类的随机模型。

随机建模步骤 建立定量化、精细化储层随机模型的步骤如下。

（1）基础地质研究，在现有资料的基础上，对建模对象储层进行基础地质研究，主要内容是沉积相研究，根据已有沉积地质知识，建立储层地质知识库（指能定量表征各类砂体成因单元的空间特征、边界条件和物性特征的参数以及定性表征的各种沉积模式。主要包括岩性岩相库、沉积环境和沉积微相库、几何形状库、物性参数库、成岩库等）。

（2）选择原型模型，原型模型是指地质沉积成因与建模对象相同，古沉积规模近似，已有资料点的密度大于建模对象，其储层特征和非均质性认识程度高于建模对象的一个具体储层的模型。根据比较沉积学原理所建立的原型模型其储层非均质性应与建模对象一致，而原型模型已有更密的资料控制点，从中得到储层参数的统计特征和其他地质知识更能反映这类沉积砂体的实际情况，以此来指导研究区储层建模工作。

理想的原型模型是油田地下储层在盆地边缘出露的露头，或是现代沉积区（或古代沉积区），可以进行三维空间的砂体结构测量，可在三维空间进行密集采样和岩石物性测定，取样网格可密至米级甚至分米级，并可建立精细的地质模型。在开发成熟油田的密井网区，亦可建立原型模型，其精度比露头沉积低，但可用于相对稀井网区的建模研究。原型模型的选择可视建模条件而定。

（3）确定地质统计特征参数，统计特征参数是随机模拟所需要的重要输入参数，其数值决定模拟实现是否符合客观地质实际，正确确定地质统计特征参数是随机模拟成败的关键。

（4）选择模拟方法时，一般选用条件模拟，使建模结果能保证已有控制点的真实性；模拟方法要能较好地表征建模对象的非均质性。对不同的模拟方法，其输入的统计特征参数不同。① 反映储层非均质性的地质统计特征量，应在原型模型中取得，如变异函数、赫斯特指数等。② 反映建模对象的具体地质特征和地质约束条件，尽可能利用自身的资料，如砂体厚度分布概率、砂体密度分布概率、渗透率分布概率和钻遇率等。

（5）两步建模程序，一般先用离散性模型建立砂体格架，后用连续性模型建立物性参数分布。对块状油气藏建模，把非储层以一定物性截止值与储层加以区别，采用综合建模一步完成。

（6）模拟结果的验证和选择。随机建模最大的特点是同一模拟条件下可以得出一簇结果，应对其进行验证，判断它们是否符合地质规律。如果不满意，则应检验模拟方法、地质特征参数，并进行重新模拟；如果满意，则对随机实现进行优选，提供给流动模拟应用。

（7）模型网格粗化（把地质模型网块尺寸按数值模拟需要进行合并）。

展望 油气储层随机建模是20世纪80年代后期兴起的地质学、数学和计算机相结合的一项油藏描述高新技术。国外已建立了一套较成熟的随机算法，并形成了比较成熟的商业性软件。引进学习十多年来取得丰硕的成果，以西安石油学院王家华教授为首的研究小组发展了随机建模新的算法——河道砂体储层的随机游走建模方法，编制了中国自己版权的第一个随机建模软件系统"GASOR"，并不断完善升级。中国石油大学（北京）的吴胜和团队研发了专门针对河流相储层构型的 Direct 建模软件，该软件在曲流河储层构型建模方面优于国内外其他地质建模软件。北京石油勘探开发研究院也形成了自己的随机建模软件系统。以后会有更多属于中国陆相储层沉积类型的随机建模软件问世。

📝 **推荐书目**

王家华，张团峰.油气储层随机建模［M］.北京：石油工业出版社，2001.

李少华，尹艳树，张昌民.储层随机建模系列技术［M］.北京：石油工业出版社，2007.

（贾爱林　肖敬修　任丽华）

【**布尔模拟地质建模方法** Boolean simulation】 布尔模拟方法是随机建模技术中最简单的一种建模方法。麦德隆（G.Matheron）于1966年最先将布尔模拟方法用于地质建模。该方法的基本思路是根据一定的概率定律按照空间中几何物体的分布统计规律，产生这些物体的中心点的空间分布，并通过多个随机函数的联合分布，确定中心点处的几何物体形状、大小和方向等。实际上布尔模拟是一个"逐步逼近的过程"，即用各参数分布及其组合迭代，直到最终获得满意的图像。

模拟步骤　主要步骤：（1）用一些背景岩相填充储层模型；（2）在储层模型中随机地选择一些点；（3）随机地选择其中的一种岩相形态，抽取合适的大小、各向异性和方位；（4）检查这种形态是否与条件信息或已模拟好的其他形态相矛盾，如果不相互矛盾，就保持这种形态，如果相互矛盾，则拒绝这种形态，返回到上一步骤中；（5）检查各种形态的总体百分比是否达到，若没有达到，则返回到步骤（2）。

评价　该方法的主要优点：（1）容易用于二维和三维建模；（2）所用的参数较少；（3）灵活，计算速度快。缺点：（1）统计推导复杂且困难；（2）井数据对模拟结果的限制作用小，可能会导致人为地低估砂体连续性；（3）目标形状是高度简化后的结果，往往与实际情况相差甚远。近年来，为了使布尔方法适合于多井情况，许多学者对布尔模拟算法做了种种改进，以忠实于条件数据。

应用范围　布尔模拟主要用于非条件模拟，用来建立离散型模型，适用于建立砂体格架模型或隔（夹）层分布模型，如砂体格架平面、剖面或者三维空间分布模型。适用于油田勘探阶段及开发早期井间砂体和非渗透隔夹层的描述。

📝 **推荐书目**

吴胜和.储层表征与建模［M］.北京：石油工业出版社，2010.

（贾爱林　肖敬修）

【**示性点过程地质建模方法** marked point processes】 模拟物体点及其性质在三维空间的联合分布的建模方法。基本思路是根据点过程的概率定律按照空间中几何物体的分布规律，产生这些物体的中心点的空间分布，然后将物体性质（如物体几何形状、大小、方向等）标注于各点之上，即通过随机模拟产生这些空间点的属性信息，并与已知条件信息进行匹配。

基本原理 设 u 为空间坐标的一个矢量，X_k 为描述类型 k 的几何尺寸（形状、大小、方向）的一个随机变量，几何尺寸可以由一个参数化的解析表达式来定义。通过 $X_k(u)$，$I_k(u, k)$（$k=1, 2, \cdots, K$）的联合分布，确定中心点在此处的几何形状、大小等属性。其中，$I_k(u, k)$ 是表示第 k 类几何属性在位置 u 处出现与否的随机函数。当 u 属于 X_k 则为 I，反之为零。这样，通过在空间上先模拟目标的位置，再模拟目标的相关属性，在已知条件信息满足的情况下，能得到一次模拟实现。

根据不同的点过程理论，物体中心点在空间上的分布可以是独立的，也可以是相互关联的或排斥的。在实际应用中，目标点位置通过以下规则确定：（1）密度函数（各相比例和分布趋势），目标点密度在空间上的分布可以是均匀的，也可以根据地质规律赋予一定的分布趋势；（2）关联函数（井间是否连通）；（3）排斥原则（同相或不同相物体之间不可接触的最小距离）；（4）相递变原则（不同相之间的递变关系）。示性点过程的确定是一个"逐步逼近过程"，用各种参数分布和相互作用的多种组合进行迭代，直至最终得到一个满意的图像为止。

模拟步骤 以分流河道砂体的模拟为例，模拟步骤如下。（1）确定一种岩相作为背景相，如在模拟三角洲平原的岩相时，可选择分流河道间泥岩作为背景相，将分流河道砂体作为模拟目标体。（2）对于待模拟的目标体，随机地选择一些位置点，并给定其形态以满足适当的大小、各向异性和方向。（3）检查各位置点，并通过多次增加、取消或替换的过程模拟形态与先前条件信息（如井数据或地震数据）相吻合。（4）检查各种相分布是否达到已知比例（或目标函数），如果达到已知比例，则认可此次模拟过程；否则，回到上一步继续进行。

示性点过程模拟方法独有的优点是使用灵活，对一些地质数据（如相百分比、砂体宽厚比、各种相空间分布规律等）可以容易地作为条件信息加入到模型中去，最大限度地综合地质家的认识，这相当于人机交互式的建模过程。另外，从数学上来说，空间数据不要求服从某种分布。

应用范围 这种方法适合于具有背景相的目标模拟，如冲积体系的河道和决口扇（其前景相为泛滥平原）、三角洲分流河道和河口坝（其背景相为河道间和湖相泥岩）。另外，砂体中的非渗透泥质夹层、钙质胶结带、断层、裂缝均可利用此方法来模拟。但该方法的缺点是：难以忠实井资料，目标物体开头简单化；仅适用于稀井网。

20世纪80年代中期以来，该模拟方法主要应用于开发早期油井数据很少的油田，描述储层的连续性及其连通性，为做好油田开发方案设计提供依据。20

世纪 90 年代，以挪威计算中心为代表进行深入研究，经过不断改进，终于开发和推出随机模拟软件"STORM"的河道和一般岩相的模块，适用于油田开发中后期注水的需要而建立多井条件的精细地质模型。到 20 世纪 90 年代中期，以西安石油学院王家华教授为首的研究小组，用示性点过程模拟方法确定中国东部地区 GD 油田注水开发中后期剩余油分布获得成功。2000 年以后，斯伦贝谢公司在 Petrel 建模软件平台上开发的适应性河道建模方法则具有更高的灵活性，针对深水水道的建模具有很好的效果。

推荐书目

王家华，张团峰.油气储层随机建模［M］.北京：石油工业出版社，2001.

（贾爱林　肖敬修）

【模拟退火地质建模方法 simulated annealing】 把模型需满足的原数据点的单元及多元统计关系、变异函数关系以及地质认识等因素做成一个组分优化问题，通过求解这个非线性优化问题的解来获得建模结果的建模方法。

模拟退火最初是用于组分优化问题，要在很多成分的系统中找出最优的排序，使得系统整体能量或目标函数最小。模拟退火与热动力平衡类似。

基本原理 在高温状态下，分子能自由运动，分布紊乱而无序，随着温度缓慢下降，分子有序排列形成晶体（代表系统的最低能量状态）。波尔兹曼（Boltzman）的概率分布 $P\{E\} \sim e^{-E/(K_b T)}$，表达了在温度为 T 的热平衡状态系统下所具有的能量呈概率形式分布。K_b 为波尔兹曼常数，它是把温度和能量关联起来的常数。

默特罗波利斯（Metropolis）等把这一原理用来模拟分子的运动。一个系统从能量状态 E_1 到能量状态 E_2 变化的概率 $P = e^{-(E_2 - E_1)/(K_b T)}$。如果 E_2 小于 E_1，则系统总在变化，一般是取有利的方向，有时也取不利的方向。这种原理叫默特罗波利斯原理。任何类似于退火热动力过程的优化方法均可称模拟退火方法。

模拟退火的基本思路是对于一个初始的图像，连续地进行扰动，直到它与一些预先定义的、包含在目标函数内的特征相吻合。在模拟退火中，有两个关键问题：其一为目标函数；其二为如何决定接受还是拒绝某一次扰动。

目标函数，类似于真实退火过程中的吉布斯（Gibbs）自由能量，称为能量函数，它表达每次模拟实现的空间特性与希望得到的空间特性之间的差别。空间特性可以是：（1）单变量分布图（如直方图）；（2）变差函数或指示变差函数；（3）主变量和二级变量（如地震资料）的相关关系或它们之间的条件分布；（4）岩相（或其他离散变量）的几何形态、体积含量、垂向层序变、交错层理等，以及上述各项任意组合。目标函数是模拟实现的变差函数和模型变差函数之间的差。

模拟退火的第二个关键问题是如何决定接受还是拒绝某一次扰动。接受扰动的概率分布由波尔兹曼概率分布给出。在该分布中，所有理想的扰动（$O_{new} \leqslant O_{old}$）都被接受，对于不理想的扰动（$O_{new} > O_{old}$），则以一个指数分布的概率接受。指数分布中的参数 t 类似退火中的"温度"。温度越高，接受一次并不理想的扰动的概率越大。温度不能降得太快，否则会使模拟实现陷入局部优化中，而且不再收敛。但也不能降得太慢，那样会造成收敛速度过慢。确定如何控制温度的过程被称为"制订退火计划"。狄龙史（C.V.Doutsh）等提出了一种选择合适温度的经验方法。

模拟步骤　可分为下面的步骤进行。（1）产生一初始的参数场，它可以用其他模拟方法产生，或从单变量分布函数上随机取值放在网格节点上形成；如果有二级变量，也可从散点图的条件分布中提取数值作为初始值。（2）建立目标函数，设置初始温度和退火计划。（3）扰动初始的参数场，如交换两个不同的网络节点上的参数值。（4）如果目标函数降低的话，接受扰动；如果目标函数增加，则以一定的概率接受扰动（真实退火过程的波尔兹曼概率分布）。（5）持续扰动过程，并降低接受不理想扰动的概率（降低波尔兹曼概率分布的温度参数），直到目标函数足够低，在以后的迭代中没有任何改进为止。

模拟退火的优点是可以将所期望的任何统计量组合进能量函数。缺点是新近发展起来，还不甚成熟；当能量函数比较复杂时，算法收敛很慢；理论上缺乏统一的数学工具。

应用范围　在储层描述和建模中，模拟退火方法可直接用于随机模拟，也可用于模拟实现的后处理。

推荐书目

李少华，张昌民，尹艳树.储层建模算法剖析[M].北京：石油工业出版社，2012.

（贾爱林　肖敬修）

【序贯模拟地质建模方法 sequential simulation】 沿着随机路径序贯地求取各节点的累积条件分布函数（ccdf），并从 ccdf 中提取模拟值，用于提取 ccdf 的条件数据不仅包括原始的样品点，还包括已模拟过的点的建模方法。这一模拟算法的目的是充分利用更多的条件数据来恢复变量的空间相关性。该方法能够估计局部条件概率分布，是一种很灵活、流行的方法。

模拟步骤　所有的"序贯"模拟方法采用如下的步骤：（1）随机地选择一个待模拟的节点；（2）估计该节点的累积条件分布函数（ccdf）；（3）随机地从 ccdf 中提取一个分位数作为该节点的模拟值；（4）将该新模拟值加到条件数据

组中；(5) 重复 (1)～(4) 步，直到所有网格节点都被模拟到为止。

  序贯原理 从模拟步骤中得到一个模拟实现 $Z^{(1)}(u)$。其中，在 $u=1$ 处，变量的 ccdf 由 n 个原始样品数据求取，然后从 ccdf 中随机地提取一个分位数作为该节点的值 $Z_1^{(1)}$。在下一个节点（$u=2$）处，将上一个节点的模拟值加到原始条件数据中，使得求取 ccdf 的条件数据由原来的 n 个增加到 $n+1$ 个；从 ccdf 中取 $Z_2^{(1)}$，再将该值加入到下一个节点的模拟，条件信息容量又增加了 1，从而变为 $n+2$。这样按顺序对所有 N 个节点进行随机模拟，可得到一个模拟实现 $Z^{(1)}(u)$。在这种序贯模拟过程中，需要确定 N 个累积条件分布函数：

$P\{Z_1 \leqslant Z_1 | (n)\}$

$P\{Z_2 \leqslant Z_2 | (n+1)\}$

$P\{Z_3 \leqslant Z_3 | (n+2)\}$

…

$P\{Z_N \leqslant Z_N | (n+N-1)\}$

  序贯模拟方法用于高斯随机模拟和指示随机模拟，其差别主要是 ccdf 的求取方法不同。在序贯高斯模拟方法中，所有的 ccdf 假设为高斯分布，其均值和方差由简单的克里金方程组给出，主要用于连续变量（如孔隙度）的随机模拟；而在序贯指示模拟中，ccdf 直接由指示克里金方程组给出，主要用于渗透率的随机模拟。另外，马尔柯夫—贝叶斯模拟方法和指示主成分模拟方法也应用了序贯模拟思路。

  应用范围 在计算机实现中，严格按照序贯模拟原理，确定 ccdf 的数据会越来越多，因为条件信息容量从 n 增加到 ($n+N-1$)，计算过程将越来越复杂。在实际应用中，由于较近的数据往往屏蔽了较远的数据的影响，因此只保留较近的数据作为求取 ccdf 的条件信息。但是搜寻半径不能过小，条件数据的范围必须大到足以体现变差函数。一种解决方法是采用多级网格的概念，即用两步或多步来模拟 N 个节点。第一步，用粗网格来体现大变程的变差函数；第二步，对余下的网格，用条件数据进行小范围内的模拟。在序贯模拟中，模拟 N 个节点的顺序最好是随机的。如果 N 个节点是按行访问时，将会沿行出现人为的效应。

推荐书目

  王家华，张团峰. 油气储层随机建模 [M]. 北京：石油工业出版社，2001.

（贾爱林 肖敬修）

【截断高斯模拟地质建模方法 truncated Gaussian simulation】 通过一系列门槛值及截断规则对三维连续变量进行截断而建立类型变量的三维分布的建模方法。

截断高斯域属于离散随机模型，用于研究离散型变量或类型变量。

三维连续变量分布通过高斯域模型来建立，其中，连续变量（如粒度中值）首先转换成高斯分布（正态分布），然后应用某一连续高斯模拟方法（如序贯高斯模拟）建立三维连续变量的分布。在这一高斯域分布的建立过程中，可以应用地质趋势，使三维连续变量的分布能体现地质规律。

门槛值可通过实际资料的统计取得。门槛值可以是常数，或根据地质规律给出的门槛趋势，如门槛值与深度的函数，或门槛值与平面的函数。截断规则如下。

设 n 种岩相可用每一种岩相的一个指示函数来描述。对于第 i 种岩相，其指示值可用高斯随机函数 $Y(x)$ 定义：

$$I\left(a_{i-1}<Y(x)<a_i\right)=\begin{cases}1, & \text{如果}\, Y(x)\in(a_{i-1},\ a_i)\\ 0, & \text{其他}\end{cases} \tag{1}$$

因此，点 x 属于第 i 种岩相且 $Y(x) \in (a_{i-1},\ a_i)$。其中，a_i 为截断值。如果这些不相交区间覆盖了整个实数空间 R，则可定义函数：

$$F(x)=\sum_{i=1}^{n}cod(i)I\left(a_{i-1}<Y(x)\leqslant a_i\right) \tag{2}$$

式中：$cod(i)$ 为第 i 相的整数代码。因此 $Y(x)$ 在位置 x 处取值 i，且位置属于相 i，即：

$$I\left(a_{i-1}<Y(x)\leqslant a_i\right)=1 \tag{3}$$

$$F(u)=i,\ \text{如果}\ t_{i-1}(u)<Z(u)<t_i(u) \tag{4}$$

式中：$F(u)$ 为类型变量（或相）；$Z(u)$ 为高斯域；$t_i(u)$ 为位置 u 处的门槛值。

截断高斯域可扩展到多元截断高斯域，其离散性质由 N 个高斯域截断线性组合来定义，因此可以模拟几何形态复杂的类型变量的分布。

在截断高斯模拟中，由于目标物体的分布取决于一系列门槛值对连续变量的截断，因此，模拟实现中的相分布将是有序的，即被模拟类型变量的顺序是固定的。比如，相 1、相 2 和相 3 依次分布，则模拟结果中相 1 与相 2 接触，相 2 与相 3 接触，而相 1 不可能与相 3 直接接触。这一方法适合于相带呈排序分布的沉积相模拟，如三角洲（平原、前缘和前三角洲）的随机模拟。

📝 推荐书目

赵鹏大. 定量地学方法及应用 [M]. 北京：高等教育出版社，2004.

吴胜和. 储层表征与建模 [M]. 北京：石油工业出版社，2010.

（贾爱林　肖敬修）

【协同克里金地质建模方法 co-kriging geological model building】 利用几个变量之间的空间相关性，对其中的一个或几个变量进行空间估计，达到提高估计的精度的建模方法。

在各种克里金估计方法中都是单变量和多个变量的估计。实际中一个数据集包括初始变量，还有一个或多个二级变量（如测井声波时差或地震波阻抗），这些二级变量和初始变量往往在空间上是交互相关的，它们包含初始变量的有用信息，在估计方法中需要加以考虑，由此产生协同克里金方法。

下面讨论一个初始变量和一个二级变量的协同克里金的估计形式，协同克里金初始变量和二级变量的线性组合形式：

$$Z_o^* = \sum_{i=1}^{n} \alpha_i x_i + \sum_{j=1}^{m} \beta_j y_j \tag{1}$$

式中：Z_o^* 为随机变量 Z 在位置 o 处的估计值；$x_1, x_2, \cdots, x_n$ 为初始变量的 n 个样本数据；$Y_1, \cdots, Y_m$ 为二级变量的 m 个样本数据；$\alpha_1, \alpha_2, \cdots, \alpha_n$ 和 $\beta_1, \beta_2, \cdots, \beta_m$ 为需要确定的协同克里金加权系数。

协同克里金估计系统的建立和其他克里金系统建立方法是大同小异的。利用克里金估计的无偏性和最小二乘法可推导出传统的普通协同克里金估计的方程组如下：

$$\begin{cases} \sum_{i=1}^{n} \alpha_i \overline{C}\{x_i x_j\} + \sum_{j=1}^{m} \beta_i \overline{C}\{y_i x_j\} + \mu_1 = \overline{C}\{x_0 x_j\}, & i = 1, 2, \cdots, n \\ \sum_{i=1}^{n} \alpha_i \overline{C}\{x_i y_j\} + \sum_{j=1}^{m} \beta_i \overline{C}\{y_i y_j\} + \mu_2 = \overline{C}\{x_0 y_j\}, & j = 1, 2, \cdots, m \\ \sum_{i=1}^{n} \alpha_i = 1 \\ \sum_{j=1}^{m} \beta_j = 0 \end{cases} \tag{2}$$

式中：$x_1, x_2, \cdots, x_n$ 为初始变量的 n 个样本数据；$y_1, y_2, \cdots, y_m$ 为二级变量的 m 个样本数据；$\alpha_1, \alpha_2, \cdots, \alpha_m$ 和 $\beta_1, \beta_2, \cdots, \beta_m$ 为协同克里金加权系数；μ_1 和 μ_2 为拉格朗日因子；$\overline{C}\{\cdot\}$ 为协方差。

协同克里金的统计学推导和计算十分繁琐，而且与 Z 未知量相关性较好的数据（往往是 Z 数据）对相关性较差的数据（往往是 Y 数据，即二级变量）存在屏蔽效应，这种方法在实际中并未被广泛应用。于是，人们发展了具有外部漂移的克里金和同位协同克里金。

同位协同克里金是协同克里金的一种简化形式，即如果二级变量密集取样时，只保留与估计点同位的二级变量。

同位协同克里金的估计值为：

$$Z(u) = \sum_{i=1}^{n} \lambda_i(u) Z(u_i) + \lambda_i(u) Y(u) \tag{3}$$

对应的协同克里金方程组只要求知道 Z 协方差函数 $C_Z(h)$ 和 Z—Y 互协差函数 $C_{ZY}(h)$，后者可以通过以下的模拟来近似：

$$C_{ZY}(h) = \beta \cdot C_Z(h) \tag{4}$$

$$\beta = P_{ZY}(0) \cdot \sqrt{C_Y(0)/C_Z(0)} \tag{5}$$

式中：$C_Z(0)$ 和 $C_Y(0)$ 是 Z 和 Y 的方差函数，$P_{ZY}(0)$ 是同位的 Z—Y 数据的线性相关系数。

应用范围　在实际应用过程中，同位协同克里金方法具有广泛的使用场景，特别是针对有多个二级变量的协同约束时，如地震波阻抗数据体，该方法能够使主变量的分布形态与第二变量基本保持一致，这样与一般的地质认识相符合。

推荐书目

王家华，张团峰.油气储层随机建模［M］.北京：石油工业出版社，2001.
吴胜和.储层表征与建模［M］.北京：石油工业出版社，2010.

（贾爱林　肖敬修　任丽华）

【**分形几何学地质建模方法** fractal simulation】　由孟得勒伯特（Mandelbrot）提出的用于描述自然界许多复杂和不规则形态的建模方法。即任何一个无限复杂的、不可微分的形态或结构，在其内部存在某种自相似性（局部与整体相似）。利用分形几何方法确定井间储层参数分布的主要方法是分形条件模拟方法。通常要满足在井点有测量值的地方，模拟值要与真值一致；在井间参数变化主趋势上要与克里金等光滑插值的趋势一致；在井间参数的非均质特征上，要求其预测值与真值一致。

模拟理论　在生成分形几何参数场时，必须使生成的参数场满足在测量点上等于给定的真值，而在统计意义上要满足给定的分形几何特征。为实现上述目标，提出下述随机场与克里金（Kriging）场的叠加方法。

（1）首先生成一个分形随机场 $R(x, y)$，$R(x, y)$ 满足由赫斯特（Hurst）指数 H 及噪声方差 $\sigma(L)$ 规定的分形特征。

（2）用克里金插值生成一个修正场 $U(x, y)$。最终的分形克里金场定义为：

$$U(x, y) = R(x, y) + V(x, y) \tag{1}$$

在井点 $u(x_j, y_j)$ 处，分形克里金场要求等于给定的井点值 u_j（$j=1, 2, \cdots, n$），即：

$$u(x_j, y_j) = u_j, \quad j=1, 2, \cdots, n \tag{2}$$

按以上定义可知，在井点处 $V(x, y)$ 场的值可先求出为：

$$V_j \equiv V(x_j, y_j) = u_j - R(x_j, y_j), \quad j=1, 2, \cdots, n \tag{3}$$

从而可用如下克里金插值求得任意点 $V(x_o, y_o)$ 处的值：

$$V(x_o, y_o) = \sum_{j=1}^{n} \lambda_j \gamma_j \tag{4}$$

式中：V_j 是 n 个邻近井的已知值。权系数 λ_j 满足下述方程：

$$\sum_{j=1}^{n} \gamma(L_{i,j}) \lambda_j + \alpha = \gamma(L_{io}), \quad i=1, 2, \cdots, n \tag{5}$$

式中：$\gamma(L_{ij})$ 为 i，j 两点间的变异函数。

上述方程还可以扩展到更多数据源的加入和更多已知条件的加入。

（3）分形随机场的生成方法，主要介绍傅里叶（Fourier）滤波法，因其效果最好，实现步骤如下。

① 产生高斯噪声系列（即高斯分布系列）。

② 做傅里叶变换。

③ 对每个频率子波的系数乘以 $\dfrac{C}{f^{\frac{\beta}{2}}}$，有：

$$\beta = \begin{cases} 2H+1, & \text{对} fB_m \\ 2H-1, & \text{对} fG_n \end{cases} \tag{6}$$

式中：fB_m 为分数布朗运动；fG_n 为分数高斯噪声。

④ 取傅里叶逆变换。

在应用中可适当剪去边界部分以减少边界效应。上述方法可以简单地推广到二维或三维。

应用范围 分形条件模拟具有灵活性的特点，决定其应用领域的广泛。

（1）砂岩油层孔隙结构具有较强的自相似性，是一种分形结构。由沈平平等人提出利用压汞毛细管曲线计算分形维数的 MIFA 的方法既简单，又准确，能够较好地定量描述砂岩孔隙结构的特征及非均质性。

（2）多数砂岩油田样品的孔隙可分为三部分：① 不具有分形特征的孔隙；② 具有分形特征的大孔隙，其分形维数与无水期采收率有较好相关性；③ 具有分形特征的小孔隙，其分形维数与束缚水饱和度有较好的关系。

（3）用谱分析法先确定分形曲线类型，再结合 R/S 分析或变异函数分析法确定赫斯特（Hurst）指数，是测定储层参数非均质性的有效方法。

（4）大多数油田的孔隙度、渗透率具有分形特征，它们的赫斯特指数分别为 0.9 及 0.8。用分形条件模拟方法对储层参数建模，在反映储层参数的非均质分布与统计特征方面比传统克里金方法要优越，再为数值模拟准备参数场，使模拟结果更接近于实际，使历史拟合更加方便。

（5）应用分形方法研究裂缝网络分布，有学者认为三维裂缝的分形维数在 2.5 左右，裂缝的分布维数一般采用"盒子计数法"。

推荐书目

吴胜和. 储层表征与建模 [M]. 北京：石油工业出版社，2010.
李克庆. 数学地质 [M]. 北京：冶金工业出版社，2015.

（贾爱林　肖敬修）

【人工神经网络地质建模方法 neuron network geological model building】 人工神经元是生物神经元特性及功能的数学抽象，神经网络通常指由大量简单神经元互连而构成的一种计算结构，它可以模拟生物神经系统的工程过程、用于解决实际问题的能力。它是近年来得到迅速发展的一个前沿技术，结合人工智能技术的发展，它广泛应用于油气领域储层多参数预测。神经网络优化算法是利用神经网络中神经元的协同并行计算能力构成的优化算法，它将实际问题优化解与神经网络的稳定状态相对应，对实际问题的优化过程映射神经网络的优化过程。

在油气储层多参数的预测中，神经网络具有的特点：（1）较强的收敛性及自适应学习能力；（2）较强的容错性；（3）预测稳定性好。

神经网络预测，实际上是通过对现有的由多参数及对应目标值组成的样本学习集的学习，来建立某种非线性模型，通过该模型对具有同样参数的预测集进行定量预测。可见，样本学习集中的参数与对应目标值之间是否有良好的相关性，就成为神经网络预测能否成功的首要问题。

📖 推荐书目

吴胜和．储层表征与建模［M］．北京：石油工业出版社，2010．

陈雯柏．人工神经网络原理与实践［M］．西安：西安电子科技大学出版社，2016．

（贾爱林　肖敬修）

【地质模型三维显示方法 geological model three-dimensional display】 用人工编制的各种以二维为主的图件或用计算机显示的三维图像来表现油藏地质面貌的地质工作方法。

20世纪60年代以来，中国各油田投入开发后建立的静态模型，多数是手工编制的二维或三维（称拟三维，不是三维空间）显示，如各种小层平面图、油层剖面图以及物性参数等值图和栅状图，个别油田还做出实体模型以更直观地显现储层。传统的地质作图方法是按地质趋势进行线性内插，有简单的线性内插、趋势面作图法、相带控制下的线性内插等，这些方法对构造现象和非均质程度弱的参数是成熟的，如对地层压力、温度场、流体饱和度、孔隙度等，有时甚至稳定沉积体，如三角洲前缘河口坝、席状砂的渗透率分布也可用此方法作图。传统的地质作图方法，在中国注水油田开发实践中起到了必不可少的作用。

近年来，国外利用计算机技术，逐步发展出一种依靠计算机存储和显示的三维地质模型，即把储层网块化后，把各网块参数按三维空间分布位置存入计算机内，形成了三维数据体，可以进行储层的三维显示，可以任意切片和切剖面，显示不同层位不同剖面的储层模型，以及进行各种运算和分析，可以直接与数值模拟连接。结合VR虚拟现实技术和相关硬件设备，现在可以很方便地对油藏进行三维立体透视，虚拟成像效果的逼真度则越来越高。

📖 推荐书目

田宜平，翁正平，何珍文．地学三维可视化与过程模拟［M］．武汉：中国地质大学出版社，2015．

（贾爱林　肖敬修　任丽华）

【油气储量 petroleum reserves】 在现行的经济与技术条件和政府法规下，预期指定日期之后能从地下的油、气藏中采出的原油、天然气和天然气液的数量。简称储量。国际上关于"油气储量"这一术语至今尚未形成统一的定义，这是来源于世界石油大会（WPC）、美国石油工程师协会（SPE）和美国证券交易委员会使用的SEC标准的定义。

我国在新的石油天然气资源/储量分类国标的编制过程中，既充分考虑保持我国现有储量的定义，又力求尽量与国际通用的概念接轨。我国现行的油气储量的定义包含四个部分，即地质储量、可采储量、剩余可采储量和累积产量。

推荐书目

袁自学，丽尽君.油气储量资产评估方法和资产化管理探讨[M].北京：石油工业出版社，2000.

贾承造.美国SEC油气储量评估方法[M].北京：石油工业出版社，2004.

（任丽华）

【**地质储量** original oil in place】 储藏在已发现油气藏中的、具有经济意义的原始油气资源总量，即已发现原地资源量。地质储量按开采价值划分为表内储量和表外储量。表内储量是指在现有经济技术条件下，有开采价值并能获得社会经济效益的地质储量。表外储量是指由于油气藏本身特性或环境因素影响，在现有技术经济条件下，开采不能获得社会、经济效益的地质储量。当油气价格提高，或工艺技术改进、环境条件改变后，某些表外储量可以转变为具有开发价值的表内储量。

按照地质可靠程度分类，地质储量又可分为探明地质储量、控制地质储量和预测地质储量。基于目前的技术条件，除去各级储量中不可采部分，即为探明技术可采储量、控制技术可采储量、预测技术可采储量。

探明技术可采储量是指满足下列条件所估算的技术可采储量：（1）已实施的操作技术和近期将采用的操作技术；（2）已有开发概念设计或开发方案，并已列入或将列入近期开发计划；（3）以近期平均价格和成本为准，可行性评价为经济的和次经济的。继续向下分为探明经济可采储量、探明次经济可采储量。

控制技术可采储量是指满足下列条件所估算的技术可采储量：（1）推测可能实施的操作技术；（2）可行性评价为次经济以上。

预测技术可采储量是指满足下列条件所估算的技术可采储量：（1）乐观推测可能实施的操作技术；（2）将来实际采出量大于或等于估算的技术可采储量的概率至少为10%。

推荐书目

袁自学，丽尽君.油气储量资产评估方法和资产化管理探讨[M].北京：石油工业出版社，2000.

（任丽华）

【预测地质储量 forecast reserves】 圈闭预探阶段预探井获得了油气流或综合解释有油气层存在时,对有进一步勘探价值的、可能存在的油(气)藏(田),通过估算求得的、确定性较低的地质储量。预测地质储量的估算,应在初步查明构造形态、储层情况后,预探井已获得油气流或钻遇了油气层,或紧邻在探明储量(或控制储量)区并预测有油气层存在,并经综合分析确定有进一步评价勘探的价值。

预测地质储量的计算应在相对应的勘探程度和地质认识程度的基础上开展,经综合分析后,能够确定区带进一步评价勘探的价值。

勘探程度上应满足以下条件:

(1) 已进行地震普查或详查,地震主测线间距一般不大于 4km,复杂构造主体部位主测线间距不大于 2km;

(2) 已有预探井,主要目的层有钻井取心或井壁取心,进行了常规的岩心分析;

(3) 采用本探区合适的测井系列,初步解释了油、气、水层;

(4) 探井获得了油(气)流、综合解释有油气层或圈闭低部位见油气显示。

地质认识程度应满足以下条件:

(1) 证实圈闭存在,编绘了由钻井资料校正的比例尺不小于 1:100000 的构造图;

(2) 研究了构造部位的地震信息异常,取得了与油气有关的相关论据;

(3) 已明确目的层层位及岩性;

(4) 初步查明了油气藏类型及油水分布特征;

(5) 采用实际资料或类比法确定了储量计算参数。

推荐书目

袁自学,丽尽君. 油气储量资产评估方法和资产化管理探讨[M]. 北京:石油工业出版社,2000.

(任丽华)

【控制地质储量 confrolled reserves】 在圈闭预探阶段预探井获得工业油(气)流,并经过初步钻探认为可提供开采后,估算求得的、确定性较大的地质储量,其相对误差不超过 ±50%。控制地质储量的估算,应初步查明构造形态、储层变化、油气层分布、油气藏类型、流体性质及产能等,具有中等的地质可靠程度,可作为油气藏评价钻探、编制开发规划和开发设计的依据。

控制地质储量的计算应在相对应的勘探程度和地质认识程度的基础上,初步开展油(气)藏经济评价工作,并确定油(气)藏进一步评价的可行性。

勘探程度上应满足以下条件：

（1）已进行地震详查，地震主测线间距一般不大于 2km，复杂构造主体部位主测线间距不大于 1km；

（2）已有探井，并在主要油（气）层取得了代表性岩心或井壁取心，进行了常规的岩心分析和必要的特殊岩心分析；

（3）采用本探区合适的测井系列，解释了油、气、水层及其他特殊岩心段，基本满足孔隙度、饱和度、有效厚度等储量计算参数的要求；

（4）计算单元内已进行了油（气）测试（包括实施增产措施），单井测试产量达到储量起算标准，取得了产能、压力、温度、流体性质及高压物性等资料。

地质认识程度应满足以下条件：

（1）基本查明圈闭形态，编绘了由钻井资料校正的比例尺不小于 1：50000 的油（气）层顶、底面构造图；

（2）初步查明了储层的岩性、储集类型、物性及厚度变化趋势；

（3）综合确定了储量计算参数；

（4）初步确定了油气藏类型、流体性质及产能。

📖 推荐书目

　　袁自学，丽尽君. 油气储量资产评估方法和资产化管理探讨［M］. 北京：石油工业出版社，2000.

（任丽华）

【探明地质储量 proved reserves】　　在油气藏评价阶段，经评价钻探证实油气藏（田）可提供开采并能获得经济效益后，估算求得的、确定性很大的地质储量，其相对误差不超过 ±20%。探明地质储量的估算，应查明油气藏类型、储集类型、驱动类型、流体性质及分布、产能等；流体界面或油气层底界应是钻井、测井、测试或可靠压力资料证实的；应有合理的井控程度（合理井距另行规定），或开发方案设计的一次开发井网；各项参数均具有较高的可靠程度。

探明地质储量上报的勘探开发程度要求主要包括地震、钻井、测井、测试及化验分析等资料的录取要求。勘探开发程度和地质认识程度要求是进行储量计算的地质可靠程度分析的基本条件（见表）。

📖 推荐书目

　　袁自学，丽尽君. 油气储量资产评估方法和资产化管理探讨［M］. 北京：石油工业出版社，2000.

（任丽华）

探明地质储量勘探开发程度和地质认识程度要求

勘探开发程度	地震	已完成二维地震，测网不大于 1km×1km，或有三维地震，复杂条件除外
	钻井	（1）已完成评价井，已有开发方案且60%的钻井已实施，能够控制含油（气）边界或者油水边界； （2）小型以上油（气）藏的油（气）层应有岩心资料，中型以上的油（气）藏的油（气）层段至少有一个完整的取心剖面，岩心收获率能满足对测井资料进行标定的需求； （3）大型以上油（气）田的主力油（气）层，应有合格的油基钻井液或密闭取心井； （4）疏松油（气）层采用冷冻方式钻取分析化验样品
	测井	（1）应有合适的测井系列，能满足储量计算参数的需要； （2）对裂缝、孔洞型储层进行了特殊项目测井，能有效划分渗透层、裂缝段或其他特殊岩层
	测试	（1）所有预探井及评价井已完成测试，关键部位井已进行了油（气）层分层测试，取全取准产能、流体性质、温度和压力资料； （2）中型以上油（气）藏，已获得有效厚度下限单层试油资料； （3）中型以上油（气）藏进行了试采或系统试井，稠油油藏进行了热采试验，低渗透储层进行了改造措施，取得了稳定的产能资料
	分析化验	（1）已取得孔隙度、渗透率、毛细管压力、相对渗透率和饱和度等岩心分析资料； （2）取得了流体性质分析和合格的高压物性分析资料； （3）中型以上的油藏进行了确定采收率的岩心分析试验，中型以上气藏宜进行氦气法分析孔隙度； （4）稠油油藏已取得黏温曲线
地质认识程度		（1）构造形态及主要断层分布落实清楚，提交了由钻井资料校正的1∶10000～1∶25000的油气层或储集体顶（底）面构造图（对于大型气田，目的层构造图的比例尺可为1∶50000；对于小型断块油藏，目的层构造图的比例尺为1∶5000）； （2）已查明储集类型、储层物性、储层厚度、非均质程度，对裂缝—孔洞型储层已基本查明裂缝系统； （3）油气藏类型、驱动类型、温度及压力系统、流体性质及其分布、产能等认识清楚； （4）有效厚度下限标准和储量计算参数基本明确； （5）小型以上油田（油藏）、中型以上气田（藏）已有开发概念设计为依据的经济评价，其他已进行开发评价

【可采储量 recoverable reserves】 在现有经济、技术条件和政府法规下，预期从已发现油气藏中最终可采出的、具有经济意义的油气数量，包括已经采出的累计油气量。

可采储量的分类与地质储量（OOIP）的分类有一致性，但也有它的特殊性。按照 SPE 及世界石油大会标准，可采储量的分类也分为 P1 储量（Proven reserves）、P2 储量（Probable reserves）、P3 储量（Possible reserves），这与地质储量是一样的。可采储量的特殊性在于它与油田开发的生产状况和经济合理性紧密相连，特别是对证实的可采储量（P1）定义比较严格，不一定和地质储量的分类有一致性。

如果按照美国证券交易委员会（SEC）的标准，假如已证实了的 P1 地质储量如果还闲置着，还没有开发方案，根据油气藏的地质因素预计的一次可采储量只能算入 P2 可采储量；如果考虑到该油藏有可能开展二次采油，但没有任何试验加以证实，这种二次采油增加的估算也可能算入 P3 的可采储量。只有经过试验证明了的、已经具有了开发方案并经过批准、已投入生产的才能算入已开发生产的 P1 可采储量。

◾ 推荐书目

袁自学，丽尽君. 油气储量资产评估方法和资产化管理探讨[M]. 北京：石油工业出版社，2000.

（任丽华）

【技术可采储量 technical recoverable reserves】 依靠现在的工业技术条件可能采出，但未经过经济评价的可采储量。通常以某一平均含水率界限（如 98%）、某一平均油气比（如 2000m^3/t 或 10000ft^3/bbl）、某一废弃压力界限或某一单井最低极限日采油（气）量为截止值计算的可采出油（气）量，这称为最终可采储量。如果考虑某一特定评价期（合同期）的总可采储量，则是根据油井递减率动态法或数值模拟方法计算到评价期截止日的可采出油（气）量。

技术可采储量是制订油田开发规划的物质基础，是评价油田开发效果、编制调整方案的依据。计算技术可采储量也是一个很复杂的过程，影响因素有油藏物性（渗透率、孔隙度、含油饱和度等）、流体性质（原油黏度、体积系数、油层温度等）、岩石与流体的相关特性等。

◾ 推荐书目

袁自学，丽尽君. 油气储量资产评估方法和资产化管理探讨[M]. 北京：石油工业出版社，2000.

（任丽华）

【经济可采储量 commercial recoverable reserve】 经过经济评价认定、在一定时期内（评价期）具有商业效益的可采储量。在评价期内，通常是参照油气性质相近的油（气）田发布的国际油（气）价和当时的市场条件进行评价，确认该可采储量投入开采技术上可行、经济上合理、环境等其他条件允许，在评价期内储量收益能满足投资回报的要求，内部收益率大于基准收益率（公司最低要求）。

储量的经济意义是指油气藏（田）开发在经济上所具有的合理性。经济意义是在不同勘探开发阶段通过可行性评价所获得的，通常可以划分为经济的、次经济的和内蕴经济的三类。经济的储量是依据当时的市场条件，按储量评估当时的油气产品价格和开发成本，油气藏（田）投入开采在技术上可行，环境等其他条件允许，经济上合理，即储量收益能满足投资回报的要求。次经济的储量是依据当时的市场条件，油气藏（田）投入开采是不经济的，但在预计可行的或可能发生的推测市场条件下，或预计投资环境得到改善的情况下，其开采将是有效的。内蕴经济的储量是对油气藏（田）只进行了概略研究评价，由于对储层复杂程度、储量规模大小、开采技术的应用和市场前景都只有初步的推测，不确定因素多，无法区分是属于经济的还是次经济的。

不同评价期计算的经济可采储量可能发生动态性的变化。由于后来的市场条件或开采条件恶化（如价格下降、成本增加、递减率加大、增加评价井后发现地质储量减少、油气井事故废弃等），经重新评价后经济可采储量有可能变少。同样，一些原来认为没有经济价值的可采储量，由于后来技术、经济、环境等条件改善，经过重新评价后也有可能变为经济可采储量。

计算公式如下：

$$NPV = \sum_{i=1}^{n} \frac{CI_t - CO_t}{(1+i_0)^t}$$

式中：CI_t 为第 t 年的现金流入额，万元；CO_t 为第 t 年的现金流出额，万元；i_0 为基准贴现率，%；t 为年份序列，a；n 为计算起始年到年净现金流等于 0 的年份数，a；NPV 为经济可采储量的货币值，万元。

📝 推荐书目

　　袁自学，丽尽君.油气储量资产评估方法和资产化管理探讨［M］.北京：石油工业出版社，2000.

（任丽华）

【**剩余可采储量** remaining recoverable reserves】 一个油（气）田（藏）投入开发，并达到某一开发阶段，可采储量减去该阶段累计采出油（气）量的剩余值。

世界上石油天然气剩余可采储量的变化一直是一个重大的经济议题，也是影响国际政治的一个重要因素。由于这一部分储量对今后生产有实际意义，所以西方国家的油、气储量仅指其剩余可采储量，这已成为国际惯例。

📝 **推荐书目**

　　袁自学，丽尽君. 油气储量资产评估方法和资产化管理探讨［M］. 北京：石油工业出版社，2000.

（任丽华）

【**不可采量** residual unrecoverable reserves】 原地量与可采量的差值。原地量泛指地壳中由地质作用形成的油气自然聚集量，即在原始地层条件下，油气储层中储藏的石油和天然气及伴生有用物质，换算到地面标准条件（20℃，0.101MPa）下的数量。

（任丽华）

【**剩余油** remaining oil】 油田开发过程中尚未采出而滞留在地下油藏中的原油。按存在方式，可将剩余油分为不可动的残余油和可动剩余油两部分。残余油，微观上是指在油层条件下当油的相对渗透率为零时的不可动油，宏观上是指产层的油水比达到开采经济极限时残存在水驱前缘后面的油。

　　剩余油研究方法 20世纪70年代，国外开始剩余油饱和度研究，到20世纪80年代前期，主要发展了取心井岩心分析、单井测试和井间测量等多种剩余油饱和度的测试技术，以井点剩余油饱和度解释为基础，为剩余油研究提供了量化参数；20世纪80年代，地震处理和解释技术的迅速发展，形成了以地震响应预测井间储层参数为特征的技术，成为剩余油分布研究的新手段；进入20世纪90年代，随着油藏描述从宏观向微观、从定性到定量、从描述向预测的迅速发展，剩余油的研究也开始从以地质、测井手段为主的综合定性解释逐步向以油藏数值模拟、水淹层测井解释以及油藏工程方法为主体的定量描述方向发展，微观剩余油分布研究受到了重视。剩余油研究主要涉及剩余油饱和度测试、剩余油分布及剩余油挖潜技术等三方面。

　　（1）剩余油饱和度测试技术。

　　确定剩余油饱和度的方法可分为单井测试、井间测试和油藏工程方法三类。

　　单井确定剩余油饱和度主要包括：岩心分析、地球物理测井、示踪剂试验、单井瞬时试验等，其中套管井测井是地球物理测井中确定剩余油饱和度最重要的方法。

　　井间确定剩余油饱和度的方法主要有多井测试法、井间测量法。

　　油藏工程法包括油藏数值模拟法、相渗曲线法、水驱特征曲线法、无量纲注入采出法、物质平衡方法、水线推进速度法等，以适用不同的油藏条件下剩余油饱和度定量描述。

饱和度测井是确定单井单层剩余油饱和度的有效方法，包括裸眼井和套管井（生产测井）两大部分，其主要任务是计算孔隙度、渗透率、饱和度、泥质含量、粒度中值、产水率等储层参数，确定有效厚度和划分水淹级别等。裸眼井的测井技术主要有：探测井筒周围油气分布的电阻率测井、针对储层物性和岩性的孔隙度测井、以探测油气为主的复电阻率测井、井间电磁成像测井、针对储层非均质性的薄层测井、以了解储层孔隙结构的核磁共振测井和以了解地下油藏压力的电缆地层测试测井。套管井剩余油饱和度测井技术主要有：碳氧比能谱测井（C/O）、脉冲中子衰减测井（PND）、硼中子寿命测井、玻璃钢套管监测测井等。

（2）宏观剩余油分布研究技术。

宏观剩余油分布预测是为了揭示剩余油在三维空间的分布，是当前高含水油田面临的主要难题，主要研究方法可分为三大类。

① 非数值模拟法。

开发地质分析：即精细油藏表征和描述技术。综合应用地质、地球物理和试油试采资料及各种模型数据库，采用多学科技术手段，在精细地层对比基础上，以微构造和细分沉积微相为主线，以水淹层测井解释为特点，以储层非均质性（包含流动单元）研究为核心，建立研究剩余油的精细地质模型。

开发地震技术：国内外利用该方法研究剩余油主要包括两方面，一是通过提高复杂油藏描述的精度间接研究剩余油；二是采用四维地震直接研究剩余油饱和度分布，主要集中在热采油藏和CO_2驱油藏研究剩余油。

岩心分析法：在研究储层非均质性和剩余油分布时，对岩心样品有特殊要求，由此发展了一些特殊的取心技术，常用的是密闭取心技术。所谓密闭取心就是在水基钻井液条件下，采用密闭取心工具与密闭液，使岩心几乎不受钻井液污染的一种特殊取心。密闭取心技术主要用于注水开发油田的开发中后期检查井中，检查注水开发效果、油水界面及油层水洗情况，综合分析剩余油饱和度及驱油效率的分布规律与变化规律，为增产挖潜、提高水驱油效率提供地质依据。油田开发之前，在岩心收获率与密闭率有保证的前提下，密闭取心还可替代油基钻井液取心，用以取得油层的原始含油饱和度资料，为计算油田储量、制订合理的开发方案提供可靠依据。

驱油效率与波及体积计算：根据测井资料计算水淹层的驱油效率与波及体积，以提供剩余油的宏观分布特征，为挖潜方向的决策提供依据。

动态分析方法：主要利用生产动态资料、测试资料和检查井资料，综合分析各细分层系在平面、层间、层内井点的水淹状况及剩余油分布特征。测试资料和检查井资料可提供较准确的井点剩余油饱和度，但由于井点数量有限，通过插值获得的井间剩余油饱和度数据精度降低。但其研究结果可用来分析和约束数值模拟、流线模型及其他方法的研究精度。

② 数理统计方法。

该方法以数理统计理论为基础，使用流管模型、流线模型、现代干扰试井解释、井间示踪剂解释和虚拟井预测等方法，通过一系列计算公式的运算，获得各种类型油藏的剩余油分布，在一些油藏小范围内进行应用。该方法尽量回避油藏数值模拟的复杂性和庞大的工作量，虽然结果与实际油藏有时有一定差距，但速度快、投入少。

③ 油藏数值模拟技术。

精细油藏数值模拟技术是定量研究剩余油分布最为普遍的方法。该方法以准确的精细油藏地质模型和油藏开发生产历史动态数据为基础，突出"精"和"细"的特点。"精"主要体现在历史拟合的高精度，后处理技术的高精度及动静态资料的高精度；"细"主要体现在地质模型纵向上细到流动单元，平面上网格步长进一步细化，动态模型细到月度数据，油层物理参数细到与流动单元一一对应。

（3）微观剩余油分布研究技术。

微观剩余油分布研究主要是依据油层的孔隙结构、润湿性以及渗流特性等进行"微规模"尺度的剩余油分布规律和机理方面的研究。

微观数学和物理模型是研究剩余油的物理—化学性质及组分、微观孔隙结构及其中驱替机理的常用方法。微观数学模型研究方法主要以图形图像学理论、分形理论和虚拟现实仿真技术为基础，借助先进的计算机手段，实现数学的或虚拟的微观模拟，将微观水驱油过程及剩余油分布可视化显示在计算机屏幕上。微观物理模型研究方法是在几微米到几毫米的孔隙尺寸级别研究剩余油分布的常规方法，主要有两个方面：一是利用理想的孔隙模型进行剩余油驱替机理及影响因素研究；二是根据实际油藏的岩性及孔隙结构建立微观仿真模型，进行驱替实验。

理想仿真模型驱替实验方法是在对储层岩石微观孔隙特征充分认识的基础上，通过建立理想的储层仿真模型进行剩余油驱替机理和影响因素研究的方法。运用光—化学腐蚀的仿真玻璃模型模拟储层岩石的微观孔隙结构和润湿性变化，研究各种条件下水驱油过程中驱油效率的影响因素。应用玻璃仿真模型的优点之一是由于玻璃的透光性，可以通过成像的方法清楚地观察驱油的动态进程，从而克服了岩心实验中不能进行动态过程观察的缺点。但是由于仿真玻璃模型毕竟不能完全模拟岩心的所有特征，因此进行的模拟实验与实际还有一定差距。

岩心仿真模型驱替实验方法是应用油藏具有代表性的岩心为实验研究对象，建立水驱油物理模型，进行驱替实验。从国内实验研究模拟的温度、压力条件来看，岩心驱替实验多为10~20MPa实验压力条件，常用的实验温度可以达到70~90℃。此外，岩心驱替实验CT扫描和核磁共振实验也可以达到10MPa左右的实验压力条件。而微观刻蚀模型多为常温常压条件，部分可以达到几个兆帕的压力条件。应用荧光分析技术、CT扫描技术、核磁共振技术、冷冻制片技术等分析驱替岩心，直接描述剩余油的形成与分布。该方法是研究剩余油最方便最直观的方法，其优点是由于采用实际岩心作为水驱油物理模型，因此能够准确地模拟储层的孔隙特征，缺点是不能实时地观察水驱油动态进程，而只能观察结果。

此外，实验室物理模拟，包括长短岩心长期水冲刷模拟、密闭取心井分析技术、含油薄片分析技术等也是探讨微观流场中流体流动的影响因素、定量测定孔隙结构和剩余油分布等参数的有效方法。

剩余油研究发展趋势　　剩余油的研究方法虽然很多，但各自都有其应用的局限性。实际工作过程中，为了使研究成果更精细、准确，在不断提升单一领域研究水平的同时，需要在条件允许的前提下尽可能将多种方法、手段相结合，采用联合攻关的方式从不同角度开展综合研究。纵观剩余油研究特点，主要具以下四点发展趋势。

（1）深入探索开发地质学方法。

开发地质学是研究剩余油形成与分布最广泛采用和最具发展潜力的一种方法。油田进入中高含水期后，继续加强和深化精细地质研究，综合运用多种研究方法进行剩余油分布的研究和挖潜，是开发地质学研究剩余油的发展趋势。其关键问题是要努力研究精细油藏描述方法，探索油藏描述后剩余油形成与分布的判断和预测方法。

（2）综合多学科，探索新方法。

剩余油的形成与分布研究是一个系统工程，需要多种学科的理论、方法和技术相结合，综合运用地质学、地球物理学、岩石物理学、油层物理学、流体渗流力学、油藏工程以及应用数学等专业学科的理论知识，充分利用计算机工具，探索新的研究方法，揭示剩余油的形成条件、分布规律和控制因素。

（3）宏观研究与实验分析相结合。

剩余油形成与分布的宏观研究与微观实验是同样重要的，微观剩余油同样是残留在地层中的剩余油的重要组成部分，具有巨大的挖潜潜力，也是提高驱油效率的首要任务之一。研究剩余油的形成与分布的微观机理必须加强。从本质上搞清不同开发阶段和不同驱替方式下影响剩余油形成与分布的影响因素将能更有效地指导油田深度开发。

（4）多学科集成化油藏研究。

多学科集成化油藏研究的理念来源于国外大石油公司，实质上是一种方法论，旨在通过建立地质、地球物理和油藏工程等研究人员一体化工作平台，实现信息的高效利用和实时反馈，实现不同部门和人员协同工作，联合攻关，达到用系统工程的方法研究油藏开采中的复杂问题的目的。多学科油藏研究具体包括数据流、软件流、工作流和应用等环节，最终实现现代油藏管理，它是一项连续运作的工作，为精细油藏描述与预测提供了实用手段，油藏模型使"数字油藏"成为可能，也为油田挖潜提供了地质依据，对于指导油田深度开发能够起到积极的作用。

📝 **推荐书目**

林承焰，李红南，董春梅.油藏仿真模型与剩余油预测［M］.北京：石油工业出版社，2009.

郭平，徐艳梅，等.剩余油分布研究方法［M］.石油工业出版社，2004.

（任丽华）

【**容积法油气储量计算** reserves calculation of oil and gas by volumetric method】 容积法计算储量的实质是确定油气在储层孔隙中所占据的体积，并用地面的体积单位或质量单位表示。按照容积的基本计算公式，一定含油范围内的、地下温压条件下的油气体积可表达为含油气面积、有效厚度、有效孔隙度与含油气饱和度的乘积：

$$N = 100 A \cdot h_e \cdot \phi \cdot (1-S_{wi}) \cdot \rho_o / B_{oi}$$

式中：N 为石油地质储量，10^4t；A 为含油面积，km^2；h_e 为平均有效厚度，m；ϕ 为平均有效孔隙度；S_{wi} 为平均束缚水饱和度；ρ_o 为平均地面脱气原油密度，t/m^3；B_{oi} 为平均原始原油体积系数。

当采用传统方法计算地质储量时，各项参数除含油面积是计算区块的总含油面积外，其他参数均为平均值；当采用三角网法计算地质储量时，公式的各项参数除含油面积是单井控制的含油面积外，其他参数不再是平均值，而是该井的实际值。

容积法计算油气储量的原理比较简单，但要求准地下各项参数却十分困难。一般来说，6个参数对储量精度影响是依次减弱的，其中含油面积和有效厚度对储量计算的精度影响最大，勘探初期它们往往会出现成倍误差，应特别引起注意。提交较可靠的含油面积是地震和地质勘探人员的重要任务，求准其他各项参数是油田地质和测井人员的工作，算准地质储量是地质、地震和测井人员共同努力的结果。

油气储量是指导油气田勘探与开发、确定投资规模的重要依据。在油田勘探初期，要算准储量比较困难，容积法正是在油田投产前唯一可利用静态资料计算储量的方法。它适用的油藏类型广泛，对不同圈闭类型、储集类型和驱动方式的油藏均可使用。它沿用的时间长，从发现油田到开发中期都可使用。所以容法积是国内外储量计算中使用最广泛的一种方法。

容积法计算储量的可靠性随资料的增多而提高。从经验来看，一般大、中型的构造油藏储量计算的精度较高，断块、岩性和裂缝性复杂油气藏储量计算的精度较差。

储量复算：油（气）田经过一段时间开采后，重新计算地质储量和可采储量。油（气）田投产后增加了许多新资料和新认识，以往的油（气）层物性和典型标准有待进一步核实审定，故油（气）田投入开发后通常都需要对过去计算的储量进行核实。

储量核算：储量复算后开发生产过程中的各次储量计算。

储量结算：油气田废弃前的储量与产量清算，包括剩余未采出储量的核销。

📝 **推荐书目**

吴胜和，蔡正旗，施尚明. 油矿地质学［M］. 北京：石油工业出版社，2011.

（任丽华）

【**含油（气）面积圈定** determination of oil and gas area】 充分利用地震、钻井、测井和测试等资料，综合研究油、气、水分布规律和油（气）藏类型，确定流体界面（即气油界面、油水界面、气水界面）以及油气遮挡（如断层、岩性、地层）边界，编制反映油气层（储集体）顶（底）面形态的海拔高度等值线图、砂体分布图和有效厚度分布图，圈定含油（气）范围，计算含油（气）面积。

含油（气）面积圈定方法如下。

（1）通过确定油水边界确定含油面积。

① 利用钻井试油资料确定油水界面，圈定油水边界。

确定油水界面的基础工作是正确判断油层、油水同层和水层。对一个油藏来说，首先要以试油资料为依据，结合岩心资料的分析研究，制订判断油水层的测井标准，然后划分各井的油层、水层和油水同层。确定油水界面的步骤如下。

a. 算出一个油水系统中各井最低的一个油层底界和最高一个油水同层或水层顶界海拔高度，使用海拔高度可消除地面地形起伏的影响。

b. 按剖面将井依次排列起来，在图上点出各井油底、水顶位置，并分析不同资料的可靠程度。确定油水界面最重要的资料是试油资料，尤其是单层资料起着决定作用，其他资料，如岩心、测井等资料在某一具体情况下可能有决定性意义，但它们通常是作补充和辅助作用。

c. 在研究油藏油水分布规律的基础上，在油底、水顶之间划分油水界面。当资料较少，油底和水顶相距较远时，油水界面应偏向油底，以防面积增大。单层试油的油水同出资料有特殊意义，它意味着油水界面就通过该层。

② 应用毛细管压力曲线确定油水界面。

实验室测定的毛细管压力曲线，可换算成油藏条件下的毛细管压力曲线，而且纵坐标上的毛细管压力可用油水接触面以上的高度表示。当某油层通过岩心分析、测井解释或其他间接方法取得含油饱和度数值时，在油藏毛细管压力曲线上可查得该油层距油水接触面以上的高度，该油层钻遇深度是已知的，因而可计算出油水界面的深度。

（2）依据油藏类型圈定含油面积。

油藏类型在圈定含油面积中起着重要的控制作用。油田勘探初期，储量出现大幅度波动常常是含油面积的偏差造成的。但是，通过少数钻井资料，结合地震资料和区域地质综合研究，初步掌握控制油水分布规律的油藏类型后，就能大致控制含油面积，所算储量精度就有可能达50%以上。

所谓初步掌握油藏类型，简单地说，就是要确定所发现的油田是一个比较简单的背斜油藏还是复杂的断块油藏；是具有统一油水系统的块状油藏，还是多油水系统的层状油藏；是油层连片分布的油藏，还是油层呈零星分布的油藏。如果在井少的情况下对油藏类型有个基本正确的估计，又能按油藏类型提示的规律圈定含油面积，那么储量数字就不会出现相差数倍的大波动。

（任丽华）

【**原油体积系数** crude oil volume factor】 原油在地下的体积 V_f（即地层油体积）与其在地面脱气后的体积 V_s 之比。又称原油地下体积系数。即：

$$B_o = \frac{V_f}{V_s}$$

式中：B_o 为原油体积系数；V_f 为原油在地下的体积，m^3；V_s 为原油在地面脱气后的体积，m^3。

一般情况下，由于溶解气和热膨胀的影响远超过弹性压缩的影响，地层油的体积总是大于它在地面脱气后的体积，故原油的地下体积系数一般都大于1。

地下原油的体积受3个因素影响：溶解气、热膨胀和压缩性。可通过溶解气油比、油层温度和油层压力3个变量予以度量。

（1）气油比。

地层原油中溶解有天然气，不同类型油藏的地层原油中溶解天然气的量差别很大。溶解气油比的定义为：地层油在地面进行一次脱气，分离出的气体体积与地面脱气后油体积的比值。溶解气油比越大，其原油体积系数也越大；另外，气油比还受温度的影响，随着温度的升高，烃类组分的饱和蒸汽压升高，天然气溶解度下降，气油比减小。

（2）油层温度。

油层温度越高，由于热膨胀，原油体积系数越大。

（3）油层压力。

原油地下体积系数和压力的关系：

当压力大于泡点压力时，原油体积系数随压力的降低而增加，这是由于压力降低，单相地层油体积膨胀的结果；

当压力小于泡点压力时，原油体积系数随压力降低而减小，这是由于压力小于泡点压力后油中溶解气释放出，油体积收缩的结果；

当压力等于泡点压力时，原油地下体积系数达到最大值。

📝 **推荐书目**

杨胜来，魏俊之. 油层物理学[M]. 北京：石油工业出版社，2004.

（任丽华）

【**天然气体积系数** natural gas volume factor】 地面标准状态（20℃，0.101MPa）下单位体积天然气在地层条件下的体积。由定义可知天然气的体积系数是天然气地下体积量与天然气地面标准条件下体积量的比值，表示公式为：

$$B_g = \frac{V_R}{V_{sc}} \tag{1}$$

式中：B_g 为天然气体积系数；V_R 为天然气地下体积量，m^3；V_{sc} 为天然气地面标准条件下体积量，m^3。

在油气藏条件下，压力为 p，温度为 T，将天然气状态方程、地面条件带入式（1），可得到天然气体积系数计算公式：

$$B_g = 3.447 \times 10^{-4} \frac{ZT}{p} \tag{2}$$

式中：Z 为气体偏差系数。

📖 **推荐书目**

郑俊德，张洪亮．油气田开发与开采［M］．北京：石油工业出版社，1997.

（任丽华）

【**地面原油密度** surface oil density】 在地面标准条件（20℃，0.1MPa）下原油的密度，其与 4℃纯水密度的比值称为原油相对密度。

原油按照相对密度分类如下。

轻质原油：相对密度小于 0.852。

中质原油：相对密度介于 0.852～0.930。

重质原油：相对密度介于 0.931～0.998。

特稠原油：相对密度大于 0.998。

这种分类比较粗略，但也能反映原油的共性。

原油密度对油层产能具有很大影响，对重质油、稠油层的产能则起着决定性作用。建立原油相对密度预测模型是一种既简便又经济的原油密度研究方法。20 世纪 50 年代以来，Standing、Lasater、Vasquez 等根据大量的实验数据分析，提出了一系列适合海相原油的密度预测模型；20 世纪 90 年代末期以来，国内一些学者根据海陆相原油性质的差别，对国外相关模型进行了改进，提出了适合陆相原油物性的原油密度预测模型。蔡冬梅等通过对瑞利模型和指数预测模型公式的推导，利用实际流体性质的开发动态数据进行分析，建立了原油相对密度随开采时间变化的地质预测模型。模型研究表明，原油密度随开采时间的变化具有瑞利模型和指数模型两种变化规律，且瑞利模型能够较为准确地预测原油相对密度的开发动态，但两种模型在对原油密度进行预测时均受到油藏构造部位、开采层位以及油源性质等因素的影响。

📖 **推荐书目**

金毓荪．采油地质工程［M］．北京：石油工业出版社，2003.

（任丽华）

【**物质平衡法** material balance method】 根据物质守恒原理，利用油气田动态资料计算储量的方法。在油气藏体积一定的条件下，油气藏内石油、天然气和水的体积变化代数和始终为零。即是说，在油气藏中，任一时间的油气水剩余量 + 累计采出量 = 原始地质储量，pV/T 关系始终保持平衡。

将油藏看成体积不变的容器，油藏开发某一时刻，采出的流体量加上地下剩余的储存量，等于流体的原始储量。这里所研究的是流体间的体积平衡，所以也可以说,对于任何一种驱动类型的油藏,在开发过程的任意时刻,油、自由气和水这三者体积变化的代数和为0。

对于一个统一水动力学系统的油藏,在建立物质平衡方程式时,应当遵循下列基本假定:

(1)油藏的储层物性和流体物性是均质的,各向同性的;

(2)相同时间内油藏各点的地层压力都处于平衡状态,并且是相等和一致的;

(3)在整个开发过程中,油藏保持热动力学平衡,即地层温度保持为常数;

(4)不考虑油藏内毛细管力和重力的影响;

(5)油藏各部位的采出量保持均衡,且不考虑可能发生的储层压实作用。

📒 推荐书目

周红,关振良. 实用油藏工程[M]. 武汉:中国地质大学出版社,2004.

(任丽华)

【**压降法天然气储量计算** gas reserves calculation by pressure drop method】 对于定容封闭气藏,通过绘制拟平均地层压力与累计产气量之间的关系直线,根据该直线在累计产气量坐标轴上的截距计算原始气藏储量的方法。关于方程中所需的平均地层压力参数,往往要求全气藏关井测压,若无全气藏关井所测压力,则通过数理统计、加权平均等方法确定全气藏压力。但这种方法带有时间性和隐含性,尤其受低渗层和高渗层储量大小、地层各向异性、气藏采气强度的影响,在气藏不同开发阶段所确定的气藏储量是不同的。

压降法计算公式如下:

$$\frac{p}{Z} = \frac{p_i}{Z_i}\left(1 - \frac{G_p}{G}\right) \quad (1)$$

式中:p_i、p 分别表示原始地层压力、目前地层压力,MPa;Z_i、Z 分别表示原始天然气偏差系数、目前天然气偏差系数;G、G_p 分别表示探明地质储量、累计产气量,$10^8 m^3$。

当 $p/Z = 0$ 时,视地层压力(p/Z)与累计产气量曲线的截距即为探明地质储量,如图所示。

当地层压力降落到废弃地层压力时,可求得探明可采储量(G_R)。用公式表示为:

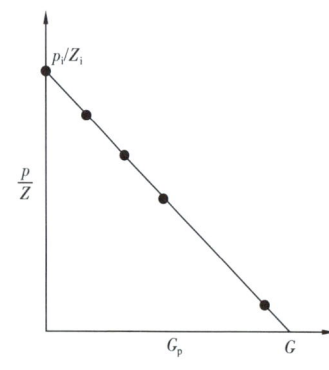

$$G_R = G\left[1 - \left(\frac{P_a}{Z_a}\right) \bigg/ \left(\frac{P_i}{Z_i}\right)\right] \tag{2}$$

式中：p_a 为废弃地层压力，MPa；Z_a 为废弃天然气偏差系数。

压降法适用于采出程度大于 10% 的封闭性气藏。对于边、底水不活跃的断块、裂缝、岩性等复杂气田也可使用。对连通性差的气藏储量计算结果偏小。它不适用于边、底水活跃的气藏。此外，压降法计算天然气储量有一个缺点，即需要通过单井层或井组对地层压力取平均值，而这种取平均没有考虑水侵、开发过程中地层水和原油脱气及其他影响因素，故而计算所得储量存在一定程度的误差。

📓 **推荐书目**

吴胜和，蔡正旗，施尚明. 油矿地质学［M］. 北京：石油工业出版社，2011.
李士伦. 天然气工程［M］. 北京：石油工业出版社，2006.

（任丽华）

【**油气采收率** oil-gas recovery factor】 在某一经济技术极限内，在现代工程和技术条件下从油气藏原始地质储量中可以采出石油天然气的百分数。

油气采收率的影响因素有很多，归纳起来可分为两大类，即地质因素和开发因素。其中地质因素包括油气藏类型、储层性质、油气藏的天然能量类型以及能量的大小和可利用程度、原油和天然气性质等；开发因素包括油藏开发层系的划分、开发方式、布井方式、开采技术水平和增产增注效果。

原油采收率是容积法计算可采储量一项必不可少的参数，然而也是较难确定的参数，在确定一个油藏的原油采收率时，往往需要用不同的方法进行估算，然后将各种方法获得的值进行分析、对比，从中选出较为合理的原油采收率值。国内外常用的几种确定采收率的方法有：类比法；相关经验公式法；实验分析法。天然气采收率的研究比油藏少得多，常见的几种确定采收率的方法有：类比法；废弃条件法。

📓 **推荐书目**

吴胜和，蔡正旗，施尚明. 油矿地质学［M］. 北京：石油工业出版社，2011.

（任丽华）

【**储量综合评价** comprehensive evaluation of oil and gas reserves】 针对油气储量的质量品位和开发效益进行的评价。储量综合评价是衡量勘探经济效果，指导储量合理利用的一项重要工作。国家储量委员会规定，申报的油气储量必须按产能大小、储量丰度、储量规模和埋藏深度等四方面进行综合评价。

油气储量综合评价，根据油气性质产能、丰度、规模、埋藏深度等进行油气储量综合评价，以衡量勘探经济效果和指导合理开发利用储量。油气储量规模及质量的好坏，直接影响到勘探、开发效果和经济利益。由于各个油气田储量差异较大，条件不一，很难用统一的指标进行衡量，必须进行综合评价。

推荐书目

吴胜和，蔡正旗，施尚明．油矿地质学［M］．北京：石油工业出版社，2011.

（任丽华）

【油气藏 reservoir】 在单一圈闭中，属同一压力系统并具有统一的油—水（或气—水）界面的油气聚集体。世界上已发现的油气藏数量众多、类型各异。国内外石油地质学家们从不同的研究和使用角度出发，提出了多种油气藏分类方案。常用的油气藏分类方案包括储层岩性、原油性质、圈闭成因、油层平均渗透率等。基于储层岩性的分类方案将油气藏分为：碎屑岩油气藏、碳酸盐岩油气藏和特殊岩性油气藏。基于圈闭成因的分类可将油气藏分为：构造油气藏、地层油气藏、岩性油气藏、水动力油气藏和复合油气藏五大类。基于油层平均渗透率的油气藏分类为：中高渗透性油气藏、低渗透性油气藏、常规低渗透性油藏、特低渗透性油藏和裂缝性低渗透性油藏。基于原油性质可将油气藏分为：常规原油油藏、稠油油藏、高凝析油油藏和挥发油油藏等。其中国际上根据原油黏度和相对密度进一步将稠油油藏划分为重油油藏和沥青砂油藏，国内依据原油黏度和相对密度则将稠油油藏分为普通稠油油藏、特稠油油藏和超稠油油藏。依据原油饱和程度可分为：饱和油油藏和未饱和油藏。基于圈闭中气体性质可将气藏进一步分为：天然气气藏、干气气藏、湿气气藏、凝析气气藏、酸性气气藏、天然气水合物气藏等。

推荐书目

中国石油学会．石油技术辞典［M］．石油工业出版社，1996.

张厚福，方朝亮，高先志，等．石油地质学［M］．3 版．北京：石油工业出版社，1999.

（任丽华）

【碎屑岩油气藏 clastic hydrocarbon reservoir】 油气储层岩性以砂岩和砂砾岩为主的油气藏。碎屑岩油气藏的油气储量占世界油气总储量的 60% 以上，中国已探明的碎屑岩油气藏所占比例更大，约占 80% 以上。

中国碎屑岩油气藏按储层沉积成因分为两大类。

第一类为冲积扇相、扇三角相、湖底扇相沉积的砂砾岩油气藏，岩性以砾岩、含砾砂岩为主，颗粒粒度粗、成熟度低、圆度不好、分选差、储油特性变化大，在砂砾岩储层中，孔隙结构呈双模态甚至复模态分布。在以砾岩为主的地区，裂缝发育，具有双重介质孔隙结构特征，储层非均质性严重。砂砾岩油气藏在准噶尔盆地、泌阳凹陷、渤海湾盆地、二连盆地等地区均有发现。克拉玛依油田、双河油田分别作为冲积扇相和扇三角洲相的典型代表。

第二类为陆相河流—三角洲沉积的砂岩油气藏，储层岩性以砂岩和粉砂岩为主，岩石成分多为长石—岩屑砂岩，极少发育石英砂岩。颗粒分选以中到差为主，杂基含量较高，孔隙结构复杂。储层岩性、物性、含油性之间存在很好的相关性。在储层纵向剖面上为多相带叠置的厚层砂泥岩层储层层系，不同油层层间非均质性严重。在平面上砂体展布规模较小，多呈带状分布，侧向连续性差，而且又因层理结构的方向性加剧了平面的非均质性，此种状况尤以各类河流相沉积储层为甚。在层内存在着正韵律、反韵律和复合韵律等层内非均质特征，尤以不利于在层内垂向上水驱波及的正韵律储层最为发育。陆相河流—三角洲沉积的多层砂岩油气藏储量占全国总储量的60%，很多大油田属于此类油藏，如大庆长垣喇萨杏油田，胜利胜坨、孤岛、孤东油田，大港北大港油田等为典型代表。

📑 **推荐书目**

蒋有录，查明. 石油天然气地质与勘探［M］. 北京：石油工业出版社，2006.
刘静，陈刚. 油气田开发地质方法［M］. 北京：石油工业出版社，2009.

（禹长安）

【**碳酸盐岩油气藏** carbonate hydrocarbon reservoir】 储集体的岩性以碳酸盐岩为主的油气藏。碳酸盐岩油气藏的特征表现在以下几方面。

（1）储层的岩石类型。碳酸盐岩储层主要为石灰岩、白云岩两种基本类型和它们之间的过渡型岩石，以及它们与黏土岩、硅质岩之间的过渡类型岩石。如内碎屑灰岩、生物灰岩、鲕粒灰岩、生物礁灰岩、白云质灰岩、藻屑白云岩、次生白云岩等都是较好的储层。

（2）储集空间类型。碳酸盐岩储层的储集空间类型决定油气储量大小和渗流特征，进而成为油气藏开发方案制订和开发动态分析的地质依据。碳酸盐岩储集空间一般分为以下五种类型。① 孔隙型：储集空间以各种类型的孔隙为主，如粒间孔隙、晶间孔隙、生物骨架孔隙等，其孔隙结构特征与砂岩孔隙类似。典型的如中国山东平方王油田的藻白云岩的骨架孔和粒间孔储层。② 裂缝型：储集空间以各类裂缝为主，孔隙不发育。裂缝多为构造缝，裂缝既是油气的储集空间又是油气的渗流通道。典型代表为四川永安场气田T1的泥质灰岩构造缝储集体。③ 溶洞—裂缝型：储集空间以各种溶蚀孔洞为主，孔隙不发育，但裂缝较发育，溶蚀孔洞为主要储集空间，裂缝为渗流通道，裂缝将溶蚀孔洞连通成不规则的储集体。典型代表为四川纳溪气田下二叠统生物礁灰岩中的溶洞与构造裂缝构成的储集体。④ 孔隙—裂缝型：储集空间主要为各类孔隙及裂缝。如果孔隙为晶间微细孔，原油在其中只起渗吸作用而不是渗流，裂缝为渗流通道，在原油开采过程是通过孔隙的渗吸与裂缝的渗流互相交换流体，这种储集空间类型在渗流力学中称为双重介质。典型代表为四川卧龙河气田下三叠统粉晶白云岩中的晶间孔与裂缝构成的具有双重介质渗流特征的孔隙—裂缝储集体。⑤ 孔、洞、缝复合型：储集空间由各种成因的孔隙、溶蚀孔洞与裂缝相互组合构成的统一的储集体，此类储集体一般孔隙度、渗透率较高，可以形成储量丰度高、产量大的大型油气田，其典型代表为冀中油田的震旦系雾迷山组燧石灰岩孔、洞、缝复合型储集体。

推荐书目

国景星. 油气田开发地质学［M］. 东营：中国石油大学出版社，2008.
徐国盛. 石油与天然气地质学［M］. 北京：地质出版社，2012.

（禹长安）

【**特殊岩性油气藏** exceptional lithologic hydrocarbon reservoir】 除碎屑岩和碳酸盐外的其他类型岩性为储集层（体）的油气藏。

特殊岩性油气藏主要有以下三类。

（1）岩浆岩油气藏，以岩浆岩为主要储层的油气藏。岩浆岩储层的岩石类型包括侵入岩和喷发岩两类，主要有安山岩、玄武岩、次安山岩、煌斑岩、辉绿岩及火山碎屑岩。储层的储集空间既有孔隙又有裂缝。常见的孔隙有气孔、晶内孔、杏仁体内溶孔、晶内溶孔、溶蚀孔等。常见的裂缝有构造缝、成岩缝、风化缝、隐爆缝及大型节理等。岩浆岩油气藏的典型代表有准噶尔盆地克拉玛依油田石炭系玄武岩潜山油气藏、渤海湾盆地济阳坳陷、沾化凹陷义13井区辉绿岩透镜体油藏。

（2）变质岩油气藏，以变质岩为储层的油气藏。储层岩石类型以多期变质的混合岩类为主，其次是板岩、千枚岩、片岩、片麻岩等区域变质岩类和碎裂岩类。储层的储集空间为孔隙与裂缝，孔隙有变晶间孔、变余粒间孔、破碎粒间孔和溶蚀孔。裂缝有构造裂缝、风化裂缝、解理裂缝和溶蚀裂缝。变质岩油气藏典型代表有辽河油田杜家台元古宙千枚岩、板岩古潜山油藏、胜利油田太古宙泰山群王庄古潜山油藏、渤海锦州20-2构造太古宙古潜山油藏。

（3）**泥页岩油气藏**，以泥页岩为储层的油气藏。储层岩石为具有生烃能力的泥页岩。储集空间为基质孔隙和裂缝，裂缝为构造裂缝和脱水收缩裂缝、黏土矿物转化裂缝。泥页岩油气藏典型代表有江汉盆地王场油田、柴达木盆地油泉子油田等。

📝 **推荐书目**

王元基. 特殊类油藏开发技术文集［M］. 北京：石油工业出版社，2012.

（禹长安）

【**常规原油油藏** conventional oil reservoir】 地层原油黏度小于 50mP·s，相对密度小于 0.92g/cm^3 的油藏。其中分为高黏油油藏（原油在油层条件下黏度为 20~50mPa·s）、中黏油油藏（原油在油层条件下黏度为 5~20mPa·s）和低黏油油藏（原油在油层条件下黏度小于 5mPa·s）。

（禹长安）

【**稠油油藏** heavy oil reservoir】 原油在油层条件下黏度大于 50mP·s（地层温度下脱气原油黏度大于 100mPa·s），相对密度大于 0.92g/cm^3 的油藏。

稠油，国际上称之为重质油或重油。严格地讲，"稠油"和"重油"是两个不同性质的概念。"稠油"是以其黏度高低作为分类标准，而原油黏度的高低取决于原油中胶质、沥青及蜡含量的多少。"重油"是以原油密度的大小进行分类，而原油密度的大小往往取决于其金属、机械混入物及硫含量的多少。

根据影响到稠油油藏开发方式的因素，将稠油油藏分为普通常规稠油油藏、特稠油油藏和超稠油油藏三种类型。具体的原油黏度划分标准为：常规稠油（100~10000mPa·s）、特稠油（10000~50000mPa·s）、超稠油或称沥青（≥50000mPa·s）。

从全球范围看，稠油主要沿两个带展布，即环太平洋带和阿尔卑斯带，中国稠油资源的分布也受阿尔卑斯构造域和环太平洋构造域控制，主要分布在中国的东部地区和西部地区。中国稠油资源多数为中—新生代陆相沉积，少量为古生代的海相沉积。储层以碎屑岩为主，具有高孔隙、高渗透、胶结疏松的特征。中国稠油资源比较丰富，陆上稠油、沥青资源约占石油资源总量的 20% 以上。已在松辽盆地、二连盆地、渤海湾盆地、南阳盆地、苏北盆地、江汉盆地、四川盆地、准噶尔盆地、塔里木盆地、吐哈盆地等 12 个盆地中发现了 70 多个稠油油田，稠油储量最多的是东北的辽河油区，其次是东部的胜利油区和西北的新疆克拉玛依油区。中国重油油藏具有陆相沉积的特点，油层非均质性严重，地质构造复杂，油藏类型多，油藏埋藏深。油藏深度大于 800m 的稠油储量约占已探明储量的80%以上,其中约有一半的油藏埋深在1300～1700m。吐哈油田的稠油油藏埋深在2400～3400m,而塔里木油田的轮古稠油油藏埋深在5300m左右。

中国稠油油藏具有胶质、沥青质含量高(含量为25%～50%)、轻质组分含量低(小于10%)、含蜡量低(一般小于10%)、含硫量低(一般小于0.5%)、金属钒、镍含量低(仅为10mg/L)、稠油对温度的敏感性高等特点。

推荐书目

王世洁,林江,梁尚斌.塔河油田碳酸盐岩深层稠油油藏开发实践[M].北京:中国石化出版社,2005.

(任丽华 禹长安)

【常规稠油油藏 conventional heavy oil reservoir】 黏度低限值取$1×10^2$mPa·s,高限值取$1×10^4$mPa·s,密度大于0.92g/cm³的稠油油藏。这类稠油又分为两个亚类,黏度在150mPa·s以下的可以先注水开发,在150mPa·s以上时适宜注蒸汽开发。

推荐书目

彭永灿.中深层稠油油藏开发技术与实践[M].北京:石油工业出版社,2018.

(禹长安)

【特稠油油藏 extra-heavy oil reservoir】 黏度低限值取$1×10^4$mPa·s,高限值取$5×10^4$mPa·s,密度大于0.95g/cm³(15°API)。对于这种稠油,采用蒸汽吞吐是成功的,国内已有成功的实例,其他国家也已有大量的实践经验。但是,对于原油黏度为(1～5)×10^4mPa·s的油藏进行蒸汽驱技术难度较大,采收率也较低,原油蒸汽也比第一种稠油低。因此有必要区别于前者。

推荐书目

刘文章.中国稠油热采技术发展历程回顾与展望[M].北京:石油工业出版社,2014.

(禹长安)

【超稠油油藏 super heavy oil reservoir】 黏度在$5×10^4$mPa·s以上,密度在0.98g/cm³(13°API)以上的油藏。对于这种稠油,实际上,在油层原始条件下是不能流动的,通常称为沥青,常规注蒸汽开采方法的经济效益降低,技术上困难较大,显然和特稠油油藏不同,如加拿大冷湖(Cold Lake)及皮斯里弗(Peace River)油田,原油黏度超过$10×10^4$mPa·s,采用非常规的蒸汽驱技术,即水平井热采,利用底水层传热、蒸汽辅助重力驱开采已获成功。

📖 推荐书目

田冷，顾岱鸿，田树宝.稠油及油砂提高采收率方法［M］.北京：石油工业出版社，2017.

（禹长安）

【**沥青砂油藏** asphatic sand reservoir】 在油层原始条件下原油不能流动的油藏（参见<u>超稠油油藏</u>）。

📖 推荐书目

田冷，顾岱鸿，田树宝.稠油及油砂提高采收率方法［M］.北京：石油工业出版社，2017.

（禹长安）

【**重油油藏** heavy-oil reservoir】 油藏温度下原油的黏度为 $0.1Pa·s \sim 10Pa·s$、密度为 $0.943g/cm^3 \sim 1g/cm^3$ 的油藏。国内也叫稠油油藏，国外习惯于将这种相对密度大、黏度高的油藏称为重油油藏。重油流体具有黏度高、分子量大、极性强、界面相互作用力大的特点，其流体在地下的渗流过程为非达西渗流，表现为当地层压力、注入压力等流体驱动力梯度大于初始压力时，流体才开始流动的特点。

📖 推荐书目

穆龙新.重油和油砂开发技术新进展——中加重油和油砂技术交流会论文集［M］.北京：石油工业出版社，2012.

（任丽华）

【**高凝油油藏** tar oil reservoir】 原油凝固点高于 40℃ 的油藏。原油凝固点与其含蜡量关系密切，随着含蜡量的增加，原油凝固点上升，当地层中含蜡量大于 40% 时，凝固点大于 40℃，即为高凝油油藏。

高凝油对温度也极为敏感，其黏度与温度关系在半对数坐标上呈三段折线式特征，这是高凝油一个独特的性质。从一般的原油黏温曲线中可以看出，三段折线分别对应三个温度区域。两个折点分别对应于原油临界温度和析蜡温度。当原油温度高于析蜡温度时，蜡全部溶解于原油中，原油是液态单相体系，其黏度随温度而变化，具有牛顿流体特性；随着温度降低，当原油温度处于析蜡温度与临界温度区间，原油中的蜡晶依照分子量的大小依次析出，蜡晶为分散相，液态烃为连续相，这时黏度仍是温度的函数，流体仍具有牛顿流体特性；这里应进一步指出的是，温度在临界温度和析蜡温度之间与高于析蜡温度时，黏度与温度曲线的斜率发生变化，表明了低于析蜡温度时，蜡的析出对原油黏度会产生显著影响；当原油温度在临界温度以下时，析出的蜡晶增多、增大，并互相聚集成海绵状凝胶体，原油黏度不再是温度的单一函数，而是温度和剪切速率两者的函数，此时，为非牛顿流体；当温度进一步降低，愈益增多和增大的蜡晶互相联络，形成空间网络结构，蜡晶成连续相，液态烃为非连续相，原油只有在外加剪切力足以克服其结构强度之后才能流动。

当高凝油油藏地层温度与析蜡温度接近，两者相差小于20℃时，若油藏注冷水开发，在较高的注入倍数下，注水井附近地带形成低温区。当低温区温度低于析蜡温度时，井底附近原油中蜡晶析出，导致渗流阻力增大，影响开发效果，此类油藏为易受冷伤害的油藏。当地层温度高于析蜡温度较大时（大于20℃），注水井底附近地层温度一般总是高于析蜡温度，因此此类油藏在注水开发条件下不会受到冷伤害，注水开发效果较好。

📝 推荐书目

穆龙新，吴向红，黄奇志.高凝油油藏开发理论与技术［M］.北京：石油工业出版社，2015.

（禹长安）

【**挥发油油藏** volatile oil reservoir】 原油性质属于挥发油的油藏。挥发油在烃类流体体系中位于油气的过渡区域内，在油藏中以液态存在，相态上接近临界点，原油挥发性大，收缩率较高。

挥发油油藏由于上述特点依靠天然能量采用衰竭式开发，其开发效果较差。在开采初期产油量和气油比稳定，当油藏压力降低到泡点压力以下时，气油比迅速上升，油藏中气饱和度上升，油相渗透率降低，产油量随之明显下降。当油藏压力降低至废弃压力时，油藏采收率仅为15%～25%。

为提高挥发油油藏的采收率，采用保持油层压力的开采方式，使油藏压力始终保持在泡点压力以上是适宜的。由于挥发油比黑油流度比要高，因此注水采收率比黑油油藏要高。注气保持压力开采，如果防止气窜措施得当，采收率可达40%～60%。注烃类气体混相驱开采方式由于挥发油与烃类气体组分接近，其混相条件比较容易实现，其开发的技术经济效果一般较好。

📝 推荐书目

李连江.挥发油藏和凝析气藏开采技术［M］.北京：石油工业出版社，2012.

（禹长安）

【**饱和油油藏** saturated reservoir】 原始油藏压力、温度下石油已饱和了天然气的油藏。当油藏中的天然气量等于或超过原始地层条件下石油的溶解能力，就会形成饱和油藏或带气顶的饱和油藏。此类油藏的原始地层压力或气顶压力与石油的饱和压力相等或相近。

📝 **推荐书目**

刘德华，刘志森.油藏工程基础［M］.北京：石油工业出版社，2004.

（禹长安）

【未饱和油藏 unsaturated reservoir】 在原始地层压力和温度条件下，石油中尚未饱和天然气的油藏。此类油藏的原始地层压力高于石油的饱和压力，油藏的地饱压差越大，弹性能量越大，越有利于利用油藏的天然能量开发，如果地层压力降低到饱和压力以下开发，油层中原油就会大量脱气，使原油黏度增大，油层产能降低，开发效果变差。

📝 **推荐书目**

苏玉亮.油藏驱替机理［M］.北京：石油工业出版社，2009.

姚军，谷建伟，吕爱民.油藏工程原理与方法［M］.青岛：中国石油大学出版社，2016.

（禹长安）

【天然气气藏 natural gas reservoir】 在单一的圈闭中，有统一压力系统，并具有统一气水界面的可燃性烃类为主气体的聚集体。

天然气是以石蜡族低分子饱和烃气体和少量非烃类气体组成的混合物，其化学成分以甲烷为主，乙烷、丙烷、丁烷含量很少（一般只占百分之几），此外还含有氢、氮、二氧化碳、硫化氢、水汽等非烃类气体，有时还含有微量的惰性气体氦、氩等。

天然气是由烃类和非烃类组成的复杂混合物。天然气中的烃类以甲烷为主，还有乙烷、丙烷、丁烷、戊烷，以及少量的已烷以上的烷烃，有时还含有极少量的环烷烃及芳香烃。天然气中的非烃类气体，一般为少量的氮气、氧气、氢气、二氧化碳、水蒸气、硫化氢，以及微量的惰性气体如氦、氩、氙等。天然气中的水蒸气一般呈饱和状态。天然气的组成并非固定不变，不仅不同地区油、气藏中采出的天然气组成差别很大，甚至同一油、气藏的不同生产井采出的天然气组成也会有很大的区别。根据化学组成的不同分为干性天然气和湿性天然气。干性天然气就是含甲烷90%以上的天然气，而湿性天然气除主要含甲烷外，还有较多的乙烷、丙烷、丁烷等气体。

天然气藏按气体的物理、化学性质及地质成因可分为干气气藏和湿气气藏；酸性气气藏和净气藏；凝析气气藏和常规气藏；煤层气气藏和天然气水合物气藏等。

📖 **推荐书目**

李传亮.油藏工程原理［M］.北京：石油工业出版社，2017.

姚军，谷建伟，吕爱民.油藏工程原理与方法［M］.青岛：中国石油大学出版社，2016.

（禹长安）

【**干气气藏** dry gas reservoir】 甲烷含量大于95%，不含凝析油，液态烃含量小于100g/m³的天然气藏。又称贫气气藏。在储层中呈气态，采出后一般在地面设备和管线中不析出液烃的天然气。按C_5定界法是指每立方米（指20℃，101.325kPa状态下的体积，下同）气中C_{5+}以上的烃类含量按液态计小于13.5cm³的天然气。

📖 **推荐书目**

刘慧卿.高等油藏工程［M］.北京：石油工业出版社，2016.

（禹长安　任丽华）

【**湿气气藏** wet gas reservoir】 甲烷含量小于95%，凝析油含量小于50g/m³，液态烃含量大于100g/m³的天然气藏。又称富气气藏。在地层中呈气态，采出后一般在地面设备的温度压力下有液烃析出的天然气。按C_5定界法是指每立方米气中C_{5+}以上的烃类含量按液态计大于13.5cm³的天然气。

📖 **推荐书目**

张金亮，常象春.深盆气地质理论及应用［M］.北京：地质出版社，2002.

刘慧卿.高等油藏工程［M］.北京：石油工业出版社，2016.

（禹长安　任丽华）

【**凝析气气藏** condensate gas reservoir】 在高温、高压地层条件下，烃类呈气态存在，在等容衰竭式开采时，当地层压力、温度下降到临界点以下时，气态烃反转凝析出液态烃（凝析油），凝析油含量大于50g/m³的气藏。又称凝析油气藏或凝析油藏。凝析气气藏的埋藏深度较大，多分布在地下3000～4000m或更深处。

根据凝析气藏中凝析油的含量，将凝析气藏分为4类。

特高凝析油含量凝析气藏：凝析油含量大于550g/m³。

高凝析油含量凝析气藏：凝析油含量为251～550g/m³。

中凝析油含量凝析气藏：凝析油含量为101～250g/m³。

低凝析油含量凝析气藏：凝析油含量为50～100g/m³。

凝析气藏的相态特征决定其开发方式及开发效果，凝析气藏发现后，需及时进行凝析气的高压取样，并进行高压物性实验，并绘制相图，确定临界压力和临界温度。凝析气藏的开发关键是要保持最佳的相态平衡，尽量避免反凝析现象出现。国内外凝析气藏开发实践表明，采用循环注气保持压力开采方式会收到较好的技术经济效果。

推荐书目

彭仕宓. 实用油气开发地质与油藏工程方法［M］. 北京：石油工业出版社，2013.
朱道义. 实用油藏工程［M］. 北京：石油工业出版社，2016.

（禹长安）

【**酸性气气藏** sour natural gas reservoir】天然气组分中酸性气体达到 $5g/m^3$ 以上的气藏。酸性气体主要指含硫和含 CO_2 气体。按 H_2S 含量多少可分为：微含硫气藏（小于 $0.02g/m^3$）、低含硫气藏（$0.02\sim5.0g/m^3$）、中含硫气藏（$5.0\sim30.0g/m^3$）、高含硫气藏（$30.0\sim150.0g/m^3$）、特高含硫气藏（$150.0\sim770.0g/m^3$）。当天然气组分中 CO_2 含量大于 70% 时，称为 CO_2 气藏。

酸性气藏开发过程中酸性气（特别是 H_2S）对环境、安全、管柱、设备的腐蚀影响十分严重，因此开发酸性气气藏应严格控制酸性气的排放，做好设备防腐和天然气净化工作。硫化氢气藏开发中做好硫的回收，不但可以实现环保、防腐，而且可以增加产品附加值，提高经济效益。

推荐书目

布赖恩 F. 托勒尔. 油藏工程基本原理［M］. 北京：石油工业出版社，2006.
潘晓梅，刘秀云. 油藏工程［M］. 北京：石油工业出版社，2015.

（禹长安）

【**天然气水合物气藏** gas hydrate reservoir】天然气分子被封闭在水分子组成的扩大的晶格中，形成固态气体水合物聚集区带形成的气藏。

在海洋洋底，特殊的温度、压力下形成的天然气水合物气藏称为大洋水合物气藏，该气藏具有丰富的资源量，估计为常规天然气资源量的数倍。国际上已开展大洋天然气水合物资源的勘察，中国也开始了这方面的勘查工作。

在极地或终年冻土带冰点以下的温度、压力下形成的天然气水合物，其气体分子被封闭于冰晶晶格中，此种冰冻天然气水合物聚集称为冻土带水合物气藏。如西西伯利亚发现的美索亚卡气田，54% 的天然气呈气的水合物产出，储量约为 $400\times10^8 m^3$。

推荐书目

布赖恩 F. 托勒尔. 油藏工程基本原理［M］. 北京：石油工业出版社，2006.
塔雷克·艾哈万德. 油藏工程手册［M］. 北京：石油工业出版社，2009.

（禹长安）

【构造油气藏 structural oil gas reservoir】 聚集了油气的构造圈闭。按构造圈闭的形态和特点,油气藏又可分为背斜油气藏、断层油气藏、刺穿性接触油气藏及裂缝性油气藏。

背斜油气藏 在地质营力作用下,储层呈拱起的背斜,其上方为非渗透性盖层所封闭,形成背斜圈闭,其中聚集了油气即称为背斜油气藏。背斜油气藏是世界上分布最广、最重要的一种油气藏。世界上很多特大型油气田都是由背斜油气藏组成的油田,如沙特阿拉伯的加瓦尔油田、科威特的布尔干油田、俄罗斯的乌连戈伊气田和中国的大庆长垣油田。根据背斜成因,背斜油气藏又可分为与褶皱作用有关的背斜油气藏、与基底隆起有关的背斜油气藏、与地下柔性物质活动有关的背斜油气藏、与古地形突起和差异压实作用有关的背斜油气藏和与同生断层有关的滚动背斜油气藏。

断层油气藏 以断层为遮挡条件而形成的油气藏称为断层油气藏,又称断块油气藏。断层油气藏的形成主要取决于断层的封闭性,在构造平面图上,断层线必须位于储层的上倾方向,并与构造等高线或岩性尖灭线相闭合;在剖面上断层与储层要有恰当的配置关系,做到断层、地层和岩性三者最佳的组合。

裂缝性油气藏 储层的储集空间及渗透通道为裂缝的油气藏称为裂缝性油气藏。裂缝性油气藏的储层一般为致密的脆性岩层,如低渗透砂岩、碳酸盐岩、泥灰岩、泥岩等,其裂缝成因多以构造缝为主,故裂缝性油气藏归类为构造油气藏。

刺穿性接触油气藏 地下可塑性岩体刺穿上覆沉积岩层,使储层的连续性遭到破坏,被刺穿体接触遮挡形成的油气藏称为刺穿接触油气藏。根据刺穿岩体的类型将刺穿性接触油气藏分为泥火山刺穿接触油气藏、盐体刺穿接触油气藏和岩浆体刺穿接触油气藏。

📝 推荐书目

戴启德,黄玉杰.油田开发地质学[M].东营:石油大学出版社,2002.

(禹长安)

【地层油气藏 stratigraphic reservoir】 聚集了油气的地层圈闭。地层圈闭是指储层由于纵向沉积连续性中断而形成的圈闭,即与不整合有关的圈闭。根据储层与不整合面的关系,地层油气藏大致可以分为三大类,即:位于不整合面以下的地层不整合遮挡油气藏和位于不整合面以上的地层超覆油气藏,以及生物礁油气藏。

地层不整合遮挡油气藏 此类油气藏的形成多与潜伏剥蚀的突起和构造有

关，其中包括风化壳或古潜山油气藏。

地层超覆油气藏　此类油气藏的形成与地壳的升降关系密切，当地壳下降时，水盆逐渐扩大；在水盆边缘不整合面之上沉积了储集性能较好的砂岩，随水盆继续扩大，水体加深，在砂岩之上超覆沉积了非渗透性泥岩，形成储层盖层，砂岩储层中聚集了油气而形成地层超覆不整合油气藏。

生物礁油气藏　由珊瑚、层孔虫、藻类等造礁生物原地堆积形成碳酸盐建造，即为生物礁。生物礁中原生骨架孔隙、粒间孔隙很发育，礁体在生长过程中多次出露水面，在风化、侵蚀、溶蚀等地质作用下，次生孔隙也非常发育，再加之构造运动形成的各种裂缝，造成生物礁储集空间发育，形成渗透性极佳的储集体，如被上覆非渗透岩层所覆盖，其中聚集了油气即为生物礁型油气藏。该类油气藏储量大、产量高，主要分布在波斯湾、墨西哥湾、利比亚的锡尔特和加拿大的阿尔伯达盆地。

（任丽华　禹长安）

【岩性油气藏 lithologic reservoir】　聚集了油气的岩性圈闭。岩性圈闭是指由于沉积作用或成岩—后生作用，使地层岩性、物性发生变化所形成的圈闭。按岩性变化类型又可细分为透镜体岩性油气藏和岩性尖灭油气藏。

岩性油气藏在形成和分布条件方面更具有优势，主要表现在：（1）岩性圈闭形成期比较早、形成期比较多，有利于更多地捕集油气；（2）仅靠油气初次运移和短距离的二次运移就可以成藏，不需要长距离二次运移；（3）岩性油气藏烃类充注期相对比较早；（4）岩性油气藏保存条件更为优越。分布的优势主要表现在：一是岩性油气藏可以分布在低势区，也可以分布在高势区；二是岩性油气藏可以富集在低水位体系域，也可以富集在高水位体系域。

📝 推荐书目

徐国盛.石油与天然气地质学［M］.北京：地质出版社，2012.
蒋有录，查明.石油天然气地质与勘探［M］.北京：石油工业出版社，2016.

（任丽华　禹长安）

【水动力油气藏 hydrodynamic reservoir】　由于水动力作用，阻止油气沿上倾方向运移，并聚集形成的油气藏。又称悬挂式油气藏。该类型油气藏形成和保存条件比较复杂，如果水动力条件发生变化，此类油气藏即可转化为构造油气藏或地层油气藏。

形成机制：在水动力作用下，油、气的力场强度应是净浮力与水动力的合力。因此，油、气等势面（垂直油、气力场强度）的方向也相应改变，向水的力场强度递减方向倾斜（即油水界面向水的力场强度递减方向倾斜），油、气等势面与储层顶面构造等高线不再平行。在这种情况下，倾斜或弯曲的等油、气势面可以使静水条件下不存在圈闭的部位，形成聚油气圈闭。圈闭的闭合范围可由闭合的等油、气势线圈定。

由于油水界面和气水界面的倾斜度不同，因此在同一水压梯度下，石油和天然气的水动力圈闭的位置也是不同的。若圈闭聚集石油，则向水压降落方向偏移更多，且随水压梯度增大而增大。不过这种偏移是有一定限度的。当油水界面倾角大于背斜顺水压梯度一侧的储层倾角时，背斜就不能有效地圈闭石油，但仍能成为天然气的圈闭。若气水界面的倾角大于背斜顺水流方向一翼的倾角时，则连天然气也圈闭不住。在这种情况下，石油和天然气都被驱出该背斜，只能在其运移方向的适当部位形成的新圈闭中再聚集成油气藏。

水动力油气藏可分为背斜型水动力油气藏、鼻状构造型水动力油气藏、单斜型水动力油气藏和向斜型水动力油气藏。

背斜型水动力油气藏：构造背景为背斜，油气在其中聚集时由于水动力较强，油水界面发生严重倾斜，油气分布顺水流方向偏离了背斜构造顶部，即为背斜型水动力油气藏。

鼻状构造型水动力油气藏：构造背景为鼻状构造，鼻状构造本身不形成圈闭，当上倾方向为水动力所封闭，即水动力方向与油气浮力方向相反时，能够阻止油气运移，使其聚集形成油气藏，即为鼻状构造型水动力油气藏。

单斜型水动力油气藏：在单斜储层中，由于储层渗透性不同，水沿下倾方向流动的速度也不同，在局部地区形成的油气聚集即为单斜型水动力油气藏。典型实例为玉门单北油田。

📝 **推荐书目**

徐国盛.石油与天然气地质学［M］.北京：地质出版社，2012.
蒋有录，查明.石油天然气地质与勘探［M］.北京：石油工业出版社，2016.

（禹长安　任丽华）

【**中高渗透性油气藏** medium-high permeability reservoir】 储层平均渗透率为50～1000mD 的油气藏。按储层特性划分油气藏类型标准详见表。

中高渗透油藏相对于低渗透油藏，由于储层渗透性增加，使渗流条件变好，产能增加，采收率也相应提高。虽然中高渗透油藏储层渗透率总体（平均值）偏高，但普遍具有宏观和微观的非均质性，这些非均质性对于高渗透、特高渗透油藏尤为突出。宏观非均质性是指多层的油藏层间非均质性和平面非均质性，其渗透率均质系数可达 0.7 以上，突进系数可高达 3 以上；微观非均质性指层内非均质性和孔隙间的非均质性，层内非均质性反映在层理与沉积韵律上，孔隙间非均质性往往反映为大小孔道差异分布上。

储层物性及其分类指标系列

类型	类	高渗透性		中渗透性	低渗透性			非渗透性
	亚类	特高渗透	高渗透	中渗透	低渗透	特低渗透	超低渗透	
孔隙度，%		>25	20～25	20～25	15～20	8～15	2～8	<2
渗透率，mD		>1000	300～1000	50～300	10～50	0.1～10	0.001～0.1	<0.001
采气条件		常规	常规	常规	解堵	酸化压裂	酸化压裂	
采油条件		热采、常规	常规	常规	酸化压裂	酸化压裂	酸化压裂	

中高渗透油藏的典型代表有大庆长垣萨尔图油田北部及喇嘛甸油田白垩系萨尔图油层、葡萄花油层及胜坨油田古近系沙河街组油层。

推荐书目

徐国盛.石油与天然气地质学［M］.北京：地质出版社，2012.

（禹长安）

【**低渗透性油气藏** low permeability reservoir】 储层渗透率不大于 50mD 的油气藏。中国低渗透油藏储层岩性以碎屑岩类为主，碳酸盐岩、火成岩及变质岩储层所占比例较小。

碎屑岩类低渗透储层形成主要受沉积因素和成岩作用因素控制。

中国碎屑岩低渗透储层的沉积环境为内陆湖盆的河流—三角洲沉积，其中近物源的山麓洪积、冲积扇及辫状河沉积由于近距离快速堆积的原因，造成砂、砾、泥混杂，颗粒分选和圆度较差，导致储层的孔隙度、渗透率很低；另外远物源入湖三角洲外前缘沉积，虽然颗粒的分选和圆度较好，但粒度较小，多为泥质含量较高的粉砂及细粉砂级砂岩，粒间孔隙细小是造成低渗透储层的沉积成因。

在储层沉积之后，成岩作用及后生作用对储层的改造是储层低渗透性的又一重要成因因素。其中上覆沉积物及水体重力作用下的压实作用，使沉积物空隙空间体积减少，使储层渗透性降低，对于中国以长石及岩屑为主要矿物的碎屑岩及埋藏较深的储层，压实作用对储层低渗透性的形成尤为重要；此外成岩过程中的胶结作用及化学交代过程中的矿物次生加大作用，也使砂岩孔隙缩小，渗透性降低；黏土矿物的形成能够在很大程度上降低储层的渗透率，而对储层孔隙度的破坏作用较为有限；成岩后期的溶蚀作用可使储层产生次生孔隙，导致不具储层条件的致密岩层变为低渗透储层。

中国碎屑岩类低渗透储层的孔隙结构比较复杂，孔隙类型以粒间孔为主，原生孔与次生孔都发育，但次生孔占优势；微孔比例较大，在特低渗透储层中孔径小于5μm的微孔占50%以上，喉道半径一般小于1.5μm。低渗透油层因黏土矿物含量高，孔喉细小等原因，一般具有较高的含水饱和度，测井上常出现深探测电阻率低、与邻近水层电阻率相差不大的现象，形成低阻油层。一般将油层电阻率与邻近水层的电阻率之比小于2.0（甚至等于或小于1.0）的油层称之为低阻油层。

基于低渗透油藏的地质特征，其流体渗流及石油开采方面具有以下特点。（1）低渗透储层孔隙极不均匀、喉道细小、结构复杂，注水开发水驱油效率较低。（2）低渗透储层由于表面分子力和毛细管力作用强烈，需要较大的压力梯度液体才能启动，呈非达西渗流特征。（3）低渗透储层黏土矿物含量高，孔喉细小，在油藏钻采过程中容易受到污染伤害，因此在油层钻开至开采全过程都应十分注意对油层的保护。（4）低渗透储层油井自然生产能力低，甚至根本无自然产能，必须对储层进行压裂、酸化改造，才具有工业开采价值。（5）低渗透油藏天然能量一般较低，为获得较高产能和采收率，需要采取人工保持压力的开发方式。由于储层砂体分布不稳定，连通性差，加之渗流阻力大，能量消耗快，需要保持合理的注采井距，建立较大的有效驱动压力梯度，才能取得较好的开发效果。（6）许多低渗透油藏储层裂缝（天然裂缝及人工裂缝）比较发育，增加了注水开采的复杂因素，对这类油藏一定要做好早期裂缝的识别工作，搞清地应力特征和裂缝主要发育方向，确定合理的井网方式（包括水平井及复杂结构井）、方向和压力控制界限。（7）低渗透油藏一般储量丰度较小，油井产量较低，在开发建设中既要采用必需的先进实用工艺技术，努力提高产量，又要注意简化流程，减少投资，降低成本，这样才能取得较好的开发效果和较高的经济效益。

（禹长安）

【常规低渗透性油藏 conventional low pemeabilety reservoir】 储层平均渗透率为10～50mD的油藏。又称一般低渗透油藏。此类油藏束缚水饱和度较高，油层表面属弱亲水、亲水，孔隙结构为中孔、中细喉道组合类型，孔隙分布均质性差，在低渗透油藏中水驱油效率最高（平均值为55.43%）。

此类油藏的流体渗流特征与常规中、高渗透性油藏相似，油井靠天然能量开采能够达到工业油流标准，但产量较低，需要采取压裂改造措施，提高油井产能才能获得较好的开发效果和经济效益。

中国常规低渗透油藏的典型代表有丘陵油田丘 2+3 井区、老君庙油田 M 油层、文留油田沙三中亚段油层、胜利油田沙三下亚段油层、大庆朝阳沟油田扶余油层、新立油田葡萄花油层等。

（禹长安）

【**特低渗透性油藏** extra-low permeability reservoir】 储层平均渗透率低于 10mD 的油藏。有的再把储层渗透率低于 1mD 的油藏分为超低渗透油藏。

特低渗透油藏的储层在形成机制上：一是属于入湖三角洲沉积的外前缘相，如席状砂粉砂、细粉砂岩储层；二是埋藏较深、沉积后经过压实成岩作用所形成的储层，有的是两种成因机制综合作用的结果。

这类油藏与常规油藏差异比较明显，一般束缚水饱和度增高，测井电阻率降低，正常生产测试达不到工业油流标准，必须采取较大型的压裂改造和其他增产措施，才能有效投入工业开发。

此类油层孔隙结构由中孔微喉、细喉组成，孔喉屏蔽作用强，孔隙滞留多，油层表面性质属于中—弱亲水，油层比表面增大，驱动压力明显增高（3～10MPa）。

特低渗透油藏的典型代表有：长庆安塞油田延长组，大庆榆树林油田扶余油层、杨大城子油层，吉林新民油田扶余油层等。

推荐书目

李道品. 中国油田开发丛书·低渗透砂岩油田开发 [M]. 北京：石油工业出版社，1997.
朱维耀. 特低渗透油藏有效开发渗流理论和方法 [M]. 北京：石油工业出版社，2010.

（禹长安）

【**裂缝性低渗透性油藏** fractured low permeability reservoir】 发育有天然裂缝的低渗透油藏。低渗透油藏储层岩性一般都比较致密，在储层形成过程中受到各种地质应力的作用，常常产生各种类型的裂缝。

裂缝性砂岩低渗透油藏，根据裂缝与基质两部分的孔隙度、渗透率相对大小和裂缝在储层中所起的作用将裂缝性砂岩低渗透油藏分为三大类、四亚类。（1）孔隙—裂缝型。或称之为显裂缝型，储层的渗滤通道主要由裂缝系统提供。此类油藏常表现出块状或似层状特征，初期产量高，但产量下降快，一旦见水，含水率直线上升，油井见水有明显方向性，中国此类油藏绝大多数是裂缝与孔隙双重作用，几乎没有见到纯裂缝型的。此类油藏典型代表有新疆火烧山油田和小拐油田。（2）裂缝—孔隙型。裂缝的存在加深了储层的各向异性。根据裂缝和基质块体孔隙度和渗透率大小，又可分为两个亚类：微裂缝型和潜裂缝型，其共同特征是裂缝在初始状态下在地下是闭合的、潜在的，或虽比较发育但呈孤立状，没有构成网络，对流体影响很小，或只有微弱的方向性显示，甚至没有影响，但随着注水开发的进行，裂缝逐渐张开，并极大地影响着油田的开发生产。两者的区别在于微裂缝型裂缝在开发早期就有微弱显示，尤其渗透率和注水有一定的方向性，而潜裂缝型要在注水开发多年后才能有显示。此类油藏典型代表有吉林扶余油田（微裂缝型）和新立油田（潜裂缝型）。（3）孔隙型。这类储层中裂缝发育程度很低或虽然发育有一定程度的裂缝，但大部分裂缝被充填而成为无效裂缝。其油气的储集空间和渗透空间主要由孔隙系统来提供，并且裂缝在以后的开发生产中基本不起作用或可忽略不计，具孔隙型储层的生产动态特征。

裂缝性低渗透油藏描述要在开发初期做好裂缝的早期识别与评价，搞清裂缝的性质、规模和分布状况，为开发层系的划分、井网的优化部署和油水井的合理工作制度的确定提供地质依据。

推荐书目

李道品.中国油田开发丛书·低渗透砂岩油田开发［M］.北京：石油工业出版社，1997.

（禹长安）

非常规油气开发地质

【**致密油气** tight oil and gas】 储集在<u>覆压基质渗透率</u>小于或等于0.1mD（空气渗透率小于1mD）的致密砂岩、致密碳酸盐岩等储层中的油气。单井一般无自然产能或自然产能低于工业油气流下限，但在一定经济条件和技术措施下可获得工业油气产量。

📝 推荐书目

赵政璋，杜金虎．致密油气［M］．北京：石油工业出版社，2012．

（任丽华）

【**致密气藏** tight gas reservoir】 <u>覆压基质渗透率</u>小于0.1mD的储层中形成的天然气藏。单井一般无自然产能，或自然产能低于工业气流下限，但在一定经济条件和技术措施下，可以获得工业天然气产量。致密气藏常用的开发技术措施包括压裂、水平井、多分支井等。

地质特点 致密气藏具有以下地质特征。(1)烃源岩多样，可以是进入正常热演化程度的含煤岩系和湖相、海相烃源岩，主要为煤系气源岩。(2)致密气分布不受构造带控制，斜坡带、坳陷区均可以成为有利区，分布范围广，局部气藏富集。(3)储层多为低孔低渗—特低孔特低渗—致密砂岩储层，孔隙类型以孔隙型、孔隙—裂缝型为主，储层大规模分布，但非均质性强，<u>含水饱和度</u>较高。(4)以自生自储为主，源储紧密接触。(5)油气运移以一次运移或短距离二次运移为主，油气聚集主要靠扩散方式，浮力作用受限，油气渗流以<u>非达西流</u>为主；也可依靠连通烃源层的断裂及其裂缝，作为烃类垂向运移的主要途径。(6)油气具有多期充注聚集特点。

评价方法 通常分三个层次进行：首先是致密砂岩气井的确定，单井目的层段岩样覆压基质渗透率小于0.1mD，单井目的层段试气无自然产能或自然产

能低于工业气流下限，经采用压裂、水平井、多分支井等技术后达到工业气流井下限；其次是致密砂岩气层的确定，目的层段所有取心井，岩样覆压基质渗透率中值小于 0.1mD，致密砂岩气井数与所有气井数之比应大于 80%；最后是致密砂岩气的地质评价，主要包括资源评价、储层评价、储量评价、产能评价四部分内容。

资源评价 在区域地质研究基础上，运用地震、钻井、测井、取心、分析化验、测试等资料进行综合研究，查明区域及盆地演化的构造旋回、区域层序地层格架与沉积体系分布、烃源岩分布，确定主要含气系统、成藏组合和圈闭类型；对全区可能含气系统、远景区带和重点圈闭进行系统评价、风险分析和排队优选；确定天然气聚集有利区，评估资源潜力。

储层评价 在地层层组划分基础上，描述储层岩性、物性、非均质性、微观孔隙结构、黏土矿物、裂缝发育状况、储层敏感性等内容。依据储层物性、孔隙结构、非均质性和有效厚度等指标，综合考虑储集体形态和分布范围，结合产能情况，对致密砂岩储层进行评价。

储量评价 在勘探取得发现的基础上，综合应用各种资料，对致密砂岩气形成主控因素与储量规模进行评价。

产能评价 根据储量规模与储层特征，结合气井生产动态，确定合理产能规模。

推荐书目

邹才能.非常规油气地质[M].2 版.北京：地质出版社，2013.

（任丽华）

【**致密油藏** tight oil reservoir】 覆压基质渗透率小于或等于 0.1mD（空气渗透率小于 1mD）的储层中形成的油藏。致密油藏在单井上一般无自然产能或自然产能低于工业油流下限，但在一定经济条件和技术措施下可获得工业石油产量。致密油藏常用的开发技术措施包括酸化压裂、多级压裂、水平井、多分支井等。

地质特征 致密油藏具有以下地质特征：（1）源储共生，圈闭界限不明显，优质生油岩区致密油大面积分布；（2）主要发育致密湖相碳酸盐岩、致密砂岩两类储层。储层物性质差，基质渗透率低，一般空气渗透率不大于 1mD，孔隙度不大于 12%；有利沉积相带控制储层发育。

勘探开发特征 致密油具有以下勘探开发特征。

（1）储层物性差，基质渗透率低，由于沉积成熟度低，颗粒细，分选差，胶结物含量高，后生成岩作用强烈，使储层变得十分致密，储层孔隙度低，变化幅度大，大部分为 7%～8%。

（2）按成分分为原生低渗透—致密油藏和次生低渗透—致密油藏。一般原生低渗透—致密油藏主要受沉积作用影响，沉积物粒度细，泥质含量高，分选差，以原生孔隙为主，储层大多埋深浅，未经历强烈的成岩作用改造，岩石脆性低，裂缝不发育，孔隙度较高而渗透率较低，多数为中高孔低渗型。次生低渗透—致密油藏主要是各种成岩作用改造的结果，这类储层原是常规储层，但由于压实作用、胶结作用等，大大降低了孔隙度渗透率，原生孔隙残留较少，形成致密层。

（3）孔喉半径小，毛细管压力大，原始含水饱和度高，一般含水饱和度为30%～40%，个别高达60%，原油相对密度大多小于0.85，地层黏度多数小于3mPa·s。黏土矿物含量高，水敏、酸敏、速敏严重。

（4）油层砂泥交互，非均质性严重，由于沉积环境不稳定，砂层的厚度变化大，层间渗透率变化大，有的砂岩泥质含量高，地层水电阻率低，给油水层划分带来很大困难。

（5）天然裂缝相对发育，由于岩性坚硬致密，存在不同程度的天然裂缝系统，一般受区域性地应力的控制，具有一定的方向性，对油田开发的效果影响较大，裂缝是油气渗流的通道，也是注水窜流的条件，且人工裂缝又多与天然裂缝方向一致。因此，天然裂缝是低渗透砂岩油田开发必须认真对待的因素。

（6）油层受岩层控制，水动力联系差，边底水驱动不明显，自然能量补给差，多数靠弹性和溶解气驱，油层产能递减快，一次采收率低，只能达到8%～12%，采用注水保持能量后，二次采收率能达到25%～30%。

（7）渗透率和孔隙度低，必须通过酸化压裂投产，才能获得经济价值。

（8）孔隙结构复杂，喉道小，泥质含量高，以及各种水敏性矿物的存在，导致开采过程中易受伤害，损失产量可达30%～50%。因此，在整个采油过程中保护油层至关重要。

我国在长庆、大庆、吉林等油田都开展了低渗透—致密油藏的勘探开发。长庆油田在鄂尔多斯盆地已成功开发了渗透率仅为0.5～1.0mD的低渗透油藏，单井产油量达3～4t/d。

📝 **推荐书目**

邹才能.非常规油气地质［M］.2版.北京：地质出版社，2013.

（任丽华）

【覆压基质渗透率 in-situ matrix permeability】 采用不含裂缝的岩心（基质）在净上覆岩压作用下用波义耳定律和非稳定流达西定律测定的渗透率。根据储层覆压基质渗透率范围可将砂岩储层气藏划分为高渗透气藏（覆压基质渗透率大于50mD)、中渗透气藏（覆压基质渗透率为10~50mD)、低渗透气藏（覆压基质渗透率为1~10mD)、特低渗透气藏（覆压基质渗透率为0.1~1mD)和致密气藏（覆压基质渗透率小于0.1mD)。

📖 推荐书目

邹才能.非常规油气地质[M].2版.北京：地质出版社，2013.

（任丽华）

【达西流 darcy flow】 流体在岩石中的渗流速度与压力梯度之间存在线性关系的流动。一般而言，油气在中高渗透储层中的渗流符合达西定律，而在低渗—致密储层中，达西定律无法描述流体的渗流规律。

📖 推荐书目

张建国.油气层渗流力学[M].东营：中国石油大学出版社，2009.

（任丽华）

【非达西流 non-darcy flow】 在低渗—致密储层中，流体渗流速度与压力梯度之间表现为非线性关系，称为非达西流，又称非线性渗流。流体在低渗—致密储层中的渗流存在一个启动压力梯度，当流体克服启动压力梯度后，渗流才能发生。

📖 推荐书目

张建国.油气层渗流力学[M].东营：中国石油大学出版社，2009.

（任丽华）

【可动流体饱和度 movable fluid saturation】 自然条件下，储层孔隙中可以流动的油、气、水体积占孔隙体积百分数。可动的流体必须在孔隙空间中呈连续分布，对于那些孤立的油、气、水滴，或者被小孔隙所包围的大孔隙中的油、气、水不能呈连续状态，因此它们处于不能流动的状态。

可动流体饱和度一般可通过核磁共振数据获取，与岩石孔隙结构密切相关。致密储层由于储层物性差，孔隙结构复杂，岩石渗透性低，可动流体饱和度相应降低，因此需要经过改造才能获得工业油气流。

（任丽华）

【启动压力梯度 threshold pressure gradient】 流体在低渗—致密储层中的渗流规律不符合达西定律，必须有一个附加的压力梯度克服岩石表面吸附膜或水化膜引起的阻力才能流动，该附加压力梯度称为启动压力梯度。

流体在多孔介质中渗流时往往因伴随一些物理化学作用而对渗流规律产生

很大影响。油、水在油藏中渗流时除黏滞阻力外，还有另一附加阻力即油与岩石的吸附阻力或水化膜的吸引阻力，只有当驱动压力克服这种附加阻力后，液体才能流动，这就是启动压力现象。启动压力的存在造成视渗透率变小，低速渗流时影响更为明显。而气体在油藏中流动时则完全相反，渗流阻力仅有黏滞阻力，但在驱动压力方面，由于气体的滑脱效应而附加了滑脱动力，造成视渗透率增大，低速流动时滑脱现象影响较大。油藏实际开发过程中，油、水渗流时的启动压力现象普遍存在，尤其对低渗—致密油藏表现更为突出，造成油、水井中部分低渗—致密层动用较差甚至未能动用。因此研究油层物性与启动压力之间的定量关系，不仅对油藏的开发层系划分、井网部署等具有更为现实的指导意义，而且为研究油藏层间动用状况提供了一种新的理论方法。

📝 **推荐书目**

杨悦，周芳德. 低渗透复杂油藏渗流理论基础［M］. 西安：西安交通大学出版社，2010.

（任丽华）

【**微裂缝** microfracture】 开度在 100μm 或 150μm 以下的裂缝。微裂缝是低渗—致密储层中一类重要的储集空间类型，能有效提高储层的流体渗流能力。储层微裂缝根据成因可分为构造微裂缝和非构造微裂缝，构造微裂缝是指直接或间接由于局部构造作用形成的微裂缝，这类微裂缝主要与断层、断裂带和褶曲有关；致密储层中的非构造微裂缝包括成岩微裂缝、异常压力微裂缝、差异压实缝、缝合线及风化裂缝等。

（任丽华）

【**主流喉道半径** mainstream throat radius】 控制主要渗流能力的储层半径。主流喉道半径是描述储层孔隙结构的重要参数之一，可通过对压汞曲线的分析获得，一般用喉道对渗透率累积贡献达 95% 以前喉道半径的加权平均值来表示。

📝 **推荐书目**

朱维耀. 特低渗透油藏有效开发渗流理论和方法［M］. 北京：石油工业出版社，2010.

（任丽华）

【**充注孔喉下限** oil-charging throat threshold】 地质条件下油从烃源岩注入储层所能达到的最小喉道直径。储层的充注孔喉下限关乎储量评价及开发方案的确定，致密储层充注下限受充注动力、充注阻力和地层破裂压力共同控制，因此，不同地区充注孔喉下限存在差异。

（任丽华）

【数字岩心 digital core】 将基于实验技术的二维、三维岩心扫描图像,运用计算机图像处理技术,并通过一定的算法构建的三维数字化岩心模型。数字岩心包含了岩心中颗粒和孔隙的信息,是近年兴起的岩心分析的有效方法。

数字岩心建模是指构建数字岩心模型的过程。构建数字岩心的方法可以分为两大类,一类是物理实验法,另一类是随机建模法。物理实验法指利用实验仪器(如高倍光学显微镜或CT扫描仪等)对岩心样品拍摄或扫描以获取大量的岩心二维图片,然后通过建模程序或软件把二维图片重构成三维数字岩心的方法,主要有序列切片成像方法、激光扫描共聚焦显微镜法和X射线CT扫描成像法等。与物理实验法不同的是,随机建模法是以少量的二维图像为基础,利用二维图片中包含的信息,通过随机模拟法或沉积岩的过程模拟法来重建三维数字岩心的方法。随机模拟法大多是来源于储层建模的地质统计学方法,如截断高斯随机域法、模拟退火法、序贯指示模拟法、马尔科夫链蒙特卡洛法、多点统计学法、相位恢复法等。相比物理实验法,随机建模法的优点是成本低,能够重建不同类型的数字岩心。

数字岩心分析是指基于三维的数字化岩心图像,既包括岩心孔隙结构的几何学特征和拓扑学特征分析,又包括在孔隙空间进行单相流和两相流的渗流模拟。数字岩心分析的目的不仅能全面地表征孔隙结构,还能从微观尺度上揭示多孔介质多相流的渗流机理,能更好地服务于油气开发、水文地质及二氧化碳封存等领域。数字岩心分析的步骤包括:构建三维数字岩心模型、孔隙结构分析和微观渗流模拟。

孔隙网络指数字岩心中孔隙空间的简化模型,该模型保留了孔隙空间的几何学和拓扑学特征。基于这个模型可进行数字岩心的孔隙结构分析和微观渗流模拟。

21世纪之前,德国、澳大利亚、英国、挪威和美国已经进行了该领域的探究。2002年之后,国内才开始起步。近些年来,得益于高新技术的发展,如X射线CT扫描和共聚焦离子束技术,该技术得到了快速地发展。该技术在非均质性较弱的岩石如常规砂岩中应用比较成熟。但在非常规储层岩石如页岩和碳酸盐岩中,其应用面临着很大的挑战。

推荐书目

姚军,赵秀才.数字岩心及孔隙级渗流模拟理论[M].北京:石油工业出版社,2010.

(任丽华)

【各向异性 anisotropy】 储层各向异性是储层非均质性的一种,是指储层的渗透性、电性等矢量参数在不同方向上性质各异的特性。储层各向异性受构造演化的阶段性、沉积格局的多样性和成岩过程的复杂性影响，其本质是储层的岩性、物性、微观孔隙结构等储层参数在空间分布上存在不均一的变化。

📝 推荐书目

于兴河. 油气储层地质学基础［M］. 北京：石油工业出版社，2009.

（任丽华）

【**细粒沉积学** fine-grained sedimentology】 研究细粒沉积岩的物质成分、结构构造、分类和成因，以及沉积过程与分布模式的学科。

细粒沉积物是指粒径小于 62μm 的黏土级和粉砂级沉积物，其成分主要包含黏土矿物、粉砂、碳酸盐、有机质，由细粒沉积物组成的沉积岩称为细粒沉积岩。细粒沉积岩分布广泛，约占沉积岩的三分之二，但由于粒度小、观察难度大以及受超微观实验条件的限制，细粒物质的沉积、成岩作用是沉积学界乃至于地质学界研究的薄弱领域。

细粒沉积岩作为烃源岩不但控制了常规油气藏的形成与分布，而且与致密油气、页岩油气等非常规油气资源紧密相关，在能源工业的推动下，细粒沉积学近年来取得了长足发展，取得了一系列创新性认识，特别是通过水槽实验开展的细粒沉积物沉积机理研究打破了传统的静水沉积的认识。

📝 推荐书目

郭岭，封从军，郭峰. 细粒岩储层沉积环境与沉积相［M］. 北京：中国石化出版社，2017.

（任丽华）

【**有效储层** effective reservoir】 在现有工艺技术条件下能够采出具有工业价值产液量（烃类或与烃类同体积的水）的储层。

致密砂岩有效储层一般是在低孔隙度、低渗透率背景下物性相对优质的储层，由于不同地区储层性质的差异或评价方法的不同，对有效储层的界定标准也不同。国内学者针对不同气藏探讨了有效储层的形成机制和控制因素，认为沉积、成岩和构造等作用对有效储层的形成均有较大影响。

（任丽华）

【**致密储层微观孔喉表征技术** micro-pore throat characterization technology of tight reservoir】

针对致密储层微观孔喉特征进行评价的技术。可分为两类：（1）定性表征技术系列，包括二维的光学显微镜和场发射扫描电镜，以及三维的 CT 扫描、聚焦离子束电镜（FIB-SEM）及同步辐射扫描等；（2）定量评价技术系列，包括气体吸附、高压压汞及氦气孔隙度等。不同技术的原理具有差别，反映的储层参数也具有差异性。定性表征技术以直接观察为手段，分辨率是技术区别的关键，主要对孔隙的大小、形态及分布进行研究；定量评价技术以间接测试为手段，研究尺度是技术区别的关键，主要对储集空间的大小进行分析，但表征对象的物理意义具有一定差异。

（任丽华）

【**场发射扫描电子显微镜** field emission scanning electron microscope（FESEM）】具有超高分辨率，能做各种固态样品表面形貌的二次电子像、反射电子像观察及图像处理的电子显微镜。该仪器利用二次电子成像原理，在镀膜或不镀膜的基础上，低电压下通过在纳米尺度上观察生物样品如组织、细胞、微生物以及生物大分子等，获得忠实原貌的立体感极强的样品表面超微形貌结构信息。在致密储层孔喉结构表征中，将氩离子抛光技术与场发射扫描电镜技术相结合，能够有效对微纳米孔隙形貌特征进行研究。

（任丽华）

【**环境扫描电子显微镜** environmental scanning electron microscope（ESEM）】作为低真空扫描电镜直接检测非导电导热样品，无需进行处理，低真空状态下只能获得背散射电子像的电子显微镜。环境扫描电镜样品室内的气压可大于水在常温下的饱和蒸气压，可以在 -20～20℃ 范围内观察样品的溶解、凝固、结晶等相变动态过程。环境扫描电镜可以对各种固体和液体样品进行形态观察和元素定性定量分析，对部分溶液进行相变过程观察。对于生物样品、含水样品、含油样品，既不需要脱水，也不必进行喷碳或金等导电处理，可在自然的状态下直接观察二次电子图像并分析元素成分。

（任丽华）

【**透射扫描电镜** transmission electron microscope（TEM）】以波长很短的电子束作照明源，用电磁透镜聚焦成像的一种高分辨本领、高放大倍数的电子光学仪器。简称透射电镜。透射电镜同时具有两大功能：物相分析和组织分析。物相分析是利用电子和晶体物质作用可以发生衍射的特点，获得物相的衍射花样；而组织分析是利用电子波遵循阿贝成像原理，可以通过干涉成像的特点，获得各种衬度图像。透射扫描电镜具有以下 3 个优点：（1）可以获得高分辨率；（2）可以获得高放大倍数；（3）可以获得立体丰富的信息。但是由于其成像原理，透射扫描电镜应用也存在以下 4 方面的缺点：（1）其样品的制备是具有破坏性的；（2）电子束轰击样品表面；（3）应用需要真空条件；（4）采样率低。

（任丽华）

【激光扫描共聚焦显微镜 laser scanning confocal microscope（LSCM）】 集显微技术、高速激光扫描和计算机图像处理技术于一体，包括激光光源和共聚焦扫描探测器、偏光显微镜和 Z 轴聚焦步进马达以及计算机数据和图像处理系统的显微镜。该显微镜的放大倍数可达 10000 倍，分辨率比一般显微镜高 1.4 倍，并可分层扫描，光切片最薄为 0.1μm，该仪器最大穿透深度为 100μm 左右，将每层扫描图像存入计算机，然后可重建三维立体图像。该仪器过去主要应用于生物学、医学和材料科学等研究领域，20 世纪 90 年代起逐步被应用于地学领域。供 LSCM 用的样品，用环氧树脂加入荧光剂后，经加压灌注，磨制成岩石薄片，在 LSCM 显微镜下观察孔喉的分布，可以测量面孔率，并可标出需要测量的每个孔喉的大小以及观察孔喉形状及分布状况。优点：（1）可直接测量和观察到 2μm 左右大小的孔喉；（2）在 LSCM 显微镜下可区分孔隙空间中的充填黏土杂基等，因此面孔率的测定较一般镜下统计和图像分析更为精确，因黏土矿物由于吸附染色剂后在颜色或灰度上有的不易区分；（3）岩石薄片中的微裂缝，在 LSCM 显微镜下可以更清楚地观察到。

（任丽华）

【聚焦离子束成像技术 focused ion beam（FIB）imaging technology】 用聚焦离子束（FIB）代替扫描电镜（SEM）及投射电镜（TEM）中所用的电子束作为仪器光源的显微分析加工系统以表征纳米尺度致密储层孔隙三维结构的技术。其成像原理与扫描电子显微镜基本相同，都是利用探测器接收激发出的二次电子来成像；主要差别在于 FIB 适用离子束作为照射源，离子束具有比电子大的电量及质量。聚焦离子束轰击样品表面，激发出二次电子、中性原子、二次离子和光子等，收集这些信号，经处理显示样品的表面形貌。由于聚焦离子束技术集形貌观测、定位制样、成分分析、研磨刻蚀于一身，突破了只能对表层成像和分析的局限性，既可以对岩样进行三维的、表面下的观察和分析，也可以在亚微米的级别上对样品材料进行切割研磨，并进行纳米级扫描成像。反复对样品进行超薄研磨—扫描成像，可以获得一系列 2D 图像，经计算机重构即可获得高分辨率 3D 图像。

（任丽华）

【气体吸附技术 gas adsorption technology】 测定固体物质的孔径分布对致密储层孔隙结构进行定量表征的技术。是基于多孔物质孔壁对气体的多层吸附和毛细管凝聚原理，一般采用氮气（N_2）或二氧化碳（CO_2）作为吸附气体。根据这一原理，岩样在液氮温度下的氮氦混合气体环境中，有一部分氮气在岩样微孔壁被冷凝吸附。由于氮气在冷凝后对岩样孔壁有润湿，因此随着氮气相对压力逐渐升高，岩样微孔壁对氮气吸附层厚度不断增厚，当该相对压力达到与某孔径相应的压力时，会发生毛细管凝聚现象，半径越小的孔隙越先被凝聚液充满，随着氮气相对压力的不断升高，半径大一些的孔隙也被凝聚液逐渐充满。当氮气相对压力接近1时，岩样中所有的孔隙都被凝聚液充满，并在一切表面上都发生凝聚。岩样孔隙的尺寸越小，在沸点温度下气体凝聚所需的分压就越小。而在不同分压下所吸附的液氮体积对应于相应尺寸孔隙的体积，故可由孔隙体积的分布来测定孔径分布。

（任丽华）

【核磁共振技术 nuclear magnetic resonance (NMR) technology】 利用岩心核磁共振仪对不同尺寸的岩样进行检测、实验，并对所获取的数据进行解释及分析的技术。核磁共振的基本原理是利用原子核的自旋运动，给予与自旋转动频率相同的电磁波产生共振，共振过程中原子核吸收电磁波能量，并记录吸收能量曲线即核磁共振谱。采用三维线性梯度场，通过对梯度场不同的线性组合，可以对样品进行不同角度的切片成像。核磁共振技术在致密储层方面应用的核心是获取分析对象的内部微观结构及流体赋存状态信息。核磁共振岩样测量主要是测量岩石孔隙中含氢流体的弛豫特征并得到横向弛豫时间T2分布图谱。根据T2分布图可得到岩样孔隙特征。T2分布反映了孔隙尺寸信息，T2越小，代表孔隙的孔径越小，所以T2分布反映了孔隙体积的分布。岩心核磁共振图像可以用来研究岩心的孔隙分布、不同流体分布、裂缝走向等。自1946年发现核磁共振物理现象以来，核磁共振技术（NMR）很快应用到物理、化学、医学等领域。经历多年的发展，核磁共振技术在石油勘探领域得到了应用，可以测定岩石孔隙结构特征、渗透率及自由流体饱和度。核磁共振技术在致密储层微观孔喉结构方面具有广阔的前景，它既能对致密储层微观孔喉半径分布进行定量分析，又能对其进行二维或三维切片成像。

（任丽华）

【X射线断层三维扫描技术 three-dimensional X-ray tomography】 X射线断层成像扫描技术是用X射线对试样全方位、快速无损扫描成像，将扫描图像数值重构，表征样品三维结构特征，国内外已在材料学、医学、生物学等方面取得重要进展。近年将该技术用于致密储层孔喉空间分布与连通性方面，建立真实岩心样品孔喉三维结构模型。根据X射线源不同，可分为同步辐射光源断层三维扫描与实验室光源断层三维扫描两类，光源强度、样品大小、形状、扫描参数等因素均影响图像清晰程度。

（任丽华）

【小角散射技术 small angle X-ray scattering（SAXS）technology】 根据干涉现象小角散射分析纳米颗粒或纳米孔洞的结构尺寸、比表面、孔径分布等的技术。小角散射是指样品在靠近 X 射线入射光束附近很小角度内的散射现象，散射角小于 5°，技术最早起源于 Krishnamurti 在 1930 年对炭粉、炭黑和各种亚微观微粒在入射光束附近出现连续散射的研究，中子小角散射与 X 射线小角散射类似，主要优势在于对轻元素的敏感、对同位素的标识及对磁矩的强散射。小角散射技术主要研究亚微观结构与形态特征，最适合的研究对象是粒子旋转半径 1~5nm，体积为 200~800nm^3，相当于粒子质量为 $(1 \sim 50) \times 10^{-20}$g，密度为 1~2g/cm^3，相对分子质量为 5000~250000，研究对象分为两类：（1）散射体是明确的粒子，包括聚合物溶液、生物大分子等，确定粒子尺寸与形状；（2）散射体中存在亚微观尺寸上的非均匀性，包括悬浮液、乳液、纤维等，确定非均匀长度、体积分数和比表面等统计参数。在孔隙结构研究方面，小角散射技术的应用主要集中在陶瓷、氧化铝、碳纤维等标准材料，成分单一，孔隙结构相对简单，衍射强度与孔径之间的关系模型已经成熟，因此结果准确度与可重复性较高。在非常规储层孔隙表征方面，也有部分成果发表，如杨同华等利用简易中子小角散射谱仪对大庆泥岩孔径进行测量，认为主体孔径约 40nm；Nelson 指出小中子散射研究尺度介于 1~100nm；Skalinski 等在复杂碳酸盐岩系统研究中提到了小角中子散射；Radlinski 等对澳大利亚南乔治娜盆地中寒武统泥页岩 1~20μm 的孔隙结构进行研究。然而，小角散射技术在储层孔隙结构研究领域尚处于起始阶段，主要原因有：（1）小角散射技术基于同步辐射平台，同步辐射机时获取难度大；（2）尚未形成泥页岩、致密砂岩等致密储层孔隙结构解释模型，无法对实验结果进行解释；（3）相对于小角散射技术，非常规储层颗粒直径大，即使是泥岩，其粒径主体介于 30nm~30μm，密度多大于 2g/cm^3，超出小角散射最有效的研究范围。由于致密储层孔隙结构的复杂性，已有的成熟解释模型并不适用，已发表的文献中也未对衍射强度和数据模型进行解释。此外，针对致密储层小角散射分析，尚未形成统一的分析流程，样品制备与空白提取等均存在差异，因此建议在非常规致密储层孔隙结构评价中，慎重选择小角散射技术。

（任丽华）

【微纳米 CT 扫描技术 micro-nano computed tomography scanning technology】 分辨率达到微纳米级别的计算机断层成像技术。CT 成像的物理学基础是物体对 X 射线的吸收存在差异。X 射线是一种电磁波，其波长为 0.01~10nm，能量为 120eV~120keV，具有很好的穿透性。CT 技术能在对检测物体无损伤条件下，以二维断层图像或三维立体图像的形式，清晰、准确、直观地展示被检测样品内部的结构、组成、材质及缺损状况。自 20 世纪 60 年代 CT 扫描技术诞生以来，经历了几十年的发展，从医学领域逐渐扩展到土壤分析、机械工程等领域，以及对岩心进行储层孔喉结构分析。从此 CT 技术被广泛运用在对储层中孔隙和流体的直接观察。随着技术的进步，CT 技术有了飞跃，分辨率提高到了微纳米级别，为致密储层孔隙结构的研究提供了非常好的手段。微纳米 CT 扫描技术有力地推动了致密砂岩、泥岩等非常规致密储层微观—超微观储集空间的定量表征与三维重构的研究。

（任丽华）

【**高压压汞技术** high-pressure mercury intrusion technology】 利用高压压汞方法测定喉道的大小与孔喉的总体积对致密储层孔隙结构进行定量评价的技术。致密砂岩和致密碳酸盐岩具有储集空间研究范围大（直径 5~995μm），与物性测试结果吻合度高。然而，尽管高压压汞可涵盖较广的储集空间，但结果的准确性与表征对象的物性直接相关。高压压汞反映的是喉道直径及其所连通的孔隙占整体储集空间的比例，即得到的是喉道的大小与孔喉的总体积，因此高压压汞结果与定性表征方法，如铸体薄片、扫描电镜等相比，结果明显偏小。

（任丽华）

【**恒速压汞技术** rate-controlled mercury porosimetry technology】 在常规压汞理论基础上保持较低的进汞速率对岩样进行压汞实验的技术。常用的压汞实验以毛细管束模型为基础，假设多孔介质由直径大小不同的均匀毛细管束组成，只是给出了某一级别的喉道所控制的孔隙体积，并没有直接测量喉道数量；而恒速压汞技术假设多孔介质由直径大小不同的喉道和孔隙构成，能同时得到孔道和喉道的信息，更适用于孔、喉性质差别很大的低渗透、特低渗透致密储层。

常规压汞实验的进汞速度较快，整个进汞过程在 1~2h 就可以完成，而恒速压汞实验由于要保持准静态的进汞过程，进汞速度非常缓慢，需要 2~3d 才能完成。恒速压汞逼近于准静态过程，可以将孔隙与喉道区别开来，接触角 θ 更接近于静态接触角，测试得到的喉道半径与真实的喉道半径比较接近。因此恒速压汞技术是获取微观孔隙和喉道结构定量资料的重要途径。

（任丽华）

【**压汞—比表面积联合分析技术** combined mercury intrusion-specific surface area analysis technique】 将压汞法和比表面积法测试结果进行综合换算和衔接，将压汞法测得的岩样微孔毛细管压力曲线换算成气水条件下的毛细管压力曲线，然后与气体吸附法测得的岩样微孔毛细管压力曲线相衔接,从而得到较为完整的毛细管压力曲线及其孔径分布图。测定岩石孔隙结构的方法有压汞法、气体吸附法等,但压汞法主要测量岩石中较大的孔隙,气体吸附法测量岩石中较小的微孔隙,因此采用压汞法和气体吸附法时均不能得到储层岩样微孔隙结构的全部信息,即完整的毛细管压力曲线和孔径分布图。压汞—比表面积联合技术能精确测定微纳米孔径分布范围,是致密储层孔径分布定量研究的重要方法。

推荐书目

柳少波,田华,马行陟,等.非常规油气地质实验技术与应用[M].北京:科学出版社,2016.

(任丽华)

【裂缝预测技术 fracture prediction technology】 联合地质、测井、地震及实验等方面方法定量表征储层中不同级别裂缝发育层段、裂缝发育层段特征参数、裂缝形成机理、裂缝发育主控因素、裂缝发育程度与含油气性间关系、裂缝控油气模式、水力缝与天然裂缝及应力间耦合关系的技术。裂缝是岩石中由构造变形或物理成岩作用所形成的天然宏观面状不连续构造,与断层同属断裂构造的裂缝,因其规模相对较小、识别预测难,历来是一个世界性研究难题。裂缝的存在一方面可以显著提高低渗透致密储层的基质渗透率,为流体运移提供渗流通道;另一方面会使岩石破裂强度大幅降低,使水力缝沿着天然裂缝延伸方向进行扩展,形成复杂裂缝网络,从而达到高产。裂缝预测技术主要包括:

(1)地质识别预测方法。指通过对储层野外露头剖面、岩心或岩石薄片进行裂缝观察,从而对裂缝类型、产状、组系、方向、密度、长度、张开度及充填程度等方面特征进行描述和统计,或岩石薄片观察中可以采用聚焦离子束抛光(FIB)技术、场发射扫描电镜、透射电子显微镜(TEM)、纳米CT(Nano—CT)三维无损扫描成像技术及核磁共振(NMR)等技术对致密砂岩储层的微裂缝及纳米级超微裂缝进行定性观察及定量表征。运用地质统计学的思路,对数据进行统计分析以发现裂缝发育规律进而预测裂缝分布。

(2)测井识别预测方法。测井资料由于单井纵向分辨率高,因此常用来对裂缝进行识别。该方法主要包括基于常规测井资料的裂缝识别及基于特殊测井资料的裂缝识别。对于常规测井而言,裂缝的存在往往能引起地层声波时差增大,密度测井值降低,中子密度测井值增加,电阻率略微发生降低。基于这些常规测井数据,即可以根据经验公式计算裂缝产状、密度、开度、裂缝孔隙度及裂缝渗透率参数。对于特殊测井方法,如微电阻率成像测井(FMI)可以清晰地反映出裂缝的产状、类型、充填程度、方向及开度。该方法所确定的裂缝开度量级往往大于常规测井方法计算结果，但小于露头和岩心测量结果，因此应进行校正。此外，地层倾角测井、长源距声波测井、电阻率时间推移测井、核磁共振测井及双侧向微球形聚焦测井等特殊测井方法也可以用于获取裂缝倾角、方向及渗透率等参数。

（3）地震识别预测方法。利用地震方法识别裂缝的主要依据是裂缝的存在会增强地层各向异性，进而在地震波中产生显著响应。地震方法预测裂缝，所识别的目标一般为有一定发育规模的裂缝发育带。利用纵波各向异性预测裂缝应用广泛，该方法通过对地震方位角数据进行不断叠加和偏移，获得纵波反射系数、方位角等参数，进而根据一定转换获得相应裂缝地震特征参数。相干体及倾角检测、叠后属性融合、小波多尺度边缘检测、横波分裂裂缝预测、弹性反演、曲率体分析及蚂蚁追踪裂缝识别等技术方法均可对致密砂岩储层裂缝进行识别，但地震识别方法存在的主要问题是受岩体及流体的剧烈变化影响较大。因此在利用地震方法对储层裂缝进行识别时，应综合考虑多种地震方法反演结果。裂缝预测结果应与钻井岩心裂缝观察结果、测井解释结果及试井生产等方面结果进行综合对比，确保预测结果的可靠性。

推荐书目

胡伟光.裂缝预测与勘探［M］.北京：中国石化出版社，2016.

（任丽华）

【**成像测井技术** imaging logging technology】 根据钻井中地球物理场的观测，对井壁和井周围物体进行物理参数成像的技术。广义地说，成像测井应包括井壁成像、井边成像和井间成像。井壁成像测井在技术上最成熟，包括井壁声波成像和地层微电阻率扫描成像。井边成像主要是电阻率成像，所用的方法为方位侧向测井和阵列感应测井。井间成像包括声波、电磁波和电阻率成像，具有以下优势：能形象直观地与露头、岩心进行对比，清楚识别不同的沉积构造；具有定向性，可以准确测量地层倾角和裂缝产状；灵活的比例可调性，允许从不同尺度进行分析；丰富的地层信息使测井地质应用由一孔之见走向以点带面成为可能。

TNIS（Thermal Neutron Imaging System）热中子成像，属于核成像技术的开端，它的出现打破了核成像测井技术的空白，进而使测井方法进一步推进。

（任丽华）

【**非线性随机反演技术** nonlinear stochastic inversion technology】 一种将随机模拟理论与地震非线性反演相结合的反演方法。在忠于地震资料、充分考虑地质条件随机特性特征的基础上，充分吸取宽带约束反演与模型法反演优点的同时，将标准化或重构之后的测井资料与地震信息有机结合，采用非线性最优化理论、随机模拟算法等，能有效地分辨出储层的空间分布及其岩性特征，准确刻画出储层的分布范围，可进行更精细的综合地质解释。它的优势在于不依赖于初始模型，在提高地震资料纵、横向分辨率的同时，充分考虑地下地质条件的随机特性，使反演结果更符合实际地质情况。其实现过程分为随机模拟处理和非线性反演两部分，其中，随机模拟处理是利用变差函数来描述空间数据场中数据之间的相互关系，进而建立起空间储层参数点之间的统计相关函数；地震道与波阻抗的关系是非线性的，为非线性反演。

（任丽华）

【**多尺度边缘检测技术** seismic multi-scale edge detection technology】 有效地组合利用多个不同尺度的边缘检测算子正确地检测出产于一幅图像内边缘的检测技术。常用的多尺度边缘检测方法是先分别用几个不同尺度的边缘检测算子检测边缘，再组合它们的输出结果以获得理想的边缘图。如果用于检测边缘的最佳尺度与边缘存在的尺度空间范围相匹配，则能够正确地检测出边缘及其特性。

推荐书目

程建远. 三维地震资料微机解释性处理技术［M］. 北京：石油工业出版社，2002.

（任丽华）

【**叠前方位各向异性分析技术** pre-stack anisotropy fracture predicting technology】 利用叠前地震资料提取对方位角变化敏感的地震属性（如振幅类、衰减类属性）检测HTI或近似HTI型的裂缝，从而实现对空间定向排列的垂直或高角度裂缝进行预测的技术。理论基础是建立在对水平对称轴横向各向同性介质（简称HTI介质）的研究基础之上的。可以将HTI介质理解为在空间中排列一组平行定向垂直裂隙所构成的各向异性介质模型，与垂直排列裂缝的地质几何特性一致。根据地震纵波振幅在HTI介质中随方位角变化的原理，可以计算出地下裂缝发育的方位与相对密度。

技术思路如下：（1）利用钻井岩心以及成像测井资料观测火山岩裂缝几何信息，对包括裂缝发育倾角、单位深度裂缝发育密度等参数进行统计，落实火山岩储层裂缝实际发育情况。（2）针对区域裂缝发育地质特征，对叠前地震数据抽取方位角道集，提取相对波阻抗等属性参数开展纵波各向异性强度计算，预测裂缝发育方向及相对密度。（3）利用成像测井资料解释的视裂缝密度曲线及裂缝方向对各向异性裂缝预测结果进行标定检验，落实预测结果的可靠性。

该技术有效结合了成像测井与叠前地震资料，既发挥了成像测井资料能够精确解释裂缝发育密度的纵向分辨率优势，又融合了叠前地震资料空间信息量大、横向分辨率高的特点，可以有效预测裂缝展布特征。

推荐书目

Etienne Robenin. 地震资料叠前偏移成像：方法、原理和优缺点分析［M］. 北京：石油工业出版社，2012.

贺振华，黄德济，文晓涛. 裂缝油气藏地球物理预测［M］. 成都：四川科学技术出版社，2007.

（任丽华）

【**横波分裂裂缝检测技术** shear wave splitting to predict fracture technology】 通过对多波地震勘探资料中横波分裂现象的发现和各种横波分裂特征参数的计算和分析检测地下储层中裂缝发育的走向和裂缝发育的密度、辨别裂缝中填充的流体类型等的技术。当横波穿过 HTI 介质时，如果横波的偏振方位与裂缝的走向不一致，入射的横波在 HTI 介质中的质点振动就会分裂成两个相互垂直的振动分量，以快慢不同的速度传播，此现象称为横波分裂。偏振方向平行于裂缝走向的横波分量称为快横波，以 1s 表示，快横波以基质速度（岩石骨架的速度）传播；偏振方向垂直于裂缝发育方向的横波称作慢横波，以 2s 表示，慢横波以总速度（岩石骨架+裂缝中填充流体的总速度）传播。

推荐书目

杨克明. 川西致密砂岩气藏预测技术［M］. 北京：科学出版社，2012.

（任丽华）

【**多波多分量地震检测技术** multi-wave and multi-component seismic exploration technology】 分别用纵波和横波（沿测线方向偏振和垂直测线方向偏振）的震源激发，用三分量（一个垂直分量和两个水平分量）检波器接收（共得到九个分量的地震记录）的地震勘探技术。所谓多波多分量地震勘探，是区别于现有单一的纵波或横波勘探来说的。单一的纵波或横波勘探，是用纵波或横波震源激发，用单分量（垂直或水平）检波器接收，利用接收到的反射波来探测地下的地质构造或岩性，所以又称为反射波法地震勘探。多波多分量地震勘探所用的震源（纵波或横波震源）跟一般地震勘探所用的震源相同，所不同的是用三分量检波器来接收，所以又称多分量地震勘探。多分量地震勘探似乎更加确切，因为它既可以是纵波震源激发三分量检波器接收，也可以是横波（SH，SV）震源激发三分量检波器接收，不同的组合可得到不同的三分量、四分量、九分量等多分量地震记录。不同的地质任务可采用不同的分量记录，更加灵活适用。九分量地震记录是全波记录，所以九分量地震勘探又称为全波地震勘探（或矢量地震勘探）。

📄 **推荐书目**

桂志先，高刚. 油藏地球物理［M］. 北京：石油工业出版社，2015.

（任丽华）

【小波变换 wavelet transform】 用伸缩和平移小波形成的小波基来分解（变换）或重构（反变换）时变信号的过程，是20世纪80年代中后期逐渐发展起来的一种数学分析方法。1984年法国科学家J.Molet在分析地震波的局部特性时首先使用了小波这一术语，并用小波变换对地震信号进行处理。小波术语的含义是指一组衰减振动的波形，其振幅正负相间变化，平均值为零，是具有一定的带宽和中心频率的波组。不同的小波具有不同带宽和中心频率，同一小波集中的带宽与中心频率的比是不变的，小波变换是一系列的带通滤波响应。它的数学过程与傅里叶分析是相似的，只是在傅里叶分析中的基函数是单频的调和函数，而小波分析中的基函数是小波，是一可变带宽内调和函数的组合。

相比于加窗傅里叶变换，连续小波变换是一种自适应的时频窗结构。将母小波伸缩平移，可以得到很多副本满足自适应的需求。其数学表达为：

$$\psi_{a,\tau}(t)=\frac{1}{\sqrt{a}}\psi\left(\frac{t-\tau}{a}\right), \quad a>9, \quad \tau \in R$$

式中：$\psi_{a,\tau}(t)$ 为小波基函数；a 为尺度因子和伸缩因子；τ 为平移因子；t 为时间。

小波变换在时域和频域都具有很好的局部化性质，较好地解决了时域和频域分辨率的矛盾，对于信号的低频成分采用宽时窗，对高频成分采用窄时窗。因而，小波分析特别适合处理非平稳时变信号，在语音分析和图像处理中有广泛的应用，在地震、雷达资料处理中将有良好的应用前景。

📄 **推荐书目**

王西文. 地震资料处理和解释中的小波分析方法［M］. 北京：石油工业出版社，2004.

（任丽华）

【相干体技术 coherent volume technology】 在偏移后的三维数据体中，对每一道每一样点求得与周围数据的相干性，形成一个表征相干性的三维数据体，即计算时窗内的数据相干性，把这一结果赋予时窗中心样点。

该技术可以用于检测地震波同相轴的不连续性，如识别断层、特殊岩性体、河道等，并可以帮助解释人员迅速认识整个工区的断层及岩性等的空间展布特征，从而达到提高解释速度与精度、缩短勘探周期的目的。

相干体技术算法已从最初的互相关算法发展到相似算法、本征结构算法，并从时域发展到频域。除此之外，从相邻地震道相似性、不相干性等不同侧重点，以及针对各地区不同解释精度的要求，是否引入倾斜延迟时差等方面，不同文献对于相干算法有多种形式的论述，主要有基于归一化的 Manhattan 距离相干计算、方差体算法等。

基于本征结构分析的算法　将协方差矩阵 C 特征分解后，特征值按降序排列。根据主元素分析的原理，可以得到相干体基于本征结构分析的算法。在主元素分析中，第一主元素总是通过协方差矩阵本征向量构成的立体角与发散椭球面长轴吻合。观测总方差（变异）为每个输入变量方差之和。观测点集合的这一特征在变换为坐标轴沿发散椭球面轴线（沿主元素）的新坐标时不改变，因为此时保持了坐标位置和观测点与原点距离不变。这样，当原始观测点投影到主元素时，总变异按新变量重新分配。椭球面的主轴是由矩阵的本征向量确定的，本征值等于椭球面半轴长度。因此，最大本征值反映了原始观测点信息的公共部分，即相干性。协方差矩阵的迹即所有本征值之和反映了原始观测点的总信息。这样，沿视倾角（p，q）的相干性计算式为：

$$C_3(p,\ q) = \frac{\lambda_1}{\sum_{j=1}^{J} \lambda_j} + \frac{\lambda_1}{\mathrm{tr}(C)}$$

式中：λ_j（$j=1$，2，…，J）为协方差矩阵 C 的本征值，按降序排列。

基于本征结构分析的相干体的数值总大于相似系数相干体的数值，并更能突出数据体中的不相干性。同时，本方法是多道参与计算，而且应用了主元素分析的思想，实质上是一种线性滤波，因此，在噪声存在的情况下也能提供理想的分辨率。但由于使用了矩阵的本征结构分析，计算相当耗时。由于半正定矩阵的迹等于所有本征值之和，所以该算法主要归结为协方差矩阵最大本征值的计算。

推荐书目

王永刚，乐友喜，张军华. 地震属性分析技术［M］. 东营：中国石油大学出版社，2007.

（任丽华）

【**曲率法裂缝预测技术**　curvature orediction fracture technology】　根据岩层发生形

变与曲率的关系来预测张裂缝的分布的技术。技术原理：当岩石受构造应力挤压时，会沿某一方向发生弯曲（初始情况是无弯曲的岩层），中性面以上部位承受拉张应力而形成张裂缝。中性面以下则承受挤压力，不能形成张裂缝。

对于一个二维的曲线而言，曲率可以定义为某一点处正切曲线形成的圆周半径的导数。如果曲线弯曲褶皱厉害，曲率值就比较大，而对于直线不管水平或倾斜其曲率就是零。一般背斜特征时定义曲率值为正值，向斜特征定义曲率值为负值。

二维曲线曲率的简单定义方式可以延伸到三维曲面上，此时曲面则由两个互相垂直相交的垂面与曲面相切。在垂直于层面的面上计算的曲率定义为主曲率，同时可以计算最大曲率和最小曲率，这两种曲率正好是互相垂直的。通常采用最大曲率来寻找断裂系统。

在实际应用中，曲率常是沿在三维地震资料上追踪的层面计算。实际曲率还包括最小曲率、最大曲率、最大负曲率、最大正曲率、倾向曲率、走向曲率、平均曲率、最小曲率方位和形态指数等。在刻画断裂、地质体时发现最大正曲率、最大负曲率是最易计算也是最常用的曲率属性。

📝 推荐书目

穆龙新.储层裂缝预测研究［M］.北京：石油工业出版社，2009.

（任丽华）

【蚂蚁追踪技术 ant tracing algorithm technology】 在地震体中设定大量的电子"蚂蚁"，并让每个"蚂蚁"沿着可能的断层面向前移动从而追踪断层面的技术。沿断层前移的"蚂蚁"应该能够追踪断层面，若遇到预期的断层面将用"信息素"作出非常明显的标记，而对不可能是断层的那些面将不作标记或只作不太明显的标记。"蚂蚁追踪"算法建立了一种突出断层面特征的新型断层解释技术。通过该算法可自动提取断层组，或对地层不连续详细成图。

该方法利用三维地震体，清楚显示断层轮廓，并利用智能搜索功能和三维可视化技术，自动提取断层面，使地质专家以更宽的视野完成断层解释，增加构造解释的客观性、准确性及可重复性。

利用该技术的自动提取断层功能以及极坐标图和各种筛选程序，可抽提感兴趣的断层体系。"蚂蚁追踪"算法可根据工作流程需要，按任意比例自动提取断层。例如，在勘探阶段，可将工作重点集中在寻找跨盆地的大型构造断层体系以及确定它们对勘探前景的影响等方面；而在储层评价阶段以及开发和生产阶段，可采用同样的方法，将主要精力放在自动提取往往会影响油气最终采收率的那些局部的小型断层和断层体系上。

"蚂蚁追踪"算法的工作流程分四步：增强边界特征，突出特殊的地层不连续性，预处理地震资料；生成蚂蚁追踪立方体，提取断层；确认、校验断层；创建最终断层解释模型。

📝 推荐书目

李士勇，陈永强，李研.蚁群算法及其应用[M].哈尔滨：哈尔滨工业大学出版社，2004.

（任丽华）

【离散裂缝网络建模技术 fracture modeling technology of discrete fracture network】
直接用具有不同尺度和形态的裂缝片组成的裂缝网络，以离散数据形式来描述裂缝系统的建模技术。是一种基于示性点过程的随机建模方法。其实现过程分为两步：点过程、示性过程。点过程确定裂缝的中心位置；示性过程确定点的属性，如裂缝大小、倾角、倾向、开度、渗透率等属性。DFN 模型是世界上描述裂缝的先进方法，该方法通过展布三维空间中各类裂缝片组成的裂缝网络构建整体的裂缝模型，每类裂缝网络由大量具有不同形状、尺寸、开度、方位及所附带的基质块等属性的裂缝组成，实现了对裂缝系统从几何形态到渗流行为的逼真细致的描述。DFN 模型具有多学科、多资料协同的优势，能够把露头、岩心、地震、测井、地质、钻井、生产资料等多类型、多尺度数据充分结合，从多个角度认识裂缝，应用多条件约束建立裂缝网络模型。因此，DFN 模型能给出更加接近实际地层的裂缝描述体系。

建立信息库　主要包括以下四点。（1）地震信息库，常规地震属性体、相干体、倾角方位角检测、AFE、曲率等方法对裂缝进行表征；同时地震数据还用于地层划分对比、构造分析、地震相研究、砂体预测等，其目的为大尺度裂缝密度与大尺度裂缝分布特征描述。（2）测井数据库，分为常规测井和特殊测井。常规测井进行裂缝识别，同时特殊测井，如阵列声波测井、成像测井等对裂缝进行识别，目的为识别裂缝发育段，以及确定小尺度裂缝密度。（3）露头及岩心信息库，通过露头与岩心资料，对裂缝进行统计分析，描述裂缝产状以及定量化裂缝表征。（4）生产动态信息库，将生产动态资料用于最终模型的检验与校正。

建模技术的总思路　以构造地质学、岩石力学、储层地质力学、岩石矿物学等地质理论为基础，以四大信息库为支柱，充分应用油藏描述软件系统中的数据模块等功能，针对裂缝形态的不规则性、非均质强的特点，采用综合多类型、多尺度数据、以井点数据为原始数据，整合地震属性与岩石力学数据来进行约束的地质建模研究思路，充分利用研究区的钻井、岩心、测井、地震等各种各样数据，以成像与常规测井资料为核心，以储层预测为约束条件，按照确定性建模与随机建模相结合的方式，从两个层次建立离散裂缝网络模型。

发展史　离散裂缝网络最早由 Baecher 等引入，是将裂缝假设成圆盘，各圆盘间也可以交叉，是一种基于示性点过程的随机建模方法。自 Bacher 模型引入以来，便得到了广泛的应用，并且出现了不同形式的改进，主要体现在以下三个方面。(1) 裂缝面形状的表示方法的改进。原始的 Baecher 模型是一种简化了的圆盘，改进后的模型将椭圆转换成了近似椭圆的多边形，而且裂缝可以被其他裂缝所截断；该随机多边形模型已经有很多裂缝建模商业软件，如 Fracman，Petrel 等。(2) 裂缝中心位置的产生规则的改进。裂缝位置的确定一般通过稳态泊松过程实验，为扩展其适用范围，将基于非稳态泊松过程、马尔科夫链蒙特卡洛、分形、Cluster 过程等。(3) 裂缝属性分布的改进。从最初的指数分布、对数正态分布、伽马分布、von-Mises 分布、Fisher 分布等，到兼具上述多种方法的模型，如平面带模型，GEOFRAC 模型。

展望　中国逐渐进入非常规油气勘探开发的阶段，低渗透致密储层的三维地质建模尤为重要，为裂缝性油气藏的合理开发提供准确的地质模型。对于储层裂缝三维地质建模，首先需要解决的问题仍然是单井裂缝描述与井间裂缝预测方法的适应，得到的结果可信时，建立的裂缝三维地质模型才可靠。同时，由于裂缝发育的严重非均质性，使得点与点之间的裂缝分布不能按照孔隙参数那样进行插值求取，因为建立正确的裂缝分布函数关系和算法，是未来研究的前景。

推荐书目

曾联波.低渗透油气储层裂缝研究方法[M].北京：石油工业出版社，2010.

（任丽华）

【**古构造应力场数值模拟预测裂缝技术** fracture prediction technology of numerical simulation of paleotectonic stress field】通过有限元模拟裂缝形成的古构造应力场，对裂缝分布进行预测的技术。是从裂缝形成的力学角度出发，以岩石力学实验为基础，结合数学方法，在地质模型、力学模型、数学模型依次建立的基础上，进行古构造应力场的恢复。依据岩石破裂准则与能量准则，建立起裂缝参数与应力参数间关系，进行裂缝预测。

建立信息库　模型建立是从信息库（数据库和资料库）开始，包括以下三类。(1) 地质模型库，是数值模拟的基础，它直接决定力学模型与数学模型，其是在综合研究地质规律的基础上提出的，然后利用包括测井、岩心、地震资料，根据平衡剖面的原理恢复古构造发育史剖面，建立模拟的地质隔离体。包括地质隔离体的选取、边界条件的确定、反演标准的选取。(2) 力学模型数库，是数值模拟实施的关键，应在地质模型的基础上建立，它包括地质力学性质确定、受力加载方式、约束方式、薄油层处理和岩石物理参数确定等。需要包括大量岩石力学实验数据。（3）数学模型数据库，是裂缝定量预测实施的手段，它包括根据力学模型所确定的数值计算方法。对于有限元方法，最主要的是根据地质模型和力学模型确定单元类型、单元划分和具体实施方案。选用合适的有限元计算程序和编制相应的配套程序，建立有限元岩石破裂准则来进行裂缝计算，并经过多次反演对地质模型和力学模型进行修正、补充和完善，直至符合各项反演标准，得到最终结果。

建模技术的总思路 以岩石力学、构造地质学、储层地质学等地质理论为基础，以三大信息库为支柱，充分利用有限元分析软件，定量化表征裂缝。

建模方法与步骤 一般采用三个步骤：（1）地质模型的建立；（2）力学模型的建立；（3）数学模型的建立。

发展史 自20世纪60年代四川盆地碳酸盐岩和华北古潜山油藏发现并大规模投入开发以来，拉开了中国关于裂缝性储层研究的序幕。随着20世纪80年代新疆火烧山裂缝性砂岩油藏的发现，而人们对于裂缝性油藏认识的不足，所以开发效果不尽如意。20世纪90年代新疆小拐油田砂砾岩裂缝性油藏的发现，再次向油藏工程师们提出了挑战。在20世纪90年代以前基本上限于传统地质方法，只能从井眼本身的资料研究裂缝；20世纪90年代初，曾经设立裂缝分布预测项目，以北京大学石油天然气研究中心钱祥麟教授为代表，探索出利用构造力学和数值模拟技术反演古构造应力场进行裂缝预测的方法，并在油气田开发行业得到普遍的应用。但由于该方法所采用的模型对地下非均质性的描述存在一定的局限性，所以该方法的应用受到一定的限制。最近几年，中国石油勘探开发研究院组成了一支包括地质、测井、地震和油藏工程专家的多学科裂缝研究项目组，通过总结国内外十余个裂缝性油藏的勘探开发实践，立足中国裂缝性低渗透油田的储层开发发育特征和实际开发现状，探索出一套综合的裂缝识别和分布预测地质评价。

展望 中国成熟油田开发进入精细油藏描述阶段以来，不断以精细表述储层非均质性，搞清剩余油分布规律，以经济有效地提高油田采收率为目标所进行的储层定量化研究，在建立精细油藏地质模型方面已作出很有成效的贡献。但期望今后：（1）能在露头调查研究工作上建立其他沉积类型的原型模型和地质知识库，进一步为建立精细油藏地质模型提供更多的技术支持；（2）能有更多的属于国人自己研制的建模软件面世。

📖 **推荐书目**

宋惠珍.构造应力场与有限单元法［M］.东营：石油大学出版社，2012.

（任丽华）

【**甜点 sweet point**】 在低渗—致密储层中发育的相对优质的<u>有效储层</u>。大部分油气都储集在"甜点"当中，因此对储层"甜点"形成机制、控制因素和分布规律的研究能有效地指导低渗—致密储层油气勘探。

根据评价指标侧重点不同，可将"甜点"分为三类：地质"甜点"、工程"甜点"和经济"甜点"。

<u>地质"甜点"</u> 关注烃源岩、储层、<u>天然裂缝</u>、地层能量（压力系数、气油比）、局部构造等综合评价。

<u>工程"甜点"</u> 关注岩石可压性、地应力各向异性等综合评价。

<u>经济"甜点"</u> 关注资源丰度、资源规模、石油品质、埋深、地面条件等综合评价。

📖 **推荐书目**

邹才能.非常规油气地质［M］.北京：地质出版社，2011.

（任丽华）

【**深层油气藏 deep oil and gas reservoir**】 具有深埋藏、温度高、相态多（油、气多相态）和常具异常高压特点的油气藏。由于不同含油气盆地的地温梯度不同、勘探目的层系不同，因此对深层油气藏的定义也不相同。俄罗斯将勘探深度大于4000m定义为深层，美国和巴西将勘探深度超过4500m定义为深层，道达尔公司将深度超过5000m定义为深层。中国油气勘探对深层的定义在东部和西部各异，东部地区以埋深3500～4500m为深层，超过4500m为超深层；西部地区以埋深4500～6000m为深层，超过6000m为超深层。中国常规钻井工程将钻探深度4500～6000m作为深层，超过6000m为超深层。行业标准DZ/T 0217—2020《石油天然气储量估算规范》将埋深3500～4500m定义为深层，埋深超过4500m为超深层。

（任丽华）

【**深层优质储层 deeply buried high quality reservoir**】 在深层储层普遍低孔隙度、低渗透率的背景下发育的物性相对较好的储层。

深层优质碎屑岩储层的形成机理主要包括：优势的原始沉积条件、深部溶蚀作用、异常高压的发育、膏盐效应、热循环对流、烃类早期充注、埋藏后期快速埋深、砂厚泥薄的互层组合类型及构造裂缝的发育等。深层优质<u>碳酸盐岩</u>

储层的形成机理，则主要可以概括为：沉积—成岩环境控制早期孔隙发育、构造—压力耦合控制裂缝与溶蚀，以及流体—岩石相互作用控制深部溶蚀与孔隙的保存。

📝 推荐书目

李文涛.深层油气成藏要素与富集规律：以济阳坳陷古近系为例［M］.北京：石油工业出版社，2012.

（任丽华）

【深层复杂构造成像 deep and complex structure imaging】 以落实深层目标的构造形态及分布规律、描述断裂展布特征及不同断块组合关系的地震成像。

前陆冲断带复杂构造、碳酸盐岩、碎屑岩及火山岩等各类潜山，以及台地边缘的礁滩相地层勘探等均面临此类问题。这些目标的储层条件一般相对较好，圈闭的完整性是控制油气聚集的主要因素，因此"构造成像清晰，偏移归位准确"成为深层复杂构造勘探最基本也是最重要的要求。

（任丽华）

【深层储层预测 prediction of deep reservoir】 综合应用地震、地质、钻井、测井等各项资料，对深层储层的分布、厚度及岩性和物理性质变化进行追踪和预测的技术。

（任丽华）

【页岩气 shale gas】 以吸附状态与游离状态赋存于富有机质和极低孔渗的页岩地层系统中的天然气。

按成因机制，页岩气是以吸附或游离状态赋存于暗色富有机质、极低渗透率的页岩、泥质粉砂岩和页岩夹层系统中，自生自储、连续聚集的天然气藏。在页岩气藏中，富烃页岩一般既是天然气的储层，又是天然气的烃源岩。富有机质页岩烃源岩可大量滞留油气，形成可供商业开采的页岩气。

页岩气可以以游离相态（平均约50%）赋存于页岩局部大孔隙（天然裂缝、基质孔隙）或微孔隙（有机质微孔）中，或以吸附状态（平均约50%）吸附在矿物颗粒、干酪根及孔隙表面，极少数以溶解方式赋存于干酪根、沥青质及石油中。页岩储层包括暗色富有机质页岩及以薄的夹层状态存在的粉砂质泥岩、泥质粉砂岩、粉砂岩、砂岩地层。含油气盆地中，页岩储层组合形式多样，不同类型页岩储层组合有明显不同的地质、地球化学特征。页岩气的开采可采用垂直井、水平井，但以水平井为主。页岩储层都需要压裂改造才能获得商业产量，多级水力压裂、重复压裂等储层改造技术是目前提升页岩气单井产量的关键技术。

> 📖 **推荐书目**
>
> 《页岩气地质与勘探开发实践丛书》编委会.北美地区页岩气勘探开发新进展[M].北京：石油工业出版社，2009.
>
> 肖钢，唐颖.页岩气及其勘探开发[M].北京：高等教育出版社，2012.

（任丽华）

【页岩 shale】 由粒径小于 0.39mm 的细微碎屑、黏土、有机质等组成的具页状或薄片状层理、容易碎裂的一类沉积岩。美国一般将粒径小于 0.39mm 的细粒沉积岩统称为页岩。

常见的页岩类型有黑色页岩、碳质页岩、硅质页岩、铁质页岩、钙质页岩等。当页岩中混入一定杂质成分时，形成砂质页岩。根据含砂颗粒大小，分粉砂质页岩和砂质页岩两类。富有机质页岩是形成页岩气的主要岩石类型，富有机质页岩主要包括黑色页岩与碳质页岩。黑色页岩含有大量的有机质与细粒、分散状黄铁矿、菱铁矿等，有机质含量通常为 3%～15% 或更高，常具极薄层理。碳质页岩含有大量细分散状的碳化有机质，有机碳含量一般为 10%～20%，黑色、染手、含大量植物化石。

> 📖 **推荐书目**
>
> 邹才能.非常规油气地质[M].2版.北京：石油工业出版社，2013.

（任丽华）

【吸附气 adsorbed gas】 吸附于岩石、煤中有机质表面的气体。当吸附层达到饱和时，可能渗到物质内部。吸附气的数量取决于物质表面活性、温度和压力。例如，煤对甲烷的吸附能力比泥岩大几十倍，泥岩对甲烷的吸附能力远大于石灰岩和砂岩。研究钻井剖面吸附烃的组成和数量变化，有助于判断有利的含油气层段。

> 📖 **推荐书目**
>
> 陈振林，王华，何发岐.页岩气形成机理、赋存状态及研究评价方法[M].武汉：中国地质大学出版社，2011.

（任丽华）

【游离气 free gas】 在泥页岩中，赋存于页岩基质孔隙和天然气裂缝中，以气相单独存在于油气藏中的天然气。例如气顶气和气层气；而煤储层中，游离气是处于游离状态的煤层气，它服从一般气体状态方程，可自由运移。

泥页岩储层中，吸附气一般介于20%～85%，游离气介于25%～30%，溶解气小于0.1%；煤储层中，吸附气一般介于80%～90%，游离气介于8%～12%，溶解气小于1%。相比较而言，游离气在泥页岩中含气量的占比更大。

（任丽华）

【泥页岩油气藏 shale reservoir】 泥页岩层系中滞留油气而形成的油气藏，是一种非常规油气藏。泥页岩层系是指"泥页岩及其所夹的薄层及其他岩石的组合"，如大套暗色泥页岩中夹的薄层泥质粉砂岩、砂岩及泥灰岩、石灰岩等。

暗色泥页岩具有极低的基质孔隙度和渗透率，油气产自于自身并以吸附、游离及水溶解形式富集于泥页岩层系中，可称为原地滞留油气藏。这类油气藏无明显的圈闭界限，"生、储、盖"一体化（生油气层也是储层和盖层）。

泥页岩油气主要以游离态、吸附态及溶解态等形式存在，以游离态和吸附态为主，吸附态与煤层气相似，游离态与常规油气相似。

泥页岩可形成于陆相、海相及海陆交互相沉积环境中。暗色泥页岩主要形成于缺氧的闭塞海湾、潟湖、湖泊深水区、欠补偿盆地及深水陆棚等沉积环境中。碳质页岩常与煤系伴生，一般出现在煤层顶、底板或夹层中，以湖泊、沼泽环境沉积为主，在我国南方地区的二叠系龙潭组分布面积较广；扬子地块、华北地块及塔里木地块古生界海相泥页岩，以深水陆棚相沉积为主；我国陆相沉积盆地中，松辽盆地白垩系、渤海湾盆地古近系、四川盆地三叠系、鄂尔多斯盆地三叠系等发育多套湖相、湖沼相黑色泥页岩，含丰富的生物化石及有机质。

在沉积盆地中只要发育暗色泥页岩，就有可能形成泥页岩油气藏。我国四川盆地寒武系筇竹寺组黑色泥页岩含气量为 $1.17 \sim 6.02 m^3/t$，平均为 $1.90 m^3/t$；下志留统龙马溪组黑色泥页岩含气量为 $1.73 \sim 5.10 m^3/t$，平均为 $2.80 m^3/t$，具有开发价值。

与北美页岩气相比，我国泥页岩油气具有四大特点：一是海相古生界泥页岩热演化程度较高，而陆相中—新生界泥页岩热演化程度较低，油气伴生；二是构造活动较强，赋存条件复杂；三是地面多山地、丘陵等复杂地表，埋藏较深；四是构造活动较强、泥页岩裂缝发育，有利于泥页岩油气开采。

就年代及区域而言，我国暗色泥页岩从震旦系—新近系均有发育、区域分布遍及全国；就沉积环境而言，海相—海、陆交互相—陆相均发育较厚的暗色泥页岩。

（任丽华）

【超临界吸附 adsorption at supercritical temperature】 气体在它的临界温度以上

（>-77℃）在固体表面上的吸附。由于临界温度以上，气体在常压下的物理吸附很弱，所以往往需要提高压力、有时甚至是很高的压力，才可以观察到明显的吸附，故也可称为高压吸附。

（任丽华）

【甲烷吸附量 methane adsorption capacity】 吸附于岩石、煤中有机质表面或孔隙内表面的最大甲烷量。

（任丽华）

【页岩含气量 gas content of gas-bearing shale】 每吨岩石中所含天然气折算到标准温度和压力条件下（101.325kPa，25℃）的天然气总量，包括游离气、吸附气、溶解气等，主要关注吸附气和游离气。它是衡量页岩气是否具有经济开采价值和进行资源潜力评估评价的重要指标。哈里伯顿公司认为商业开发远景区页岩含气量最低为 2.8m³/t。北美已实现商业开发的页岩气，其含气量最低约为 1.1m³/t，最高达 9.91m³/t。吸附气部分主要与有机质、黏土矿物相关，游离气部分主要与基质孔隙相关。页岩吸附能力与有机质含量呈现正相关关系。

推荐书目

邹才能.非常规油气地质［M］.2 版.北京：石油工业出版社，2013.

（任丽华）

【等温吸附曲线 adsorption isotherm】 在恒定的温度和压力变化条件下的吸附过程称为等温吸附，描述等温吸附时压力与吸附量之间关系的曲线称为等温吸附曲线。

上述物理量要给出一般的关系式比较困难。多孔介质的固体吸附可采用 Frundlich 的吸附实验；接近于单分子层的饱和吸附服从 Langmuir 吸附等温式；非多孔介质固体粉末的表面吸附多数是多分子层吸附，其吸附等温曲线呈"S"形，用 BET 多分子层吸附等温式更适用。

（任丽华）

【脆性破裂 brittle fracture】 若岩石在没有发生塑性变形之前或者产生的应变很小即发生破裂，称为脆性破裂。根据裂缝面的位移方式，可将裂缝分为张开型（拉伸型）、滑移型（面内剪切型）和撕开型（反平面剪切型）。脆性破裂断面常为晶体状且具有光泽，而延性破裂断面为鹅绒状且不具光泽。

（任丽华）

【脆性指数 brittleness index】 储层压裂的难易程度，反映的是储层压裂后所形成裂缝的复杂程度。脆性指数较高的储层压裂时能迅速形成复杂的网状裂缝,脆性指数低的储层则容易形成简单的双翼型裂缝。

脆性指数是个比较模糊的概念,没有明确的物理意义,也没有单位。现已形成20多种脆性指数表征方法,应用最广泛的是矿物法和泊—杨法。

(1) 矿物法脆性指数。

泥页岩中主要含有黏土矿物以及碎屑矿物(石英、长石、方解石、白云石、黄铁矿等)。在北美页岩气开发快速增长初期,就有学者总结出密西西比盆地 Barnett 页岩石英含量高的层位压裂效果较好。发现石英含量最高的层位脆性最强,而脆性最弱的层位含有大量黏土,含有大量碳酸盐岩的层位脆性中等。Daniel M. Jarvie 于 2007 年在前人研究的基础上给出了一个脆性指数计算公式:

$$B = \frac{Q}{Q+C+C_1} \tag{1}$$

式中:B 为脆性指数;Q 为硅质矿物(石英、长石)含量;C 为碳酸盐岩矿物(方解石,白云石,铁白云石)含量;C_1 为黏土矿物含量。随着北美页岩气开发区域的进一步扩展,Fred P. Wang 于 2008 年通过对更多岩心实验结果的分析进一步指出,有机质成熟度对脆性指数也有影响,应加以校正:

$$B = \frac{[1+a(R_o-b)]Q}{Q+C+C_1} \tag{2}$$

式中:R_o 为镜质组反射率,代表岩样的有机质热成熟度;a,b 为相关系数。

(2) 泊—杨法脆性指数。

$$BI_a = \left(\frac{E-E_{min}}{E_{max}-E_{min}} \times 0.5 + \frac{\mu-\mu_{max}}{\mu_{min}-u_{max}} \times 0.5 \right) \times 100 \tag{3}$$

式中:BI_a 为泊—杨法(声波法)计算的脆性指数;E 为静态杨氏模量,MPa;E_{max},E_{min} 分别为地区岩石静态杨氏模量的最大值和最小值,MPa;μ 为静态泊松比;μ_{max}、μ_{min} 分别为地区岩石静态泊松比的最大值和最小值。

(任丽华)

【**煤层气** coal-seam gas】赋存在煤层中以甲烷为主要成分、以吸附在煤基质颗粒表面为主并部分游离于煤孔隙中或溶解于煤层水中的烃类气体。其成分以甲烷为主,往往将其简称为煤层甲烷。

物理化学性质 无色、无味,热值为 37618kJ/m³,熔点为 -182.48℃,沸点

为 $-161.49℃$。成分以甲烷为主，含量为 95%～98%，并含有少量 CO_2、N_2 和重烃气等，甲烷的 $\delta^{13}C_1$ 值一般为 $-80‰～-16.8‰$。

主要成因 根据煤有机质热演化程度，煤的生成可分为未成熟（即泥炭至褐煤阶段，$R_o<0.5\%$）、成熟（即长焰煤至焦煤阶段，R_o 为 0.5%～1.9%）、过成熟阶段（即瘦煤至无烟煤阶段，$R_o>1.9\%$），相应各个阶段生成的煤层气分别为生物气、热解气和裂解气。就是说，大部分地区煤储层中现存的煤层气多是来源于相应煤级下生成的生物气、热解气和裂解气。

煤储层特征 煤层气与常规气不同，大部分气是以吸附态存在于煤层中，游离气的量很少，一般为 10%～20% 或更低。因此煤层气的储集主要依赖于煤层对甲烷的物理吸附作用，甲烷和煤的其他组分之间是一种弱的作用力，属于范德华力。一般用煤层的吸附等温线来描述其吸附性，吸附等温线是在等温条件下确定压力与吸附气体定量关系的曲线，是煤储层评价的重要参数曲线。

资源分布 世界上煤层气资源丰富的国家依次为：俄罗斯（17～113.3）×$10^{12}m^3$、中国 $33.8×10^{12}m^3$、美国（11.3～24）×$10^{12}m^3$、加拿大 $20×10^{12}m^3$、澳大利亚 $6.23×10^{12}m^3$。中国是煤炭大国之一，蕴藏着丰富的煤炭资源。主要分布在五大聚煤区 39 个含煤盆地 68 个含煤区。其中华北聚煤区资源最大，占全国资源的 62.67%，其次是西北聚煤区，约占 28%，华南聚煤区占 7.85%，东北聚煤区占 1.46%，滇藏聚煤区资源最少。煤层气资源主要分布于侏罗系、三叠系和石炭—二叠系中，埋深在 1500～2000m 深度段的资源占多数。

勘探开发 中国煤层气勘探开发经历了三个阶段。(1) 矿井瓦斯抽放发展阶段（1952—1989 年）。主要进行井下瓦斯抽放及利用煤的吸附性能测定煤层气含量的工作。(2) 技术引进阶段（1990—1995 年）。设立了多个煤层气研究项目和勘探试验区，外国公司在中国也进行了风险勘探。此阶段引进了煤层气专用测试设备和应用软件，在煤层气资源评价、储层测试技术、开采技术等方面取得了较大的发展。(3) 煤层气产业逐渐形成发展阶段（1996—2004 年）。成立了中联煤层气有限责任公司，设立了煤层气研究和试验项目，如"中国煤层气资源评价"国家一类地质勘查项目以及"中国煤层气成藏机制及经济开采基础研究"项目，使煤层气产业得以进一步发展。煤层气将是中国常规天然气以外最现实的优质替代能源。

推荐书目

苏现波，林晓英. 煤层气地质学 [M]. 北京：煤炭工业出版社，2009.

（任丽华）

【**煤型气** coal-related gas】 煤系中煤和分散有机质，在成岩和煤化作用过程中形成的天然气。以游离状态、吸附状态和溶解状态赋存于煤层和其他岩层内，其成分大多以甲烷为主，也可能以氮气、二氧化碳或重烃等为主。其中赋存在煤层中，成分以甲烷为主的煤型气称为煤层气或煤层甲烷。

煤型气是由聚集有机质在成煤作用过程中逐渐煤化或演化产生的。从煤化作用阶段、方式和甲烷生成机理考虑，煤型气的生气机制有生物成因和热成因两种。其中，按其所处的煤化作用阶段，生物成因气进一步分为原生生物气和次生生物气；热成因气进一步分为早期热成因气和（狭义）热成因气。一般认为，热成因气是煤型气的主要来源。而低煤级煤层气藏的气源主要来自早期热成因气，次生生物气常是重要的气源构成部分，原生生物气不易保存。

推荐书目

苏现波，林晓英.煤层气地质学[M].北京：煤炭工业出版社，2009.

（任丽华）

【**煤成气 coal-formed gas**】煤系地层中以腐殖型为主的有机质（包括煤层煤线或透镜体煤和碳质泥、页岩）在煤化作用过程中热演化形成的以烃类为主的气态物质。又称煤型热解气。属煤型气的一种，也是最重要的一种煤型气。赋存在围岩中的煤型气称为煤成气。

煤成气按其气态组分可分为烃类气体和非烃类气体两类。烃类气体化学组成主要以甲烷为主，一般含量为85%~95%，重烃（C_2—C_5）组分一般含量为1%~20%，高的可达45%。非烃类气体组分普遍含有氮（N_2）、二氧化碳（CO_2）和汞（Hg）蒸气及微量（0.4%以下）的氦（He）、氩（Ar）、氖（Ne）等。中国一些主要煤成气藏中，N_2的含量较大，从不足1%到25%；CO_2一般含量不高，小于5%；Hg的含量比油型气高，一般大于700μg/m³，多数大于1000μg/m³，而油型气汞含量一般小于600μg/m³，多数小于400μg/m³。

煤成气甲烷$\delta^{13}C_1$值为 –52‰~–24‰，主要分布在 –38‰~–32‰，油型气$\delta^{13}C_1$值则在 –58‰~–30‰，以 –40‰~–35‰为主；煤成气总体上更富集重碳同位素，煤成气中乙烷$\delta^{13}C_2$分布范围为 –31‰~–22‰，一般在 –27‰~–24‰，丙烷$\delta^{13}C_3$为 –29‰~–20‰，一般在 –26‰~–23‰，油型气$\delta^{13}C_2$值为 –43‰~–25‰，一般在 –33‰~–29‰，丙烷$\delta^{13}C_3$值为 –35‰~–22‰，一般在 –32‰~–28‰。

煤成气资源在中国分布广泛，主要分布在中部（晋、陕、蒙、川）、华北（华北盆地—渤海湾盆地）、西部（新疆地区）以及东北和东南沿海等聚集区。

推荐书目

苏现波，林晓英.煤层气地质学[M].北京：煤炭工业出版社，2009.

（任丽华）

【**煤储层** coal reservoir】 储集天然气的煤层。煤层既是煤层气的烃源岩，又是煤层气赖以储存的载体。作为储层，它有着与常规天然气储层明显不同的特征。最重要的区别在于煤储层是一种双孔隙岩层，由基质孔隙和裂隙组成。基质孔隙和裂隙的大小、形态、孔隙度和连通性等决定了煤层气的储集、运移和产出。

（任丽华）

【**煤阶** coal rank】 影响煤层饱和状态的参数。它代表了煤化作用中能达到的成熟度的级别，其改变是由于埋深而增加的温度。

泥岩埋藏过程中，随着温度和压力的增加而转变成煤时，它的物理和化学性质发生了深刻的变化。"煤阶"将这一转变过程细分成几个阶段，并且定义同各个阶段相关的属性。随着煤埋藏深度的增加，煤阶从褐煤、亚烟煤、烟煤到无烟煤不断变化。

（任丽华）

【**煤层含气量** coalbed methane content】 单位质量煤中含煤层气的多少。煤层气含气量是煤层气储量评价和预测的关键。国内外研究主要是以密度与灰分含量的关系为基础，建立灰分与含气量的相关关系。计算方法主要包括直接法、解吸法和间接法。

直接法是通过对煤岩钻井密闭取样然后在实验室测试，在模拟地层温度和压力条件下测定单位重量煤含气体积；解吸法是通过密闭取心，利用解吸仪测定解吸量随时间的变化规律，是一种以测定井筒煤层气解吸速度为基础的直接测定煤层含气量的方法；间接法主要包括基于煤层气等温吸附模型的含气量计算、非线性信息预测法计算含气量和运用统计回归方法预测煤层含气量。

📝 推荐书目

胡文瑞. 非常规油气勘探开发新领域与新技术［M］. 北京：石油工业出版社，2008.
刘洪林. 中国大中型盆地煤层气资源［M］. 北京：石油工业出版社，2009.

（任丽华）

【**煤层解吸气** desorbed coalbed methane】 煤心样品在解吸罐中自然解吸出来的煤层气。将装有样品并密封好的解吸罐置入已达到储层温度（或送样单位要求温度）的恒温装置中进行自然解吸，每隔一定时间测定解吸出的气体体积。当自然解吸持续到连续7d内平均解吸量小于或等于10cm^{3}时，结束解吸。测量样品解吸出的气体总量和样品质量，分析气成分，计算煤层解吸甲烷含量。

煤层气主要以吸附态赋存于煤层中，主要依据"排水—降压—解吸—扩散—渗流"的机理进行开发。主要运用单分子层吸附动力学理论（兰氏等温吸附理论）对煤层气等温吸附与解吸过程进行研究。依据煤层气解吸曲线曲率变化的关键点（启动压力、转折压力和敏感压力点等），可以将煤层气解吸过程划分为不同的解吸阶段，如：低效解吸、缓慢解吸、快速解吸与敏感解吸等。

推荐书目

胡文瑞.非常规油气勘探开发新领域与新技术［M］.北京：石油工业出版社，2008.

刘洪林.中国大中型盆地煤层气资源［M］.北京：石油工业出版社，2009.

（任丽华）

【煤储层压力 coal reservoir pressure】 作用于煤孔隙—裂隙空间上的流体压力（包括水压和气压）。煤储层压力一般通过试井分析测得，即利用外推方法求取原始地层条件下相对平衡状态的初始压力。煤储层压力与煤层含气性密切相关，它与吸附性（特别是临界解吸压力）之间的相对关系直接影响采气过程中排水降压的难易程度。因此，煤储层压力的研究，不仅对煤层含气性和开采地质条件的评价十分重要，同时也可为完井工艺提供重要参数。

（任丽华）

【火山岩油气藏 volcanic reservoir】 以火山岩为储层的油气藏。火山岩油气藏常具分布广但规模较小、初始产量高但递减快、储集类型和成藏条件复杂等特点。

中国沉积盆地内发育石炭系—二叠系、侏罗系—白垩系和古近—新近系3套火山岩，火山岩主要形成于陆内裂谷和岛弧环境；火山岩以沿断裂的中心式、复合式喷发为主，主要形成层火山，爆发相和喷溢相较发育，火山岩体一般为中小型，成群成带大面积展布；有陆上和水下两种喷发环境，水下喷发—沉积组合最为有利。中国东部沉积盆地内火山岩以中酸性为主，西部以中基性为主。

推荐书目

朱永贤，唐文连.火山岩油气藏储层识别及预测：以三塘湖盆地牛东区块火山岩油藏为例［M］.北京：石油工业出版社，2014.

（任丽华）

【变质岩油气藏 metamorphic rock reservoir】 以变质岩为储层的油气藏。

我国的变质岩油气藏可分为四种类型：基岩风化壳型、基岩断裂破碎带型、沉积岩中火山喷发岩型与沉积岩中火山侵入岩型。

📝 **推荐书目**

吴伟涛,高先志.辽河坳陷西部凹陷变质岩潜山油气成藏特征[M].北京:中国石化出版社,2017.

(任丽华)

【**泥岩裂缝油气藏** fractured mudstone reservoir】 在泥岩、页岩等岩石组合中,以裂缝为主要储集空间形成的特殊油气藏。

泥页岩裂隙的生成,往往与地层孔隙压力、各向异性的水平应力、断层作用、褶皱作用等密切相关。

(任丽华)

附 录

石油科技常用计量单位换算表

物理量名称及符号	法定计量单位名称及符号		非法定计量单位名称及符号		单位换算
	名称	符号	名称	符号	
长度 L	米 海里	m n mile	英寸	in	1in=25.4mm（准确值） 单位密耳（mil）或英毫（thou）有时用于代表"毫英寸"
			英尺	ft	1ft=12in=0.3048m（准确值） 1ft（美测绘）=0.3048006m
			码	yd	1yd=3ft=0.9144m
			英里	mile	1mile=5280ft=1609.344m（准确值） 1mile（美）=1609.347m
			密耳	mil	1mil=2.54×10^{-5}m
			海里（只用于航程）	n mile	1n mile=1852m
			杆	rd	1rd=5.0292m
			费密		1费密=10^{-15}m
			埃	Å	1Å=0.1nm=10^{-10}m

续表

物理量名称及符号	法定计量单位名称及符号		非法定计量单位名称及符号		单位换算
	名称	符号	名称	符号	
面积 A, (S)	平方米	m^2	平方英寸	in^2	$1in^2=645.16mm^2$（准确值）
			平方英尺	ft^2	$1ft^2=0.09290304m^2$（准确值）
			平方码	yd^2	$1yd^2=0.83612736m^2$（准确值）
			平方英里	$mile^2$	$1mile^2=2.589988km^2$ $1mile^2$（美测绘）$=2.589998km^2$
			英亩	acre	$1acre=4046.856m^2$ $1acre$（美测绘）$=4046.873m^2$
			公顷	ha	$1ha=10^4m^2$
体积 容积 V	立方米 升	m^3 L	立方英寸	in^3	$1in^3=16.387064cm^3$（准确值）
			立方英尺	ft^3	$1ft^3=28.31685L^3$（准确值）
			立方码	yd^3	$1yd^3=0.7645549m^3$（准确值）
			加仑	gal	$1gal$（英）$=277.420in^3=4.546092L$ （准确值）$=1.20095gal$（美） $1gal$（美）$=3.785412L$
			品脱（英） 液品脱（美）	pt liq pt	$1pt$（英）$=0.56826125L$（准确值） $1liq\ pt$（美）$=0.4731765L$
			液盎司	fl oz	$1fl\ oz$（英）$=28.41306cm^3$ $1fl\ oz$（美）$=29.57353cm^3$
			桶	bbl	$1bbl$（美石油）$=9702in^3=158.9873L$
			蒲式耳（美）	bu	$1bu$（美）$=2150.42in^3=35.23902L$ $=0.968939bu$（英）
			干品脱（美）	dry pt	$1dry\ pt$（美）$=0.5506105L^3$ $=0.968939pt$（英）
			干桶（美）	bbl	$1bbl$（美）（干）$=7056in^3=115.6271L$

续表

物理量名称及符号	法定计量单位名称及符号		非法定计量单位名称及符号		单位换算
	名称	符号	名称	符号	
速度 u，v，w，c	米每秒 节	m/s kn	英尺每秒	ft/s	1ft/s=0.3048m/s（准确值）
			英里每小时	mile/h	1mile/h=0.44704m/s（准确值）
			英寸每秒	in/s	1in/s=0.0254m/s
加速度 a 重力加速度 g	米每二次方秒	m/s²	英尺每二次方秒	ft/s²	1ft/s²=0.3048m/s²（准确值）
质量 m	千克（公斤）吨	kg t	磅	lb	1lb=0.45359237kg（准确值）
			格令	gr	1gr=1/7000lb=64.78891mg（准确值）
			盎司	oz	1oz=1/16lb=437.5gr（准确值）=28.34952g
			英担	cwt	1cwt（英国）=1 长担（美国）=112lb（准确值）=50.80235kg 1cwt（美国）=100lb（准确值）=45.359237kg
			英吨	ton	1ton（英国）=1 长吨（美国）=2240lb=1.016047t 1ton（美国）=2000lb=0.9071847t
			脱来盎司或金衡盎司	oz（troy）	1oz（troy）=480gr=31.1034768g（准确值）
			［米制］克拉	metric carat	1metric carat=200mg（准确值）
体积质量，［质量］密度 ρ	千克每立方米 克每立方厘米	kg/m³ g/cm³	磅每立方英尺	lb/ft³	1lb/ft³=16.01846kg/m³
			磅每立方英寸	lb/in³	1lb/in³=27679.9kg/m³ 1g/cm³=1000kg/m³
力 F	牛［顿］	N	达因	dyn	1dyn=10⁻⁵N（准确值）
			磅力	lbf	1lbf=4.448222N
			千克力	kgf	1kgf=9.80665N（准确值）
			吨力	tf	1tf=9.80665×10³N

续表

物理量名称及符号	法定计量单位名称及符号		非法定计量单位名称及符号		单位换算
	名称	符号	名称	符号	
力矩 M	牛[顿]米	N·m	英尺磅力	ft·lbf	1ft·lbf=1.355818N·m
			千克力米	kgf·m	1kgf·m=9.80665N·m（准确值）
压力，压强 p	帕 兆帕	Pa MPa	标准大气压	atm	1atm=101325Pa（准确值）
			工程大气压	at	1at=1kgf/cm²=0.967841atm =98066.5Pa（准确值）
			磅力每平方英寸	lbf/in² (psi)	1lbf/in²=6894.757Pa
			千克力每平方米	kgf/m²	1kgf/m²=9.80665Pa（准确值）
			托	Torr	1Torr=1/760atm=133.3224Pa
			约定毫米水柱	mm H₂O	1mm H₂O=10⁻⁴at=9.80665Pa（准确值）
			约定毫米汞柱	mm Hg	1mm Hg=13.5951mm H₂O =133.3224Pa
[动力]黏度 μ	帕秒	Pa·s	泊	P	1P=0.1Pa·s（准确值）
			厘泊	cP	1cP=10⁻³Pa·s
			千克力秒每平方米	kgf·s/m²	1kgf·s/m²=9.80665Pa·s
			磅力秒每平方英尺	lbf·s/ft²	1lbf·s/ft²=47.8803Pa·s
			磅力秒每平方英寸	lbf·s/in²	1lbf·s/in²=6894.76Pa·s
运动黏度 ν	米二次方每秒	m²/s	斯[托克斯]	St	1St=10⁻⁴m²/s（准确值）
			厘斯	cSt	1cSt=10⁻⁶m²/s
			二次方英尺每秒	ft²/s	1ft²/s=0.09290304m²/s
			二次方英寸每秒	in²/s	1in²/s=6.4516×10⁻⁴m²/s

续表

物理量名称及符号	法定计量单位名称及符号		非法定计量单位名称及符号		单位换算
	名称	符号	名称	符号	
能量 $E(W)$ 功 $W(A)$	焦[耳] 千瓦[小]时	J kW·h	尔格	erg	1erg=1dyn·cm=10^{-7}J（准确值）
			英尺磅力	ft·lbf	1ft·lbf=1.355818J
			千克力米	kgf·m	1kgf·m=9.80665J（准确值） 1J=1N·m
			英马力小时	hp·h	1hp·h=2.68452MJ
			电工马力小时		1 电工马力小时 =2.64779MJ
功率 P	瓦[特]	W	英尺磅力每秒	ft·lbf/s	1ft·lbf/s=1.355818W
			马力	hp	1hp=745.6999W
			[米制]马力	metric hp	1metric hp=735.49875W（准确值）
			电工马力		1 电工马力 =746W
			卡每秒	cal/s	1cal/s=4.1868W
			千卡每小时	kcal/h	1kcal/h=1.163W
			伏安	V·A	1V·A=1W
			乏	var	1var=1W
热力学温度 T 摄氏温度 t	开[尔文] 摄氏度	K ℃	兰氏度	°R	1°R=$\frac{5}{9}$K
			华氏度	°F	$\frac{t_F}{°F}=\frac{9}{5}\frac{t}{°C}+32=\frac{9}{5}\frac{T}{K}-459.67$
热，热量 Q	焦[耳]	J	英制热单位	Btu	1Btu=778.169ft·lbf=1055.056J
			15℃卡	cal_{15}	1cal_{15}=4.1855J
			国际蒸汽表卡	cal_{IT}	1cal_{IT}=4.1868J 1$Mcal_{IT}$=1.163kW·h（准确值）
			热化学卡	cal_{th}	1cal_{th}=4.184J（准确值）
热流量 Φ	瓦[特]	W	英制热单位每小时	Btu/h	1Btu/h=0.2930711W

续表

物理量名称及符号	法定计量单位名称及符号		非法定计量单位名称及符号		单位换算
	名称	符号	名称	符号	
热导率 （导热系数） $\lambda,(\kappa)$	瓦［特］每米开［尔文］	W/(m·K)	英制热单位每秒英尺兰氏度	Btu/(s·ft·°R)	1Btu/(s·ft·°R)=6230.64W/(m·K)
			卡每厘米秒开尔文	cal/(cm·s·K)	1cal/(cm·s·K)=418.68W/(m·K)
			千卡每米小时开尔文	kcal/(m·h·K)	1kcal/(m·h·K)=1.163W/(m·K)
			英热单位每英尺小时华氏度	Btu/(ft·h·°F)	1Btu/(ft·h·°F)=1.73073W/(m·K)
传热系数 $K,(k)$ 表面传热系数 $h,(\alpha)$	瓦［特］每平方米开［尔文］	W/(m²·K)	英制热单位每秒平方英尺兰氏度	Btu/(s·ft²·°R)	1Btu/(s·ft²·°R)=20441.7W/(m²·K)
			卡每平方厘米秒开尔文	cal/(cm²·s·K)	1cal/(cm²·s·K)=41868W/(m²·K)
			千卡每平方米小时开尔文	kcal/(m²·h·K)	1kcal/(m²·h·K)=1.163W/(m²·K)
			英热单位每平方英尺小时兰氏度	Btu/(ft²·h·°R)	1Btu/(ft²·h·°R)=5.67826W/(m²·K)
热扩散率 a	平方米每秒	m²/s	平方英尺每秒	ft²/s	1ft²/s=0.09290304m²/s（准确值）
质量热容， 比热容 c 质量定压热容， 比定压热容 c_p 质量定容热容， 比定容热容 c_V 质量饱和热容， 比饱和热容 c_{sat}	焦［耳］每千克开［尔文］	J/(kg·K)	英制热单位每磅兰氏度	Btu/(lb·°R)	1Btu/(lb·°R)=4186.8J/(kg·K)（准确值）

续表

物理量名称及符号	法定计量单位名称及符号		非法定计量单位名称及符号		单位换算
	名称	符号	名称	符号	
质量熵，比熵 s	焦[耳]每千克开[尔文]	J/(kg·K)	英制热单位每磅兰氏度	Btu/(lb·°R)	1Btu/(lb·°R)=4186.8J/(kg·K)（准确值）
质量能，比能 e 质量焓，比焓 h	焦[耳]每千克	J/kg	英制热单位每磅	Btu/lb	1Btu/lb=2326J/kg（准确值）
电流 I 交流 i	安[培]	A	毫安	mA	$1mA=10^{-3}A$
电压，电位 U 电动势 E	伏[特]	V			1V=W/A
电容 C	法[拉]	F			1F=1C/A
电荷 Q	库[仑]	C			1C=1A·s 1A·h=3.6kC（用于蓄电池）
磁场强度 H	安[培]每米	A/m			
磁通量 Φ	韦[伯]	Wb			1Wb=1V·s
渗透率 K	二次方微米 毫达西	μm^2 mD	达西	D	$1D=1\mu m^2$（准确值） $1mD=1\times 10^{-3}D$
物质浓度 c	摩[尔]每立方米 摩[尔]每升	mol/m³ mol/L	体积摩尔浓度	M	1M=1mol/L =1000mol/m³

条目汉语拼音索引

B

半背斜* /55
半局限台地相 /129
饱和度中值压力 /209
饱和油藏 /292
背斜 /55
背斜构造* /55
背斜构造带* /57
鼻状构造 /55
比表面 /187
闭合高差* /54
闭合差* /54
闭合裂缝 /178
边滩沉积 /96
变质岩储层 /158
变质岩油气藏 /334
辫状河沉积 /91
辫状河三角洲沉积 /102
标准测井* /17
标准层 /46
不可采量 /275

布尔模拟地质建模方法 /258

C

CT扫描法 /196
残余油饱和度 /231
侧积 /143
层间缝 /175
层组单元划分 /41
产层参数测井 /21
长期水驱剩余油分布地震预测 /10
场发射扫描电子显微镜 /310
常规稠油油藏 /290
常规低渗透性油藏 /300
常规原油油藏 /289
超稠油油藏 /290
超低渗透储层 /222
超临界吸附 /328
潮控三角洲 /138
沉积方式 /143

沉积模型 /65
沉积微相 /72
沉积相 /69
沉积相标志 /73
沉积相模式 /72
沉积旋回 /47
沉积亚相 /70
沉积作用 /66
成像测井技术 /316
成岩裂缝 /175
成岩作用 /162
冲积扇沉积* /82
充注孔喉下限 /307
稠油热驱前缘地震监测 /11
稠油油藏 /289
储层 /153
储层参数估算地震技术 /6
储层层间非均质性 /215
储层层内非均质性 /214
储层地质知识库 /223

- 343 -

储层段测井 /17
储层非均质性 /211
储层隔层 /219
储层宏观非均质性 /213
储层夹层 /218
储层裂缝 /174
储层模型 /149
储层平面非均质性 /216
储层微观非均质性 /213
储层物性 /197
储层物性分类 /221
储层综合评价 /225
储集层* /153
储集空间 /167
储量* /268
储量综合评价 /285
储气层* /237
储油层* /237
储油气构造 /54
垂积 /144
垂直方向渗透率 /206
垂直渗透率 /201
次生孔隙 /172
脆性破裂 /329
脆性指数 /329

D

达西流 /306
单井小层数据表* /244
单砂层 /42
小层* /42
单斜 /56
单斜构造* /56
单油层 /42

等温吸附曲线 /329
低幅度构造 /56
低渗透储层 /221
低渗透性油气藏 /299
地饱压差 /236
地层测试 /32
地层模型 /40
地层压力 /231
地层压力梯度 /233
地层压力系数 /232
地层油气藏 /296
地化录井 /31
地面原油密度 /283
地球物理测井 /16
地震分辨率 /3
地质储量 /269
地质录井 /24
地质模型建模方法 /254
地质模型三维显示
　　方法 /268
电缆地层测试 /32
叠前方位各向异性分析
　　技术 /317
洞穴 /181
洞穴孔隙度 /200
断鼻构造 /55
断层 /57
断层封闭性 /60
断层要素 /58
断点组合 /61
断块 /60
断块油气藏 /296
多波多分量地震技术 /15
多波多分量地震检测

技术 /318
多尺度边缘检测技术 /317
多分量地震勘探* /318

F

泛滥盆地沉积* /99
非达西流 /306
非均质性表征参数 /217
非线性渗流* /306
非线性随机反演技术 /316
废弃河道沉积 /98
分形几何学地质建模
　　方法 /265
风成沉积 /115
缝洞孔隙度 /199
缝洞型储层 /223
复油层* /42
富气气藏* /294
覆压基质渗透率 /305

G

概念地质模型 /247
干气气藏 /294
高分辨率层序
　　地层学 /51
高分辨率地震 /3
高密度三维地震 /4
高凝油油藏 /291
高渗透储层 /221
高压压汞技术 /314
各向异性 /308
工程测井 /20
工业油气流标准 /239
弓形湖沉积* /98

条目汉语拼音索引

构造 /53
构造带 /57
构造裂缝 /175
构造模型 /52
构造油气藏 /296
古代沉积 /77
古构造 /56
古构造应力场数值模拟
　预测裂缝技术 /323
古潜山 /57
广海陆棚相 /125

H

海陆过渡环境河口沙坝
　沉积 /142
海陆过渡环境前三角洲
　沉积 /142
海陆过渡环境三角洲分流
　河道沉积 /139
海陆过渡环境三角洲平原
　沉积 /138
海陆过渡环境三角洲前缘
　沉积 /140
海陆过渡环境三角洲水下
　分流河道沉积 /141
海陆过渡环境三角
　洲相 /134
海陆过渡环境水下分流间
　沉积 /141
海陆过渡环境水下天然堤
　沉积 /141
海陆过渡环境远沙坝
　沉积 /142
海陆过渡相 /134

海陆交互相* /134
海相沉积 /116
海相碳酸盐岩沉积相 /120
含气层* /237
含水饱和度 /230
含油（气）面积圈定 /280
含油层* /237
河床滞留沉积 /95
河道沙坝* /96
河控三角洲 /137
河流沉积 /86
河漫滩沉积 /99
核磁共振技术 /312
核磁共振录井 /30
恒速压汞技术 /314
横波分裂裂缝检测
　技术 /318
洪积扇沉积 /82
洪积扇扇根沉积 /84
洪积扇扇缘沉积 /86
洪积扇扇中沉积 /85
喉道 /185
喉道类型 /214
湖泊前三角洲沉积 /108
湖泊三角洲河口坝
　沉积 /107
湖泊三角洲平原沉积 /105
湖泊三角洲前缘沉积 /106
湖泊三角洲席状砂
　沉积 /108
湖底扇沉积 /110
湖底上扇沉积 /111
湖底下扇沉积 /114
湖底中扇沉积 /112

湖盆滨岸沉积 /109
湖盆三角洲沉积 /99
环境扫描电子显微镜 /310
挥发油油藏 /292
火山碎屑岩储层 /161
火山岩油气藏 /334

J

基质孔隙度 /198
激光扫描共聚焦
　显微镜 /311
技术可采储量 /273
甲烷吸附量 /329
剪裂缝 /65
截断高斯模拟地质建模
　方法 /262
经济可采储量 /273
井壁取心 /28
井间地震 /12
井间地震层析成像 /13
井间地震反射成像 /14
井间电磁成像 /14
径向流渗透率 /206
静态地质模型 /248
局限台地相 /128
聚焦离子束成像
　技术 /311
决口扇沉积 /97
绝对孔隙度* /198
绝对渗透率 /202

K

开发测井* /19
开发地震 /1

开发井 /23
开阔台地相 /127
开启裂缝 /178
可采储量 /272
可动流体饱和度 /306
空气渗透率 /203
空隙* /169
孔喉比 /187
孔喉配位数 /190
孔隙 /169
孔隙度 /197
孔隙结构 /181
孔隙流体压力* /231
孔隙率* /197
孔隙型储层 /223
孔隙迂曲度 /188
控制地质储量 /270

L

浪控三角洲 /138
离散裂缝网络建模
　技术 /322
离散型模型 /252
沥青砂油藏 /291
连通体 /42
连通体平面图* /245
连续型模型 /253
裂缝 /62
裂缝孔隙度 /199
裂缝渗透率 /204
裂缝性低渗透性
　油藏 /301
裂缝要素 /175
裂缝有效性 /181

裂缝预测技术 /315
裂缝组系 /64
流动单元 /44
流动孔隙度 /198
流体饱和度 /228
流体模型 /227
陆相盆地沉积 /79

M

蚂蚁追踪技术 /321
漫积 /148
毛细管压力 /207
毛细管压力曲线 /208
煤层含气量 /333
煤层解吸气 /333
煤层气 /330
煤成气 /332
煤储层 /333
煤储层压力 /334
煤阶 /333
煤型气 /331
煤型热解气* /332
门槛压力* /209
面孔率 /200
模拟退火地质建模
　方法 /260
末端沙坝* /142
目前流体饱和度 /231
目前油层压力 /234

N

泥岩裂缝储层 /161
泥岩裂缝油气藏 /335
泥页岩油气藏 /328

逆断层 /60
黏土矿物 /210
凝析气气藏 /294
凝析油气藏* /294
凝析油藏 /294
牛轭湖沉积 /98

P

排驱压力 /209
盆地相 /122
贫气气藏 /294
平移断层 /60

Q

启动压力梯度 /306
气测录井 /30
气驱前缘地震监测 /11
气体吸附技术 /311
前积 /145
潜山构造* /57
区域探井* /22
曲流河沉积 /89
曲流河三角洲沉积 /101
曲率法裂缝预测
　技术 /320
全波地震* /15
全井段测井 /17
确定性地质建模
　方法 /254

R

人工裂缝 /180
人工神经网络地质建模
　方法 /267

容积法油气储量
   计算 /279
溶洞* /181
溶孔（洞）渗透率 /205
入口压力* /209

S

三维地震 /1
扫描电镜分析法 /194
砂层组* /42
砂岩组 /42
筛积 /148
扇三角洲沉积 /104
深层储层预测 /326
深层复杂构造成像 /326
深层优质储层 /325
深层油气藏 /325
深海地槽相* /122
渗透率 /201
生产测井 /19
生产剖面测井* /19
生物礁相 /129
剩余可采储量 /274
剩余油 /275
湿气气藏 /294
时移地震 /8
示性点过程地质建模
   方法 /258
示踪剂测试 /35
试采 /35
试井 /34
试油 /33
收缩缝 /175
束缚水饱和度 /230

数字岩心 /308
双重介质渗透率 /204
双重孔隙介质储层 /223
水动力系统* /236
水动力油气藏 /297
水平方向渗透率 /205
水驱前缘地震监测 /9
水淹层测井 /18
顺流加积或进积* /145
顺直河沉积 /94
酸性气气藏 /295
随机性地质建模
   方法 /255
碎屑岩成岩作用 /163
碎屑岩储层 /156
碎屑岩油气藏 /286

T

台地边缘浅滩 /127
台地边缘生物礁相 /133
台地边缘相 /126
台地蒸发相 /133
探井 /22
探明地质储量 /271
碳酸盐岩成岩作用 /165
碳酸盐岩储层 /157
碳酸盐岩油气藏 /287
特稠油油藏 /290
特低渗透储层 /222
特低渗透性油藏 /301
特殊岩性储层 /158
特殊岩性油气藏 /288
天然堤沉积 /97
天然裂缝 /179

天然气气藏 /293
天然气水合物气藏 /295
天然气体积系数 /282
甜点 /325
填积 /146
透射扫描电镜 /310
透射电镜* /310
图像分析法 /192

W

完井测试 /33
完井地质总结 /32
完井电测* /16
网状河沉积 /93
微地震监测 /15
微裂缝 /307
微纳米CT扫描技术 /313
未饱和油藏 /293
沃尔索（Walther）
   定律* /69
无源地震监测* /15
物理渗透率* /202
物质平衡法 /283

X

X射线断层三维扫描
   技术 /312
X射线元素录井 /31
吸附气 /327
细粒沉积学 /309
现代沉积 /76
相对渗透率 /202
相干体技术 /319
相渗透率 /202

向斜 /56
向斜构造* /56
小波变换 /319
小层平面图 /245
小层数据表 /244
小角散射技术 /313
协同克里金地质建模
　　方法 /264
斜坡相 /123
心滩沉积 /96
序贯模拟地质建模
　　方法 /261
悬挂式油气藏* /297
选积 /147

Y

压汞—比表面积联合分析
　　技术 /314
压汞法 /190
压降法天然气储量
　　计算 /284
岩浆岩储层 /160
岩屑录井 /25
岩心地质描述 /26
岩心归位 /26
岩心录井 /25
岩心收获率 /26
岩性油气藏 /297
野外露头实验室 /77
页岩 /327
页岩含气量 /329
页岩气 /326
一般低渗透油藏* /300
异常地层压力 /233

荧光录井 /29
油藏地震实时成像 /12
油藏地质模型 /247
油藏监测风险评价 /9
油藏描述 /37
油藏形态描述地震
　　技术 /5
油层单元对比 /48
油层连通图* /246
油层剖面图 /244
油层栅状图 /246
油层折算压力 /235
油层组 /42
油气采收率 /285
油气藏 /286
油气藏分布预测地震
　　技术 /7
油气藏驱动方式 /236
油气藏驱动类型* /236
油气藏压力系统 /236
油气层有效厚度 /238
油气储量 /268
油气构造圈闭* /54
油气过渡带 /241
油气井测试* /34
油气水层 /237
油气水界面 /240
油气田水 /242
油砂体 /44
油水过渡带 /241
游离气 /327
有效储层 /309
有效孔隙度 /198
有效渗透率* /202

预测地质储量 /270
预测地质模型 /249
阈压* /209
原生孔隙 /171
原始饱和压力 /235
原始含气饱和度 /229
原始含水饱和度* /230
原始含油饱和度 /229
原始流体饱和度 /228
原始溶解气油比* /241
原始油层压力 /234
原始油气比 /241
原型地质模型 /250
原油地下体积系数* /281
原油体积系数 /281
运动孔隙度* /198

Z

张裂缝 /65
正断层 /59
致密储层微观孔喉表征
　　技术 /309
致密气藏 /303
致密砂岩储层 /223
致密型储层* /222
致密油藏 /304
致密油气 /303
中高渗透性油气藏 /298
中渗透储层 /221
中途测试或随钻测试* /32
重油藏 /291
主流喉道半径 /307
浊积 /148
浊积扇沉积 /114

总孔隙度 /198
纵向堆积作用* /144
走滑断层* /60

钻杆测试 /32
钻井地质 /22
钻井地质设计 /24

钻井井位设计 /23
钻井液录井 /29
钻时录井 /29